房屋建筑抗震设计

——《建筑抗震设计规范》GB 50011—2001 背景材料

戴国莹　王亚勇　主编

中国建筑工业出版社

图书在版编目（CIP）数据

房屋建筑抗震设计/戴国莹，王亚勇主编. —北京：
中国建筑工业出版社，2005
ISBN 7-112-07500-9

Ⅰ.房... Ⅱ.①戴...②王... Ⅲ.房屋结构－抗震
设计 Ⅳ.TU352.104

中国版本图书馆 CIP 数据核字（2005）第 072208 号

房屋建筑抗震设计
——《建筑抗震设计规范》GB 50011—2001 背景材料

戴国莹 王亚勇 主编

*

中国建筑工业出版社出版、发行（北京西郊百万庄）
新华书店经销
北京蓝海印刷有限公司印刷

*

开本：787×1092 毫米 1/16 印张：$24\frac{3}{4}$ 字数：610 千字
2005 年 10 月第一版 2005 年 10 月第一次印刷
印数：1—4500 册 定价：60.00 元
ISBN 7-112-07500-9
(13454)

版权所有 翻印必究
如有印装质量问题，可寄本社退换
（邮政编码 100037）

本社网址：http://www.china-abp.com.cn
网上书店：http://www.china-building.com.cn

本书反映建筑抗震设计规范修订的科学依据和修订过程中集体讨论的成果。书中系《建筑抗震设计规范》GB 50011—2001 的主要背景材料，详细介绍房屋建筑所遭遇地震影响的确定、抗震概念设计、场地类别划分和隐伏断裂的工程影响、设计反应谱和偶然偏心地震效应、层间位移控制和静力弹塑性分析方法、延性的混凝土框架和抗震墙结构的设计方法、带构造柱砌体墙的抗震承载力和约束砌体结构设计、底部框架砖房抗震试验等方面的研究成果，对于钢结构抗震设计的新发展以及非结构构件、房屋建筑隔震和消能减震设计等新的建筑抗震领域，也提供了相关的资料。

本书可供广大勘察设计工程技术人员、科研人员和大专院校师生参考。

* * *

责任编辑：蒋协炳
责任设计：董建平
责任校对：李志瑛　王金珠

前　　言

　　20世纪80年代初期至中期编写的《建筑抗震设计规范》GBJ 11—89（以下简称89规范），正确反映了当时我国地震工程和工程抗震的科研水平和设计经验。随着我国城乡建设的迅猛发展，新材料、新技术得到了广泛应用。20世纪80年代末以来，国内外所发生的地震灾害既验证了89规范的有效性，同时也表明了在新的形势下修订89规范的迫切性。

　　修订规范是一项技术性和政策性很强的工作，需要以科研成果为基础，结合国情，重视设计人员的经验，吸收国内外同行的合理和先进的经验。1996年10月8日中国建筑科学研究院向建设部标准定额司提出申请，就技术情况、社会经济效益、与其他相关规范的关系、组织工作和经费筹措等做了详细的汇报，标志着规范修订工作拉开了序幕，规范的修订历程简介如下：

　　1997年5月21日，建设部正式下达包括《建筑抗震设计规范》GBJ 11—89在内的1997年工程建设国家标准制定、修订计划。经建设部标准定额司批准，由中国建筑科学研究院会同有关设计、勘察、研究和教学等25个单位，组成修订编制小组，参加人数共39人。

　　1997年7月规范编制组召开第一次全体成员工作会议，从此开始了《建筑抗震设计规范》GBJ 11—89的全面修订工作。在修订过程中共召开了三次全体成员工作会议和九次各章负责人会议。2001年7月20日建设部批准并与国家质量监督检验检疫总局联合发布《建筑抗震设计规范（GB 50011—2001）》（以下简称2001规范），自2002年1月1日起施行，其中52条为强制性条文。原《建筑抗震设计规范（GBJ 11—89）》以及《工程建设国家标准局部修订公告》（第一号）于2002年12月31日废止。至此，建筑抗震设计规范的修订历经四年终告完成。其中饱含各级行政领导、修编人员和无数关心本规范的工程技术人员的大量心血与贡献。

　　2001规范的内容较89规范有很大变化，共13章、11个附录，充分体现了技术先进、经济合理、安全适用、确保质量的原则。与89规范相比，删除了粉煤灰中型砌块、单排柱内框架、烟囱和水塔等有关内容，增加了配筋混凝土小砌块、钢筋混凝土筒体结构、高强和预应力混凝土结构、隔震和消能减震结构、多层和高层钢结构及非结构构件设计的抗震设计原则。

　　为了反映规范修订的科学依据以及在修订过程中修订组集体讨论与审定的修订建议和对某些问题的结论意见，充分发挥技术基础资料的作用，我们编写了这本凝聚着集体力量和智慧的《房屋建筑抗震设计》，即《建筑抗震设计规范》GB 50011—2001的主要背景材料。从内容上讲，它反映了规范征求意见稿的内容，但它比编制说明更详细更具体，可以使设计、施工、科研、教学人员深入了解规范修订的背景和演变。

　　本书在介绍建筑抗震设计有关规定的同时，也从一个侧面反映了在这个领域中从事研究和实际工作的国内外同行们的成就和经验，因此，它是集体劳动成果的结晶。在本次抗震规范修订工作中的主要成员有（按姓氏笔画）：

王亚勇　王迪民　王彦深　王骏孙　韦承基　叶燎原　刘惠珊　吕西林　孙平善　李国强
吴明舜　苏经宇　张前国　陈　健　陈富生　沙　安　欧进萍　周炳章　周锡元　周雍年
周福霖　胡庆昌　袁金西　秦　权　高小旺　容柏生　唐家祥　徐　建　徐永基　徐正忠
钱稼茹　龚思礼　董津城　赖　明　傅学怡　蔡益燕　樊小卿　潘凯云　戴国莹

本书汇入的主要作者们还有（按姓氏笔画）：

马东辉　方鄂华　王　理　王广军　王平山　王光远　王骏孙　冯　健　刘小弟　刘守华
龙　旭　吕　文　孙建华　李　瑛　李中锡　李庆钢　李英民　吴　斌　张毅斌　张锡云
肖　伟　汪颖富　宋智斌　杨　薄　杨树城　孟俊义　郭子雄　赵松戈　徐雯羌　徐厚军
程民宪　程绍革　曾德民　鲍霭斌　熊世树　潘　文　樊水荣　薛宏伟　薛彦涛

本书中内容若与规范的文本有出入，应以规范的文本为准。

本书编者谨向所有对本书出版做出过贡献的人们表示衷心的感谢。限于时间及编者的学术水平和表达能力，难免有错误和不妥之处，敬请专家们和读者们批评指正。

目 录

第一章 绪论	1
1.1 我国抗震设计规范的演变	1
1.2 2001抗震设计规范修订简介	8
1.3 2001抗震设计规范的审查意见	15
1.4 2001抗震规范试设计结果简介	18
第二章 抗震设防目标、依据和标准	25
2.1 引言	25
2.2 我国部分城镇地震烈度的概率统计分析	26
2.3 建筑抗震设计中地震影响的确定	34
2.4 建筑抗震设防分类原则及其设防标准	37
第三章 建筑结构抗震概念设计	41
3.1 引言	41
3.2 国外设计标准对抗震概念设计的规定	42
3.2.1 国际标准 ISO 3010	42
3.2.2 美国建筑统一规范 UBC 97	42
3.2.3 结构用欧洲规范 Eurocodes 8	46
3.2.4 日本建筑基准法 BSL	50
3.3 不规则建筑的判别和设计要求	50
3.4 对非结构构件的要求	52
3.5 结构计算分析要求	54
第四章 抗震建筑的场地条件	58
4.1 引言	58
4.2 场地分类和设计反应谱的特征周期	60
4.3 发震断裂对工程结构的影响	66
4.4 岩浆岩硬夹层场地的评价	83
4.5 液化判别和液化震陷	95
4.5.1 预估液化震陷经验公式	95
4.5.2 阪神地震的液化特点	101
第五章 结构抗震计算	107
5.1 引言	107
5.2 不同阻尼比和长周期的设计反应谱	109

5.3	用于时程分析的地震记录选择方法及其应用	114
5.4	结构的偶然偏心和地震扭转效应	124
5.5	基于概率的构件抗震验算表达式	132
5.6	建筑结构抗震变形验算限值	139
	5.6.1 层间弹性位移角限值	139
	5.6.2 层间弹塑性位移角限值	146
5.7	建筑结构静力弹塑性分析方法	152
	5.7.1 原理和计算实例	152
	5.7.2 分析方法的改进	159

第六章 混凝土结构抗震设计 167

- 6.1 引言 167
- 6.2 混凝土延性框架抗震设计方法 169
- 6.3 混凝土延性抗震墙的设计方法 183
- 6.4 框架梁柱组合件抗震性能试验和分析 189
- 6.5 延性混凝土剪力墙的试验和分析 199
- 6.6 单层钢筋混凝土柱厂房柱间支撑的抗震设计 204

第七章 砌体和砖混结构抗震设计 208

- 7.1 引言 208
- 7.2 带构造柱墙体抗震承载力验算方法 209
- 7.3 砖组合墙结构的设计方法 219
- 7.4 底部框架砖房托墙梁试验和分析 225
- 7.5 底层框架砖房抗震试验 232
- 7.6 底部两层框架砖房的抗震试验 238

第八章 钢结构抗震设计 244

- 8.1 引言 244
- 8.2 美日钢框架节点设计的改进 248
- 8.3 美国钢框架设计的改进 260
  - 8.3.1 北岭地震前后钢框架连接的试验 260
  - 8.3.2 SAC暂行指针：钢框架设计评述与修改 267
- 8.4 日本钢框架设计的改进 282
  - 8.4.1 钢结构梁端混合连接法 282
  - 8.4.2 《钢结构工程技术指针》的新工法 291

第九章 基于使用要求的结构抗震设计 301

- 9.1 引言 301
- 9.2 隔震与消能减震结构的设计 303
- 9.3 橡胶隔震支座力学性能试验 309
- 9.4 消能减震结构的设计 322
  - 9.4.1 基本设计方法 322

  9.4.2 粘滞阻尼消能减震体系 …………………………………… 331
 9.5 消能减震在抗震加固工程的应用 ……………………………… 340
 9.6 非结构构件的抗震设计 ………………………………………… 346
 9.7 建筑附属设备抗震设计的楼面谱 ……………………………… 352

第十章 有待进一步研究的建议 ……………………………………… 360
 10.1 抗震设计规范增补优化条款的建议 …………………………… 360
 10.2 场地条件对地面运动峰值加速度的影响 …………………… 365
 10.3 多高层钢结构弹塑性位移的实用计算 ……………………… 378

第一章 绪 论

1.1 我国抗震设计规范的演变

一、抗震设计发展的沿革

我国建筑抗震设计规范的发展，与国内大地震的发生、国民经济的发展以及国内抗震科研水平的提高有着十分密切的关系。

20 世纪 50 年代，鉴于当时的历史条件，除极为重要的工程外，一般建筑都没有考虑抗震设防。当时国家只作如下规定："在 8 度及以下的地震区的一般民用建筑，如办公楼、宿舍、车站、码头、学校、研究所、图书馆、博物馆、俱乐部、剧院及商店等均不设防。9 度以上地区则用降低建筑高度和改善建筑平面来达到减轻地震灾害"。

我国最早的建筑抗震设计标准的编制工作开始于 1959 年，由原中国科学院土木建筑研究所（现为中国地震局工程力学研究所）刘恢先教授主持，参照前苏联规范，提出《地震区建筑规范草案》；1964 年完成了《地震区建筑设计规范草案》（简称 64 规范），规定了房屋建筑、水工、道路桥梁等工程的抗震设计内容。这个草案虽未正式颁布施行，但对当时工程建设以及以后规范发展起到了积极的作用。

1966 年，华北发生了 M7.2 级的邢台地震，在京津地区抗震办公室的领导下，编制了《京津地区建筑抗震设计暂行规定》，作为地区性的抗震设计规定。此后，华北、西南、华南地区大地震频繁发生，根据地震形势和抗震工作的需要，1972 年原国家建委下达了规范编制任务，由有关设计、施工、科研单位和高等院校共同组成规范编制组，总结了邢台地震经验和当时国内外抗震科研成果，于 1974 年完成并由国家批准发布了全国第一本建筑抗震设计规范，即《工业与民用建筑抗震设计规范》（试行）TJ 11—74（简称 74 规范）。

1976 年 M7.8 级唐山大地震后，随即对 74 规范进行了修改，颁发了《工业与民用建筑抗震设计规范》TJ 11—78（简称 78 规范）。此后，开展了大量的、深入的抗震科研工作，分析总结了唐山地震的经验，积累了抗震设计实践经验，对 78 规范进行修订，完成并发布了《建筑抗震设计规范》GBJ 11—89（简称 89 规范），建筑工程的抗震设防范围从 7 度及以上扩大到 6 度。

建筑抗震设计规范的不断修订，标志着我国抗震科学技术水平的提高和经济建设的发展。近十多年来，国内外大地震的经验和丰富的工程实践要求并有可能适当提高结构的抗震安全性，再次推动了规范的修订。本文仅对 89 规范及以前的演变作简要介绍。

二、抗震设防目标

建筑的抗震设计，要有一个适当的设防目标。它应根据一个国家的经济力量、科学技术水平恰当地制定，并随着经济力量的增长和科学水平的提高而逐步提高。

我国 74 规范和 78 规范的设防目标是"保障人民生命财产的安全，使工业与民用建筑经抗震设防后，在遭遇相当于设计烈度的地震影响时，建筑的损坏不致使人民生命和重要设备遭受危害，建筑不需修理或经一般修理仍可继续使用"，通俗的说法叫做设计烈度下"裂而不倒"。74 规范与 78 规范的区别是：按 74 规范一般建筑的设计烈度比地震基本烈度降低一度，按 78 规范一般建筑的设计烈度与地震基本烈度相同。制定这个目标的依据是多年来，特别是 1966 年邢台地震以来的历次地震经验。我国城乡的房屋建筑相当大部分采用砖砌体结构，砌体结构属脆性材料结构，在强烈地震作用下，很难保证不产生一些破坏，但恰当地增加一些措施，就可以避免房屋倒塌，从而保障生命安全，抗震防灾的基本目标也就达到了。

随着科学研究水平的提高，地震危险性分析方法和抗震设计理论的进步以及地震经验的积累，89 规范对新建工程的抗震防灾要求是："小震不坏、中震可修、大震不倒"，并将大、中、小地震的水准建立在概率预测的基础之上。按我国的设计传统，一个地区的设防依据是"设防烈度"，即"中震"，大震和小震是相对于设防烈度而言，并非绝对意义的大震和小震。规范修订时，根据全国各地若干地区典型城镇的地震危险性分析，定出一个适当的超越概率，大体上使小震烈度为对房屋建筑有影响的地震中具有最大出现概率的烈度，大震的烈度高于设防烈度 1 度左右。按照这个大震的烈度水准，对于脆性材料的结构，着重在构造上采取措施，使结构遭遇到大震时虽可能有较重的破坏，但不致倒塌；而对于延性结构，则采取加强抗震薄弱环节、提高整体变形能力的办法避免倒塌。

三、地震区域划分

对一个地区的地震烈度水准进行标定，并提出地震区域划分的图件或文件，是工程抗震设计的基本依据。我国的地震区域划分，随着地震工程研究的发展不断改进。

20 世纪 50 年代，为解决重要工业建设的抗震设防依据，中国科学院地球物理研究所提出了许多城镇的地震基本烈度，并由国家基本建设委员会批准发布。1957 年 5 月、7 月和 1958 年 2 月，国家建委相继三批共确定了 298 个城镇的基本烈度，这是我国地震区划的先导。

20 世纪 70 年代，由原国家地震局组织所属有关单位编制了 300 万分之一的《中国地震烈度区划图》(1977)，并经国家有关主管部门批准，作为所有工程抗震设计的基本依据，为地震区的工程建设做出了贡献。这个区划图按地震基本烈度分为<6 度、6 度、7 度、8 度、9 度、≥10 度六个区域，其中，6 度及 6 度以上地区约占全国总面积的 60%，7 度及 7 度以上的城市约占全国城市总数的 45%。这个图件的编制，采用了我国自己的方法，建立在地震中、长期预报的基础上。它给出了从 20 世纪 70 年代起 100 年内一个地区在平均场地条件下可能发生的地震最大烈度。

唐山大地震以来的地震危险性分析研究表明，判断一个地区地震发生的可能性及其强烈程度，较好的方法是采用基于概率预测的方法。400 万分之一的《中国地震烈度区划图》(1990) 提供了 50 年超越概率 10% 的地震基本烈度区划。

在充分吸取国内外有关地震区划的最新科研成果的基础上，2001 年，中国地震局组织有关单位完成了 400 万分之一的国家标准《中国地震动参数区划图》，提供了 50 年超越概率10%的地震动峰值加速度和反应谱特征周期。

四、地震烈度和抗震设计取值

地震烈度指地震时一定地点的地震动强烈程度，是一种对地震发生后的灾害进行评定的宏观等级描述，包含了各种因素（包括场地、地基、结构等）影响的总后果。它本身不是一个物理量，需要通过地震烈度表以定量的物理标准代替宏观标志。

从20世纪50年代以来，我国一直以地震烈度作为抗震设防的指标。地震区域划分图按烈度划分；抗震设计规范的地震作用和抗震措施，也是以烈度作为设计依据，但在概念上与原来的烈度含义有所区别。区划图的烈度分区和抗震设计所用的地震作用估计均要有一个物理量与相应的烈度对应，这个物理量即地震峰值加速度。在我国64规范草案中，相应于7、8、9度的峰值加速度数值分别为重力加速度的7.5%、15%和30%；在74规范和78规范中，分别为重力加速度的10%、20%和40%；在20世纪90年代的中国地震烈度表则规定为重力加速度的12.5%、25%和50%。

20世纪80年代，国内有人赞成把地震区划和结构地震作用计算与烈度概念脱开，直接采用地震地面运动参数表示，犹如日本、美国、印度等国那样，不采用烈度作为区划图分区的办法，以免长期把衡量地震灾害后果的综合尺度与新建工程的抗震设计指标混为一谈；但也有人认为，地震烈度的采用有其历史性和习惯性，抗震设计依赖于宏观震害经验总结，在没有足够的地面运动参数记录时，还是沿用地震烈度为宜。为了兼收两者之长，并便于过渡，89规范采用了"双轨制"的办法：对一般的结构设计，仍采用以烈度表示的地震区划图，以基本烈度为基础；对完成了地震小区划的城市或工程项目，可以直接采用地震动参数作为设计依据。结构的抗震构造措施，还是用地震烈度加以区分，以便与地震灾害的经验有更直观的联系。

建筑工程的结构设计，从64规范草案到74规范、78规范，均采用"设计烈度"作为抗震设计依据。"设计烈度"是按各建筑的重要性，在基本烈度基础上予以调整得到的。它来自20世纪50年代前苏联规范的"计算烈度"，但"计算烈度"仅用于计算地震作用，而"设计烈度"则既用于地震作用计算又用于抗震措施。工程实际应用发现，这种规定使得设计烈度提高一度要成倍提高计算的地震作用，导致过高地估计地震的实际影响，加大建设资金的投入，甚至给设计带来困难。

因此，89规范引入"设防烈度"作为建筑工程的抗震设防依据。这样，一方面考虑到一个地区要有一个统一规定的基本烈度（例如，50年超越概率约10%的地震），另一方面又可以根据经济条件、社会影响等因素，对抗震设计采用的地震烈度做适当的调整，或者根据地震危险分析采用不同超越概率水准的地震。当新的地震区划对一个地区给出不同期限、不同概率水准的地震区划图时，结构的抗震设计也将过渡到按不同期限、不同概率水准的烈度（或地震动参数）来确定一个地区适当的设防烈度。

五、场 地 条 件

场地条件指的是工程所在地附近几百米以内土层、地形以及地下有无断层的情况。规范中包括场地选择、场地类别和地基土液化等。

1. 场地选择

建筑场地的选择在规范中得到反映，始于74规范。我国历次大地震都有下列直观的经验：在震害的高烈度地区中出现低烈度震害异常区，而低烈度地区中出项高烈度异常现象。这种现象包含了各种复杂的因素，有些目前还没有完全搞清楚，发现的某些规律还只是定性的而缺乏定量的依据。因此，74规范、78规范以至89规范对场地选择的规定是属于定性的。按照地形、地貌、土质条件、地震后果的估计等定性的描述，将场地区分为有利、不利和危险地段，并要求尽量选择对建筑工程抗震有利的地段，避开不利的地段，不宜在危险地段进行建设。

2. 场地分类

建筑场地的分类，我国在64规范草案中就提出按场地条件来调整设计反应谱，而不是调整烈度。这一认识早于美、日等国约10年，现在已成为技术发达国家抗震规范的通用方式。

64规范草案、74规范和78规范的场地类别按土层的岩性进行区分。其区别是，64规范草案称之为地基类别，按土层软硬分为四类；74规范和78规范则称为场地土类别，分为三类。从地基类别改为场地土类别，是考虑到场地条件影响范围的大小。场地指建筑群所在地，大体相当于厂区、居民小区和自然村的范围，场地土则指场地范围的地下岩土。Ⅰ类土上的场地土即属于Ⅰ类；Ⅱ、Ⅲ类土上的场地土则按场地范围内10~20m深度内的土层综合评定。当时规范考虑到没有恰当的定量指标可供参考，按四类划分的条件不够，故74规范和78规范只按三类划分。执行中，设计人员感到Ⅱ、Ⅲ类对应的设计反应谱差别太大，建议在Ⅱ、Ⅲ类之间增加一个分类级别。

在89规范修订过程中，认真研究了国内外的地震经验和工程抗震研究成果，认为按四类划分已具备条件，并提出按土层软硬和覆盖层厚度双因数确定场地类别。根据我国几个大、中城市的岩土工程地质勘察资料所提供的土层剪切波速资料和国外抗震规范的有关规定和研究成果，规定场地土的类型表示表层土的软硬程度，主要以平均剪切波速来划分，无剪切波速资料的一般工程仍可按岩土名称和性状进行场地土的类型划分；在划分场地时，除上述场地土的软硬程度外，还要考虑基岩以上覆盖土层厚度的影响，称之为场地类别。

3. 饱和土地基的液化

饱和土地基液化的问题，尽管我国在1964年就用试验证实粉土很容易液化，比美国类似研究约早5年，但在64规范草案中只提出地基失效的概念，并未对土的液化判别和处理作出规定。1966年邢台地震后液化问题引起了重视，制定74规范时，曾依据20世纪60年代8次地震中12幢房屋因砂土液化引起地基破坏的宏观实例及58个无建筑的地基土发生液化和未发生液化的实例，给出了地基砂土液化的经验判别式。74规范颁发后，经1974年海城地震和1976年唐山地震的震害检验，规范中的经验判别公式基本符合实际。在这两次地震中，不仅砂类土，而且粉土也发生液化现象。为此，78规范将液化判别公式推广应用于粒径大于0.005mm的颗粒占总重40%以上的饱和粉土。

随着资料的不断累积及对饱和土液化问题的深入研究，发现78规范规定有某些不足之处。为此，89规范修订时，对原有规定做了一些修改：① 新的规定将地基的液化判别分两步进行，第一步为初步判别，第二步为标准贯入试验判别，凡经过初步判别确定为不液化或无需考虑液化影响的地基，可不进行第二步判别。② 标准贯入判别时还要考虑震级和近、远震的影响。③ 凡经标准贯入试验判别确定为液化的地基，应进一步确定其液化等级。④ 存在液化土的地基，要根据不同的等级采取不同的抗液化措施。

六、地震作用和抗震验算

建筑结构遭受的地震影响，在 64 规范草案、74 规范和 78 规范的结构抗震分析计算中，统称为地震荷载，即把地震对建筑的作用视为一种等效的水平力，表示为建筑的质量与地震加速度反应的乘积。89 规范改称为地震作用，这是根据建筑工程术语、符号通用标准的规定，"荷载"仅指直接作用，而地震地面运动对结构施加的作用包括力、变形和能量反应等，属于间接作用。

20 世纪 50 年代前期，我国抗震设计以静力法为主，后期开始将反应谱理论引入抗震设计，地震作用计算由静力理论过渡到动力理论。尽管规范设计用的地震力远小于按实际地震记录的反应谱计算的地震力，但满足规范设计地震力要求的房屋建筑，在大地震发生时并不倒塌。抗震工程研究表明，其原因可能是多方面的，但主要是结构的非弹性吸能性质所致。因此，我国规范较早就提出用与结构延性吸能有关的系数，对弹性计算的地震力予以折减，以反映结构在地震作用下的非弹性性质。

在 64 规范草案中，以振型分解反应谱法作为规范估计一般建筑地震力的主要方法；对于计算简图可用竖立悬臂杆表示的刚性的砖砌体和框架结构，结构底部剪力 V_0 和楼层剪力 V_i 简化为：

$$V_0 = ck\beta_1 qG \tag{1-1-1}$$

$$V_i = V_0(1 - \varphi^2) \tag{1-1-2}$$

式中，c 为结构系数，取 $1/3$；k 为水平地震系数，7、8、9 度分别为 0.075、0.15、0.30；β_1 为对应于结构基本周期的动力放大系数，即弹性反应谱，最大值 3.0，最小值 0.6，按四类地基土确定，剪力系数 q 取 0.8；φ 为楼层高度与房屋总高度的比值。当时最后的计算结果虽没有实质性的改变，但引入的结构系数 c 却在概念上大大前进了一步。它是为了弥合弹性反应谱理论计算与客观实际和设计传统之间的差异，促进了工程结构采用反应谱理论进行抗震分析；它还向人们揭示了抗震设计的一个本质问题，即规范采用的设计地震力是经过折减的设计指标。在 74 规范和 78 规范，式 (1-1-1) 的 $k\beta_1$ 的乘积改为地震影响系数 α_1，7、8、9 度分别取 0.23、0.45 和 0.90；为了简化地震力计算，引入了底部剪力法，并将 64 规范草案中的结构系数 c 和剪力系数 q 发展为结构影响系数 C，综合考虑了结构和材料非弹性性质、计算方法简化等因素。

然而，这种对结构非弹性反应和抗震验算的考虑，存在着三个主要问题：一是结构的非弹性变形隐含在力和强度的表达式里，可能会给工程设计人员一个错觉，使设计人员用增强结构的强度而忽略了用提高变形、吸能能力来达到抗震的目的；二是规范所给出的结构影响系数是表示对结构有一个总体的延性要求，不能反映结构各个部件或节点，尤其是抗震薄弱部位的延性要求，实际震害和结构非弹性变形研究表明，结构往往由于局部延性的不足或局部屈服产生的塑性变形集中而导致严重破坏或倒塌；三是结构构件强度验算向基于概率可靠度理论的多系数承载力验算表达式发展，仅在结构进入弹塑性阶段才形成的折减的地震效应和一般的荷载效应是性质不同的作用效应，在承载力极限状态分析时不能勉强组合。

89 规范对此做了相应的改进，提出了二阶段设计方法：在结构承载力验算时采用低于基本烈度的弹性地震作用，按可靠度理论进行分析形成了多系数设计表达式，同时考虑不同材料和不同受力状态的工作特征，引入"承载力抗震调整系数"，总体效果与78规范相当；对一些地震时容易倒塌的延性结构，要求对其抗震薄弱层进行高于基本烈度的罕遇地震作用下的弹塑性变形验算。这样，把结构构件承载力验算与低于基本烈度的多遇地震下"不坏"相联系，把结构薄弱层变形能力的验算与高于基本烈度的罕遇地震下"不倒"相联系，抗震验算与抗震设防目标密切对应，工程概念清楚。此外，对建筑的竖向地震作用、抗震计算的时程分析法、上部结构与地基基础相互作用的影响以及地震扭转效应分析，89规范也提出了明确的要求。

七、抗震措施

结构的抗震计算分析和抗震措施是保证抗震安全不可分割的两种手段，由于地震地面运动的不确定性和复杂性，在抗震概念设计指导下的抗震措施是十分经济而有效的。在抗震设计规范中，有关抗震措施的条文和篇幅占了很大的比例。

20世纪60年代以前，我国几次大地震都发生在农村，对现代工程建设提供的直接震害经验较少，因此，64规范草案中房屋建筑的抗震措施部分不多。在1966~1975年期间，几次大地震影响了中、小城镇，对多层砖砌体房屋的抗震措施提供了震害经验。74规范抗震措施的条文占了规范条文总数的3/4。1976年的唐山大地震，直接发生在较大城市，并波及到天津、北京，对各类结构提供了震害经验。78规范抗震措施的条文仍占总数的3/4，但内容得到充实和改进。唐山地震以后，震害经验总结和国内的工程抗震研究取得了大量的成果，89规范抗震措施的内容大为丰富。其主要特点是：

1. 强调合理的抗震概念设计

抗震概念设计是根据震害经验得到的结构整体布置和细部构造的原则性要求。89规范首次明确提出：确定建筑体型时，平、立面布置规则、对称，竖向刚度、承载力、质量分布均匀连续，有利于结构抗震设防目标的实现；确定结构的抗侧力体系时，应符合多道防线的原则；整个结构要避免因局部削弱或突变形成抗震薄弱环节，产生过大的应力集中或塑性变形集中；确定结构构件的材料和细部构造时，要增加变形能力和吸能能力，防止脆性破坏；各个结构构件之间的连接可靠，加强结构整体性和稳定性；注意非结构构件的抗震性。

2. 多层砖房要限制高度并加强墙体的约束

限制多层砖房的总高度，是74规范开始提出的一个重要措施。限于当时的经济条件和认识水平，限制较宽。78规范吸取了唐山地震的教训，对无筋的多层砖房做了较严的高度限制。89规范提出"大震不倒"的明确目标，对无构造柱的多层砖房的总高度限制就更加严格：6度时不高于三层，7度时不高于二层。

采用钢筋混凝土构造柱提高多层砖房的抗倒塌能力，是78规范在总结唐山地震经验和参考国外经验提出的，构造柱与圈梁一起形成对砖墙体的约束，可以防止砖墙在裂缝发生后散落而丧失承载能力。89规范进一步明确了构造柱的约束作用，其设置要求更加严格和详尽，6度时不高于五层，7度时不高于四层，8度时不高于三层，至少需在房屋周边四个角部设置钢筋混凝土构造柱。

3. 装配式结构要特别加强整体性连接

混凝土柱单层厂房是一种全装配式结构，1974年海城地震以前，这类房屋的震害经验不多，74规范的有关规定较少。海城地震和唐山地震中，这类房屋倒塌很多，引起了注意，78规范增加了保证整体性的措施。89规范进一步明确，要加强屋面板之间、屋面板与屋架、屋架与柱子之间的连接，要加强屋盖支撑系统和厂房纵向柱间支撑系统的完整性，确保结构的整体稳定性。

鉴于厂房围护结构极易倒塌，78规范和89规范提出了围护墙同主体结构加强连接的构造要求。

4. 现浇混凝土结构要综合提高延性

随着地震灾害经验及国内外抗震试验研究资料的积累，钢筋混凝土结构的抗震措施不断丰富发展，要求合理设置防震缝、并尽量采用框架-抗震墙结构；逐步形成了合理选择构件尺寸、合理配置纵向钢筋和横向钢筋、避免剪切破坏先于弯曲破坏、混凝土压溃先于钢筋屈服以及钢筋锚固和粘结破坏先于构件破坏的细部构造。89规范还提出采用"抗震等级"体现综合抗震措施的设计手段。

对框架结构，74规范规定了柱的最小配筋率和梁柱连接构造；78规范补充了梁柱配筋构造，并增加了短柱抗剪验算的要求；89规范增加了梁柱构件的内力调整、柱轴压比限制和柱端箍筋体积配筋率的细部构造措施，使框架虽不能完全做到"强柱弱梁"，但能尽量延缓柱子的屈服，并使同一层的柱子不同时全部屈服。

填充墙框架结构在房屋建筑中应用较多，其抗震设计在74规范和78规范没有解决，89规范明确了采用粘土砖作为抗侧力填充墙的适用范围、刚度和承载力计算方法，以及墙体与框架连接构造的有关要求。

对混凝土墙体结构和框架-墙体结构，74规范和78规范规定很少，主要是墙体的最大间距和配筋的规定。89规范增加了墙体底部加强部位和设置边缘构件等提高延性的构造措施。还对框架-墙体结构中、框架部分承担的地震作用比例给予规定，并提出相应的构造要求，确保多道设防。

参 考 文 献

[1] 刘恢先. 工业与民用建筑地震荷载的计算. 建筑学报，8期，1961
[2] 刘恢先. 关于设计规范中地震荷载计算方法的若干观点和建议. 地震工程研究报告集. 第二集. 北京：科学出版社，1965
[3] 龚思礼. 建筑抗震设计规范简介. 抗震防灾对策. 郑州：河南科学技术出版社，1988
[4] 陈达生. 中国地震烈度表. 中国工程抗震研究四十年. 北京：地震出版社，1989
[5] 胡聿贤. 场地条件对震害与地震动的影响. 中国工程抗震研究四十年. 北京：地震出版社，1989
[6] 谢君斐. 土壤地震液化综述. 中国工程抗震研究四十年. 北京：地震出版社，1989
[7] 何广乾等. 建筑的二阶段抗震设计法. 中国工程抗震研究四十年. 北京：地震出版社，1989
[8] 工业与民用建筑抗震设计规范（试行）TJ 11—74. 北京：中国建筑工业出版社，1974
[9] 工业与民用建筑抗震设计规范 TJ 11—78. 北京：中国建筑工业出版社，1979
[10] 建筑抗震设计规范 GBJ 11—89. 北京：中国建筑工业出版社，1989

（中国建筑科学研究院　龚思礼　王广军）

1.2 2001 抗震设计规范修订简介

一、修订过程概述

经建设部标准定额司批准，由中国建筑科学研究院会同有关设计、勘察、研究和教学共 26 个单位，组成修订编制小组，参加人数共 42 人，于 1997 年 7 月召开第一次全体成员工作会议，讨论并通过了修订大纲，开始了《建筑抗震设计规范》GBJ 11—89 的全面修订工作。

1997 年 12 月和 1998 年 4 月召开了两次各章负责人的工作会议，形成修编讨论稿。

1998 年 6 月，召开第二次全体成员的工作会议，对"修编讨论稿"进行了认真讨论，经 1998 年 7 月各章负责人第三次工作会议讨论通过，于 1998 年 9 月形成"征求意见稿"，并发至广大勘察、设计、教学单位和抗震管理部门征求意见，其方式有四种：由地方抗震管理部门和建筑学会等协助，邀请勘察设计人员参加会议，当面征求意见和探讨；设计单位或抗震管理部门召开讨论会，形成书面材料提出意见；设计人员直接用书面材料提出意见；以及在有关刊物上发表的意见。累计共收集到千余条次意见。

此后，经过反复讨论及 1999 年 1 月、7 月、11 月各章负责人的三次工作会议研究，与有关规范的修订进行协调，对第 8 章（钢结构）又第二次征求意见，并于 1999 年 12 月进行了试设计工作。2000 年 4 月中旬召开各章负责人第七次工作会议和第三次全体成员工作会议，对试设计结果做了分析并进一步修改条文。最后，经第八次各章负责人工作会议讨论，提出了送审稿。

二、送审稿对 89 规范的主要改进

与 89 规范相比，送审稿的内容有较大的增加：

89 规范共有 11 章 39 节 7 附录 329 条；

送审稿共有 13 章 54 节 11 附录 507 条；并删去粉煤灰中型砌块、单排柱内框架、烟囱和水塔的有关内容。

1. 89 规范的基本规定

《建筑抗震设计规范》（GBJ 11—89）对建筑结构的抗震设计做了如下的基本规定：

（1）用三个不同的概率水准和两阶段设计体现"小震不坏、中震可修、大震不倒"的基本设计原则；

（2）以抗震设防烈度为抗震设计的基本依据，引入"设计近震和设计远震"，初步体现地震震级、震中距的影响；

（3）不同类型的结构需采用不同的地震作用计算方法；并利用"地震作用效应调整系数"，体现某些抗震概念设计的要求；

（4）按照建筑结构设计统一标准的原则，取消 78 规范的"结构影响系数"，通过"多遇地震"条件下的概率可靠度分析，建立了结构构件截面抗震承载力验算的多分项系数的设计表达式；

（5）把抗震计算和抗震措施作为不可分割的组成部分，强调通过概念设计，协调各项

抗震措施,实现"大震不倒";

(6) 砌体结构需设置水平和竖向的延性构件形成墙体的约束,以防止倒塌;

(7) 钢筋混凝土结构需确定其"抗震等级",从而采取相应的计算和构造措施;对框架结构还要求控制"薄弱层弹塑性变形",通过第二阶段的设计防止倒塌;

(8) 装配式结构需设置完整的支撑系统,采取良好的连接构造,确保其整体性。

2. 建筑结构抗震设防依据和场地地基设计要求的改进

(1) 结构抗震设防依据的改进

中国地震烈度区划图(1990)规定,在50年内超越概率为10%的地震,分为5个不同的等级,即≤5度、6度、7度、8度和≥9度。抗震设计时,与设防烈度对应的设计基本加速度值,6、7、8、9度分别为重力加速度的5%、10%、20%和40%。

正在编制的地震动参数区划图,标准场地50年超越概率为10%的峰值加速度,分为7个等级,即<$0.05g$、$0.05g$、$0.1g$、$0.15g$、$0.2g$、$0.3g$和≥$0.40g$。同时,考虑震级、震源机制和震中距的影响,标准场地阻尼比为0.05的加速度反应谱的特征周期,将分别取0.35s、0.40s和0.45s三档。

于是,当按地震动参数进行抗震设计时,抗震设防依据将有21个不同的分档,对结构未来所遭遇的地震作用的估计,将更为可信。

(2) 建筑场地类别划分的局部调整

89规范首次引入场地剪切波速和场地覆盖层厚度,做为划分场地类别时所考虑的两个因素。场地类别划分方法的主要不足是:

1) 多层土的剪切波速采用以厚度为权的平均方法,不能使多层土与匀质土层等效,平均的物理意义不够清楚。

2) 各层土质和剖面顺序完全相同仅覆盖层厚度不同的两个场地,在覆盖层厚度较小时,可能会出现场地条件好的反而划为较不利的类别。例如,第一层为淤泥,实测波速为100m/s,厚度8m;第二层为密实的粘土,实测波速为280m/s,A场地厚度2m,B场地厚度9m;第三层为波速大于500m/s的碎石土。则A场地为Ⅲ类,B场地反而为Ⅱ类。

3) 剪切波速和覆盖层厚度处于不同类场地的分界附近时,实测误差可使场地判断不同。

为此,关于场地划分方法提出下列修改(参见修改示意图1-2-1):

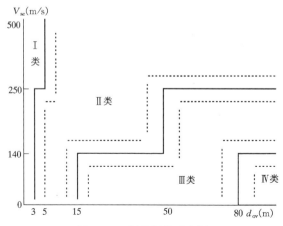

图1-2-1 场地划分示意图

1) 修改剪切波速的平均方法，改为以走时为权的平均，称为等效剪切波速，即多层土与匀质土在剪切波速的传播时间上等效。

2) 适当调整不同类别场地的分界。

3) 对波速和覆盖层厚度处于不同类场地分界附近的情况，例如，在场地分界线附近相差±15％的范围内，计算结构地震作用时，允许对反应谱特征周期内插取值。

(3) 岩土勘察和基础抗震设计要求的改进（表 1-2-1）

表 1-2-1

项　目	89 规范	送 审 稿
危险地段	发震断裂带应考虑错动	发震断裂带在避让距离外不考虑错动
不利地段	提供岩土稳定性评价	提供岩土稳定性评价，考虑地震作用放大
液化判别	Q_3 以前不液化 液化判别深度 15m	Q_3 以前冲积砂土粉土不液化 液化判别深度改为 20m
液化处理	处理后液化指数≤4	乙类处理后的液化指数≤3，倾斜场地的液化处理，复合地基的换算锤击数
软土地基	综合考虑桩基、地基加固和上部结构处理	同 GBJ 11—89，增加考虑软土震陷的方法
桩基	仅规定不验算范围	增加桩抗震承载力（非液化、液化）和构造

3. 结构抗震分析的改进

(1) 提出了长周期和不同阻尼比的设计反应谱

随着高层建筑高度的不断增加，以及高层钢结构、隔震消能结构的出现，89 规范的设计反应谱已经不能适应建筑结构发展的需要。而且，随着地震动参数区划中关于特征周期的规定，89 规范关于"设计近震和设计远震"的概念也需要加以发展。

修订后，设计反应谱的范围由 3s 延伸到 6s，分上升段、平台段、指数下降段和倾斜下降段四个区段。一般结构阻尼比为 0.05，在 $5T_g$ 以内与 89 规范相同，从 $5T_g$ 起改为倾斜下降段，斜率为 0.02，保持了规范的延续性。

对阻尼比 ζ 不等于 0.05 的结构，设计反应谱在阻尼比 $\zeta=0.05$ 的基础上调整：

平台段的数值乘以 $1+(0.05+\zeta)/(0.06+1.4\zeta)$；

指数下降段的指数，由 0.9 改为 $0.9+(0.05-\zeta)/(0.5+5\zeta)$；

倾斜下降段的斜率，由 0.02 改为 $0.02+(0.05-\zeta)/8$。

(2) 建筑结构分析模型的规定

送审稿增加了对于结构分析的规定。主要包括：

弹性分析和弹塑性分析的要求。

当侧移附加弯矩大于水平力作用下构件弯矩的 1/10 时，应考虑重力二阶段效应。

按楼盖刚度、扭转效应等区别对待，划分平面结构和空间结构分析。

新增对计算软件的要求和对电算结果的分析判断。

(3) 建筑结构地震作用取值的控制

本次修订，从特征周期、最小地震力、偶然偏心和双向水平地震等四个方面来控制建筑结构的地震作用取值：

Ⅰ、Ⅱ、Ⅲ类场地特征周期将比89规范增大0.05s,总体上提高了中等高度房屋和单层厂房的地震作用,使量大面广的一般结构的抗震安全性有一定的提高,符合当前提高设计安全性的呼声。

长周期结构,按加速度反应谱计算的地震作用明显减少,由于未考虑强地面运动速度和位移施加于结构上的作用,可能是不安全的。为此,提出按烈度、扭转效应等分级控制,不仅控制底部总地震作用力,而且控制每个楼层的地震作用力。当结构基本周期不大于3.5s或扭转效应明显时,楼层剪力系数应不小于$0.2\alpha_{max}$,其他情况,7、8、9度剪力系数分别不小于0.012、0.024和0.04。

震害经验和强震记录分析认为:实际地震地面运动是同时具有平动、扭转和上下分量的,对于对称且抗侧力构件正交的结构,可简化为两个主轴方向分别考虑地震作用,但需要考虑实际结构偶然偏心和地震自身的扭转作用,将边榀结构的地震内力适当增大1.05~1.3倍;对于非对称结构或抗侧力构件斜交的结构,必需考虑两个主轴方向同时施加地震作用。至于两个方向的地震作用效应组合,取一个方向100%,另一正交方向85%的"平方和方根组合"。如

$$S = \sqrt{S_x^2 + (0.85S_y)^2}$$

(4) 结构弹塑性变形验算的新规定

近几年来,高层建筑和新结构体系增多,相应的研究也取得一定的成果,本次送审稿规定的弹性层间变形的控制值,不仅是楼层质心处的、而且是楼层最大的层间位移。除了以弯曲变形为主的高层建筑外,小震下的弹性层间位移限值是:

钢筋混凝土框架	1/550
钢筋混凝土框架-抗震墙,内筒-外框	1/800
钢筋混凝土抗震墙,筒中筒,钢筋混凝土框支层	1/1000
多、高层钢结构	1/300

不规则结构、超高层结构、隔震和消能结构均需进行弹塑性层间变形验算。其中,对排架、框架、隔震消能结构、甲类建筑和高层钢结构的要求为"应",其余为"宜"。层间变形可采用静力的弹塑性计算方法,即所谓推覆(push-over)方法予以简化。除了新增多层钢结构弹塑性变形简化计算的增大系数外,各类结构大震下弹塑性层间位移限值是:

钢筋混凝土排架	1/30
钢筋混凝土框架	1/50
钢筋混凝土框架-抗震墙,内筒-外框,底框砖房	1/100
钢筋混凝土抗震墙,筒中筒,钢筋混凝土框支层	1/120
多、高层钢结构	1/50

4. 提出增加建筑结构延性的设计要求

(1) 不规则结构的抗震概念设计

1999年台湾9.21大地震的经验表明,凡骑楼、底层层高加大、二层悬挑、楼板中空等不规则结构,地震破坏严重。送审稿增加了沿平面和沿高度布置的规则界限,并明确规定某些不规则的上限。表1-2-2和表1-2-3分别是平面不规则和竖向不规则的定义,表1-2-4是不规则结构的设计要求。

平面不规则布置的定义   表 1-2-2

项　目	不　规　则　的　定　义
扭　转	端部层间位移 U_{max} 大于两端弹性层间位移平均值 U_0 的 1.2 倍
凹凸角	局部凸出或凹进的尺寸大于该方向总尺寸的 30%
楼板不连续	缩进或开洞后的板宽小于该方向典型板宽的 1/2，或洞口面积大于该层楼板面积的 1/3，错层

竖向不规则布置的定义   表 1-2-3

项　目	不　规　则　的　定　义
刚度突变	层侧向刚度小于相邻上层 0.7，或小于其上三层平均值的 0.8
构件间断	柱、抗震墙、抗震支撑承担的地震力由转换构件向下传递
强度突变	楼层受剪承载力与相邻上层受剪承载力之比（ζ_y 比）<0.8

不规则布置的设计要求   表 1-2-4

项　目	设　计　要　求
平面不规则，竖向规则	考虑扭转、楼盖变形的空间结构分析，$U_{max}<1.5U_0$
平面规则，竖向不规则	$1.15F_{Ek}$，不落地构件的地震内力取 1.5 倍，ζ_y 比>0.65
平面和竖向均不规则	同时满足上述要求

(2) 钢筋混凝土框架结构的内力调整和构造

1) 弱化了房屋高度对抗震等级的影响。钢筋混凝土结构的抗震等级划分中，对房屋高度的分界适当调整，使同一结构类型、相同高度的房屋，在不同烈度下有不同的抗震等级；而且在高度分界附近允许对抗震等级做些调整。

2) 强柱弱梁、强剪弱弯的概念设计，需按构件截面实际承载力的不等式控制。89 规范从实用的角度，综合了安全、经济和合理诸方面的考虑，在截面实际配筋面积不超过计算配筋量 10% 的情况下，将实际承载力不等式转换为内力和抗震承载力的验算表达式。

考虑到实际配筋往往超过计算值的 10%，送审稿提高了增大系数的数值，仅在 9 度和一级的框架中保留按实际配筋验算的要求（表 1-2-5）。

内力调整系数   表 1-2-5

	强柱弱梁和柱强剪	梁强剪	墙强剪	核芯
9 度等	按实际配筋验算			
其他一级	1.4	1.3	1.6	1.35
二级	1.2	1.2	1.4	1.2
三级	1.1	1.1	1.2	1.1

3) 对框架柱轴压比控制给出了放松的条件。按 89 规范控制轴压比，柱子的截面尺寸往往取决于轴压比，不仅因截面较大影响了使用要求，而且其纵向钢筋和箍筋均由最低的构造要求控制，抗震性能并不高。为此，综合考虑结构中抗震墙数量、柱子剪跨比、箍筋构造和在整个结构中所处的部位，修订了钢筋混凝土柱的轴压比控制值：

对框架-抗震墙结构、框架-筒体结构，其框架柱的轴压比限值可增加 0.05；

当采用井字复合箍、复合螺旋箍或连续复合矩形螺旋箍时,按轴压比增加量相应提高体积配箍率后,各类框架柱的轴压比限值可增加 0.10;

当在柱截面的中部另加纵向钢筋,其截面不少于柱截面面积的 0.8%,各类框架柱的轴压比限值可增加 0.05。

4) 柱体积配箍率改用配箍特征值控制。随着各类建筑结构的发展,混凝土和箍筋的强度等级均有较大的变化,规定直接按配箍特征值 λ_v 的要求设置柱加密区的箍筋。即

$$\rho_v = \lambda_v(f_c/f_{yv})$$

(3) 钢筋混凝土抗震墙结构设置边缘构件的要求

底部加强部位需根据其轴向压力的大小采取不同的构造要求,并且需要控制墙最大轴压比。底部加强部位以上,墙的轴压比不得大于底部加强部位。为了简化,墙的轴压比计算仅考虑重力荷载代表值作用下整个墙肢的平均值。

一、二级墙体的底部加强部位,墙体在重力荷载下的平均轴压比控制如表 1-2-6。

表 1-2-6

边缘构件类型	9度	8度一级	二级
设置约束边缘构件后的平均轴压比上限	0.40	0.50	0.60
仅设置构造边缘构件的平均轴压比上限	0.10	0.20	0.30

当设置构造边缘构件时,暗柱取一倍墙厚和 400mm 的较大值;抗震等级二级时,纵筋 4φ14,箍筋 φ8,间距 150mm。

当轴向力超过构造要求的上限时,需设置约束边缘构件,暗柱范围由计算确定,且不小于 1.5 倍墙厚和 450mm 的较大值,箍筋需按配箍特征值 λ_v 控制:轴压比为约束边缘构件下限时,取 0.10,轴压比为约束边缘构件上限时,取 0.20。

(4) 砌体结构总高度和构造柱设置的改进

1) 砌体房屋使用范围的控制仍保持层数和总高度双控。增加坡屋面及带半地下室的总高度的计算方法。

2) 根据试验研究成果,在严格控制侧移刚度比、提高底部混凝土墙体和过渡层砖墙延性的基础上,底部的框架-抗震墙可有两层,总高度可与普通砖房相同。

3) 结合实际工程的需要,进行了一批试验和有限元计算分析,发现在一个墙段内设置多个构造柱、芯柱时,如构造柱间隔小于层高,这种约束砌体的抗震性能有较明显的提高,可适应开间较大和高度较高的砌体房屋的抗震设计要求。

4) 近来,混凝土小砌块的质量和工艺有很大改进,提高设置芯柱的要求后,房屋的层数和总高度可与普通砖房相同。

5. 新增若干类结构的抗震设计原则

(1) 配筋混凝土小砌块房屋

根据试验研究和试点工程的经验,参照国外有关规定,增加了配筋混凝土小砌块房屋抗震设计的要求。包括适用最大高度、最大高宽比、结构布置、承载力计算、墙体构造、圈梁和楼盖等设计要求。

(2) 钢筋混凝土筒体结构

框架-核心筒体系的楼盖宜采用梁板结构。对设置水平加强层应慎重处理：9度时不宜采用；低于9度时，加强层的墙、梁或桁架应贯通核心筒，与外框架宜弱连接，注意整体分析时刚度的合理取值，施工时尚需考虑温度和轴向变形影响。

筒中筒体系的构件选型，外框筒梁柱的线刚度宜接近，柱子的轴压比和角部的框筒梁剪压比需严格控制，内、外筒墙体的剪压比也需控制；内筒在大梁支座处需设置暗柱。

(3) 高强混凝土和预应力混凝土结构

对混凝土强度超过C55的钢筋混凝土结构，规定了梁、柱配筋要求、柱轴压比要求和抗震验算时的承载力折减系数。

对预应力结构，规定无粘结的预应力筋仅适用于采用分散配筋的连续板和扁梁结构，主要用于满足构件的挠度和抗裂度要求；桁架下弦拉杆和悬臂大梁等主要承重构件不得采用无粘结预应力。

应设置足够的非预应力筋保证必要的吸能能力。

抗震设计的预应力筋应在节点核芯区以外锚固；主楼和裙房不宜共用预应力筋。

(4) 高层和多层钢结构

高层钢结构适用于高度在300m以下且高宽比不大于6.5的结构。

结构布置上，需根据烈度和房屋高度的不同，选择合理的结构体系，包括内藏钢板抗震墙、有消能梁段的偏心支撑和筒体体系等；楼板宜用组合楼板。

抗震分析时，小震验算时高层钢结构的阻尼比宜取0.02，并考虑节点域变形对结构侧移的影响；注意节点域和各种连接件的验算。

按照概念设计的要求进行强柱弱梁的调整，以及支撑内力、消能梁段及其相连框架梁柱内力的调整；还需进行小震下层间弹性位移角和大震下弹塑性位移角的验算。

抗震构造上，要使各种连接能传递地震作用力；要控制梁、柱、支撑的杆件长细比和板件的宽厚比，合理选用杆件的截面形式；在杆件可能出现塑性铰的截面处，上下翼缘均需设置侧向支撑。

根据最新的震害经验，还专门规定了现场焊接的细部构造要求、柱脚的连接方式等。

对多层民用钢结构和多层钢结构厂房，送审稿也作了相应的规定。

(5) 隔震结构

设置隔震层以隔离地震能量，是一种新型的结构体系，送审稿提出下列基本设计要求：

隔震层以上结构部分的使用要求应高于非隔震建筑。现阶段，主要用于高烈度区、剪切变形为主、基本周期小于1.0s且场地类别为Ⅰ、Ⅱ、Ⅲ类的结构。

隔震结构应进行大震下的弹塑性变形验算。

隔震层以上结构的动力特性，应根据隔震垫的动态刚度和阻尼计算；水平地震作用可根据隔震前后结构周期的比值，比非隔震结构有所降低，但竖向地震作用力不减少。对丙类建筑，构造措施也可适当降低要求。

隔震垫应保证其耐久性和地震后的复位性，在大震下不宜出现拉应力，且水平位移应控制在容许值内。

隔震层以下的基础，应保证大震下不致破坏。

(6) 消能结构

在建筑结构中设置消能器以吸收和耗散地震能量，是基于性能要求抗震设计的一种结构。送审稿提出如下的原则性要求：

消能减震结构的使用要求应高于非消能结构。

消能部件可由消能器及配套的斜撑、墙板、梁柱节点等组成，应能通过局部变形提供附加阻尼来减震。消能器可采用速度相关型、位移相关型或其他类型。其有效刚度和阻尼与振动周期有关时，宜取相应于结构基本自振周期的数值。

消能设计的关键是根据预期的结构位移（中震下或大震下的控制位移要求）选择所需的附加阻尼，并进行结构的非线性位移验算。

除设置消能装置的部位外，其余的计算和构造，与非消能结构基本相同。

（7）非结构构件抗震设计

明确非结构的抗震设计应由其他专业的设计人员承担。

归纳了 89 规范各章对非结构构件抗震构造的有关规定，并提出非结构构件地震作用计算的原则——等效侧力法和楼面谱方法。

三、征求意见的情况

截至 1999 年元月，先后在新疆、陕西、辽宁、福建和云南共举行五次征求意见座谈会，到会数百人次；并收到书面材料 80 件。累计约收到 1500 条（次）意见。1999 年 8 月钢结构第二次征求意见，又收到 7 件 108 条（次）意见。

各章收到的意见数量如下：

第 1～3 章	160 条次	第 4 章	65 条次
第 5 章	90 条次	第 6 章	300 条次
第 7、10、11 章	200 条次	第 8 章	220 条次
第 9 章	50 条次	第 12 章	35 条次
第 13 章	30 条次	文字修改及其他	450 条次

总的认为，修订后比 89 规范增加了许多内容，反映了我国抗震科研的新成果和工程实践的经验，吸取了一些国外的先进经验，更加全面、更加细致、更加科学，必将把我国抗震设计水平提高一步。也标志着建筑标准的修编走上正常化、规范化的轨道。

由于我国建筑结构的抗震能力总的较低，建议能从总体上逐步从设计规范的要求和手段上予以提高，以减轻震害。

修订编制组经过反复认真讨论，对所收集到的意见进行了归纳和处理。

（抗震规范修订组）

1.3　2001 抗震设计规范的审查意见

由建设部标准定额司下达的国家标准《建筑抗震设计规范》修订送审稿审查会，于 2000 年 11 月 22 日至 25 日在天津蓟县召开。受建设部标准定额司委托，会议由建设部抗震办公室主持，并成立了审查会议的领导小组，建设部标准定额司齐骥司长和勘察设计司司长兼抗震办公室主任林选才同志到会作了重要讲话。参加会议的有审查委员28人和规范编制组的成员36名（见附件一）。

会上，编制组介绍了编制过程和主要修订内容，与会审查委员对规范送审稿进行了逐章逐条的审查，个别因故未能到会的审查委员送来了书面意见。经过认真讨论，对规范修订送审稿提出下列审查意见：

一、同意规范送审稿在以下方面对现行规范的改进

1. 新增的设防烈度与设计地震动参数接口，可便于进行抗震设计。

2. 剪切波速改用以走时为权的平均，使多层土与匀质土在剪切波速的传播时间上等效，局部调整了不同类别场地的分界，使场地类别划分更为合理；新增加的发震断裂避让和桩基抗震验算方法。

3. 适应高层建筑、隔震消能结构的发展，提出的长周期和不同阻尼比的设计反应谱，以及对于结构分析规定的改进，包括：对计算软件的要求和对电算结果的分析判断；弹塑性变形分析的要求；时程分析法输入地震波、扭转效应、最小地震作用控制等。

4. 新增加的沿平面和沿高度布置的规则界限、某些不规则的上限和进一步强调结构的抗震概念设计的重要性。

5. 对钢筋混凝土结构抗震等级划分的调整，体现概念设计的内力调整系数值的增大，以及放松框架柱轴压比要求的新措施和抗震墙设置约束边缘构件的规定，有助于提高钢筋混凝土结构的延性。

6. 继续严格控制砌体结构总高度和层数的同时，在改进底框砖房和混凝土小砌块房屋抗震设计的基础上，将总高度和层数放宽到与普通粘土砖房相同，改进大开间砖房的抗震设计。

7. 新增若干类结构的抗震设计原则，包括配筋混凝土小砌块房屋、钢筋混凝土筒体结构、预应力混凝土结构、高层和多层钢结构、隔震和消能减震结构，以及非结构构件抗震设计原则。

会议认为，修订后的抗震设计规范，吸取了近年来国内外大地震震害经验、工程抗震科研新成果和工程设计的经验，达到结构抗震安全度适当提高的要求。规范结合国情，技术先进，试设计也表明有较好的可操作性。并采纳了国际上有关抗震规范的合理规定，总体上达到抗震规范的国际先进水平。

二、建议对送审稿在以下几个方面进行修改

1. 附录A要在《中国地震动参数区划图》的基础上明确各县级城镇的设计基本地震加速度和地震影响系数特征周期的分区，以利设计单位使用，并在总则中作相应的规定。

2. 低烈度区软土场地的地震作用放大现象确实存在，考虑到这个问题涉及的因素较复杂，对结构抗震设计的影响面较大，建议再多收集一些资料，抓紧研究，充分论证后，通过局部修订纳入。

3. 钢结构一章，内容上要适当精简，编排上要与其他章节相称，某些重要的设计指标的取值根据审查会建议进一步研究确定。

4. 隔震结构一章，要适当压缩。建议进一步明确其竖向抗震设计要求。

1.3 2001抗震设计规范的审查意见

5. 附录B配筋混凝土小型砌块房屋的适用范围要严格控制，并加强抗震措施，使其抗震安全性可接近于类似的钢筋混凝土剪力墙结构。

6. 剪力墙边缘构件的构造规定，应作进一步简化。

会议一致通过送审稿，同意编制组按上述意见完成修改后，上报建设部标准定额司审批发布。

三、列入《强制性条文》的条文编号

修编送审稿中，同意列入《强制性条文》的内容及文字按本次会议的审查意见修改后，可以按有关规定上报审批。

《建筑抗震设计规范》（修订）审查委员会

2000年11月25日

附件一

参加《建筑抗震设计规范》审查会审查委员人员名单

	姓 名	单 位	职称、职务
主 任	徐培福	建设部科学技术委员会	教授、常务副主任
副主任	陈厚群	中国水利水电科学研究院 工程抗震研究中心	教授级高工、工程院院士 中心主任
副主任	吴学敏	建设部建筑设计研究院	教授级高工、总工
委 员	赵熙元	重庆钢铁设计研究院	教授级高工、技术顾问
委 员	王余庆	冶金部建筑研究总院	教授级高工
委 员	刘晶波	清华大学土木系	教授
委 员	刘伟庆	南京建筑工程学院	教授、院长助理
委 员	刘树屯	航空工业规划设计研究院	研究员、设计大师
委 员	刘志刚	建设部建筑学会抗震防灾分会	高工、副理事长
委 员	张敏政	中国地震局工程力学研究所	研究员
委 员	林立岩	辽宁省建筑设计研究院	教授级高工、总工
委 员	高孟潭	中国地震局地球物理研究所	研究员、副所长
委 员	魏琏	中国建筑科学研究院深圳分院	教授
委 员	尹之潜	中国地震局工程力学研究所	研究员
委 员	焦军	云南省建设厅抗震防震处	主任、高工
委 员	顾宝和	建设部勘察研究设计院	研究员、顾问总工
委 员	程懋堃	北京市建筑设计研究院	教授级高工、顾问总工
委 员	汪大绥	上海现代集团华东建筑设计研究院	教授级高工、常务总工
委 员	窦南华	中国建筑东北设计研究院	教授级高工、总工
委 员	仲圮	邮电部北京设计院	教授级高工、高级技术顾问

续表

	姓名	单位	职称、职务
委员	莫庸	甘肃省工程设计研究院	教授级高工、总工
委员	唐岱新	哈尔滨工业大学土木工程学院	教授
委员	裘民川	机械工业部设计研究院	高工、副处
委员	蒋纯秋	北京煤炭工业设计院	教授级高工、处长
委员	崔鸿超	冶金部建筑研究总院	教授级高工、顾问
委员	苏应麟	云南省设计院	高工
委员	何玉敖	天津大学土木系	教授
委员	夏敬谦	中国地震局工程力学研究所	研究员
委员	刘大海	中国建筑西北设计研究院	教授级高工

参加《建筑抗震设计规范》审查会的建设部主管部门人员名单

姓名	单位	职称、职务
齐骥	建设部标准定额司	司长
林选才	建设部勘察设计司	司长兼抗震办公室主任
曲琦	建设部抗震办公室	处长
贾抒	建设部抗震办公室	副处长
卫明	建设部标准定额司	副处长
陈国义	建设部标准定额研究所	副处长

1.4 2001抗震规范试设计结果简介

针对修订的情况，2001抗震规范共进行了10个工程项目的试设计：

1. 6层8度和7层7度的多层砖房；
2. 6层8度横墙较少（最大开间6.3m）的多层砖房；
3. 6层7度的底层框架砖房；
4. 7层7度的底部两层框架砖房；
5. 6层7度的混凝土空心小型砌块房屋；
6. 9层7、8度的钢筋混凝土框架房屋；
7. 22层7、8度的钢筋混凝土框架-抗震墙房屋；
8. 38层8度的钢结构房屋；
9. 4层8、9度的隔震砖房；
10. 4层9度和7层8度的隔震框架房屋。

试设计的场地类别为Ⅱ～Ⅳ类，除按89抗震规范和修订的抗震规范做比较外，部分项目还对活荷载的取值按GBJ 9—87建筑结构荷载规范和正在修订的荷载规范作了对比。对本次修订新增加的结构类型，也尽可能与类似结构的设计作对照。

一、多层砖砌体房屋（新疆建筑设计研究院）

1. 试设计工程概况

工程选用标准单元住宅楼的一个单元，长16.8m，宽8.4m。场地类别Ⅱ类，设防分类为丙类，现浇钢筋混凝土楼盖，外墙厚度为370mm，内墙厚度为240mm。按以下三种方案进行试设计：

方案一：8度设防，总层数为6层，居室活荷载按$1.5kN/m^2$取值，基本雪压为$0.75kN/m^2$，砂浆强度等级：1、2层为M10，3、4层为M7.5，5、6层为M5。

方案二：8度设防，总层数为6层，居室活荷载按$2.0kN/m^2$取值，基本雪压为$0.8kN/m^2$，砂浆强度等级：1、2层为M10，3、4层为M7.5，5、6层为M5。

方案三：7度设防，总层数为7层，居室活荷载按$2.0kN/m^2$取值，基本雪压为$0.8kN/m^2$，砂浆强度等级：1、2、3层为M5，4~7层为M2.5。

2. 主要计算结果

各方案的试设计结果均满足要求。方案二比方案一的等效重力荷载仅增加0.8%，对抗震计算结果无影响。

二、横墙较少的多层砖砌体房屋（辽宁省建筑设计研究院）

1. 试设计工程概况

工程选用6层大开间住宅，建筑面积为$2606m^2$，长36.2m，宽11.9m，除顶层层高为3.0m外，其余各层层高为2.8m，总高度为17.6m，最大开间为6.3m。

场地类别Ⅱ类，抗震设防烈度为8度，设防分类为丙类，基本风压为$0.5kN/m^2$，基本雪压为$0.4kN/m^2$，纵横墙共同承重，现浇钢筋混凝土楼屋盖，活荷载按GBJ 9—87取值。

砌体材料的强度等级砖为MU10，砂浆：1、2层为M10，3、4层为M7.5，5、6层为M5。

2. 试设计中发现主要问题

未考虑墙体中设置的钢筋混凝土柱对墙体承受竖向荷载承载力的提高，造成部分墙体竖向承载力不足。

3. 主要经济指标

经济分析按辽宁省建筑工程预算定额，工程结构造价为178.02元/m^2（直接费），主要材料消耗指标如表1-4-1。

表1-4-1

名称	钢筋（kg/m^2）	水泥（kg/m^2）	木材（m^3/m^2）	砖（m^3/m^2）
指标	14.5	80.48	0.006	0.28

三、底层框架砖房（辽宁省建筑设计研究院）

1. 试设计工程概况

工程选用6层底框住宅，建筑面积为$2287.49m^2$，长36m，宽9.9m。除首层层高为

3.9m 和顶层层高为 3.0m 外,其余各层层高为 2.8m,总高度为 18.4m。

场地类别Ⅱ类,抗震设防烈度为 7 度,设防分类为丙类,基本风压为 $0.5kN/m^2$,基本雪压为 $0.4kN/m^2$,首层为现浇钢筋混凝土楼盖,其余为预制楼屋盖。外墙厚度为 370mm,内墙厚度为 240mm。

砌体材料的强度等级砖为 MU10,砂浆:2 层为 M10,3、4 层为 M7.5,5、6 层为 M5。框架柱、抗震墙、框架梁和现浇楼板的混凝土强度等级为 C30。

试设计时按以下两种方案进行:

1) 方案一:居室活荷载按 $2.0kN/m^2$ 取值,计算方法按抗震规范试设计用稿;
2) 方案二:居室活荷载按 GBJ 9—87 取 $1.5kN/m^2$,计算方法按 89 抗震规范。

2. 试设计的结果均满足要求。

第 2 层抗侧力刚度与第一层抗侧力刚度的比值:X 方向约为 1.5,Y 方向约为 1.0。

3. 主要经济指标

经济分析按辽宁省建筑工程预算定额,工程结构造价为 177.69 元/m^2(直接费),主要材料消耗指标如表 1-4-2。

表 1-4-2

名称	钢筋（kg/m^2）	水泥（kg/m^2）	木材（m^3/m^2）	砖（m^3/m^2）
方案一	18.59	71.12	0.007	0.2135
方案二	19.03	70.39	0.007	0.2259

四、底部两层框架砖房（辽宁省建筑设计研究院）

1. 试设计工程概况

工程选用 7 层的底部两层框架房屋,建筑面积为 2692.18m^2,长 36m,宽 9.9m,层高:首层为 3.2m,2 层为 3.6m,3～5 层为 2.8m,顶层为 3.0m,总高度为 21.3m。

场地类别Ⅱ类,抗震设防烈度为 7 度,设防分类为丙类,基本风压为 $0.5kN/m^2$,基本雪压为 $0.4kN/m^2$,活荷载按 GBJ 9—87 取值。现浇钢筋混凝土楼屋盖,外墙厚度为 370mm,内墙厚度为 240mm。

砌体材料的强度等级砖为 MU10,砂浆:3 层为 M10,4、5 层为 M7.5,6、7 层为 M5。框架柱、抗震墙和框架梁的混凝土强度等级为 C30,现浇楼板的混凝土强度等级为 C30 和 C20。

2. 试设计的结果均满足要求。

第 3 层抗侧力刚度与第 2 层抗侧力刚度的比值:X 方向为 1.4,Y 方向为 1.0。

3. 主要经济指标

经济分析按辽宁省建筑工程预算定额,工程结构造价为 198.11 元/m^2(直接费),主要材料消耗指标如表 1-4-3。

表 1-4-3

名称	钢筋（kg/m^2）	水泥（kg/m^2）	木材（m^3/m^2）	砖（m^3/m^2）
指标	22.1	79.93	0.006	0.21

五、混凝土小型空心砌块房屋（上海市中房建筑设计院）

1. 试设计工程概况

工程选用 6 层住宅，建筑面积为 1990.74m²，长 30m，宽 12m。各层层高为 2.8m，室内外高差为 0.6m，基础埋深 -1.6m，墙厚 190mm，现浇钢筋混凝土楼屋盖。

场地类别Ⅳ类，抗震设防烈度为 7 度，设防分类为丙类，活荷载按 GBJ 9—87 取值。

2. 试设计的结果均满足要求。
3. 主要经济指标如表 1-4-4。

表 1-4-4

项　　目	总造价（元/m²）	结构造价（元/m²）
89 规范	735.62	344.32
修订稿	748.82	356.05
增加值	1.8%	3.4%

六、多层钢筋混凝土框架房屋（中南建筑设计院）

1. 试设计工程概况

工程选用 9 层现浇框架房屋。1、2 层商场，3～9 层办公用房。建筑面积约 2400m²，平面为切角的矩形，长 26m，宽 9m。层高：首层为 5.8m，2 层为 4.8m，3～9 层为 3.3m。混凝土强度等级：1、2 层为 C30，以上为 C25。设防分类为丙类。计算四个方案：

方案一：7 度场地类别Ⅱ类，活荷载 2.0kN/m²；
方案二：7 度场地类别Ⅳ类，活荷载 2.0kN/m²；
方案三：8 度场地类别Ⅱ类，活荷载 2.0kN/m²；
方案四：8 度场地类别Ⅱ类，活荷载取 2.5kN/m²。

2. 主要计算结果（增加的百分比）（表 1-4-5）

表 1-4-5

方案	F_{Ek}	N_c	M_c	V_c	M_b	V_b	A_{sc}	A_{vc}	A_{sb}	A_{vb}
方案一	16.1	37.9	26.9	27.6	28.1	28.6	不变	不变	16.1	不变
方案二	不变	19.5	9.6	10.1	10.7	10.8	3.2	不变	6.5	不变
方案三	16.1	38.1	27.0	27.7	28.2	28.5	10.1	0.8	21.8	不变
方案四	19.7	38.7	27.3	28.0	28.5	28.8	10.6	0.8	24.5	不变

注：算例原设计按 6 度设防，按 8 度设防验算时柱截面偏小，使配筋量增加较多

七、高层钢筋混凝土房屋（上海建筑设计研究院）

1. 试设计工程概况

工程选用地下 1 层地上 22 层的框架-抗震墙结构。平面为矩形，长 48m，宽 18.3m。层高：首层 5.0m，2、3 层 4.0m，4 层及以上 3.2m。抗震墙厚：7 层以下 250mm，8 层以上 200mm。混凝土强度等级，首层 C45，其余 C40。丙类设防，且考虑远震。计算了四个方案。其中，方案一的抗震墙为二道，方案二、三、四的抗震墙为三道。

方案一：7度场地类别Ⅱ类，活荷载 2.0kN/m²；基本周期 3.25s。
方案二：7度场地类别Ⅳ类，活荷载 2.0kN/m²；基本周期 2.30s。
方案三：8度场地类别Ⅱ类，活荷载 2.0kN/m²；基本周期 2.30s。
方案四：7度场地类别Ⅳ类，活荷载 2.5kN/m²；基本周期 2.33s。

2. 试设计主要结果（增加百分比）（表 1-4-6）

表 1-4-6

方案	F_{Ek}	N_w	M_w	V_w	M_b	V_b	A_{sw}	A_{vw}	A_{sb}	A_{vb}
方案一	8.7	9.9	10.9	10.5	10.0	10.0	1.6	1.6	3.0	不变
方案二	1.9	2.1	1.8	1.6	1.9	1.9	4.6	4.6	不变	9.0
方案三	13.5	14.9	12.5	14.2	14.6	14.6	4.6	4.6	6.2	14.9
方案四	−6.7	10.8	5.8	5.5	6.0	6.4	不变	不变	4.4	3.7

注：方案四为活荷载 2.5kN/m² 与活荷载 2.0kN/m² 之比。

八、高层钢结构房屋（中国建筑西北设计院）

1. 试设计工程概况

试设计选用的工程为日建株式会社设计的中国国际贸易中心办公楼，该办公楼为 38 层筒中筒结构，地下 2 层，地面以上 38 层，高度为 155.25m，平面接近方形，边长 45m。8 度设防。试设计时按抗震规范试设计用稿进行并与由清华大学和中国建筑标准设计研究所按《高层民用建筑钢结构技术规程》（JGJ 99—98）（简称高钢规）和 89 抗震规范设计的结果对比。

试设计完成了多遇地震作用下弹性分析，完成了结构层间位移的计算和梁柱节点设计；采用 El Centro 波、Taft 波和人工波做罕遇地震下结构的弹塑性分析，验算结构的层间位移。表明构件的强度、稳定方面仅 30～39 层不满足强柱弱梁和柱翼缘宽厚比的高规征求意见稿的要求，层间弹性和弹塑性位移均满足要求。

2. 试设计的结果说明

(1) 试设计只考虑一个方向的风和地震作用，并考虑扭转影响。

(2) 地震影响系数

该结构的基本周期为 5.56s。因此，原试设计采用高钢规征求意见稿的地震影响系数为 $0.2\alpha_{max}=0.032\times1.35$。

若用高钢规的地震影响系数为 $0.2\alpha_{max}=0.032$，

用新抗震规范试设计用稿的地震影响系数为 0.031。二者接近。

(3) 周期折减系数

原试设计采用 0.85，高钢规为 0.90，建议新规范有所规定。

(4) 最大弹性位移角在 17 层，为 1/311。考虑原计算的地震作用比抗震规范试设计用稿大 1.39 倍；当地震作用减少 1.39 倍后，可满足要求。

(5) 柱板件宽厚比验算

30～39 层 C3、C3a、C7、C8、C8a 的翼缘宽厚比为 10.8，略大于 10 的规定。

(6) 强柱弱梁验算

由于地震作用减少1.39倍，柱的地震组合轴向力减少，原试设计30～39层不满足要求的程度（差1.6倍）会有所改善；节点板域抗剪承载力验算的折减系数由0.9改为0.7，使不满足要求的程度（1.48倍）也得到改善（小于1.15倍）。

(7) 弹塑性层间位移可满足要求。

九、隔震的多层砖砌体房屋（云南省建筑设计院）

1. 试设计工程概况

试设计选用洱源县振戎民族中学学生宿舍和呈贡县民族运动会运动员宿舍。学生宿舍为4层，无地下室，9度设防，Ⅲ类场地；矩形平面，长42.9m，宽12m，建筑面积2112m²；每个墙体交接处均设置直径400mm的橡胶隔震支座，共48个，水平向减震系数0.5。运动员宿舍为4层，局部五层，地下1层，8度设防，Ⅱ类场地；接近矩形平面，长49.2m，宽15.5m，建筑面积4413m²；在外墙和部分内纵横墙交接处设置直径300～500mm的橡胶隔震支座，共62个，水平向减震系数0.5。

2. 试设计的结果说明

采用El-Centro波、SAN波和TAFT波进行非线性时程分析，并采用规范试设计用稿的简化方法进行计算。非隔震时，除采用上述波形进行弹性计算外，还采用规范底部剪力法进行计算。主要结果如表1-4-7。

表 1-4-7

项 目		学生宿舍	运动员宿舍
隔震周期		1.39s	1.84s
等效阻尼比		0.16	0.15
水平向减震系数	时程法	0.42	0.31
	简化法	0.35	0.26
边支座位移	时程法	238mm＞[220mm]	172mm＞[165mm]
	简化法	256mm＞[220mm]	209mm＞[165mm]

注：边支座的位移超过0.55D。

3. 主要经济指标（表1-4-8）

单位造价，一般的多层砖房按750元/m²计算。

表 1-4-8

项目	学生宿舍	运动员宿舍
隔震支座	80.3元	48.6元
其他的结构部分	少4.7元	少37.0元
合计	多75.6元（10%）	多11.6元（1.5%）
有效使用面积	多90m²	多47m²
考虑层数增加	多50.6元（6.7%）	少31.2元（-2.6%）

十、隔震的多层框架房屋（云南省建筑设计院）

1. 试设计工程概况

试设计选用洱源县振戎民族中学教学楼和云南省抗震防灾中心综合楼。教学楼为 4 层，无地下室，9 度设防，Ⅲ类场地；矩形平面，长 34.2m，宽 9.3m，建筑面积 1163m²；每个框架柱下均设置直径 400～500mm 的橡胶隔震支座，共 18 个，水平向减震系数 0.5。综合楼为 7 层，地下 1 层，8 度设防，Ⅲ类场地；接近矩形平面，长 35.1m，宽 9.3m，建筑面积 2650m²；在框架柱下设置直径 500～600mm 的橡胶隔震支座，共 15 个，水平向减震系数 0.5。

2. 试设计的结果说明

采用 El-Centro 波、SAN 波和 TAFT 波进行非线性时程分析，并采用振型分解反应谱法进行非隔震的计算。主要结果如表 1-4-9。

表 1-4-9

项　目	教学楼	综合楼
隔震周期	1.91s	2.69s
等效阻尼比	0.16	0.15
水平向减震系数	0.45	0.50
边支座位移	234mm＞[220mm]	192mm＜[275mm]

注：教学楼边支座的位移超过 0.55D。

3. 主要经济指标（表 1-4-10）

单位造价，框架按 750 元/m² 计算。

表 1-4-10

项目	教学楼	综合楼
隔震支座	63.3 元	28.6 元
其他的结构部分	少 109.6 元	少 63.2 元
合计	少 46.3 元（—4.9%）	少 34.6 元（—3.5%）

结论

上述十个工程实例的试设计结果表明：

1. 各类砌体结构，新旧规范差别不大。新增的大开间砖房和底部二层框架砖房，与类似结构相比，也可满足要求。

2. 对混凝土结构，多层框架房屋的内力有一定增加（30%左右），但配筋量增加不多（约 10%）。高层框架-抗震墙房屋的周期较长，影响比多层房屋轻（配筋量约增加 5%）。

3. 对高层钢结构，与现行高层钢结构规程相比，总地震作用相当，最上部十层翼缘宽厚比和强柱弱梁要求不符合的程度有所改善。

4. 对隔震房屋，同样层数且无地下室的多层砖房将增加房屋造价 10%，考虑隔震后砖房可增加层数，减去土地分摊费后单位造价的增加约为 5%；对于框架结构，则因柱截面尺寸和配筋明显减少，房屋造价可减少 3%～5%。

（袁金西　薛宏伟　张毅斌　张前国　徐雯羌　徐厚军　王平山　徐永基　潘凯云等）

第二章 抗震设防目标、依据和标准

2.1 引 言

　　房屋建筑的抗震设计，首先要解决的基本问题是：抗震设防的目标、设防的依据和设防的标准。

　　抗震设防目标的制定，取决于现有的技术水平和经济发展水平，并涉及国家的抗震防灾政策。按照修订大纲的要求，本次规范修订中，设防目标的基本思想不变，仍然保持89规范的三水准设防目标。为了使设计人员明确抗震设防三水准的内涵，这里重新纳入89规范修订过程中的有关研究成果——我国若干主要地震区域不同烈度地震发生的概率统计分析。该研究建议了三水准的定量指标：第一水准，各地对房屋建筑有影响且发生次数最多的地震烈度，统计上称为众值烈度，重现期为50年；第二水准，相当于各地的基本烈度，50年超越概率为10%，重现期为475年；第三水准为小概率事件，地震作用约为第一水准的4~6倍，重现期为1600~2400年。此后的地震烈度区划图，则按照该研究成果的构思，用50年超越概率10%的定量指标重新确定地震基本烈度，形成了1990版的中国地震烈度区划图。

　　一个建筑所遭遇地震影响，不仅与地震强度的大小有关，还与地面运动的主要振动特性有关。89规范在抗震设计中采用烈度和设计近、远震两个因素表示；烈度代表地震的强度，设计近、远震代表地面运动特征周期的长短。本次修订，依据建设部建标[1992]419号文"关于统一抗震设计规范地面运动设计取值的通知"的精神，在地震作用计算时，将采用相应于设计基本地震加速度所对应的地震影响系数；中国地震局也同时进行地震动参数区划图的编制，提出了地震动峰值加速度和特征周期两个区划图。因此，对二者的关系和新地震区划图的规范应用做了专门的研究，提出了设防烈度、设计基本地震加速度和设计地震分组的建议，尽可能把设计规范发展的延续性、渐进性与最新的地震工程研究成果结合起来，为实现"适当提高建筑抗震安全性"这个修订原则要求提供了基础。

　　为了在现有的技术条件下合理利用有限的投资，对房屋建筑区分不同的使用要求、不同的重要程度，分别规定相应的设防标准是十分必要的。在78抗震规范，简单地将建筑划分为三类，分别提高一度和降低一度设防，提高一度设防的建筑需要经过国家有关主管部门专门审批；89规范加以改进，划分为四类，其提高和降低按计算要求和措施要求区分对待，但分类方法不很明确，随后专门制定了《建筑抗震设防分类标准》GB 50223，减少了专门审批的程序。因此，本次修订，结合"防震减灾法"的实施，对分类方法和相应的设防标准做了适当的调整，有关的研究强调了分类的基本原则，有助于分类的正确掌握和实施。

2.2 我国部分城镇地震烈度的概率统计分析

一、前 言

地震的发生在时间、空间和震级大小等方面都有很大的不确定性，需要采用概率的方法来反映。在1977年的《中国地震烈度区划图》和《工业与民用建筑抗震设计规范》TJ 11—78（简称78规范）中，基本烈度定义为某地区未来100年内在一般场地条件下可能遭遇的最大地震烈度。然而，没有定量地用概率表达出不同烈度发生的危险性。

在《建筑抗震设计规范》GBJ 11—89规范修订过程中，配合《建筑结构设计统一标准》GBJ 68—84基于概率理论的设计方法的要求，对我国65个城镇，采用概率统计方法评价一定时期内遭受不同程度地震影响的可能性，即地震危险性分析。这65个城镇包括华北地区16个，西北地区13个，西南地区16个和新疆地区20个，基本覆盖了大陆受地震影响较大的地区。

本文依据地震地质条件和历史地震分布情况的有关资料，用地震危险性分析程序算出了上述城镇未来1年、50年、100年、200年和500年内的地震危险性，探讨了在统一标准规定的设计基准期50年内这些城镇发生不同烈度地震的概率分布，并初步估计了三水准抗震设计的概率参数，为89规范制定三水准设防目标提供了基础性资料。2001版抗震规范继承了该研究成果。

二、地震危险性分析的主要参数

在进行城镇地震危险性分析时，需要依据距城镇中心150km半径范围内地震地质构造和历史地震的资料，了解并确定对该城镇可能有影响的震源的性质和震级的大小、各震源的地震活动性以及自震源到该城镇的地震烈度衰减规律。

1. 震源划分

将四个大区的地震震源区作为面源考虑，主要依据地震地质构造和历史地震的震中分布。散布在面源以外的零散震源的活动性一般很低，视为背景地震。

对华北地区，取东经108°～123°和北纬34°～42°的范围，其大地构造位于西太平洋地震构造带的西面，三个面源分布如图2-2-1。其中：

震源1，北起延庆—怀来盆地，向南经太原、临汾至西安，由一系列长轴呈北东向的断陷盆地组成的"S"形断裂带。

震源2，以39.5°分为南北两部分，南部为北北东走向的隆起和拗陷相间排列而成，北部为南部断裂的断续延伸。并受到东西向和北西向断裂活动影响。

震源3，郯庐断裂带，是穿切地壳、到达上地幔的北北东向的深大断裂。

对西北地区，取东经96°～108°和北纬34°～42°的范围，大体包括宁夏—龙门山地震亚区和祁连山地震亚区，三个面源分布如图2-2-2。其中：

震源1，北西走向为主的大型褶皱和断裂，被河西构造穿插分割为不连续的三段。

震源2，南北走向为主的贺兰山褶皱带，是挤压性性断裂和褶皱组成的复式褶皱带。

震源3，山字形构造带，山脊在东经105°附近。

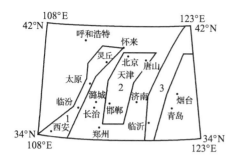

图 2-2-1　华北地区震源分布示意图

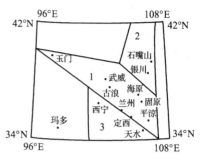

图 2-2-2　西北地区震源分布示意图

对西南地区，取东经 98°～105°和北纬 23.5°～33°的范围，大致为川滇地震亚区，为欧亚板块、印度洋板块和太平洋板块相互挤压地区，六个面源分布如图 2-2-3。其中：

震源 1，北西向为主的挤压破碎带，被鲜水河断裂所纵贯，大致相当于炉霍—康定地震带。

震源 2，三条北东向大断裂组成，被龙门山断裂所纵贯。

震源 3，南北向为主的数条断裂，相当于马边—昭通地震带。

震源 4，北西向断裂，属于元江断裂的北段，其震中呈带状分布。

震源 5，三条南北向断裂，北部转为北北西厢，南部呈寻状撒开。

震源 6，南北走向的小江断裂所纵贯，基本为东川—嵩明地震带。

对新疆地区，取东经 80°北纬 40°和北纬 45°、东经 87.46°北纬 49.34°以及东经 95°北纬 45°和北纬 40°共五个点组成的五边形范围。三个面源如图 2-2-4。其中：

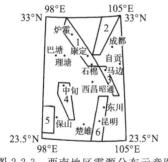

图 2-2-3　西南地区震源分布示意图

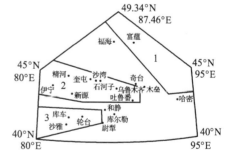

图 2-2-4　新疆地区震源分布示意图

震源 1，北北西至北西向的复式褶皱和大断裂，是阿尔泰褶皱系在我国境内的部分。

震源 2，数条北西向活动大断裂，大体为北天山地震亚区。

震源 3，东西向的褶皱与断裂，大体为南天山地震亚区在我国境内的部分。

2. 地震活动性

在地震危险性分析中，如果不区别对待地震平静期与活跃期，用整个周期内的地震发生数据来计算地震活动的参数，必然低估活跃期的活动性而高估平静期的活动性。如果将千百年来的地震记载混合统计，则年代越久被遗漏的小地震越多。因此，要根据地震活动的周期性，判断需预测的未来年限所处的地震活动期，考虑本活动期已经释放的地震能量的程度来估计未来年限的地震活动趋势，力求避免上述缺点。

表 2-2-1 给出了四个大区地震活动的周期。从中可见，华北地区地震活动周期约 300

年，近年处于活跃期；西北地区的地震活动周期较长，今后可能处于大地震后的余震阶段；西南地区的地震活动周期大致100年，今后可能接近活跃期末；新疆地区的地震记载不完整，估计地震活动周期为100年，近年仍处于活跃期。

不同区域地震活动的周期　　　　　　　　　　　　　　表2-2-1

区　域	活动期	经历年份	平静期	活跃期
华北	第一	1069~1368（300年）	1069~1208（140年）	1209~1368（160年）
	第二	1369~1730（362年）	1369~1483（115年）	1484~1730（247年）
	第三	1731~（已过259年）	1731~1814（74年）	1815~今
青藏高原北部	第一	1353~1739（387年）	1353~1560（208年）	1561~1739（179年）
	第二	1740~（已过249年）	1740~1878（139年）	1879~今
青藏高原中部	第一	1689~1786（98年）	1689~1732（44年）	1733~1786（54年）
	第二	1787~1893（107年）	1787~1832（46年）	1833~1893（61年）
	第三	1894~（已过95年）	1894~1922（39年）	1923~今
天山北部	第一	1717~1812（96年）	1717~1764（48年）	1765~1812（48年）

表2-2-2给出各面源和背景地震在最近的活动期发生的不同震中烈度的出现次数。其中，华北地区取1900~1981年共81年的记载，西北地区取1931~1981年共50年的记载，西南地区取1931~1981年共50年的记载，新疆地区采用最近的活跃期的资料，震源1取1914~1939年共26年的记载，震源2、3取1944~1981年共38年的记载。新疆地区背景地震的平静期与活跃期的区分不明显，取1900~1981年的数据。

在进行地震危险性分析时，本文采用最大熵原理来确定震中烈度的概率分布。地震活动性的参数由震中烈度上限、均值和拉格朗日算子λ来表征，有关的参数见表2-2-3。其中，背景地震的年平均发生率以$10000 km^2$为单位计算。

不同震中烈度地震发生次数　　　　　　　　　　　　　表2-2-2

地区	震源	5.5~6.4	6.5~7.4	7.5~8.4	8.5~9.4	9.5~10.4	10.5~11	总次数	统计年份
华北	1	5	4	1	0	0	0	10	1900~1981
	2	37	7	5	4	1	1	55	
	3	6	5	1	0	2	0	14	
	背景	15	5	1	0	0	0	26	
西北	1	17	5	1	1	1	1	26	1931~1981
	2	6	4	1	0	0	0	11	
	3	7	4	1	1	0	0	13	
	背景	20	11	4	1	1	0	37	
西南	1	11	9	5	3	1	0	29	1931~1981
	2	19	7	5	2	3	0	36	
	3	32	14	5	3	0	0	54	
	4	11	3	3	2	0	0	19	
	5	11	9	8	1	2	0	31	
	6	15	10	3	1	1	0	30	
	背景	68	40	3	5	2	0	118	
新疆	1	—	8	4	0	1	1	14	1914~1939
	2	29	11	7	0	1	0	48	1944~1981
	3	26	5	2	2	0	0	35	1944~1981
	背景	14	8	1	1	0	0	24	1900~1981

2.2 我国部分城镇地震烈度的概率统计分析

震源活动性计算参数　　　　　　　　　　　　　表 2-2-3

地区	震源	震中烈度上限	震中烈度均值	拉格朗日算子	年平均发生率
华北	1	9.5	6.6000	0.8533	0.1234568
	2	10.5	6.6364	0.7430	0.6790124
	3	9.5	6.9286	0.4510	0.1728395
	背景	9.5	6.6923	0.6753	0.0027545
西北	1	10.5	6.6154	0.7593	0.5200000
	2	9.5	6.5455	0.9088	0.2200000
	3	9.5	6.6923	0.6753	0.2600000
	背景	9.5	6.7027	0.7572	0.0079357
西南	1	9.5	7.0690	0.3327	0.5800000
	2	9.5	6.8889	0.4861	0.7200000
	3	9.5	6.6110	0.7636	1.0800000
	4	9.5	6.7895	0.5780	0.3800000
	5	9.5	7.0968	0.3092	0.6200000
	6	9.5	6.7333	0.6330	0.6000000
	背景	9.5	6.5678	0.8142	0.0326980
新疆	1	10.5	7.7143	0.6520	0.5384616
	2	9.5	6.5833	0.7941	1.2631578
	3	9.5	6.4286	0.9943	0.9210526
	背景	9.5	6.5417	0.8440	0.0052975

3. 衰减规律

为便于与历史上发生过的最大烈度地震以及地震区划图的基本烈度相比较，采用烈度表达地震发生的危险性。因而，各震源震中烈度传播的烈度衰减规律可表示为：

$$I = C_1 + C_2 I_e - C_3 \ln(R + C_4) \quad (2-2-1)$$

式中，I 为城镇遭遇的地震烈度；I_e 为震中烈度；R 为震中距；$C_1 \sim C_4$ 为回归常数，与不同地区的地质构造、断层类型、地貌和场地条件有关。地震烈度沿长轴、短轴衰减的有关参数列于表 2-2-4，其中，C_2 根据有关地震影响场的统计资料的 a、b 值，取 $R = \sqrt{a \times b}$ 得到，从相关系数和变异系数看，可认为较好地反映了烈度衰减规律。

烈度衰减规律的计算参数　　　　　　　　　　　表 2-2-4

地区	C_1	C_2	C_3	C_4	相关系数	标准差	变异系数
华北	6.1932	1.0706	2.0748	25	0.9645	1.5174	01958
	1.1596	1.1515	1.2745	1	0.9605	1.5174	01958
西北	7.5117	1.1569	2.5995	25	0.9676	1.2839	0.1728
	1.5319	1.1862	1.4432	1	0.9715	1.2839	0.1728
西南	9.8061	0.9206	2.6996	25	0.9673	1.2839	0.1728
	3.1491	0.9458	1.3411	1	0.9636	1.2836	0.1728
新疆	7.5898	1.3631	2.8331	30	0.9806	1.2839	0.1728
	5.9116	1.4636	2.7094	25	0.9800	1.2839	0.1728
	1.0853	1.3700	1.5736	1	0.9461	1.2839	0.1728

三、部分城镇地震烈度的概率统计

在上述地震危险性分析中,略去对建筑不产生影响的低烈度地震,首先得到65个城镇以年超越概率表示的地震危险性,然后得到未来50年内发生5～11度每隔0.5度共13个地震等级的概率和超越概率63.5%、55%～5%每隔5%共8个概率等级的对应烈度。限于篇幅,表2-2-5列出若干地震烈度所对应的超越概率和若干超越概率对应的烈度。

华北地区16个城镇50年内不同烈度的超越概率(%)和不同超越概率的烈度

表 2-2-5-1

城市	5	5.5	6	6.5	7	8	9	10	11	63.5	50	10	5
北京	97.9	90.0	72.9	50.4	30.0	7.65	1.44	0.22	0.027	6.19	6.51	7.82	8.26
天津	98.9	93.3	78.6	56.3	34.2	8.58	1.53	0.22	0.026	6.32	6.62	7.90	8.33
唐山	97.7	89.6	72.1	49.5	29.3	7.45	1.42	0.22	0.027	6.17	6.49	7.80	8.25
怀来	93.5	78.2	54.7	32.1	16.2	3.19	0.56	0.10	0.016	5.80	6.08	7.31	7.73
邯郸	98.0	90.5	73.7	51.0	30.2	7.45	1.37	0.21	0.025	6.21	6.25	7.80	8.24
呼和浩特	62.1	39.5	21.7	10.7	4.82	0.83	0.12	0.02	0.002	<5	5.24	6.54	6.98
太原	87.2	67.6	44.0	24.5	12.3	2.7	0.57	0.11	0.017	5.58	5.85	7.14	7.60
长治	90.9	72.9	48.3	26.5	12.4	1.87	0.20	0.02	0.002	5.67	5.96	7.12	7.51
临汾	90.4	74.2	52.6	32.7	18.3	4.60	0.95	0.17	0.023	5.73	6.05	7.46	7.94
灵丘	94.3	79.8	56.5	33.3	16.9	3.35	0.58	0.10	0.014	5.84	6.12	7.34	7.76
潞城	91.9	74.8	50.3	28.0	13.2	1.98	0.21	0.19	0.02	5.71	6.01	7.15	7.54
郑州	85.6	64.9	40.9	21.7	9.91	1.47	0.16	0.015	0.001	5.53	5.78	6.99	7.38
青岛	82.4	60.0	36.0	18.2	8.02	1.17	0.14	0.016	0.002	5.42	5.68	6.87	7.26
烟台	83.6	62.0	38.0	19.6	8.72	1.26	0.14	0.016	0.002	5.47	5.72	7.40	7.94
济南	97.0	86.1	64.2	38.6	19.0	2.90	0.28	0.022	0.002	6.01	6.25	7.37	7.72
临沂	87.3	68.4	45.5	26.4	13.9	3.23	0.64	0.11	0.014	5.60	6.05	7.23	7.71

西北地区13个城镇50年内不同烈度的超越概率(%)和不同超越概率的烈度　　表 2-2-5-2

城市	5	5.5	6	6.5	7	8	9	10	11	63.5	50	10	5
银川	85.6	67.1	46.0	28.4	16.3	4.64	1.15	0.25	0.049	5.58	5.89	7.40	7.94
固原	87.7	70.2	48.9	29.8	16.6	4.26	0.94	0.18	0.033	5.65	5.97	7.39	7.87
海原	91.1	75.3	53.7	33.3	18.5	4.57	0.97	0.19	0.033	5.76	6.07	7.46	7.94
石咀山	81.1	61.9	42.1	26.2	15.3	4.51	1.14	0.25	0.048	5.46	5.78	7.36	7.92
武威	92.2	76.9	55.1	34.0	18.7	4.50	0.92	0.17	0.029	5.79	6.10	7.46	7.93
玉门	61.0	44.0	29.4	18.6	11.1	3.42	0.87	0.19	0.036	<5	5.30	7.09	7.49
兰州	93.2	78.9	57.5	36.0	20.2	4.85	0.99	0.19	0.031	5.85	6.15	7.51	7.98
平凉	84.6	66.1	45.3	27.7	15.5	4.10	0.92	0.17	0.027	5.56	5.87	7.34	7.86
天水	85.6	68.2	48.0	30.1	17.3	4.67	1.07	0.21	0.038	5.61	5.94	7.44	7.95
玛多	57.8	39.0	24.6	15.0	8.87	2.74	0.96	0.15	0.030	<5	5.18	6.89	7.51
定西	92.2	77.4	56.0	35.1	19.5	4.76	0.97	0.17	0.028	5.81	6.12	7.49	7.97
古浪	92.8	77.9	56.0	34.6	19.0	4.58	0.96	0.19	0.033	5.82	6.12	7.47	7.94
西宁	90.8	75.0	53.8	33.8	19.1	5.05	1.13	0.23	0.040	5.76	6.08	7.51	8.01

西南地区 16 个城镇 50 年内不同烈度的超越概率（%）和不同超越概率的烈度

表 2-2-5-3

城市	5.5	6	6.5	7	7.5	8	9	10	11	63.5	50	10	5
自贡	98.9	89.2	63.1	33.7	14.6	5.65	0.78	0.12	0.017	6.50	6.69	7.70	8.06
成都	99.6	94.3	74.8	45.5	21.7	8.63	1.01	0.11	0.013	6.67	6.90	7.90	8.20
巴塘	99.4	92.6	71.0	44.5	23.2	10.9	2.07	0.35	0.051	6.63	6.88	8.05	8.48
理塘	99.9	97.0	82.5	55.6	29.8	13.7	2.31	0.36	0.051	6.84	7.08	8.18	8.58
西昌	100	99.5	93.2	71.9	43.4	21.8	4.20	0.70	0.10	7.13	7.35	8.49	8.90
炉霍	99.9	98.4	91.2	75.0	53.1	32.7	8.89	1.77	0.28	7.25	7.56	8.92	9.37
康定	100	100	98.8	90.8	71.0	45.8	12.3	2.35	0.36	7.63	7.90	9.13	9.56
德钦	98.1	85.5	58.6	31.8	14.9	6.43	1.09	0.18	0.026	6.40	6.63	7.74	8.14
马边	100	99.7	95.9	81.2	56.4	32.2	6.61	0.84	0.070	7.34	7.61	8.76	9.14
中甸	99.6	95.0	79.8	57.2	35.9	20.5	5.32	1.06	0.17	6.85	7.14	8.55	9.04
东川	99.9	97.9	87.9	67.5	44.1	25.3	6.31	1.22	0.19	7.08	7.35	8.69	9.15
保山	100	99.3	94.2	77.9	52.2	23.1	4.88	0.52	0.041	7.26	7.54	8.62	8.99
昆明	99.8	97.0	86.3	66.3	43.7	25.3	6.36	1.21	0.19	7.06	7.34	8.69	9.15
楚雄	99.3	92.0	69.6	40.2	19.2	7.99	1.20	0.18	0.026	6.59	6.81	7.87	8.25
石棉	100	98.7	90.1	69.5	44.6	24.9	6.01	1.21	0.20	7.11	7.37	8.66	9.12
昭通	100	99.7	96.2	81.8	56.3	31.2	5.71	0.62	0.045	7.35	7.60	8.70	9.06

新疆地区 20 个城镇 50 年内不同烈度的超越概率（%）和不同超越概率的烈度

表 2-2-5-4

城市	5	5.5	6	6.5	7	8	9	10	11	63.5	50	10	5
乌鲁木齐	97.8	92.6	82.7	68.4	52.0	23.8	8.28	2.22	0.45	6.64	7.06	8.83	9.40
库车	99.3	96.5	88.6	74.8	57.3	25.6	8.54	2.20	0.43	6.82	7.19	8.86	9.41
克拉玛依	80.8	62.7	43.5	27.4	15.8	4.35	0.97	0.18	0.030	5.48	5.81	7.37	7.90
伊宁	98.8	95.1	86.7	73.1	56.4	25.9	8.81	2.30	0.46	6.78	7.17	8.89	9.40
奎屯	98.6	94.4	85.1	70.9	54.1	24.7	8.52	2.27	0.46	6.71	7.11	8.86	9.42
石河子	97.0	90.3	78.0	61.6	44.6	18.6	6.08	1.60	0.33	6.45	6.82	8.58	9.16
库尔勒	97.1	90.7	79.0	63.3	46.8	20.7	7.25	1.99	0.41	6.50	6.89	8.71	9.30
哈密	64.1	48.4	34.0	22.2	13.6	4.20	1.01	0.19	0.030	5.02	5.44	7.28	7.86
富蕴	87.1	76.3	62.9	48.6	35.1	15.3	5.25	1.42	0.29	5.99	6.44	8.42	9.04
精河	98.7	94.8	86.0	72.0	55.2	25.2	8.64	2.29	0.45	6.75	7.14	8.87	9.43
奇台	89.9	77.9	62.1	45.8	31.1	12.0	3.73	0.91	0.16	5.98	6.35	8.17	8.76
木垒	82.8	66.9	49.0	32.8	20.3	6.39	1.60	0.31	0.046	5.59	5.97	7.63	8.19
吐鲁番	94.8	87.2	75.4	60.7	45.5	20.8	7.43	2.07	0.43	6.41	6.84	8.73	9.33

城市	5	5.5	6	6.5	7	8	9	10	11	63.5	50	10	5
新源	99.2	96.2	88.1	74.2	56.9	25.7	8.75	2.30	0.46	6.80	7.18	8.88	9.44
和静	96.3	88.5	75.1	58.1	41.3	16.9	5.63	1.54	0.32	6.34	6.72	8.50	9.10
福海	63.5	46.8	31.8	20.1	11.8	3.37	0.76	0.14	0.023	5.01	5.39	7.14	7.70
轮台	99.2	96.1	88.0	73.9	56.4	25.2	8.43	2.18	0.43	6.79	7.17	8.85	9.41
沙雅	99.1	95.7	87.3	73.2	55.9	25.0	8.40	2.18	0.43	6.77	7.15	8.85	9.40
尉犁	36.9	23.3	14.1	8.30	4.81	1.54	0.45	0.11	0.022	<5	<5	6.32	6.96
沙湾	97.9	92.4	81.7	66.3	49.3	21.7	7.41	2.02	0.42	6.58	6.98	8.74	9.32

四、地震基本烈度的概率标定

通过统计发现，设计基准期 50 年内超越概率 10% 的相应烈度与 1977 年中国地震区划图的基本烈度比较接近。从表 2-2-6 可见，相差不大于一度的城镇，华北地区占 93.8%，西北地区占 100%，西南地区占 81.25%。新疆地区的基本烈度普遍低于超越概率 10% 的相应烈度，这是在确定地震基本烈度时，考虑当地经济发展和自然、社会条件，有意识降低了新疆地区设防的要求。仅对华北、西北、西南的 45 个城镇统计，基本烈度与超越概率 10% 的地震烈度相当的占 42.2%。因此初步建议，在修订中国地震区划图时，将 50 年内超越概率 10% 作为确定基本烈度的概率指标。后来，这个建议，已经被 1990 区划图所接受。

部分城镇 50 年超越概率 10% 的地震烈度与地震基本烈度的比较　　表 2-2-6

地区	基本一致	高一度	低一度	高一度半	低一度半	高二度半	总计
华北 16 个	43.8%	25%	25%		6.2%		100%
西北 13 个	53.9%	23.05%	23.05%				100%
西南 16 个	31.25%	31.25%	18.75%	18.75%			100%
合计 45 个	42.2%	26.7%	22.2%	6.7%	2.2%		100%
新疆 20 个	15%	30%		30%		25%	100%

五、三水准设防指标的初步建议

进一步的统计发现，设计基准期 50 年内出现次数最多的地震烈度，即统计的众值烈度，要明显低于 1977 年中国地震区划图的基本烈度，65 个城镇的平均大致比基本烈度低 1.55 度。按照地震烈度和加速度的基本关系，当烈度降低 1.55 度时，加速度值大致减少为 0.34 倍，此值与 78 抗震规范中各类结构的结构影响系数的平均值比较接近。因此，建议将"众值烈度"作为抗震设防的第一水准烈度，其概率指标是 50 年内超越概率 63.5%。此时，78 规范的结构影响系数对基本烈度弹性地震作用的折减看成设计取用地震烈度的降低，按 78 规范设计的结构，在众值烈度地震下总体上可保持"不坏"的状态。这个第一水准的设防指标，既有明确的物理概念，又使地震作用的取值总体上保持规范的延续性。

抗震设防的第二水准烈度，仍取基本烈度，如上所述，其概率指标是 50 年超越概率 10% 的地震烈度。

为了确定建筑结构防倒塌的抗震设防第三水准的烈度，将上述城镇地震烈度出现的概率统计按基本烈度划分，不同超越概率对应的平均地震烈度及其加速度与众值烈度对应加速度的平均比值列于表 2-2-7。考虑当前的经济条件，建议第三水准取超越概率 2%～3%，大体相当于重现期 2400～1600 年的地震。第三水准地震加速度与第一水准地震加速度的比值，大致为 4～6 倍。这个比值，与日本规范、加拿大规范一次设计和二次设计的地震加速度比值基本相当。

不同区域 50 年内若干超越概率的平均地震烈度及平均加速度比值　　表 2-2-7

基本烈度分区	平均烈度					平均加速度比值（第一水准为 1.0）				
	3.5%	3%	2.5%	2%	1.5%	3.5%	3%	2.5%	2%	1.5%
7	8.03	8.11	8.20	8.30	8.44	6.0	6.3	6.7	7.2	7.9
8	8.43	8.50	8.60	8.71	8.84	3.9	4.1	4.4	4.8	5.2
9	9.08	9.16	9.25	9.35	9.44	3.1	3.3	3.5	3.7	4.0

六、结　论

本文根据地震危险性分析发现了我国大陆主要典型地震区地震发生的基本规律，其出现概率最大的地震烈度约比基本烈度降低 1.55 度；本文建议的抗震设防三水准目标的概率指标，可作为抗震设计规范修订的基础资料。

在 1977 年地震基本烈度区划图中，不同地区之间基本烈度的出现概率可能存在系统的误差。由于本文的地震危险性分析偏重于历史地震资料的统计分析，对于基本烈度的制定还有待进一步的工作。

作者对周锡元同志所提出的宝贵意见和帮助，表示衷心的感谢。

参 考 文 献

[1] 鲍霭斌，董伟民. 用于地震危险性分析的 MEP 程序. 全国地震工程会议论文选集. 1 卷，1984
[2] 国家地震局. 中国地震烈度区划工作报告. 北京：地震出版社，1981
[3] 董伟民，H. C. Shah，鲍霭斌. 最大熵原理在地震重现关系上的应用. 地震工程与工程振动. 3 卷 4 期，1983
[4] 鲍霭斌. 我国各地震区的烈度衰减规律. 工程抗震，1984，3
[5] H. C. Shah，董伟民，鲍霭斌. 地震危险性分析中贝叶斯模型的意义及其应用. 地震工程与工程振动. 2 卷 4 期，1982
[6] 高小旺，鲍霭斌. 地震作用的概率模型及其统计参数. 地震工程与工程振动，5 卷 3 期，1985
[7] 鲍霭斌，李中锡，高小旺，周锡元. 我国部分地区基本烈度的概率标定. 地震学报，1985，1
[8] 高小旺，鲍霭斌. 用概率方法确定抗震设防标准. 建筑结构学报，1985

（中国建筑科学研究院　鲍霭斌　李中锡等）

2.3 建筑抗震设计中地震影响的确定

一、建筑结构所受地震影响的物理表征

1976 年唐山大地震以来的震害经验表明，在宏观烈度相似的情况下，处在大震级远震中距下的柔性建筑，其震害要比中、小震级近震中距的情况重得多；理论分析也发现，震中距不同时反应谱频谱特性并不相同。抗震设计时，对同样场地条件、同样烈度的地震，按震源机制、震级大小和震中距远近区别对待是必要的，建筑所受到的地震影响，需要采用设计地震动的强度及设计反应谱的特征周期来表征。地震动强度可采用烈度或加速度表示，设计反应谱特征周期，即设计所用的地震影响系数特征周期（T_g），原则上需要根据地震震级、震源机制、震中距和场地类别确定。

在对 GBJ 11—89 抗震规范进行修订的同时，中国地震局开展了中国地震区划图的修订，新的区划图采用地震动峰值加速度区划和地震动反应谱特征周期区划两个图件表示，给出了地震动参数的最主要的两个特征。因此，在建筑的抗震设计中，将地震影响采用设计基本地震加速度和设计特征周期来表征，可与新修订的中国地震动参数区划图（中国地震动峰值加速度区划图 A1 和中国地震动反应谱特征周期区划图 B1）相匹配。

二、89 规范对地震影响的规定

89 规范对于地震影响的规定是一种简化，采用了抗震设防烈度和设计近震、设计远震的概念。抗震设防烈度是作为一个地区抗震设防依据的地震烈度，一般情况可采用《中国地震烈度区划图》(1990) 规定的 50 年超越概率 10% 的地震基本烈度。

借助于当时的地震烈度区划，以烈度衰减二度的影响范围为界，引入了设计近震和设计远震，后者可能遭遇近、远两种地震影响，设防烈度为 9 度时只考虑近震的地震影响（图 2-3-1）。在水平地震作用计算时，设计近、远震用二组不同的地震影响系数 α 曲线表达，对 II 类场地，设计近、远震的地震影响系数特征周期分别取 0.30s 和 0.40s；按远震的地震影响系数曲线进行设计就已包含两种地震的不利情况。

这种简化的结果，我国绝大多数地区只考虑设计近震，需要考虑设计远震的地区很少（约占县级及县级以上城镇的 5%），但在地震影响的表达上迈进了一个新阶段。

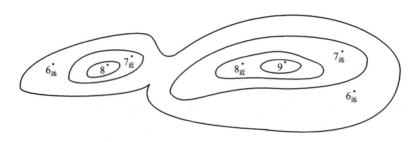

图 2-3-1 设计近震和远震的 89 规范划分法示意图

三、设计基本地震加速度和地震动峰值加速度

地震地面运动加速度值是地震动强度的物理量,是抗震设计规范中的一个重要的基本参数。在建筑工程和各类建设工程中,地面运动加速度取值的高低,直接影响抗震设防的标准和建设的投资。在工程建设中采用的是"设计基本地震加速度",在地震动参数区划图中采用的是"地震动峰值加速度"。

"设计基本地震加速度"是根据建设部 1992 年 7 月 3 日颁发的建标〔1992〕419 号《关于统一抗震设计规范地面运动加速度设计取值的通知》而作出的。通知中有如下规定:

术语名称:设计基本地震加速度值。

定义:50 年设计基准期超越概率 10%的地震加速度的设计取值。

取值:7 度 $0.10g$,8 度 $0.20g$,9 度 $0.40g$。

通知还要求,凡工程建设的国家标准、行业标准取值与此规定不一致的,要组织修订。这个规定是为了使各类工程的抗震设防标准有可比性,并保持标准规范的连续性。定义为设计取值,表示是一种综合各种因素的人为规定的设计指标,大致相当于"有效峰值加速度"EPA,比实际强震纪录的峰值加速度 PGA 的统计平均值要低些,与世界各国的抗震设计规范取值比较接近。

计算有效峰值加速度的方法,一般取实际强震纪录的 5%阻尼比的加速度反应谱在高频段的平均值除以动力放大系数 2.5 得到。但高频段的取值有多种,国外规范有的取 0.1~0.5s,有的取固定周期 0.3s。在 89 规范,作为规格化的加速度反应谱,有效峰值加速度取地震影响系数最大值除以 2.28。

中国地震动参数区划图编制时,资料全部取基岩纪录,得到 50 年超越概率 10%的基岩水平峰值加速度区划,然后考虑土层反应修正关系,得到"基准场地"的地面加速度区划,按照 7 度 $0.10g$、8 度 $0.20g$、9 度 $0.40g$ 的对应关系与 1990 年地震烈度区划图进行比较,从而过渡到以地震动参数表示的区划图,称为地震动峰值加速度区划图。

一般情况,设计基本地震加速度与抗震设防烈度的对应关系如表 2-3-1 所示。

设计基本地震加速度和设防烈度 表 2-3-1

设计基本地震加速度值	$0.05g$	$0.10g$	$0.15g$	$0.20g$	$0.30g$	$0.40g$
抗震设防烈度	6	7	7	8	8	9

表中设计基本地震加速度的取值与《中国地震动参数区划图 A1》所规定的"地震动峰值加速度"相当:即在 $0.10g$ 和 $0.20g$ 之间有一个 $0.15g$ 的区域,$0.20g$ 和 $0.40g$ 之间有一个 $0.30g$ 的区域,在这二个区域内建筑的抗震设计要求,除另有具体规定外分别同 7 度和 8 度地区相当。

全国近 2900 个县级及县级以上城镇中,设计基本地震加速度为 $0.05g$ 有近 1100 个,设计基本地震加速度为 $0.10g$ 约 700 个,设计基本地震加速度为 $0.15g$ 约 350 个,设计基本地震加速度为 $0.20g$ 约 300 个,设计基本地震加速度为 $0.30g$ 近 45 个,设计基本地震加速度不小于 $0.40g$ 有 15 个;不设防的城镇约 380 个。

全国 34 个省会级城市,按 89 规范和 1990 烈度区划图,南昌不设防,6 度设防为 9

个，7 度设防为 13 个，8 度设防为 11 个。按 2001 抗震规范和地震动峰值加速度区划图，提高一度设防的有南昌和石家庄，提高"半度"设防的有天津、郑州、海口、香港和台北。

四、设计特征周期

设计特征周期指地震影响系数曲线下降段始点对应的周期值，89 规范规定其取值根据设计近、远震和场地类别来确定，对 II 类场地，设计近、远震分别取 0.30s 和 0.40s；2001 规范将设计近震、远震改称设计地震分组，可更好体现震级和震中距的影响，建筑工程的设计地震分为三组，考虑到随着经济发展，有可能逐步提高建筑的抗震安全性，对 II 类场地，结合强震纪录的统计，适当加大特征周期值，第一、二、三组的设计特征周期分别调整为 0.35s、0.40s 和 0.45s。

下面说明设计特征周期与中国地震动参数区划图中反应谱特征周期的关系。

《中国地震动参数区划图 B1》中，反应谱特征周期 T_c 来自"基准场地"的理论分析，即

$$T_c = 2\pi S_v/S_a \tag{2-3-1}$$

式中，S_v、S_a 分别为速度反应谱和加速度反应谱，也可转换为有效峰值速度与有效峰值加速度的相应比值。根据全国 4 万个场点 50 年超越概率 10% 的峰值加速度和峰值速度，计算了每个场点的 T_c 值。计算结果，对加速度值大于 0.03g 的场点，T_c 的优势分布为 0.25～0.30s；加速度高的地点 T_c 值也大些，与大震级地震的长周期分量比较丰富有明显的对应关系。将全国基岩场地的 T_c 值按 0.25s、0.30s 和 0.35s 分区，西部地区由于高震级潜在震源较多，T_c 值普遍较大。在 34 个省会城市中，$T_c=0.35s$ 有北京等 21 个，$T_c=0.40s$ 有天津等 6 个，$T_c=0.45s$ 有兰州、福州等 7 个；全国约有 50% 城镇的 $T_c=0.35s$，约有 28% 城镇的 $T_c=0.40s$，约有 22% 城镇的 $T_c=0.45s$。

抗震规范修订中，考虑到上述结果与 89 规范设计近、远震的分布差别甚大，西部的大部分城镇的建筑，即使烈度（设计基本加速度）不变，地震作用仍将增大 50% 左右，不利于贯彻西部大开发的发展战略。从建筑工程的抗震设防决策上，为保持标准规范的延续性并考虑西部现有的经济条件，建议 2001 规范的设计地震的分组在《中国地震动反应谱特征周期区划图 B1》基础上做下列调整：

其一，区划图 B1 中 0.35s 和 0.40s 的区域均作为设计地震第一组；

其二，区划图 B1 中 0.45s 的区域，多数作为设计地震第二组；其中，借用 89 规范按烈度衰减等震线确定"设计远震"的规定，按地震加速度衰减的等加速度线确定下列影响区域作为设计地震第三组：

1) 区划图 A1 中峰值加速度 0.2g 减至 0.05g 的影响区域和 0.3g 减至 0.1g 的影响区域；

2) 区划图 B1 中 0.45s 且区划图 A1 中 $\geq 0.4g$ 的峰值加速度减至 0.2g 及以下的影响区域。

全国 34 个省会级城市，按 89 规范均为设计近震。按上述方法调整后，属设计地震第一组有 29 个，属设计地震第二组有 5 个。

全国近 2900 个县级城市所遭遇的地震影响，按上述方法确定的设计地震分组，大多数为第一组，第二组约 480 个，第三组约 150 个。

五、工程应用

为便于设计单位使用，2001规范在附录A规定了县级及县级以上城镇（按民政部编2001行政区划简册，包括地级市的市辖区）的中心地区（如城关地区）的抗震设防烈度、设计基本地震加速度和所属的设计地震分组。

在县级及县级以上城镇中心地区以外的建设地点，其抗震设防烈度、设计基本地震加速度和所属的设计地震分组应按本文的上述方法确定。

已编制抗震设防区划的城市，可采用经批准的抗震设防烈度、设计地震分组或设计地震动参数（如地面运动加速度峰值、反应谱值、地震影响系数曲线和地震加速度时程曲线）。

参 考 文 献

[1] 周锡元. 场地分类和抗震设计反应谱. 建筑抗震设计规范 GBJ 11—89 统一培训教材. 北京：地震出版社，1990
[2] 周雍年. 震级、震中距和场地条件对地面运动反应谱的影响. 地震工程与工程振动. Vol.4, No.4 1984
[3] 关于统一抗震设计规范地面运动加速度设计取值的规定. 建标 [1992] 419 号
[4] 《中国地震动参数区划图》编制说明. 2001

（中国建筑科学研究院　戴国莹　龚思礼）

2.4 建筑抗震设防分类原则及其设防标准

一、设防标准的含义

抗震设防标准，是一种衡量对建筑抗震能力要求高低的综合尺度，既取决于地震强弱的不同，又取决于使用功能重要性的不同。根据我国的实际情况，提出适当的抗震设防标准，既能合理使用建设投资，又能达到抗震安全的要求。

89规范关于建筑抗震重要性划分和设防标准的规定，已被国家标准《建筑抗震设防分类标准》GB 50223 所替代。因此，2001规范做了相应的修改。

按《防震减灾法》，本次修订明确，甲类建筑为"重大建筑工程和地震时可能发生严重次生灾害的建筑"。其地震作用计算，增加了"甲类建筑的地震作用，应按高于本地区设防烈度计算，其值应按批准的地震安全性评价结果确定"，修改了 GB 50223 规定甲类建筑的地震作用应按本地区设防烈度提高一度计算的规定。这意味着，提高的幅度应经专门研究，并需要按规定的权限审批。条件许可时，专门研究可包括基于建筑地震破坏损失和投资关系的优化原则确定的方法。

二、建筑抗震设防分类的基本原则

建筑工程抗震设防类别划分的基本原则，是从抗震的角度，按建筑的重要性进行分类。这里，重要性指建筑遭受地震损坏对各方面影响后果的严重性。判断后果所需考虑的因素，即对各方面影响的综合分析。这些影响因素主要包括：

1) 从性质看有人员伤亡、经济损失、社会影响等；

2) 从范围看有国际、国内、地区、行业、小区和单位；

3) 从程度看有对生产、生活和救灾影响的大小，导致次生灾害的可能，恢复重建的快慢等。

在对具体的对象作实际的分析研究时，建筑工程自身抗震能力、各部分功能的差异及相同建筑在不同行业所处的地位等因素，对建筑损坏的后果有不可忽视的影响，在进行设防分类时应对以上因素做综合分析。

分类标准在各章中，对若干行业的建筑如何按上述原则进行划分，给出了较为具体的方法和示例。

城市的规模，分类标准1995年版以市区人口划分：100万人口以上为特大城市，50～100万人口为大城市，20～50万人口以下为中等城市，不足20万人口为小城市。近年来，一些城市将郊区县划为市区，使市区范围不断扩大，相应的市区常住和流动人口增多。建议结合城市的国民经济产值衡量城市的大小，而且，经济实力强的城市，提高其建筑的抗震能力的要求也容易实现。

作为划分抗震设防类别所依据的规模、等级、范围，不同行业的定义不一样，例如，有的以投资规模区分，有的以产量大小区分，有的以等级区分，有的以座位多少区分。因此，特大型、大型和中小型的界限，与该行业的特点有关，还会随经济的发展而改变，需由有关标准和该行业的行政主管部门规定。由于不同行业之间对建筑规模和影响范围尚缺少定量的横向比较指标，不同行业的设防分类只能通过对上述多种因素的综合分析，在相对合理的情况下确定。例如，电力网络中的某些大电厂建筑，其损坏尚不致严重影响整个电网的供电；而大中型工矿企业中没有联网的自备发电设施，尽管规模不及大电厂，却是工矿企业的生命线工程设施，其重要性不可忽视。

在一个较大的建筑中，若不同区段使用功能的重要性有显著差异，应区别对待，可只提高某些重要区段的抗震设防类别。

需要说明的是，划分不同的抗震设防类别并采取不同的设计要求，是在现有技术和经济条件下减轻地震灾害的重要对策之一。考虑到现行的抗震设计规范、规程中，已经对某些相对重要的房屋建筑的抗震设防有很具体的提高要求。例如，在多层砌体结构中，对医院、教学楼的各种抗震措施比普通的住宅楼、办公楼有所提高；混凝土结构中，高度大于30m的框架结构、高度大于60m的框架-抗震墙结构和高度大于80m的抗震墙结构，其抗震措施比一般的多层混凝土房屋有明显的提高；钢结构中，层数超过12层的房屋，其抗震措施也高于一般的多层房屋。因此，分类标准在划分建筑抗震设防类别时，注意与设计规范、规程的设计要求配套，力求避免出现重复性的提高抗震设计要求。

三、各类建筑的设防标准

丁类建筑不要求按降低一度采取抗震措施，要求适当降低抗震措施即可。

对较小的乙类建筑，仍按GB 50223的要求执行。按GB 50223—95的说明，指的是对一些建筑规模较小建筑，例如，工矿企业的变电所、空压站、水泵房以及城市供水水源的泵房等。当这些小建筑为丙类建筑时，一般采用砖混结构；当为乙类建筑时，若改用抗震性能较好的钢筋混凝土结构或钢结构，则可仍按本地区设防烈度的规定采取抗震措施。

新修订的《建筑结构可靠度设计统一标准》GB 50068，提出了设计使用年限的原则规定。本规范的甲、乙、丙、丁分类，可体现建筑重要性及设计使用年限的不同。

这里需注意，设计基准期和设计使用年限是不同的两个概念。

各本建筑设计规范、规程采用的设计基准期均为50年，建筑工程的设计使用年限可以根据具体情况采用。《建筑结构可靠度设计统一标准》GB 50068—2001提出了设计使用年限的原则规定，要求纪念性的、特别重要的建筑的设计使用年限为100年，以提高其设计的安全性。然而，要使不同设计使用年限的建筑工程对完成预定的功能具有足够的可靠度，所对应的各种可变荷载（作用）的标准值和变异系数、材料强度设计值、设计表达式的各个分项系数、可靠指标的确定等需要相互配套，是一个系统工程，有待逐步研究解决。现阶段，重要性系数增加0.1，可靠指标约增加0.5，《统一标准》要求，设计使用年限100年的建筑和设计使用年限50年的重要建筑，均采用重要性系数不小于1.1来适当提高结构的安全性，二者并无区别。

对于抗震设计，鉴于建筑抗震设防分类和相应的设防标准已体现抗震安全性要求的不同，对不同的设计使用年限，可参考下列处理方法：

1）若投资方提出的所谓设计使用年限100年的功能要求仅仅是耐久性100年的要求，则抗震设防类别和相应的设防标准仍按分类标准的规定采用。

2）不同设计使用年限的地震动参数与设计基准期（50年）的地震动参数之间的基本关系，可参阅有关的研究成果。当获得设计使用年限100年内不同超越概率的地震动参数时，如按这些地震动参数确定地震作用，即意味着通过提高结构的地震作用来提高抗震能力。此时，如果按分类标准划分规定属于甲类或乙类建筑，仍应按分类标准对甲类和乙类建筑的要求采取抗震措施。

需注意，只提高地震作用或只提高抗震措施，二者的效果有所不同，但均可认为满足提高抗震安全性的要求；当既提高地震作用又提高抗震措施时，则结构抗震安全性可有较大程度的提高。

3）当设计使用年限少于设计基准期，抗震设防要求可相应降低。临时性建筑通常可不设防。

四、89规范与2001规范在设防标准上的基本比较

89规范与2001规范在抗震设防标准方面的基本比较如表2-4-1。

表2-4-1

项 目		89规范	2001规范
设防分类	甲类	特殊要求的建筑	重大建筑工程和可能发生严重次生灾害的建筑
	乙类	重点抗震城市的生命线工程的建筑	地震时使用功能不能中断或需尽快恢复的建筑
	丙类	不属于甲、乙、丁类的一般建筑	同89规范
	丁类	抗震次要建筑	同89规范

续表

	项目	89规范	2001规范
地震作用	甲类	按专门研究的地震动参数	按地震安全性评价结果确定
	乙类	按本地区抗震设防烈度	同89规范
	丙类	按本地区抗震设防烈度	同89规范
	丁类	按本地区抗震设防烈度	同89规范
抗震措施	甲类	采取特殊的抗震措施	比本地区抗震设防烈度提高一度
	乙类	一般比本地区抗震设防烈度提高一度	一般同89规范，小规模建筑改变材料可不提高
	丙类	按本地区抗震设防烈度	同89规范
	丁类	比本地区抗震设防烈度降低一度	比本地区抗震设防烈度适当降低

需要说明的是：

抗震措施指除结构地震作用计算和抗力计算以外的抗震设计内容，包括抗震构造措施；抗震构造措施指根据抗震概念设计原则，一般不需计算而对结构和非结构各部分必需采取的各种细部要求。

(中国建筑科学研究院　戴国莹)

第三章 建筑结构抗震概念设计

3.1 引　　言

建筑结构的抗震设计，是以现有的科学水平和经济条件为前提的。历次大地震都发现许多没有认识到的震害现象，特别是在一次地震中相邻建筑物或相距不远的两个建筑物，有时出现绝然不同的震害：一个倒塌、一个基本完好。经过几代人的震害调查和分析，人们逐渐形成一个观念：要减轻房屋建筑的地震破坏，设计出一个合理、有效的抗震建筑，需要注册建筑师和注册结构工程师的密切配合，仅仅依赖于"计算分析"是不够的，往往更多地依靠良好的"抗震概念设计"。

所谓"抗震概念设计"，指人们借助于地震灾害和工程经验积累等形成的基本设计原则和设计思想，进行建筑和结构的总体布置并确定细部构造的设计过程。在89规范中，第一次引入了体现概念设计的一系列规定，主要包括下列基本设计要求：

（1）建筑平、立、剖面布置，要划分规则和不规则，区别对待，防止建筑方案的不合理布置造成结构的不安全；

（2）按多道设防原则确定结构抗侧力体系，防止局部破坏导致结构整体丧失对竖向荷载的承载力和对水平作用的抵抗能力；

（3）在结构设计中，受到构件尺寸、钢筋规格、材料强度等级等因素呈一定模数变化的限制，必然存在某些抗震相对薄弱的环节，但要避免抗震薄弱部位因过大的应力和变形集中导致结构破坏；

（4）采取措施，提高构件、节点、材料的变形能力，防止发生脆性破坏；

（5）保证结构构件之间连接的可靠性，加强结构整体性和稳定性；

（6）注意非结构构件的抗震性能及其对主体结构的影响。

2001规范在继续保持上述规定的同时，吸收了国外规范的有关规定，做了进一步的补充，规定了针对不规则建筑结构的设计要求。考虑到满足建筑构思和使用要求的建筑方案可能出现多种多样的不规则性，为帮助理解，本章汇总了部分国家规范的有关内容，提供了多种不规则的类型和设计要求。

为了在设计中正确处理计算分析和概念设计之间的关系，2001规范专门对结构计算做了一些原则规定。本章对工程设计中如何判断结构计算分析的结果提出了一些参考性意见。

3.2 国外设计标准对抗震概念设计的规定

3.2.1 国际标准 ISO 3010

（以下是相关条文的摘录，编号保持原标准）
4 抗震设计的原则
4.1 为获得较好的抗震能力，建议结构采用简单的平面和简单的立面形式。
注：当结构形式复杂时，为了检验结构的潜在性能，应进行精确的动力分析。
4.2 抵抗水平地震作用的结构构件布置应尽可能减小地震扭转效应。
注：由于扭转效应难以精确计算并可能增大结构的动力反应，应避免平面不规则和荷载偏心分布。
4.3 结构体系应明确，以便进行合理的分析。在计算结构的地震反应时，不仅应考虑结构构架，也应考虑墙体、楼板、隔断、窗户等。
4.4 结构体系及其结构构件在地震作用下，应同时具备足够的承载力和延性
注：结构在地震作用下不仅要有足够的承载力，而且要有充分的延性来保证充分吸收能量。应特别注意结构构件的脆性性质，例如压屈、粘结（握裹）失效、剪切破坏、节点和构件断裂等。反复荷载下恢复力的退化应予以考虑。结构的极限承载力可以高于计算结果。必须考虑上述因素将怎样影响强烈地震作用下的结构性能。基础中的高应力可能特别危险。
4.5 结构在地震作用下的变形应予以限制，在中等地震下不导致结构使用的不便，在强烈地震下不危及公众的安全。
注：这里有两种变形控制：一是楼层侧向层间变位，一是相对于基础的总侧向位移。层间变位的限制应使非结构构件，如玻璃板、幕墙、塑料墙和其他隔断，在中等地震下不破坏，并使结构构件在强烈地震下不失效、结构不失稳。控制总位移是为了在中等地震下减少人员恐慌和不舒适，并使两个相邻结构有足够的间距避免在强烈地震下碰撞。在强烈地震下结构变形的计算，通常需要考虑由于大位移和重力引起的附加弯矩导致的二阶效应。
4.6 建筑场地在地震作用下的性能应予以评估。对无法充分评价的场地或地震作用所产生的后果不能在结构设计予以考虑的场地，应避开。
高发震地区的建设项目，应以地震动小区划为基础选址，并考虑活动断裂、土层剖面、大应变下的土层性质、液化势、地形以及它们之间相互作用等因素。

3.2.2 美国建筑统一规范 UBC 97

（以下是相关条文的摘录，编号保持原标准）
1629.5 建筑体型要求
1629.5.1 概述 每一结构可以区分为规则结构与不规则结构。
1629.5.2 规则结构 规则结构在平面或竖向体型上，或抗侧力体系上，没有明显的实质上的不连续，如 1629.5.3 所述的不规则结构情况。
1629.5.3 不规则结构
1. 不规则结构在体型上或在其抗侧力体系上有明显的或实质上的不连续。不规则的特征如（且不限于）表 1629.1 及 1629.2 所表达的。在地震 1 区的各类建筑及在地震 2 区

重要性分类级别为 4 及 5 的建筑结构，仅需评估其是否属于竖向不规则的 E 型（表 1629.1）与平面不规则的 A 型（表 1629.2）。

2. 结构具有表 1629.1 所列特征之一或更多者，应作为竖向不规则的设计。

例外，当在设计侧向荷载下，不存在某一层的楼层侧移比大于该层以上楼层侧移比的 1.3 倍时，则该结构可视为不存在表 1629.1 的 A 及 B 型的结构不规则，顶上两层楼层侧移比可不考虑，为确定其规则性能，在计算这样的楼层侧移比时，可以略去扭转效应。

结构竖向不规则 表 1629.1

不规则型式与定义	参见章节
A. 刚度不规则—软层 该层的侧向刚度小于其上一楼层侧向刚度的 70% 或小于其上 3 层楼层平均侧向刚度的 80%	1629.8.4 款 2
B. 重量（质量）不规则 任何一层的有效质量为相邻层的有效质量 150% 以上，可视为质量不规则，屋顶下一层的质量大于屋顶层 150% 时，不视为不规则	1629.8.4 款 2
C. 竖向几何不规则 任何一层抗侧力结构的水平尺寸为相邻层的 130% 以上，则可视为竖向几何不规则，单层突出屋面的小房间不考虑在内	1629.8.4 款 2
D. 竖向抗侧力结构构件在平面内不连续 抗侧向荷载构件在平面内的偏置部分，其长度大于这些构件的长度	1630.8.2
E. 承载力不连续—薄弱层 该层的承载力小于其上一层承载力的 80% 时，称为薄弱层。楼层承载力是指在所考虑方向承受楼层剪力的所有抗震构件的承载力之和	1629.9.1

结构平面不规则 表 1629.2

不规则型式与定义	参见章节
A. 扭转不规则—非柔性横隔板 在结构一端垂直于轴线的楼层侧移大于结构两端楼层侧移平均值的 1.2 倍时，可认为存在扭转不规则，计算中包括附加扭转	1633.2.9 款 6
B. 凹角 结构在两个方向投影超出凹角边长度部分大于所定方向结构平面尺寸的 15% 时，结构的平面及其抗侧力体系存在凹角不规则	1633.2.9 款 6
C. 横隔板不连续 横隔板在刚度上有突变或不连续部分，包括其切口或开口面积大于横隔板总面积的 50%，或从一层到下一层有效横隔板刚度改变超过 50%	1633.2.9 款 6
D. 平面外偏置 侧力传递路线不连续，如竖向构件偏置在平面外	1630.8.2 1633.2.9 款 6 2213.8
E. 非平行体系 竖向的侧力承载构件或抗侧力构件对于抗侧力体系的主正交轴不平行或不对称	1633.1

3. 结构有列于表1629.2的一种或几种特征时,则为平面不规则。

表1629.1和表1629.2中有关参考章节,引录如下。

1629.8.4 款2

以下结构须采用动力计算方法。结构具有如表1629.1中A、B、C型所列之竖向刚度、重量或几何不规则,或结构具有表1629.1或1629.2中未列出的不规则特征,1630.4.2允许者在外。

1629.9.1

不连续。结构在承载力上不连续,如表1629.1所述之竖向不规则E型,存在有薄弱层(计算承载力小于其上楼层之65%),不应超过两层或30英尺(9144mm)。

例外,如薄弱层能抵抗总地震侧力的Ω_0乘以1630所述之设计力时除外。

注:Ω_0——用以计算结构超强的地震放大系数,见表1629.3。

结 构 体 系　　　　　表1629.3

基本结构体系	侧向荷载抵抗体系	R_w	Ω_0	H(英尺)
1. 承重墙体系	1. 轻质骨架墙,设有抗剪力间隔			
	a. 3层及以下的结构,采用木结构间隔墙	5.5	2.8	65
	b. 所有其他轻骨架墙	4.5	2.8	65
	2. 剪力墙			
	a. 混凝土	4.5	2.8	160
	b. 砌体	4.5	2.8	160
	3. 轻型钢框架承重墙,设有只承受拉力的支撑	2.8	2.8	65
	4. 设有支撑的框架,其支撑承受重力荷载			
	a. 钢	4.4	2.2	160
	b. 混凝土	2.8	2.2	—
	c. 大尺寸木构件	2.8	2.2	65
2. 建筑框架体系	1. 钢的偏心支撑框架(EBF)	7.0	2.8	240
	2. 轻质框架墙,设有抗剪力间隔			
	a. 3层以下的结构,采用木结构间隔墙	6.5	2.8	65
	b. 所有其他轻型骨架墙	5.0	2.8	65
	3. 剪力墙			
	a. 混凝土	5.5	2.8	240
	b. 砌体	5.5	2.8	160
	4. 普通支撑框架			
	a. 钢	5.6	2.2	160
	b. 混凝土	5.6	2.2	—
	c. 大尺寸木构件	5.6	2.2	65
	5. 特种中心支撑框架			
	a. 钢	6.4	2.2	240
3. 抗弯框架体系	1. 特种抗弯框架(SMRF)			
	a. 钢	8.5	2.8	不限
	b. 混凝土	8.5	2.8	不限
	2. 砌体半特种抗弯框架(MMRWF)	6.5	2.8	160
	3. 混凝土半特种抗弯框架(IMRF)	5.5	2.8	—

续表

基本结构体系	侧向荷载抵抗体系	R_w	Ω_0	H（英尺）
3. 抗弯框架体系	4. 普通抗弯框架（OMRF）			
	a. 钢	4.5	2.8	160
	b. 混凝土	3.5	2.8	—
	5. 特种钢桁架抗弯框架（STMF）	6.5	2.8	240
4. 双重体系	1. 剪力墙			
	a. 混凝土，并设有 SMRF	8.5	2.8	不限
	b. 混凝土，并设有钢 OMRF	4.2	2.8	160
	c. 混凝土，并设有混凝土 IMRF	6.5	2.8	160
	d. 砌体，并设有 SMRF	5.5	2.8	160
	e. 砌体，并设有钢 OMRF	4.2	2.8	160
	f. 砌体，并设有混凝土 IMRF	4.2	2.8	—
	g. 砌体，并设有砌体 MMRWF	6.0	2.8	160
	2. 钢 EBF			
	a. 设有钢 SMRF	8.5	2.8	不限
	b. 设有钢 OMRF	4.2	2.8	160
	3. 变通支撑框架			
	a. 钢，并设有钢 SMRF	6.5	2.8	不限
	b. 钢，并设有钢 OMRF	4.2	2.8	160
	c. 混凝土，并设有混凝土 SMRF	6.5	2.8	—
	d. 混凝土，并设有混凝土 IMRF	4.2	2.8	—
	4. 特种中心支撑框架			
	a. 钢，并设有钢 SMRF	7.5	2.8	不限

1630.8.2 非连续支承体系的构件

1630.8.2.1 概述 非连续的侧向荷载抵抗体系的任何部分，如竖向不规则表1629.1的类型 D 或平面不规则表1629.2的类型 D，支承在这样不连续体系上的混凝土、砌体、钢及木构件，应具有设计强度能抵抗1612.4特殊地震作用组合产生的荷载组合。

例外：(1) 1612.4的 E_m 值不应超过能够通过侧力抵抗体系传递的最大力；(2) 支承在轻型框架的木剪力墙体系或支承在轻型框架钢及木结构节间剪力墙体系上的混凝土板除外。

当采用许可应力设计方法时，设计强度可按许可应力增大1.7倍计算，抵抗系数 ϕ 采用1.0。这一增加不应与1612.3允许的将应力增加1/3的规定组合，但是可以与第23章第Ⅲ篇规定的荷载延续时间进行组合。

1630.8.2.2 地震3区与地震4区的构造规定 在地震3区与4区，支承在非连续体系上的构件应符合下列构造规定或有关的限制规定。

1. 主要作为承受轴向荷载设计的钢筋混凝土或钢筋砌体构件应符合1921.4.5的要求；

2. 主要作为受弯杆件设计的钢筋混凝土构件，不包括轻型框架木剪力墙体系或轻型框架钢及木结构节间剪力墙体系的支承杆件，应符合1921.3.2及1921.3.3的要求，作为支承设计的板的一部分，其强度计算应仅包括板中符合有关节要求的部分；

3. 主要作为承受轴力构件设计的砌体构件，应符合 2106.1.12.4 款 1 及 2108.2.6.2.6 的要求；

4. 主要作为受弯构件设计的砌体构件，应符合 2108.2.6.2.5 的要求；

5. 主要作为承弯轴力设计的钢构件，应符合 2213.5.2 及 2213.5.3 的要求；

6. 主要作为受弯构件或框架设计的钢构件，应在顶部及底部梁翼缘或弦杆上位于不连续支承处设有支撑，并应符合 2213.7.13 的要求；

7. 主要作为木构件设计的受弯构件，在非连续体系各个构件端部或连结部位，应设有侧向支撑或实心块体。

1631.3 数学模型。实际结构的数学模型应能代表结构刚度、质量的空间分布，使其计算足以反映动力反应的重要特性。对于如表 1629.2 所列平面很不规则及其具有刚性或半刚性横隔的结构，应采用结构三维动力分析模型。分析中采用的刚性特征及一般数学模型应符合 1630.1.2 的规定。

1630.1.2 模型化要求。具体结构的数学模型应包括抗侧力体系的全部构件。模型还应反映构件的刚度与承载力，这些对于力的分布甚为重要，并应反映结构质量与刚度的空间分布。此外，还要符合下列要求：

1. 钢筋混凝土与砌体构件的刚度特性应考虑开裂截面的效应；
2. 钢结构抗弯框架体系节间区变形分布对全部楼层侧移的影响应包括在内。

1633.2.9 款 6

结构中横隔与竖向构件的连续，在地震 3 区、4 区，并且结构平面不规则属于表 1629.2 之 A、B、C、D 型的，设计时应不计及通常对抗地震力构件常用的将允许应力提高 1/3 的规定。

1633.1

在地震 2 区、3 区、4 区的以下各种情况时，规定要考虑非主轴方向的地震力作用。

结构有如表 1629.2 之 E 型所列的平面不规则；

结构在两个主轴均有如表 1629.2 之 A 型所列的平面不规则；

当结构的柱是两个或更多相交抗侧力体系的组成部分时。

FEMA 302 NEHRP（1998 年 2 月版），对结构平面不规则中扭转不规则尚有补充规定。

极限扭转不规则—非柔性横隔板：

在结构一端垂直于轴线的楼层侧移大于结构两端侧移平均值的 1.4 倍时（计算中包括偶然偏心扭转），视为极限扭转不规则。

3.2.3 结构用欧洲规范 Eurocodes 8

（以下是相关条文的摘录，编号保持原标准）

2.1 概念设计的基本原则

P（1）在建筑概念设计的最初阶段应考虑地震危险性。

注：凡条款号前面标注 P，表示该条款为"原则规定"，即该要求是不能用各国各自的规定替代的。

（2）抗震概念设计的指导原则是：

——结构的简单性；

——均匀性和对称性；

——赘余度；

——双向抗力和刚度；

——扭转抗力和刚度；

——楼板的横隔作用；

——合适的基础。

(3) 附录 B 给出了上述原则的注释。

2.2 结构的规则性

2.2.1 一般规定

P (1) 对抗震设计，建筑结构应区分为规则和不规则两类。

(2) 该区分包含在抗震设计的以下方面：

——结构模型，可以是简化的平面模型也可以是空间模型；

——分析方法，可以是简单的振型反应谱分析也可以是多个振型反应谱分析；

——性能系数 q 值，可根据平立面不规则性的类型减小，即

——几何不规则性超过 2.2.3 (4) 条给定的限值；

——立面超强的不规则分布超过 2.2.3 (3) 条给定的限值。

P (3) 就设计中结构规则性的含义而言，应按表 2.1 的规定分别考虑建筑平面和立面的规则特征。

(4) 第 2.2.2 条和 2.2.3 条给出了描述平面和立面规则性的准则；第 3 条给出了关于模型和分析的规定，第 I-3 部分给出了相应的性能系数。

P (5) 第 2.2.2 条和 2.2.3 条给出的规则性准则可认为是必要条件，设计人员应确认假定的建筑结构规则性没有被这些准则所未包括的其他特征削弱。

抗震设计中结构的规则性　　　　表 2.1

规则性		允许的简化方法		性能系数
平面	立面	计算模型	分析方法	
是	是	平面模型	简单的振型[1)	规定值
是	否	平面模型	多个振型	减小值
否	是	空间模型	多个振型[2)	规定值
否	否	空间模型	多个振型	减小值

注：1) 当两个方向的基本周期满足 T_1 小于 4 倍特征周期或 2.0s。

2) 对外墙、隔墙分布且刚度较好时，可采用简单的方法考虑扭转效应。

2.2.2 平面规则性准则

(1) 建筑结构在平面内沿两正交方向上的侧向刚度和质量分布接近对称。

(2) 平面轮廓简洁紧凑，即无诸如 H、I、X 等形状，总的凹角或单一方向凹入尺寸不超过对应方向建筑总外部平面尺寸的 25%。

(3) 楼板平面内的刚度同竖向结构构件的侧向刚度相比足够大，以致于楼板变形对竖

向结构构件之间侧力的分配影响很小。

(4) 在 3.3.2.3 条规定的地震力分配情况下,加上 3.2 条规定的偶然偏心,任一楼层一端的沿地震作用方向的位移不超过平均楼层位移的 20%。

2.2.3 立面规则性准则

(1) 所有抗侧力体系,如筒体、结构墙或框架,应自基础连续到建筑顶部,不能被截断;或当在不同高度处有缩进时,应自底部连续到相应区段的顶部。

(2) 各楼层侧向刚度和质量自底部到顶部均应保持不变或逐步减小,没有突变。

(3) 框架结构中,楼层实际抗力与计算所需抗力之比,在毗邻楼层间不应有不均匀变化。砌体填充的框架结构在第Ⅰ-3 部分第 2.9 条规定了这方面的特殊规定。

(4) 当有缩进时,应符合下列附加规定:

(a) 逐步缩进但仍为轴向对称时,任一楼层缩进的尺寸不大于原平面在缩进方向尺寸的 20%。

(b) 在主体结构总高 15% 以内的下部有一次缩进,其缩进尺寸不大于原平面尺寸的 50%,此时上一楼层竖向缩进周边以内的底部区域的结构应设计成至少抵抗按同样结构但底部无扩大时该区域水平剪力的 75%。

(c) 当缩进不保持结构的对称性,每一侧所有楼层缩进的总和不大于首层平面尺寸的 30%,且每层的缩进尺寸不大于原平面尺寸的 10%。

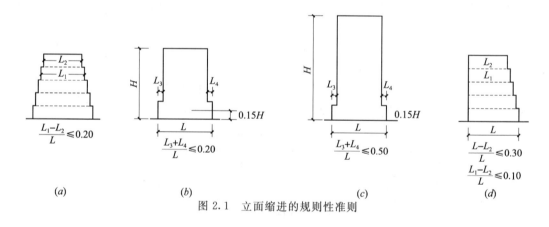

图 2.1 立面缩进的规则性准则

附录 B 概念设计的基本原则(资料性)

B1 一般规定

(1) 地震的发生概率是地震区概念设计中必须考虑的一个重要方面。

(2) 它是在最初阶段中开展建筑设计必须考虑的一个方面,以使结构体系达到在可接受的造价之内,满足第Ⅰ-1 部分的基本要求。

(3) 为此,地震区的概念设计应尽可能反映 B2~B7 中所考虑的因素

B2 结构的简单性

(1) 结构的简单性,以存在明确的、直接的地震力传递途径为表征,是为了当结构的模型、分析、尺寸、细部构造和施工中遇到许多不确定性时,使预计的抗震性能更为可靠的一个重要目标。

B3 均匀性和对称性

（1）均匀性在某种程度上与简单性有关，以结构构件的均匀分布为表征。当平面内满足这一要求时，建筑的分布质量产生的内力可简短、直接地传递。必要时，可通过将整个建筑按防震缝分割为几个动力上的独立单元来实现其均匀性。

（2）均匀性也与沿建筑高度结构的情况有关，它有助于消除因应力集中或高延性要求而可能过早引起倒塌的敏感区。

（3）均匀性是在质量分布与抗力和相关的刚度分布之间的紧密关系，以消除质量与刚度之间的大偏心。

（4）对称或基本对称的建筑外形，对称的结构布置，平面内良好的分布是达到均匀性的有效解决方法。

（5）最后，采用均匀分布结构构件增加赘余度，可允许作用效应更有利的重分布，在整个结构内有广泛的能量耗散。

B4 双向抗力和刚度

（1）水平地震运动是一种双向现象，因此建筑结构必须能抵抗任何方向的水平作用，相应地，结构构件应布置成能提供任何方向的抗力。通常将构件组合成正交平面内的结构网格，保证在两主轴方向有相似的抗力和刚度特征。

（2）进而，结构刚度特征的选择，在试图将地震作用（考虑场地的具体特征）效应减至最小的同时，应限制因二次效应或严重破坏导致失稳的过大位移的发展。

B5 扭转抗力和刚度

（1）除侧向抗力和刚度之外，建筑结构必须具有足够的扭转抗力和刚度，以限制在不同结构构件中产生不均匀应力的扭转运动的发展。为此主要的抗侧力构件靠近建筑周边分布有明显的优点。

B6 楼层标高处的隔板作用

（1）楼板对结构的总体抗震性能起着非常重要的作用。实际上，它们如同水平隔板，不仅将惯性力集中和传递到竖向结构体系，还能保证这些体系一起抵抗水平作用。

（2）楼板必然是整个建筑结构中一个必不可少的部分，在竖向结构体系复杂和非均匀布置，或具有不同水平变形特征的体系（如双重体系）一起使用时，其隔板作用特别重要。

（3）楼板体系具有足够的平面内刚度和抗力与竖向结构体系有有效的连接是最为重要的。为此，应特别注意平面形状不简洁或非常长、楼板有大的洞口的情况，尤其是当后者位于竖向结构构件附近对有效连接有影响时。

B7 足够的基础

（1）考虑地震作用时，基础与上部结构连接的设计与施工应保证整个建筑均匀地承受地震运动的作用。

（2）这样，对由离散的结构墙组成的结构，很可能在宽度和刚度方面有差异，应选用刚性的箱式或网格式基础，包括基础的底板和盖板在内。

（3）对有独立基础构件（基墩或桩）的建筑，应遵守第 5 部分 5.4.1.2 条准则，考虑沿两个主方向在构件之间采用基础底板或基础系梁。

3.2.4 日本建筑基准法 BSL

1. 刚度偏心的限制

每层的刚度偏心率 R_e 应小于 0.15，即

$$R_e = e/r_e < 0.15$$

式中 e——刚度中心至质量中心间的偏心距；

r_e——弹性半径，定义为扭转刚度 k_t 除以侧向刚度 k_1 的平方根，即 $r_e = \sqrt{k_t/k_1}$。

2. 侧向刚度比的限制

每层的侧向刚度比 R_s 应大于 0.6，即

$$R_s = r/r_m > 0.6$$

式中 r——侧向刚度比，定义为层高 h 除以层间位移 δ 即 $r = h/\delta$，层间位移 δ 根据底部剪力法和中等地震运动产生的侧向剪力算得；

r_m——平均侧向刚度比，定义为地面以上各层 r 的算术平均值。

（中国建筑科学研究院　龚思礼、戴国莹、程绍革
建设部设计研究院　陈富生）

3.3 不规则建筑的判别和设计要求

2001 规范对建筑师在确定建筑设计方案时提出了明确的要求：首先应符合合理的抗震概念设计原则，宜采用规则的建筑设计方案，特别强调应避免采用严重不规则的建筑设计方案。

在广泛比较和吸收国外关于规则建筑的有关规定的基础上，2001 规范对平面不规则建筑划分为三种类型，对竖向不规则建筑也划分为三种类型。还将不规则程度区分为一般不规则、特别不规则和严重不规则三种程度，分别提出不同的设计要求。

一、2001 规范对平面和竖向不规则的定义

不规则的情况可有多种多样，2001 规范仅对基本的主要的不规则给予定义，即平面扭转不规则、凹凸不规则和局部楼板不连续，竖向为软弱层、薄弱层和竖向构件间断（表 3-3-1、表 3-3-2）。这里并不包括所有的不规则，实际的不规则可能由这些基本的不规则组合而成。

平面不规则布置的定义　　　　　　表 3-3-1

项　目	不规则的定义
扭转	在非柔性楼盖的前提下，端部垂直于一轴线的弹性层间位移大于两端弹性层间位移平均值的 1.2 倍
凹凸角	局部凸出或凹进的尺寸大于该方向总尺寸的 30%
楼板不连续	缩进或开洞后的板宽小于该方向典型板宽的 1/2，或洞口面积大于该层楼板面积的 1/3，较大的错层

3.3 不规则建筑的判别和设计要求

竖向不规则布置的定义   表 3-3-2

项 目	不规则的定义
刚度突变	层侧向刚度小于相邻上层 0.7，或小于其上三层平均值的 0.8；除顶层外，局部缩进的尺寸大于相邻下层的 25%
构件间断	柱、抗震墙、抗震支撑承担的地震力由转换构件向下传递
承载力突变	楼层受剪承载力与相邻上层受剪承载力之比＜0.8

二、不规则建筑结构的设计方法

对不规则的建筑设计方案，结构工程师如何进行设计，2001 规范区别三种状态予以处理：一般的不规则按表 3-3-3 的规定采取加强措施，还规定了不规则的上限；特别不规则应针对具体的不规则程度采取比表 3-3-3 规定更强的、有效的加强措施；严重不规则应要求修改建筑方案。

不规则建筑结构的设计要求   表 3-3-3

项 目	不规则的设计要求
平面不规则竖向规则	考虑扭转、楼盖变形的空间结构分析，端部弹性层间位移不得大于两端弹性层间位移平均值的 1.5 倍
竖向不规则平面规则	软弱层地震剪力乘以 1.15；不落地竖向构件传递给转换构件的地震内力乘以 1.25～1.5；薄弱层应按规定进行弹塑性分析，相邻层最大侧向刚度比符合有关限制，且楼层受剪承载力与相邻上层受剪承载力之比＞0.65
平面和竖向均不规则	同时满足上述要求

所谓一般的不规则，指的是超过表 3-3-1 和 3-3-2 中一项及以上的不规则指标；特别不规则，指的是多项均超过表 3-3-1 和表 3-3-2 中的不规则指标或某一项超过规定指标较多，具有较明显的抗震薄弱部位，可能引起不良后果者。

严重不规则的建筑方案，不易定量划分，因为严重不规则的建筑往往具有异常复杂的体型，难以用上述各类不规则类型予以概括，需要设计人员根据抗震知识和工程经验进行判断。例如，体型复杂，多项不规则指标超过表 3-3-3 上限值或某一项大大超过其规定值，在现有的经济和技术条件下存在危及结构安全的薄弱环节，可能导致地震破坏的严重后果者，则该建筑方案属于严重不规则，应要求建筑方案予以修改。

三、抗震结构体系

抗震结构体系要通过综合分析，采用合理而经济的结构类型。结构的地震反应取决于结构自身的动力特性，并同场地的频谱特性有密切关系，场地的地面运动特性又同地震震源机制、震级大小、震中的远近有关；建筑的重要性、装修的水准对结构的侧向变形大小有所限制，从而对结构选型提出要求；结构的选型又受结构材料和施工条件的制约以及经济条件的许可等。这是一个综合的技术经济问题，应周密加以考虑。

抗震结构体系要求受力明确、传力合理且传力路线不间断，使结构的抗震分析更符合结构在地震时的实际表现，对提高结构的抗震性能十分有利，是结构选型与布置结构抗侧力体系时首先考虑的因素之一。

抗震体系的多道抗震防线指的是：

第一，一个抗震结构体系，应由若干个延性较好的分体系组成，并由延性较好的结构构件连接起来协同工作，如框架-抗震墙体系是由延性框架和抗震墙二个系统组成；双肢或多肢抗震墙体系由若干个单肢墙分系统组成。

第二，抗震结构体系应有最大可能数量的内部、外部赘余度，有意识地建立起一系列分布的屈服区，以使结构能吸收和耗散大量的地震能量，一旦破坏也易于修复。

抗震薄弱层（部位）的概念，也是抗震设计中的重要概念，包括：

（1）结构在强烈地震下不存在强度安全储备，构件的实际承载力分析（而不是承载力设计值的分析）是判断薄弱层（部位）的基础；

（2）要使楼层（部位）的实际承载力和设计计算的弹性受力之比在总体上保持一个相对均匀的变化，一旦楼层（或部位）的这个比例有突变时，会由于塑性内力重分布导致塑性变形的集中；

（3）要防止在局部上加强而忽视整个结构各部位刚度、承载力的协调；

（4）在抗震设计中有意识、有目的地控制薄弱层（部位），使之有足够的变形能力又不使薄弱层发生转移，这是提高结构总体抗震性能的有效手段。

（5）本次修订，增加了结构两个主轴方向的动力特性（周期和振型）相近的抗震概念。

2001规范继续保持89规范的要求，对各种不同材料的构件、构件之间的连接提出了改善其变形能力的原则和途径：

（1）无筋砌体本身是脆性材料，只能利用约束条件（圈梁、构造柱、组合柱等来分割、包围）使砌体发生裂缝后不致崩塌和散落，地震时不致丧失对重力荷载的承载能力；

（2）钢筋混凝土构件抗震性能与砌体相比是比较好的，但如处理不当，也会造成不可修复的脆性破坏。这种破坏包括：混凝土压碎、构件剪切破坏、钢筋锚固部分拉脱（粘结破坏），应力求避免；

（3）钢结构杆件的压屈破坏（杆件失去稳定）或局部失稳也是一种脆性破坏，应予以防止；

（4）本次修订，增加了对预应力混凝土结构构件的要求。强调了设置必要的非预应力筋和地震时构件进入弹塑性工作状态下预应力筋的有效锚固。

（5）主体结构构件之间的连接应遵守的原则是：通过连接的承载力来发挥各构件的承载力、变形能力，从而获得整个结构良好的抗震能力。

（6）屋盖支撑不完善，往往导致屋盖系统失稳倒塌，使厂房发生灾难性的震害，因此，支撑系统布置上应特别注意保证屋盖系统的整体稳定性。

（中国建筑科学研究院　龚思礼）

3.4　对非结构构件的要求

2001规范明确规定非结构构件，包括建筑构件和附属于建筑的机电设备的支架应进行抗震设计,并由相关专业人员承担。这里,建筑构件主要指女儿墙、围护墙、隔墙、幕墙、顶棚、雨篷等;附属机电设备主要指电梯、照明和应急电源、通信设备、管道系统、空气调节系统、烟火监测和消防系统、公用天线等。

非结构构件,一般不属于主体结构的一部分,或为非承重结构,在抗震设计时也往往容易被忽略,但从地震灾害看,有不可忽视的影响。非结构构件如处理不好,往往地震时倒塌伤人,砸坏财产设备,破坏主体结构。特别是现代建筑,装修的造价占很大的比例,非结构构件的破坏,影响更大。因此,非结构构件的抗震问题,近年来引起更大的重视。

一、非结构构件的震害

非结构构件的震害可大致归纳如下:

预制幕墙在大地震下的破坏、脱落,玻璃破碎;

刚性储物柜移动、倾倒,可能产生次生灾害,如导线和电缆拉裂损坏;

电梯的配重脱离导轨,震后无法运行;

机电设备后浇基础移动或开裂,悬挂构件强度不足导致设备坠落;

各种管道的支架之间或支架与设备相对移动造成接头损坏;

某些大的管道因布置不合理,削弱了主体结构构件的抗震能力。

二、建筑非结构构件

建筑非结构构件的主要抗震措施:

(1) 附属构件。如女儿墙、厂房高低跨封墙、雨篷等。这类构件的地震问题是防止倒塌,采取的抗震措施是加强非结构构件本身的整体性,并与主体结构加强锚固。

(2) 装饰物。如建筑贴面、装饰,顶棚和悬吊重物等。这类构件的地震问题是防止脱落和装修的破坏,采取的抗震措施是同主体结构可靠连接,对重要的贴面和装饰,要采用柔性连接,使主体结构变形不致影响贴面和装饰的损坏。

(3) 非结构的墙体。如围护墙、内隔墙、框架填充墙等。这类构件的地震问题比较复杂,根据材料的不同(砌体、钢筋混凝土构件,金属材料和砌体以外的非金属材料)和同主体结构的关系(影响主体结构的承载力、刚度、变形和吸能能力),可能对结构产生不同程度的影响,如:① 减小主体结构的自振周期,增大设计地震作用;② 改变主体结构侧向刚度的分布,从而改变各结构构件之间地震内力的分布状态;③ 对主体结构的地震分析带来困难,不易选取合适的结构抗震分析计算模型,不易正确估计地震反应;④ 处理不好,往往引起主体结构的破坏,如由于形成短柱而发生破坏。

采取的抗震措施,可能有以下的几种:① 做好细部构造,使非结构构件成为抗震结构的一部分,在计算分析时,充分考虑非结构构件的质量、刚度、强度和变形能力;② 防止非结构构件参与工作,避免非结构构件对主体结构的变形限制,分析计算时可以只考虑非结构构件的质量、不考虑其刚度和强度;③ 构造上采取措施避免出平面倒塌;④ 选用合适的抗震结构,加强主体结构的刚度,以减小主体结构的变形量,防止装饰要求高的建筑的非结构破坏。

三、机 电 设 备

机电设备的主要抗震措施：

机电设备和设施的抗震措施，应根据设防烈度、建筑使用功能、房屋的高度、结构类型和变形特征、附属设备所处的位置和运转要求等，经综合分析后确定。基本的要求是：

（1）小型的附属机电设备的支架可无抗震设防要求；

（2）建筑附属设备不应设置在可能导致使用功能发生障碍等二次灾害的部位；

（3）建筑附属机电设备的支架应具有足够的刚度和承载力，其与结构体系应有可靠的连接和锚固；

（4）管道和设备与结构体系的连接，应能允许二者间有一定的相对变位。管道、电缆、通风管和设备的大洞口布置不合理，将削弱主要承重结构构件的抗震能力，必须予以防止；对一般的洞口，其边缘应有补强措施。

（5）建筑附属机电设备的基座或连接件应能将设备承受的地震作用全部传递到结构上。结构体系中，用以固定建筑附属机电设备预埋件、锚固件的部位，应采取加强措施，以承受附属机电设备传给结构体系的地震作用。

（中国建筑科学研究院　戴国莹）

3.5 结构计算分析要求

建筑结构抗震设计中，结构整体计算简图和计算结果的分析，对保证设计质量有重要意义，在《建筑工程设计文件编制深度的规定》中已有所要求。为贯彻国务院《建筑工程质量管理条例》，2001规范增加了下列规定：

一、弹性和弹塑性计算

建筑结构在多遇地震作用下的内力和变形分析时，都是以弹性、线性理论为基础的，计算可假定结构和结构构件处于弹性工作状态，内力和变形分析可采用线性静力方法或线性动力方法。

不规则且具有明显薄弱部位可能导致地震时严重破坏的建筑结构，需要采用非线性、弹塑性的分析方法。近几年，已经开发了弹塑性计算软件，国外规范也将抗震的非线性分析作为一个重要修订内容，我国89规范也提出了相应的要求。考虑到非线性分析的难度较大，规范对需要进行非线性分析的结构控制在较小的范围，而且进行罕遇地震作用下的弹塑性变形分析时，可根据结构特点采用静力弹塑性分析（又称推覆分析）或弹塑性时程分析方法，以及符合要求的简化方法。

二、重力二阶效应

当结构在地震作用下的重力附加弯矩大于初始弯矩的10%时，应计入重力二阶效应的影响。

重力附加弯矩指任一楼层以上全部重力荷载ΣG与该楼层地震层间位移Δu的乘积，

又称为二阶弯矩 M_2；初始弯矩指该楼层地震剪力 F_E 与楼层层高 h 的乘积，又称为一阶弯矩 M_1。当竖向构件的层间位移较大时，M_2 的存在使位移增加，位移的增加又使 M_2 进一步加大，如此反复，可能产生累积变形而导致结构失稳破坏（图 3-5-1）。

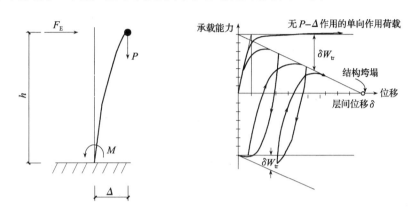

图 3-5-1 二阶效应示意图

例如，引入稳定系数 $\theta = M_2/M_1$，考虑二阶效应的内力增大系数为 $1/(1-\theta)$，通常认为，$\theta > 0.25$ 时结构不稳定。

重力二阶效应属于大变形的几何非线性分析，一般仅在多遇地震下的钢结构和罕遇地震下各类结构侧向大变形时予以考虑；混凝土偏压柱在多遇地震的承载力计算时考虑了附加偏心距，不需要重复考虑二阶效应。

重力二阶效应的计算有简化方法和精确方法两类。简化方法在楼层的侧向刚度矩阵中减去一个与楼层重力、层高相关的附加矩阵。精确方法即在单元刚度矩阵中增加一个几何二阶刚度矩阵 K_g。

三、结构的简化计算模型

1. 楼、屋盖需按照在平面内变形情况确定为刚性、半刚性和柔性的横隔板，再按抗侧力系统的布置确定抗侧力构件间的共同工作并进行各构件间的地震内力分析。

抗震设计时，所谓"柔性横隔板"，指在给定的水平力作用下，楼盖平面内最大的层间位移大于楼盖两端位移平均值的 2 倍。此时抗侧力构件需承担其从属水平面积上重力荷载代表值所产生的水平地震力，一般为木楼盖。

所谓"刚性横隔板"，在给定水平力作用下，楼盖平面内各点的层间位移基本上呈线性分布。抗侧力构件承担的水平地震力按各自的侧向刚度分配，一般为现浇楼盖或有现浇面层的装配整体式楼盖。有些开大洞口的楼盖可以按分片刚性横隔板处理。

半刚性楼盖，一般为普通的装配式楼盖。水平地震力的分配按上述二者的平均。

2. 所有的结构都是空间体系，但在抗震分析时，可以有所简化。

质量和侧向刚度分布接近对称且楼、屋盖可视为刚性横隔板的结构，可采用平面结构模型，如单片墙体、平面框架、平面排架、平面的框架-抗震墙模型，进行抗震分析。此时结构所受的外力也只考虑同一平面内。

其他情况，应采用空间结构模型进行抗震分析。此时，楼屋盖的刚性假定应合理，避免过多考虑相隔很远的刚度大的抗侧力构件参与共同工作。

四、计算结果的工程判断

利用计算机进行结构抗震分析时,计算模型的建立、必要的简化计算与处理,应依据计算软件的技术条件确定,以符合结构的实际工作状况;复杂结构进行多遇地震作用下的内力和变形分析时,应采用不少于两个的不同力学模型,并对其计算结果进行分析比较;所有计算机计算结果,应经分析判断确认其合理、有效后方可用于工程设计。

1. 目前,采用计算机软件进行建筑结构分析和设计是相当普遍的。因此,对计算结果的合理性、可靠性进行判断是十分必要的,是结构设计最主要的任务之一。这项工作要以结构工程师的力学概念和丰富的工程经验为基础,一般从结构总体和局部两个方面考虑。总体上包括:所选用的计算软件是否适用以及使用是否恰当、结构的振型、周期、位移形态和量值、地震作用的分布和楼层地震剪力的大小、有效参与质量、截面配筋设计等,是否在合理的范围,总体和局部的力学平衡条件是否得到满足。判断力平衡条件时,应针对重力荷载、风荷载作用下的单工况内力进行。对局部构件,尤其是受力复杂的构件(如转换构件等),分析其内力或应力分布是否与力学概念、工程经验相一致。

2. 为使结构的抗扭刚度不过弱,以免产生过大的扭转效应,要避免结构扭转为主的振型为第一自振周期。因此,对每一个特定的结构,需要确定每一个振型的特征,判断它是平动为主还是扭转为主。

在正则化振型向量空间中,结构质量矩阵具有正交性,即

$$\Phi^\mathrm{T} M \Phi = I \tag{3-5-1}$$

其中,Φ 为振型矩阵,M 为集中质量矩阵,I 为单位对角矩阵。

对第 j 振型有

$$\phi_j^\mathrm{T} M \phi_j = 1.0 \tag{3-5-2}$$

其中

$$\phi_j = \{x_{1j} \cdots x_{nj}, y_{1j} \cdots y_{nj}, \theta_{1j} \cdots \theta_{nj}\}^\mathrm{T} \tag{3-5-3}$$

$$M = diag[m_1 \cdots m_n, m_1 \cdots m_n, J_1 \cdots J_n] \tag{3-5-4}$$

其中,x_{ij}、y_{ij}、θ_{ij} 分别为第 i 质点 j 振型的三个振型位移分量;m_i、J_i 分别为第 i 质点的集中质量和质量惯矩;n 为质点总数(计算层数)。将 (3-5-3)、(3-5-4) 式代入 (3-5-2) 式并定义方向因子为

$$D_{xj} = \sum_{i=1}^{n} m_i x_{ij}^2, \quad D_{yj} = \sum_{i=1}^{n} m_i y_{ij}^2, \quad D_{\theta j} = \sum_{i=1}^{n} J_i \theta_{ij}^2 \tag{3-5-5}$$

则有

$$D_{xj} + D_{yj} + D_{\theta j} = 1.0 \tag{3-5-6}$$

由 (3-5-6) 式可知,当扭转方向因子 $D_{\theta j}$ 大于 0.5 时,可判断 j 振型为扭转为主的振型;否则,可认为是平动为主的振型。当扭转因子 $D_{\theta j}$ 等于 1 时,即为纯扭转振型;当扭转因子 $D_{\theta j}$ 等于 0 时,即为纯平动振型。扭转因子 $D_{\theta j}$ 大于 0.5 的物理意义可理解为楼层扭转中心与质心的距离在楼层转动半径之内。

对特定的结构,平动因子 D_{xj} 和 D_{yj} 的相对大小,与整体坐标系水平轴的方向有关,不同的水平坐标轴取向,会得到不同的 D_{xj} 和 D_{yj} 值。

当然，振型特征判断还与宏观振动形态有关。对结构整体振动分析而言，结构的某些局部振动的振型是可以忽略的，以利于主要问题的把握。

3. 建筑结构中，关于结构侧向刚度有多种不同的定义，因此，刚度比计算结果不相同是可能的。在判断刚度弱的软弱层时，可以综合考虑多种计算结果。

参 考 文 献

[1] 戴国莹等. 建筑抗震设计新方法及例题. 建筑科学，1990.6
[2] 龚思礼. 建筑结构抗震设计基本要求的新规定. 工程抗震，1998.4

（中国建筑科学研究院　龚思礼）

第四章 抗震建筑的场地条件

4.1 引　　言

地震对建筑物的破坏作用是通过场地、地基和基础传递给上部的结构体系的。场地、地基在地震时起着传递地震波和支承上部结构的双重作用，因此，对建筑结构的抗震性能具有重要影响。由于地基在地震下变形和失效所造成的上部结构破坏，不同于地面震动作用，在建筑结构抗震设计时，主要依靠场地条件选择和地基抗震措施加以考虑，即包括场地地段选择、场地类别划分、液化判别和处理等。

人们经常看到，在具有不同工程地质条件的场地，建筑物在地震中的破坏程度是明显不同的。因此，选择对抗震有利的场地和避开不利的场地进行工程建设，能大大减轻地震灾害；然而，建设用地的确定要受到地震以外的许多因素的限制，除了对抗震极不利和有严重危险性的场地以外，往往不能排除其作为建设用地。这样，就有必要按照场地、地基对建筑物所受地震破坏作用的强弱和特征进行分类，以便采取不同的抗震措施。

1. 场地影响的规律

较早详细研究场地对震害影响的是，美国对 1906 年旧金山大地震的现场震害调查，发现位于坚硬岩石、砂岩、薄土层、厚冲积层、人工填土以及沼泽地上的建筑震害差异很大。其后，1923 年日本关东大地震，人们通过调查发现，位于河流三角州、淹没盆地、泥质冲积层和回填土上木结构房屋的震害，要比坚硬岩石层、密实砾岩上的震害严重好几倍。我国在 20 世纪 60 年代，也总结了如下的场地影响规律：

（1）对同样的结构，松软潮湿土层上一般对抗震不利；

（2）坚硬地基上结构的破坏通常是由地震力引起的，而软弱地基上结构的破坏原因比较复杂。基础的竖向和水平位移、不均匀沉陷、液化导致的失效等也是软弱地基上结构破坏的主要原因。

（3）柔性结构在软弱地基上容易遭到破坏，在坚硬地基上则比较有利。特别在震中距离较大时，软弱地基上的高柔结构可能遭受共振的威胁。

（4）刚性结构在不同土层上的宏观调查结果往往互相矛盾，刚、柔地基的影响是有利还是不利尚难断言。

2. 抗震规范对场地影响的基本规定

如何把场地影响的宏观现象应用到工程设计上，前苏联采用烈度调整方法，日本等根据不同地基和结构类型采用不同的地震力系数。我国在 20 世纪 60 年代，在分析苏联和日本规范的基础上，认为：场地的地震影响是建筑场地的地质构造、地形、地基等工程地质条件对建筑结构的综合影响，在规范中应区别对待：一方面，划分对抗震有利和不利的场地条件，提出不同场地类别的反应谱，按照各类场地和结构特点确定其地震作用和抗震构造；另一方面,采用地基处理办法解决地基液化失效问题。此后,随着宏观震害资料的进一步积累,强震观测记录的增多,规范的场地划分方法和液化判别处理均得到不断的改进。

3. 2001 规范的主要改进

2001 规范与 89 规范相比,除了保持场地地段选择和液化判别方法的规定外;主要改进如下:

(1) 场地指工程群体所在地,其范围相当于厂区、居民小区、自然村或城市中不小于 $1.0 km^2$ 的平面面积,且具有相似的反应谱特征。工程岩土勘察时,需要分清"场地"和"地基"这两个不同概念。2001 规范在保持场地分类依据土层剪切波速和覆盖层厚度这两个物理量的基础上,修改了土层剪切波速的平均方法,明确了波速测孔的数量,增加了某些具体情况确定覆盖土层厚度的方法,适当调整了不同场地的波速和覆盖层厚度的分界,还允许在分界附近采用插值法确定结构的设计特征周期。

(2) 对隐伏的发震断裂,根据最新研究成果规定,抗震设防烈度小于 8 度,或非全新世活动断裂,或抗震设防烈度为 8 度和 9 度时前第四记基岩隐伏断裂的土层覆盖厚度较大,均可不考虑发震断裂影响;其他情况的隐伏发震断裂,明确规定了最小避让距离,详见本章第二节。

(3) 依据理论计算分析,提供了覆盖层范围内存在薄的硬夹层时如何评价场地类别的具体方法,详见本章第三节。

(4) 对局部地形的影响,震害调查发现,位于局部孤立突出地形的村庄一般较平地上严重,强震观测也表明地震加速度有明显增大。因此,当需要在条状突出的山嘴、高耸孤立的山丘、非岩石的陡坡、河岸和边坡边缘等不利地段建造丙类及丙类以上建筑时,除要求保证岩土在地震作用下的稳定性外,尚要求估计局部地形对地震动可能产生的放大作用:结构抗震设计的地震影响系数最大值应乘以增大系数。根据不同地形条件和不同岩土所进行的二维地震反应计算结果的综合分析,规范给出了根据台地的坡角、高度和建筑场址离台地边缘距离等因素选取增大系数的方法。

(5) 液化处理方法等有一定的改进,并新增了桩基抗震验算方法。当建筑地基存在饱和砂性土时,地震中可能因孔隙水压升高导致土体丧失承载力,从而发生地面沉陷、斜坡失稳或地基失效,称为液化。这是一种常见的地基震害。抗震设计时,必须认真对待,采取分步判别法,并根据液化可能造成的上部结构损坏程度,采取相应的处理方法。

2001 规范对液化判别的范围,提出桩基和深基础的判别深度应达到 20m 的要求;在液化地基处理方面,对水平的液化土层,一般按地基液化等级和建筑的抗震设防类别采取措施,还可以考虑上部结构重力对液化危害的影响,根据液化震陷估计调整液化处理措施;在部分消除液化影响时,补充规定地基处理宽度应超过基础下处理深度的 1/2 且不小于基础宽度的 1/5;对倾斜液化土层,要求距常时水线 100m 范围内应考虑液化流滑,采取防止土体滑动或结构开裂的措施。

其中,依据液化震陷量和软土震陷量的估计,可合理、有效地确定抗震陷措施,鉴于当前难以准确定量,新规范仅做了原则的规定,详见本章第四节。

(6) 在桩基设计中,2001 规范的要求与《构筑物抗震设计规范》基本相同,即区分液化土与非液化土中的桩基,液化土中的桩基考虑液化前后分别验算,并强调液化土中桩的配筋范围,应自桩顶至液化深度下一定深度,其纵向钢筋应与桩顶相同,箍筋应加密。

4.2 场地分类和设计反应谱的特征周期

一、国内外概况

89 建筑抗震设计规范中的场地分类标准和相应设计反应谱的规定，是在 1974 年发布的《工业与民用建筑抗震设计规范》中有关场地相关反应谱的基础上修改形成的。有关规定的背景材料见参考文献 [1] ~ [3]。需要指出的是，抗震设计反应谱的相对形状与许多因素有关，如震源特性、震级大小和震中距离，传播途径和方位以及场地条件等。在这些因素中，震级大小和震中距离以及场地条件是相对易于考虑的因素，在现行的建筑抗震设计规范中已有所反映，震级和震中距离的影响涉及到区域的地震活动性，应该属于大区划的范畴。在 89 建筑抗震设计规范中的设计近震、设计远震，是按由所在场地的基本烈度是否可能是由于邻区震中烈度比该地区基本烈度高 2 度的强震影响为准则加以区分的，这显然只是一种粗略划分。划分设计近震、设计远震实际是根据场地周围的地震环境对设计反应谱的特征周期加以调整。关于地震环境对反应谱特征周期的影响，今后将由新的地震动参数区划图来考虑。

关于场地条件对反应谱峰值 α_{max} 和形状（T_g 值）的影响，也是一个非常复杂的问题，其实质是要预测不同场地对基岩输入地震波的强度和频率特性的影响。首先，如何确定输入基准面或基岩面就是很困难的，在现行建筑抗震设计规范中，将剪切波速大于 500m/s 的硬土层定义为基岩，可以说是迁就钻探深度的一种不得已的做法。在美国的建筑抗震设计规范中，剪切波速度大于 760m/s 的地层才算作是软基岩，而软基岩和硬基岩对地震波的反应特征也是有区别的。另外，土层的剪切波速分布千变万化，如何将其对反应谱的影响准确地加以分类同样也很困难。在各国的抗震设计规范中尽管大家都承认考虑场地影响的重要性，但可以说都还没有找到满意的方法。美国关于场地相关反应谱的研究始于 1976 年，1978 年以后才开始进入抗震设计规范。美国规范应用了 Seed 等[4]提出的 S1~S3 类场地划分标准。他们与我国规范一样只考虑场地类型对反应谱形状（T_g 值）的影响。1985 年墨西哥地震以后，美国规范增加了剖面中存在软粘土的 S4 类场地。这一分类标准从定义到分类方法都有一些含糊不清的地方[5]。进入 90 年代以后，美国根据 1989 年 Loma Prieta 等地震中不同场地上的强震观测记录和土层地震反应分析比较结果，提出了一个以表层 30m 范围内的等效剪切波速为主要参数的场地分类标准和相应的设计反应谱调整方案 NEHRP[6]，在这一方案中同时考虑了场地类型对反应谱峰值（α_{max}）和谱特性（T_g）的影响[7]。为适应美国东部地区的地震动特征，林辉杰等对这一方案作了一些调整[8]。NEHRP 方案已基本上被美国 2000 年建筑规范草案接受，按照这一新方案，对低烈度区（≤7 度）最软场地上的 α_{max} 将是坚硬场地的 2.5 倍，对高烈度区在软硬场地上的 α_{max} 值保持不变，中间的情况大体上是依次逐渐变化的。场地条件对反应谱 T_g 值的影响（或者说场地条件对反应谱形状的影响），在美国规范中是用周期为 1.0s 和 0.2s 的谱加速度比值来表示，此值实际就是我们所说的特征周期 T_g，其数值范围为 0.4~1.0s。考虑到地震环境的影响，T_g 值尚应作进一步的调整，调整幅度与场地类别和周期为 1.0s 时的谱加速度有关。美国 2000 年建筑规范中设计反应谱随场地条件的变化幅度，比以前的规范有所扩大。从统计意义上看，这样的调整也许是合理的，问题是目前使用的由场地类别确定的场地相关反应谱还很难与预期值相适应。另外，诸如震源机制等其他因素的影响还可能掩盖由于场地条件可能造成的谱形状的差异。在这种情况下，人们不免会怀疑，过细过大的调整幅度是否真有必要？

日本1980年颁布的建筑抗震设计规范将场地简单地分为三类，即硬土和基岩、一般土和软弱土，相应的 T_g 值分别为0.4，0.6和0.8s。从文献[9]中可以看到，目前各国抗震设计规范中所采用的场地分类方案大多比较简单，相应的反应谱 T_g 值范围一般都在 0.2~1.0s 之间，只有墨西哥城是一个例外，那里采用的反应谱特征周期有大至 2.0~2.5s 的情况。这是由于特殊的地震和地质环境造成的。我国的地震以板内地震为主，地震动的主要频率考虑在 0.1~10Hz 之间看来是合适的。关于场地类别对地震地面运动强度的影响，在1995年日本阪神地震以后日本学者也十分重视。他们从对规范中3类场地上峰值加速度和速度比值的统计结果中发现，2、3类场地的峰值加速度平均约为1类场地的1.5倍，2、3类场地的峰值速度平均约为1类场地的2倍和2.5倍[14]。

二、89规范场地分类的基本考虑

从理论上讲，对于水平层状场地，当其岩土构成、力学特性以及入射地震波均为已知时，场地反应问题是可以解决的。目前的问题是关于输入和介质的信息都很不完备，因此很难满足工程设计的要求。抗震设计规范中只能应用目前在工程设计中可能得到的岩土工程资料，对场地土层的地震效应作粗略的划分，以反映谱特征周期一般性变化趋势。众所周知，对于均匀的单层土，土层基本周期 $T=4H/v_s$。此式表明覆盖土层 H 愈厚，剪切波速 v_s 愈小，基本周期愈长。值得注意的是，这一基本公式主要适用于岩土波速比远大于1.0的情况，且有 v_s 和 H 这样两个评价指标。由于场地土层剪切波速一般都具有随深度增加的趋势，用一般工程勘察深度范围内实测剪切波速的某种平均值来表示场地的相对刚度，应该说是比较合理的。考虑到当平均波速 v_s 相同时，由于覆盖层厚度 H 不同，基本周期也将有很大的差异，因此在现行规范中增加了覆盖层厚度的指标，并由此产生了双参数的场地类别划分的构想，按照 H 愈大，v_s 愈小，T_g 值愈大的一般规律将场地划分为Ⅳ类，应用可能得到的强震加速度反应谱进行分类统计，获得了各类场地的平均设计谱。在实际应用统计结果时考虑到经济方面的原因，在选用各类场地 T_g 值时采用了平均偏小的值。另外，考虑到这种分类方法的把握不是很大，因此在分类中有意识地扩大Ⅱ类场地的范围，把Ⅰ、Ⅲ、Ⅳ类场地的范围缩得较小。在某种意义上讲，这也是一种协商的结果。与国外抗震设计规范中的场地分类标准和相应的 T_g 值相比，我国规范的取值约偏小30%左右。从不同场地上的大量实测反应谱资料看，在中短周期段（0.1~1.0s）实际记录分析得到的谱加速度值比规范规定大很多的情况常有出现，但按规范设计的建筑大多能经受（指不产生严重破坏）这种超规范的地震作用。例如在我国1988年云南澜沧—耿马地震的一次6.7级余震中，在震中附近Ⅰ~Ⅱ类场地上记录到的地面加速度达0.45g，反应谱特征周期达0.5s。但台站周围的建筑震害并不很严重。这些情况说明设计中采用的场地分类和相应的反应谱可能会与未来地震中实际经受的谱有较大的差异，但一般来讲这种不准确性所造成的后果并不是十分可怕的。至少说明在没有找到更好的方法以前尚可使用。

三、实用中提出的问题和处理意见

现行建筑抗震设计规范中的场地分类和相应的设计反应谱特征周期值划分方法已为我国工程界所熟识。在1993年的局部修订中对这部分内容未提出强烈的修改要求。不过在实用中以及与其他规范的协调过程中还是反映出来一些问题，归纳起来大致有以下几条。

1. 在构筑物抗震设计规范修订过程中对此分类方案的阶梯状跳跃变化提出了异议。工程界也有一些意见认为场地类别的分界线不容易掌握，特别是在覆盖层厚度为80m，平均剪切波速为140m/s的特定组合下，当覆盖层厚度或剪切波速稍有变化时，场地类别有可能从Ⅳ类突变到Ⅱ类，相应地震作用的取值差别太大。这种情况是因为在征求意见和审查过程中有相当一部分人要求将Ⅲ、Ⅳ类场地范围尽量划小，以减少设防投资而人为地将一部分Ⅲ类场地划成了Ⅱ类后造成的结果。随着经济条件的好转，这一问题已不难解决了。

2. 89建筑抗震设计规范中的划分方案在边界附近的场地类别相差一类，反应谱T_g值也相应跳一档，例如从Ⅲ类场地跳到Ⅳ类场地时，引起T_g值以及中长周期结构的地震作用有较大的突变，在设计中不好掌握。因此提出可否考虑采用连续化的划分方法。这个问题实际是反映了需要与可能之间的矛盾。事实上，场地类别和T_g之间的这种分档对应关系在实际地震中是很可能出现矛盾的。上面提到的1988年澜沧—耿马地震中的实际记录就是一个例子。再说89建筑抗震设计规范中的相邻场地类别T_g值的差异已不是成倍的变化了，因此过细的区分必要性不是很大的。为了满足形式上的连续化可以采用插入的方法。关于这一点将在本文第五节中加以讨论。

3. 按照89规范的场地分类标准，当剪切波速大于500m/s的硬土上覆盖3m以上剪切波速≤250m/s的软土时便应划为Ⅱ类场地，但当覆盖层厚度为3～9m时却只要上覆土层的平均剪切波速大于250m/s时便划为Ⅰ类场地。设有两个场地，场地1的覆盖土层为4m，地表以下0～3.5m以内的剪切波速为200m/s，3.5～4.0m以内的剪切波速为400m/s，按厚度加权平均剪切波速为225m/s，按89规范应划为Ⅱ类场地；场地2的覆盖层厚度为8.5m，地表以下0～3.5m以内的剪切波速也为200m/s，3.5～8.5m以内的剪切波速仍为400m/s，也就是说与场地1相比，场地2是基岩以上的中硬土层的厚度增加了4m，其余均无变化。场地2的平均剪切波速为294m/s，按照89规范场地2划为Ⅰ类。有人认为这一结果是不合理的，因为场地Ⅰ的刚性比场地2大。这个问题与大于500m/s的硬土上允许覆盖多厚的软土层仍可作基岩的考虑有关。说来还有一段历史，事实上这一厚度最初被定为零，但在征求意见过程中有相当多的人提出规定太严格了，后来才定为3m。但仍有不少人提出当表土层的剪切波速接近"半基岩"还可以放宽一些，从而导致了89规范中的结果。由于造成这种反差的情况实际上很少，而且在实际震例中也有可能出现。这方面的问题虽已有人提出，但并不很多。为了减少这种反差现象，在这次修订中，Ⅰ类场地上允许覆盖的中硬土层的最大厚度改为5m。

4. 在文献[10]中以另外二个场地的对比为例，阐述了由于计算平均剪切波速的表土层厚度取15m或覆盖层厚度两者的较小值所带来的问题。在这两例子中场地甲的覆盖土层厚度为10m，地表以下0～9m以内的剪切波速为100m/s，9～10m以内的剪切波速为480m/s，按厚度加权的平均剪切波速为138m/s，按现行规范应划为Ⅲ类场地；场地乙的覆盖层厚度为15m，地表以下0～9m以内的剪切波速仍为100m/s，9～15m以内的剪切波速也为 480m/s，以厚度加权的平均剪切波速为 252m/s，按 89 规范应划为 II 类场地。直观来看场地甲的刚性比场地乙大，同样也出现反差。应该说这种情况也是很少见的。出现上述现象的原因除了以上所说的计算平均剪切波速时采用的土层总厚度取值的双重标准以外，更主要的还与基岩的最小剪切波速划一地定为 500m/s 有关。事实上场地岩土剖面中的所谓基岩和土只是一个相对的概念。从理论上讲，当下卧层的剪切波速远大于上层时该下卧层方可划为基岩。但这样定义的岩土界面往往很深，大大超出了工程勘察的范围，因此才考虑以波速 500m/s 定界。在这次修订中拟补充岩土波速比的划分标准。这样一来，不仅使划分标准显得更合理，上述反差现象也不大可能发生了。具体方案将在下一节中阐述。

四、场地分类标准的修订方案

考虑到以上种种意见和问题，在这次修订中将在场地分类标准基本框架不变的条件下，拟将原有条文作以下调整。

建筑场地类别的划分仍以土层等效剪切波速（v_{se}）和覆盖层厚度（d_{0v}）双参数为定量标准，但对等效剪切波速和覆盖层厚度的确定方法作相应的修改。在 89 规范中土层等效剪切波速是按厚度加权的方法计算的，总厚度取为 15m。由于按厚度加权方法缺乏物理意义，也不能与土层共振周期建立等价的关系，因此在这次修订中采用了国际上通用的以下计算公式：

$$v_{se} = d_0/t \tag{4-2-1}$$

$$t = \sum_{i=1}^{n}(d_i/v_{si}) \tag{4-2-2}$$

式中 v_{se}——土层等效剪切波速（m/s）；

   d_0——场地评定用的计算深度（m），取覆盖层厚度和 20m 两者的较小值；

   t——剪切波在地表与计算深度之间传播的时间（s）

   d_i——计算深度范围内第 i 层土的厚度（m）；

   n——计算深度范围内土层的分层数；

   v_{si}——计算深度范围内第 i 土层的剪切波速（m/s）。

式（4-2-1）、式（4-2-2）在文献 [2]、[3] 中就已经提出，在 89 规范中考虑到我国工程界的习惯采用了按厚度加权的算法。在文献 [2] 中还曾比较过两种算法的差异。在多数情况下按式（4-2-1）、式（4-2-2）计算的土层等效剪切波速比按 89 规范中的公式计算结果偏小。考虑到实际需要和规范分类标准的延续性，在这次修订中将计算深度从 15m 提高到 20m。由于剪切波速随深度的变化在多数情况下具有增大的趋势，计算深度从 15m 增大到 20m 以后，按 89 规范中的公式和本文式（4-2-1）、式（4-2-2）计算的土层等效剪切波速就比较接近了。

工程场地覆盖层厚度的确定方法拟订为：

1. 在一般情况下应按地面至剪切波速大于 500m/s 的坚硬土层或岩层顶面的距离确定。

2. 当地面 5m 以下存在剪切波速大于相邻的上层土剪切波速的 2.5 倍的下卧土层，且下卧土层的剪切波速不小于 400m/s 时，可取地面至该下卧层顶面的距离和地面至剪切波速大于 500m/s 的坚硬土层或岩层顶面距离两者中的较小值。

3. 场地土剪切波速大于 500m/s 的孤石和硬土透镜体应视同周围土层一样。

4. 剪切波速大于 500m/s 的硬夹层当作绝对刚体看待，从而可以从土层柱状中扣除[11]。

四类场地仍然根据土层等效剪切波速和覆盖层厚度加以划分,只是对覆盖层厚度的分档范围有些调整。调整后的场地划分标准见表4-2-1。

建筑场地类别划分标准　　　　　　　　表 4-2-1

等效剪切波速（m/s）	场　地　类　别			
	Ⅰ类	Ⅱ类	Ⅲ类	Ⅳ类
$v_s > 500$	0			
$500 \geqslant v_{se} > 250$	<5m	>5m		
$250 \geqslant v_{se} > 140$	<3m	3～50m	>50m	
$v_{se} \leqslant 140$	<3m	3～15m	15～80m	>80m

在这次分类标准中,对Ⅳ类场地的范围不作任可调整,Ⅲ类场地的范围有些扩大,Ⅰ类场地的范围略有缩小,Ⅱ类场地的范围有增有减,总的来讲变化不是很大。

五、关于场地反应谱特征周期的连续化问题

由于与场地类别有关的设计反应谱特征周期 T_g 愈大,中长周期结构的地震作用也将增大,设防投资一般来讲也相应增加。从提高设防投资效果的要求出发,场地分类和 T_g 值的划分和确定似乎愈细愈好。但就目前的资料基础是做不到的。即使是像现行规范这样的粗略分档,在实际地震中也难保准确,α_{max} 和 T_g 比预期值差一倍都是不足为奇的。因此过细的分档和连续化划分只能满足人们心理上的精度要求。因此,我们不主张这样做。但是经修改以后的场地分类标准和相应的 T_g 取值并不排斥连续化的运用,只要运用插入方法即可。为简单起见,在插入过程中可以考虑以下基本原则和约定:

1. d_{ov}-v_{se} 平面上相邻场地分界线上的 T_g 值取平均值,即设在Ⅰ～Ⅱ类场地、Ⅱ～Ⅲ类场地和Ⅲ～Ⅳ类场地分界线上的 T_g 值分别为 0.25s,0.35s 和 0.53s;

2. 将 T_g 等值线细分到 0.01s,即分辨到二位小数;

3. 为简单起见,优先考虑采用线性插入或等步长划分。为减少相邻 T_g 等值线间距的跳跃变化,在等值线间距可能造成突变的区段采用步距递增或递减的非线性插入;

4. 在 d_{ov}-v_{se} 图上建筑抗震设计规范规定的场地类别分界线均呈台阶状,因此插入后的 T_g 等值线也可用台阶状折线来表示。由于Ⅲ～Ⅳ类场地的分界线是一步台阶,而Ⅱ～Ⅲ类场地的分界线是二步台阶,为使之连续化,可将过渡区一部分中的 T_g 等值线取为一步台阶,另一部分取为二步台阶,一步和二步台阶区域范围按等间距的原则划分,两部分的 T_g 值分界线取为 0.44s;

5. 插值范围包括覆盖层厚度 d_{ov} = 0.5～100m,等效剪切波速 v_{se} = 0～700m/s 的区域,相应的 T_g 值范围为 0.20～0.72s;

按照以上原则和约定,在图 4-2-1 中给出了修订中的建筑抗震设计规范拟采用的场

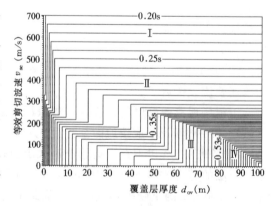

图 4-2-1　d_{ov}-v_{se} 平面上的 T_g 等值线图

(图中相邻 T_g 等值线的差值均为 0.01s)

地类别分界线和相应的 T_g 值的等值线。按此图1很容易根据 d_{ov} 和 v_{se} 值按以上原则确定相应的 T_g 值（可分辨到二位小数）。

关于 T_g 等值线的等间距插入方法毋需作进一步的说明。因此下面只对其中的不等间距插入方法作些补充说明。首先看 d_{ov} 轴 $d_{ov}=3\sim15$m 的区间，其左边（即 $d_{ov}<3$m 的区间）为0.5m 的等步长插入，如果在 $3\sim15$m 间也采用等步长插入为10个间隔，其平均间距为1.2m。为了使3m附近的等值线间隔与其左边相协调，这一段采用自0.6m起的变步长插入，即令第 i 个步距为 $0.6+(i-1)\delta_v$。$d_{ov}=15\sim65$m 的区间，由于其左边（$d_{ov}<15$m）最后一个间隔为1.8m，如果从 $d_{ov}=15$m 到 $d_{ov}=65$m 的区间按等间距划分，分辨到0.01s 的 T_g 等值线间距达5.56m，在其右端具有很大的突变。为了保持相对比较平滑的变化趋势，采用了从左到右等值线间距递增的分割形式，即取第 i 个间距为 $2.4+(i-1)\delta_v$。

关于 $d_{ov}=100$m 时沿竖轴上的横向分割。由于在 v_{se} 从 $0\sim250$m/s 的范围内分二段按等步长插入的步距变化不太大，也就不必考虑变步长插入了。但从 $v_{se}=250\sim500$m/s 区间等分为10个间隔时，间距为25m/s，与其下端分档间隔出现明显的不协调（突变）。所以在这一区间也应采用变步距插入。

现在再看 $d_{ov}=5\sim50$m，$v_{se}=140\sim500$m/s 区间的竖向分割。若将 T_g 值等值线细分到0.01s，这一区域沿 d_{ov} 轴应划分10个分档，平均间距为4.5m。考虑到在此区段以外两边的 d_{ov} 分档都比较小，因此对这一区段采用中间宽两边窄的分割方案。具体做法是以 $d_{ov}=27.5$m 为中分线将此区段分为左右两部分。

按以上原则和方法划分得到的 T_g 等值线，不仅保持了场地类别分界线上与建筑抗震设计规范的规定完全一致，同时也基本满足了相邻等值线间距渐变的要求，不失为一种较好的连续化划分方案。需要再次指出的是，由于反应谱的场地分类目前还只是一种粗略的划分，所有的 T_g 值连续化的划分都只是一种形式上的细分，并不能真正改善设计用 T_g 值的准确性。

因此，在一般情况下按规范规定的场地类别选择 T_g 值已经足够，只是当 d_{ov} 和 v_{se} 值都有准确数据和特殊要求时，才可考虑 T_g 的连续化取值。

文中有关场地分类与设计反应谱特征周期的观点与意见，曾与戴国莹教授，谢礼立院士，刘曾武、郭玉学、谢君斐教授以及其他同行专家切磋和研讨，笔者从中得益匪浅，谨此致谢。

参 考 文 献

[1] 周锡元，王广军，苏经宇．场地·地基·设计地震．北京：地震出版社，1991
[2] 周锡元，王广军，苏经宇．多层场地土分类与抗震设计反应谱．中国建筑科学研究院建筑科学研究报告，1983
[3] 周锡元．土质条件对建筑物所受地震荷载的影响，中国科学院工程力学研究所地震工程研究报告集（二）．北京科学出版社，1965
[4] H. B. Seed, C. Ugas and J. Lysmer. Site Dependent Spectra for Earthquake Resistant Design. Bull, Seis. Soc. Am., Vol. 66, PP. 221~244, 1976
[5] R. V. Whitman. Workshop on Ground Motion Parameters for Seismic Hazard Mapping, Technical Report NCEER-890038, NCEER. State University of New York at Buffalo, N. Y, 1989
[6] R. D. Borcherd. Estimates of Site-Dependent Response Spectra for Design Methodolgy and justification.

Earthquake Spectra, Vol. 10, No. 4, pp. 617~653, 1994
[7] FEMA. NEHRP Recommended Provisions for Seismic Regullation for New Buildings. 1994 Edition, Federal Emergency Management Agency, Washingion D. C1995
[8] H. Lin, H. M. Hwang and J—R Huo. A Study on Site Coefficients for New Site Categories Specified in the NEHRP Provisions, CERI. The Universary of Memphis, 1996
[9] Intemationl Association for Earthquake Engineering (LAEE), Regulations for Seismic Design. A World List, 1996
[10] 张苏民. 再论工程抗震建筑场地类别的划分. 军工勘察, 1995 年第 4 期
[11] 赵松戈, 马东辉, 周锡元. 具有岩奖岸硬夹层场地的地震反应分析以及场地类别评价原则. 中国建筑科学研究院建筑科学研究报告, 1999
[12] 王亚勇, 刘小弟. 澜沧-耿马强震观测与数据分析, 云南澜沧-耿马地震震害文集, 陈达生等主编, 科学出版社, 1991
[13] 苏经宇, 李虹. 规范场地类别划分的比较分析. 工程抗震, 1995 年第 2 期
[14] 日本建筑学会. 动的外乱に对する设计の展望, 2. 耐震设计, 1996

(中国建筑科学研究院　周锡元　樊水荣　苏经宇)

4.3 发震断裂对工程结构的影响

一、前　言

地震区工程建设场地分布有断裂是较为普遍的。但对场地内各种断裂的工程评价与鉴别，长期以来没有较为统一的认识和规定，因此往往由于对断裂的影响看法的分歧造成工程建设拖期或不必要的浪费。

我国解放初期全面学习原苏联经验，在原苏联地震区规范中提出断裂分布带均应避开。根据解放后多年建设经验认为这样提法太粗，与我国实际情况有较大出入。因此，在我国（1972 年开始）编制《工业与民用建筑抗震设计规范》时，曾专门组织队伍赴云南通海地震区对所有位于断裂上的各类建筑物的震害进行调查。结果表明：仅仅位于震中区沿老断裂地表又重新错动带附近才会使建筑物震害加重，而分布在其他地区断裂带上的建筑不都是加重震害。由此在 1974 年颁发的《工业与民用建筑抗震设计规范》（TJ 11—74）中提出"发震断裂"才属于危险地段，应予以避开。但由于对发震断裂未提出明确定义和鉴别方法，因此在以后执行规范的过程中，地震地质界，地质界与工程勘察设计部门在具体工程中对断裂工程影响评价往往存在分歧，使得有些工程迟迟定不下来，造成工程拖期或不必要的浪费。地震界与地质界认为凡是活动断裂均可能发生地震，因此对发震断裂的评价实质上是对活动断裂的评价，应当说这样的看法是有一定根据的，但何时活动的断裂才需考虑等一系列问题有待研究，在评价断裂影响时均应做出较为明确的回答。鉴于上述情况，在建设部抗震办公室大力支持下，将断裂的研究列入国家"七五"工程抗震科研项目，于 1987 年组成以北京勘察院为负责单位，有中国科学院地质研究所、国家地震局地质研究所、国家地震局地壳应力研究所、机械委西安勘察研究院参加的"场地断裂工程抗震评价"研究小组，经过搜集大量宏观地震资料综合分析后提交了报告，并与岩土工程勘察规范编制组进行了多次交流讨论，在下述几方面取得了一致意见：

1. 活动断裂活动时间的下限，明确了全新世活动断裂（1.0～1.2万年以来活动过）一般工程均需考虑，而特殊核电及水电工程可考虑晚更新世（10万年左右）以来活动的断裂。

2. 全新世活动断裂近期（近500年来）发生过震级 $M \geqslant 5$ 级的断裂，或在未来100年内预测可能发生 $M \geqslant 5$ 级的断裂称为发震断裂。

各项工程应根据上述二条原则综合分析判断对工程的影响，但对于基岩上覆盖土层的情况如何评价尚有分歧，因此在后来颁发的《岩土工程勘察规范》（GB 50021—94）中没有明确提出这方面评价标准。在断裂工程抗震评价中还没有彻底解决，而土层厚度影响这个问题牵扯的面较广，我国大部分城市及工程均位于平原地区，建设场地一般均有土层覆盖，急需提出评价标准及办法。为了进一步完善规范内容，1995年建设部抗震办公室在工程抗震科技研究项目中，列入了有关的研究，确立了"发震断裂上覆土层厚度对工程影响"的科研项目，开展了有关的研究。

二、研究现状及研究思路

由于地下能量在老的深大断裂的特殊部位的聚集，当能量超过岩石强度后沿老断裂在地下一定深度范围内突然错动，而形成构造地震。这是目前国内外地震的主要类型，在这类地震中对建筑物影响主要表现在二方面：一是在震中区形成较强的地面振动，而使地面建筑遭受破坏或地基边坡失稳。另一类是地震强度较大时岩石中的错动直达地表，在地面断错带内的建筑物直接被错断破坏。而前者可以通过抗震措施及加强抗水平及竖向振动的措施加以预防，但后者目前通过抗震措施还难以解决。规范中提到应避开的主要是指后者的影响。本次研究的重点也是针对后一种情况。

目前国内外研究成果中一般笼统地提断裂的影响，但对隐伏断裂，有上覆土层情况的研究结果甚少，仅在地震宏观考察资料中有些定性提法，资料又较少，尚不足以做为评价依据。根据目前研究现状，拟从下列三方面研究隐伏断裂上覆土层厚度对工程的影响：

1. 继续全面搜集国内外地震破坏现场宏观考察资料，深入分析。

2. 开展大型离心机模拟实验，在现有各种动静模型实验中，主要存在问题是模型缩小后，其原始应力状态很难保持与实际情况相似。而大型离心机实验可以通过提高加速度的办法加以解决，通过加工特制的装置亦可模拟断裂错动情况。因此采用离心机模拟实验在当前是较为理想的实验手段。

3. 理论计算分析，采用空间三维有限元方法，根据实验参数及土性参数进行分折计算。

上述三个方面将是本次研究课题的主攻方向，经综合分析后提出研究结论及建议。

三、离心机模型试验

1. 离心模型基本原理与离心机

土工离心机是提供惯性离心力并进行模型试验的基本设备。图4-3-1所示为专用离心机的结构，模型箱置于转臂端部挂斗内，箱体正面为有机玻璃，是为观测模型变形而设置的。数据采集系统用于采集和记录量测模型的传感信号，ERDAS图像采集记录系统由高分辨率摄像机、计算机、监视屏幕、喷墨打印机等组成，是一种非接触式测量、分析、记录模型断面位移的方法，同时又可直接监视模型试验的全过程。液压加载系统由一个加载设备通过液压环与一个液压系统配接而成,动平衡系统主要用于地震或大变形模型试验时对主机大臂两侧进行自动跟踪调平。

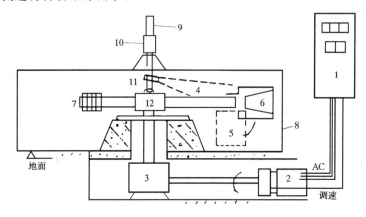

图 4-3-1 土工离心机

1—控制柜;2—电机;3—调速箱;4—转臂;5—挂斗;6—模型;7—平衡重;
8—机坑;9—信号、电力环;10—液压环;11—图像系统;12—动平衡系统

土工离心机模型试验是将按几何比例缩小的土工体模型置于离心机内,借助于离心力加大材料的自重,使小的物理模型与原型的自重应力相等,这样才能保持模型各种合理的相似。只要测量与观察模型的性状,利用离心模型律,就可以推算实际状况的特性。

模型试验与相似理论密切相关,在研究模型试验时,只要知道所研究问题的有关因素,分析出恰当的相似准则,就能在模型中重演原型的特性。离心模型律可以从量纲分析和所研究问题的物理现象的控制微分方程中导出。在离心模型试验中,模型的几何尺寸(L_m)为原型(L_p)的$1/n$,模型的重力加速度(a_m)为原型(a_p)的n倍,这样就能使模型中各点的应力(σ_m)与原型(σ_p)相同,即有如下基本物理比尺关系:

$$L_m = (1/n) L_p, \quad a_m = n a_p, \quad \sigma_m = \sigma_p$$

其他物理量的比尺关系可以从此原则中导出。

原型与模型各主要物理量间的离心模型律见表 4-3-1:

参量比例关系(假设模型与原型材料相同) 表 4-3-1

参 量	原型(lg)	模型(ng)	参 量	原型(lg)	模型(ng)
长度	n	1	时间:		
面积	n^2	1	惯性效应	n	1
体积	n^3	1	渗流,扩散现象	n^2	1
质量、能量	n^3	1	蠕变,粘滞流现象	1	1
力	n^2	1	速度	1	1
应力	1	1	加速度(重力,惯性力)	1	n
应变	1	1	荷载频率	1	n
位移	n	1	土中水流		
密度	1	1	液流速度、渗透性	1	n
能量密度	1	1	渗流量,毛管水升高	n	1

注:lg—地球重力加速度 9.8m/s²,n—原型与模型的几何比尺。

4.3 发震断裂对工程结构的影响

由于离心模型完全满足相似律,它的价值和作用正在为人们所认识、接受和采用,日益成为解决岩土工程问题的又一有力工具。本次试验是在南京水利科学研究院研制的专门用于土工模型试验离心机上进行的,该机容量为 50gt,有效半径 2.15m,最大加速度达 250g,最大加速度时的最大载重 200kg,该机配有 24 通道数据采集系统、闭路电视、加荷装置和供水系统等多种辅助设备。

2. 离心机模型,模拟断裂错动装置的研制

本次离心模拟实验主要是解决模拟实际老断裂突然错断引起上覆土层开裂位移情况的观察,以便确定对上覆土层的影响,进而评价对位于土层上建筑物的影响,上覆土层在模型缩小后通过土工离心机可以解决与原型受力情况相同的问题。但尚需解决在模型中要模拟实际断裂突然错动的位置。为此,需研制这种特殊的模拟实验装置。根据实际地震断裂位错表现的形式(垂直、水平、斜向),经研究确定研制以下二种位错形式的装置。

(1) 模拟基岩垂直位错(张性开裂)正断裂形式,应当说这是最不利的。

(2) 模拟基岩水平位错(水平剪切开裂)水平断裂形式,此种错动在土层中引起剪切裂隙。比张性开裂影响小一些,斜向错动应介于上述二种错动形式之间。

经过多种设计方案比较,反复修改调试,终于研制成电控式模拟正断裂的装置,并成功地用于试验中,该装置结构见图 4-3-2,主要性能及技术数据如下:

① 本装置用于当离心机运转过程中进行基岩发震断裂模拟。

② 该装置主要包括步进电机、大功率驱动电源、微机数控系统、连杆传动机构、升降活动板等。

③ 该装置须在 150g 高重力场环境中正常工作。

④ 该装置在 150g 条件下所模拟上覆土层尺寸 $52.5m \times 52.5m \times 52.5m$(模型尺寸 $0.35m \times 0.35m \times 0.35m$)。

⑤ 该装置在 150g 条件下所模拟基岩竖向断裂最大位移量为 0~4.5m(模型中位移量 0~3cm),位移速度无级可调,并可在任何位置停止位移。

模拟水平错动的试验装置与上述装置有很大的不同,主要表现在当模拟垂直错动装置时离心力荷载与要求错动方向一致,控制一定位移量即可满足试验要求。而模拟水平错动装置对离心力荷载与试验装置要求错动方向正好处于互相垂直,在土体自重荷载作用下,试验装置要产生水平错动时需要克服的阻力是很大的,经估算,在 100g 下,阻力约三吨,这就要求该装置具有同样大小的拖动力。如采用液压技术,必须使用高压液压系统,然而这种系统传输装置复杂,且易泄漏、污染难以解决。经多方案比较,采用了双电机传动系统,设计成两只小齿轮拖动一只大齿轮的型式,并将齿轮传动比加大到 1:4,经多次试验、调试,最终基本满足试验要求,结构布置见图 4-3-3,主要性能及技术数据如下:

① 本装置用于当离心机运转过程中进行基岩水平错动模拟。

② 该装置主要包括步进电机、大功率驱动电源,微机数控系统,齿轮传动机构,丝杆拖板等。

③ 该装置在 100g 高重力场中正常工作。

④ 该装置在 100g 条件下所模拟上覆土层尺寸 $32m \times 32m \times 32m$(模型尺寸 $0.32m \times 0.32m \times 0.32m$)。

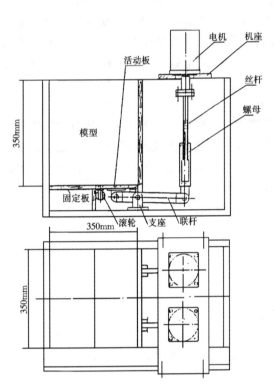
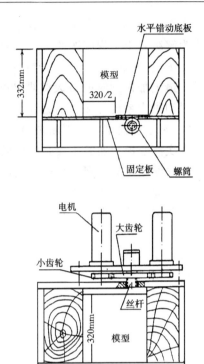

图 4-3-2 离心模型断裂模拟装置　　　图 4-3-3 离心模型断裂模拟装置 D

⑤ 该装置在 50~100g 条件下所模拟的基岩水平错动最大位移量为 1.65~3.30m（模型中位移量 3.3cm），位移速度无极可调，并可在任何位置停止位移。

3. 离心模拟实验方案

本次离心机模拟实验主要是模拟基岩突然错动后，观察上覆各类土层的破裂情况及破裂高度，从而判断对地面建筑物的影响，根据上述目的，确定试验方案如下：

(1) 基岩错动形式：模拟基岩正断裂（张性）高角度垂直错动和水平错动；

(2) 错动位移量：1.0m、2.0m、3.0m、4.0m 左右；

(3) 上覆土层：按四种类型：

① 可塑~硬塑粘性土；

② 软塑粘性土；

③ 砂类土地层；

④ 粘性土、砂、卵石交替互层的地层。

(4) 土层厚度：原型先按 50m 考虑，如破裂直达表面满足不了需要时，再考虑加厚。

4. 模型制备

根据实验方案确定的上覆土层类型，模型选用了 No.1~No.4 四种土样，它们的物理力学性质指标见表 4-3-2。

No.1、No.2 模型土料是经过晒干,粉碎过 1.0mm 筛,再按相应的含水量配制击实而成。No.4 模型是将粘性土层与砂卵石交替重叠制成,每层厚度,上下错动为 4cm,水平错动为 3cm。

土的主要物理力学性质指标　　　　表 4-3-2

模型编号	土类	含水量 $w(\%)$	重度 γ (kN/m^3)	干重度 γ (kN/m^3)	相对密实度 $D_r(\%)$	液限 $w_L(\%)$	塑限 $w_p(\%)$	塑性指数 I_p	颗粒组成(%) 砂粒 >0.05	颗粒组成(%) 粉粒 0.05~0.005	颗粒组成(%) 粘粒 <0.005	摩擦角 $\phi(°)$
No.1 上下错动	粉质粘土	19.6	0.200	0.167	—	33.6	19.6	14	20	59	21	—
No.1 水平错动	低液限粉质粘土	18.7	0.198	0.167	—	35.3	20.5	15	8	60	32	
No.2 上下错动	粘土	20.0	0.195	0.163	—	44	23	21	5	55	40	—
No.2 水平错动	高液限粘土	24.1	0.172	0.139	—	42	21	21	4	56	40	
No.3 上下错动	粗砂	14	0.185	0.162	90	—	—	—	粒径 $d=1\sim 2mm$			
No.3 水平错动	粗砂											
No.4	粘性土、砂卵石交替互层	粘性土取自 No.2（水平取自 No.1），砂卵石层取自 No.3 粗砂（含50%）和4~10mm卵石（含50%），每层厚，上下错动为4cm，水平错动为3cm										

5. 试验结果和分析

1. 模拟断裂垂直错动（正断裂）

试验是在150g的离心力下进行的，模型土样0.35m×0.35m×0.35m，相当实际原型 52.5m×52.5m×52.5m 的正方体土层。试验过程是以 3~4min 时间将模型加速到设计加速度150g，接着恒速运行10min。此时即开始模拟基岩正断裂，观察对上覆土层的影响。分三次进行，下移速率20cm/min，每次下移量1cm（相当原型1.5m），并停留3min。四组土样试验结果的描述见表4-3-3。

从上述四组不同的模型土样试验结果可明显看出：

① 在基岩断裂位移 1~4.5m 条件下，上覆土层都不同程度受到影响，当位移为1.5m时裂缝不明显在单一土层时其破裂高度约20m，当位移达到4.5m时，垂直剖面土层自基岩顶向上破裂高度一般均在基岩上30m以内均未通到地表（52.5m）。其裂缝与水平面夹角因土质不同，摩擦角不同，其变化范围大致在60°~80°。

② 当断裂右盘，下陷位移由1.5m开始后地表出现倾斜，左高右低，在No.2软粘性土及No.3砂类土中出现明显的地表拉裂缝，最明显的是No.2试样最终（位移4.5m）裂缝宽1.5m，深约5~6m，No.3砂土出现一弧形沟，最终深度与No.2相近，No.4地表出现断续拉力缝，No.1地表基本无缝，地表裂缝出现位置一般在左侧，唯砂类土位于斜裂缝延伸线上。

试验结果描述

（离心加速度 a_m=150g；模型比尺 n=150） 表 4-3-3

模型观测方式		No.1	No.2	No.3	No.4
闭路电视实时观测（正面）		基岩断裂下移 1cm 时,可见左上侧地表出现一拉力缝（呈V形）。随着基岩断裂下移增至 3cm,拉力缝相应扩大,上宽 5mm,深 20mm;在右侧,有细微斜缝但不明显	裂缝明显,有两条：① 左上侧一条拉力缝,最宽处约 10mm,缝深约 40mm。② 右侧一条斜缝,宽约 3mm,全长 180mm	裂缝可见,右侧斜缝同 No.2;右上侧地表有一弧形沟	右侧,可见一斜缝
试验结束后观测	正面	实时观测的细微裂缝未见,已弥合。	观测同上	观测同上	观测同上
	顶面（相当于原型地表面）	① 表面倾斜,左高右低;② 表面基本无缝。原在试验中观察到的地表拉力缝几乎合拢,经量测,距左侧箱板 60mm	① 表面倾斜,左高右低;② 上述地表拉力缝,经量测距左侧箱板约 75mm,缝尺寸基本同上	① 表面倾斜左高右低;② 上述地表弧形沟,经量测距右侧箱板约 70mm,沟宽与深约为 25mm	① 表面倾斜,左高右低;② 表面左侧可见数条纵向不连续细缝

2. 模拟基岩断裂水平错动

试验是在 50~100g 的离心力下进行的,模型土样为 0.32m×0.32m×0.32m,试验过程是在 3~4min 时间内将模型加速到设计加速度 100g 或 150g,接着恒速运行 10min,此时即开始模拟基岩断裂水平错动,错动位移速率 10cm/min,当所模拟的水平错动基岩为光滑表面（模型中错动板为一平速钢板）时,离心机加速度为 100g,所模拟的上覆土层为 32m×32m×32m。当基岩表面为粗糙时（错动板表面用环氧树脂胶结一层粒径为 1~2mm 的粗砂）,因加大基岩与上覆土层间的摩擦力限于试验装置的拖动力,离心机加速度降为 50g,所模拟的土层范围为 16m×16m×16m。四组土样试验结果的描述见表 4-3-4:

从上述四组模拟水平错动试验结果可以明显看出：基岩水平错动对上覆土层的影响范围和土体变形均小于基岩垂直错动时影响,水平错动 1.65~3.0m 条件下,在垂直剖面上土层所产生的破裂范围一般在基岩上 10m 左右的范围内,地表未见明显变形,根据实际地震断裂位错形式,尚有一种斜位错,其影响程度处于垂直与水平位错之间。从大量地震宏观破坏现象可明显看出对建筑物造成破坏的主要是沿基岩错动带直通地表产生位错将建筑物错断,这种破坏一般通过一些抗震措施是无法解决的,而由于地面应力（如拉应力等）造成地表裂缝,尤其是在土层表面裂缝一般对基础影响不大。

4.3 发震断裂对工程结构的影响

试验方案和结果描述　　　　　　　　　　　　　　　表 4-3-4

基岩表面类型 \ 模型	No.1	No.2	No.3	No.4
光滑 $a_m=100g$（模拟水平错动 3.0m）	模型的垂直剖面和顶面（相当于原型地表面）基本无变化，未见明显裂纹	同 No.1 模型底面（与基岩表面接触处）基本完好无损	同 No.1	同 No.1
粗糙 $a_m=50g$（模拟水平错动 1.65m）	模型顶面基本无变化；但在垂直剖面水平错动一侧的下方出现一明显裂缝，缝宽约 1~2mm，阴影部分沿错动方向被拉进内陷约 3.5mm；由于基岩粗糙表面的摩擦力影响，阴影底部厚度约 3mm 的土体，随基岩一起发生水平错动	其变形大致与 No.1 类似，只是裂纹比 No.1 更细微；另还隐约可见不连续的数条短纹；影响范围（阴影部分）比起 No.1 有所扩大，沿着水平错动方向拉进内陷约 10~12mm	模型的垂直剖面和顶面基本无变化	同 No.3；本项试验在 $a_m=70g$，水平错动 2.1m 条件下进行

四、离心机模型试验过程的有限元模拟分析计算

为了对本次模拟实验结果进行可靠性评价，特从理论上采用数值分析方法对试验过程进行了模拟，并将计算结果与离心机模型试验结果进行对比。基岩断裂垂直错动情况，计算分析了 No.2 和 No.4，对基岩断裂水平错动的情况计算分析 No.1。

1. 数值模型

计算采用弹塑性有限单元法进行，计算程序中采用的土体本构模型为下列双屈服面弹塑性模型。

$$\begin{cases} f_1 = p^2 + \gamma^2 q^2 \\ f_2 = qs/p \end{cases} \quad (4\text{-}3\text{-}1)$$

式中　p——球应力，$p = (\sigma_1 + \sigma_2 + \sigma_3)/3$；

q——八面体剪应力，$q = \dfrac{1}{\sqrt{2}}\sqrt{(\sigma_1-\sigma_2)^2(\sigma_2-\sigma_3)^2(\sigma_3-\sigma_1)^2}$；

σ_1——大主应力，σ_2——中主应力，σ_3——小主应力；

s——屈服参数；

γ——土的重度。

该模型的基本参数为：E_t 切线杨氏模量和 μ_t 体积比

$$E_t = E_i(1-R_s)^2 \quad (4\text{-}3\text{-}2)$$

$$\mu_t = 2C_d(\sigma_3/P_a)^{n_d}\frac{E_i R_s}{\sigma_1-\sigma_3}\cdot\frac{1-R_d}{R_d}\left(1-\frac{R_s}{1-R_s}\cdot\frac{1-R_d}{R_d}\right) \quad (4\text{-}3\text{-}3)$$

式中　E_i——初始切线模量（MPa）$E_i = KP_a(\sigma_3/P_a)^n$

$$R_s = R_f \cdot S_L = R_f\frac{(\sigma_1-\sigma_3)(1-\sin\phi)}{2c\cos\phi+2\sigma_3\sin\phi}$$

P_a——大气压力;

R_f——破坏比,$R_f = \dfrac{(\sigma_1-\sigma_3)_f}{(\sigma_1-\sigma_3)_u}$

S_L——应力水平,$S_L = \dfrac{\sigma_1-\sigma_3}{(\sigma_1-\sigma_3)_f}$

c——粘聚力;

ϕ——内摩擦角;

K——弹模系数(无量纲);

n——弹性模量随 σ_3 增加而增加幂次;

C_d——$\sigma = P_a$ 时最大收缩体应变;

n_d——收缩体应变随 σ_3 增加而增加的幂次;

R_d——发生最大收缩体应变时 $(\sigma_1-\sigma_3)_d$ 与 $(\sigma_1-\sigma_3)_u$ 之比;

$(\sigma_1-\sigma_3)_f$——是指破坏时的 $\sigma_1-\sigma_3$ 的值;

$(\sigma_1-\sigma_3)_u$——是缓慢达到的 $\sigma_1-\sigma_3$ 渐近值。

上述各式中的 c、ϕ、R_f、K、n、R_d、C_d、n_d 为 8 个计算参数,可由三轴排水试验中测定。

2. 计算方法

在计算过程中,首先逐级模拟离心加速度的递增过程,在加速度达到最大值时,开始模拟基岩错动。对于基岩垂直错动的情况,将问题简化平面应变进行计算;但对基岩水平错动的情况仍按照三维问题进行计算。

3. 计算结果分析

(1) 基岩垂直错动情况

基岩垂直错动后,No.2 试样计算取得土体表面点水平位移和垂直位移分布见图 4-3-4。

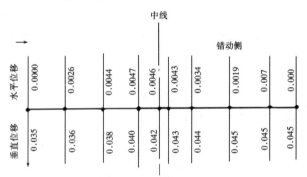

图 4-3-4 计算得到的模型顶面变形(m)

计算结果表明,基岩错动一侧土体表面沉降较另一侧要大,因而错位发生后模型顶面应为左高右低的倾斜面。从水平位移值来看,以中心为界,错动一侧土体在水平方向受挤压(即 σ_x 为压应力)。另一则土体在水平方向则受拉,这一点从应力计算结果来看正是如此。

图 4-3-5 展示了模型错位发生后 σ_x 受拉的区域,水平拉应力主要出现在模型左上角,沿深度发展不大,顶部拉应力稍大,往下较小。模型左侧顶部有可能出现较浅的拉裂缝,试验结果正是如此。

图 4-3-5 同时还展示了模型位错发生后,在垂直剖面上引起的主拉应力区域 σ_3 为拉应

力区域。从分布范围来看，拉应力主要出现在模型底部基岩错动面附近，自下向上主拉应力逐渐变小，参照主拉应力区域内的有限网格各单位主拉应力值列于表 4-3-5 中（单元排序为自左至右）。

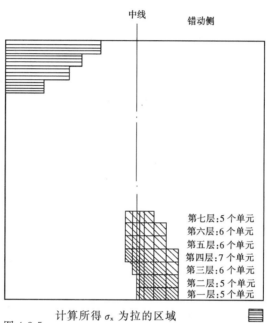

图 4-3-5　　计算所得 σ_x 为拉的区域
　　　　　　计算所得小主应力 σ_3 为拉的区域

主拉应力区单元应力值（MPa）　　　　　　　　表 4-3-5

层号＼单元序号	①	②	③	④	⑤	⑥	⑦
第一层	3.90	2.61	1.05	0.56	0.11		
第二层	1.00	0.81	0.62	0.39	0.05		
第三层	0.34	0.61	0.50	0.45	0.27	0.05	
第四层	0.01	0.29	0.39	0.36	0.30	0.16	0.03
第五层	0.04	0.22	0.25	0.26	0.19	0.10	
第六层	0.04	0.14	0.15	0.15	0.12	0.05	
第七层	0.01	0.07	0.08	0.08	0.07		

由此可见，在最底层中线附近的单元中出现了很大的主拉应力，实际这些单元在错位不到 3.0cm 时可能就已破坏。从上表还可以判定在垂直剖面上其错动侧主拉应力区内肯定有拉裂缝存在。

No.4 计算结果表明，其应力变形性状与 No.2 十分相近，拉应力分布区域也差不多。不同的是由于砂卵石层的存在，使得模型的变形模量增大，故其变形值较小。另外砂卵石层对应力具有分散和重分布的作用，所以 No.4 的破坏程度要比 No.2 小，这也与离心机试验结果相吻合。

（2）基岩水平错动情况

以 No.1 试样为例，用三维有限元进行计算，计算时假定基岩面粗糙，当基岩发生水平错动时，与其接触的土体结点随之一起移动。计算完全模拟实验情况。模型尺寸为

0.32m×0.32m×0.32m，最大离心加速度为 50g，最终水平错位 3.3cm。三维有限元网络划分如图 4-3-6 所示，假定基岩错动沿 Y 方向发生。

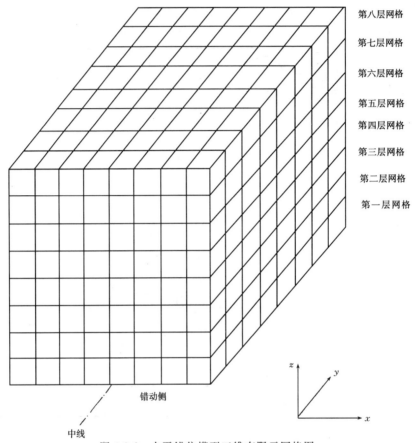

图 4-3-6　水平错位模型三维有限元网格图

计算结果表明，水平错位发生后，正面错动基岩面附近部分土体结点发生了沿 Y 方向的位移，如图 4-3-7 所示。

发生这种现象的原因是粗糙的基岩面发生错动时带动底层土体移动所造成的影响。这种影响范围与土体本身的特性有关。一般而言，土的粘聚力愈大，则影响范围愈广。从应力计算结果来看，模型错动一侧底部单元普遍出现了较大的主拉应力，第三层土体单元的主拉应力则相对较小。这表明基岩错动对上覆土层的影响仅限于底部局部范围内。

图 4-3-8 (a)、(b)、(c) 给出了底部三层单元计算所得的主拉应力值。

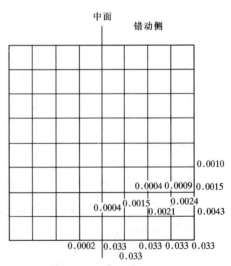

图 4-3-7　计算所得水平错位后模型正面内陷点位移（m）

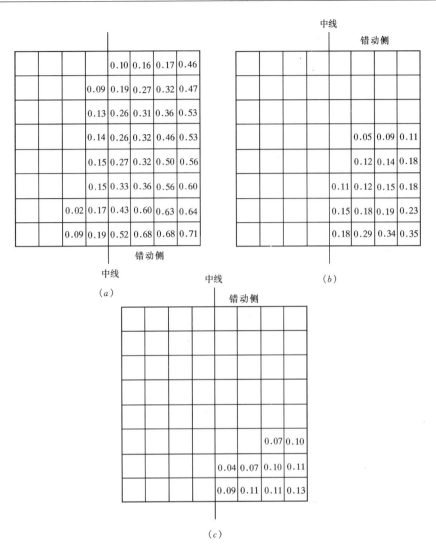

图 4-3-8 计算所得模型底部三层单元的主拉应力值（MPa）

(a) 第一层网格单元主拉应力值；(b) 第二层网格单元主拉应力值；
(c) 第三层网格单元主拉应力值

结果表明：基岩水平错动引起的上覆土体破坏主要发生在错动侧底部两层单元之内。

4．结论

（1）本次利用有限单元法模拟计算分析的结果与离心机试验中观察到的现象是符合的。

（2）无论是基岩垂直错动还是基岩水平错动，对其上覆土体的影响均主要发生在错动侧基岩面上方附近，不过前者的影响范围要大些，而在上覆土层的地表也产生了较明显的变形。

（3）本次计算分析主要是对离心机试验过程进行模拟，将计算结果与离心机试验结果进行比较，从而验证了离心机模拟试验的可靠性与优越性。

五、地震宏观震害及实例

1．**地震时地表产生断错危险性评估**

国内外多次中浅源构造地震中，由于地表产生断错而使建筑遭到破坏的震害实例屡见不鲜，为此许多学者对历次地震的地表位错量与震级的关系做了统计分析，评估了地表位错产生的震级条件。以便预测未来地震时产生位错破坏的可能性。

例如，不同学者对中国、美国不同地震实际观测到的位错值（F）（其中包括破裂长度 L，水平位移 D_1，垂直位移 D_2，斜位移 D）与震级（M）的关系做了统计，得出如下统计式：

$$M = a + b\log F \tag{4-3-4}$$

回归参数如下表 4-3-6：

位错回归参数表 表 4-3-6

地区	a	b	σ	R	F
中国	6.15	0.58	0.50	0.47	D cm
	6.04	0.64	0.48	0.52	D_1 cm
	6.88	0.32	0.52	0.31	D_2 cm
	6.70	0.46	0.44	0.53	L km
	6.20	0.33	0.47	0.59	
	6.16	0.34	0.46	0.61	
	6.56	0.26	0.46	0.54	
美国	5.04	1.00	0.48	0.59	
	6.34	0.48	0.58	0.22	
	5.85	0.73	0.49	0.57	
	6.27	0.76	0.45	0.70	
	5.36	0.56	0.41	0.72	
	5.46	0.55	0.47	0.62	
	5.69	0.50	0.42	0.72	

又如 1977 年 Slemmons，将搜集到的全世界、北美各种类型断裂（走滑，正，逆，斜）共 225 条造成地震的位错量与震级关系做了统计，得出如下统计式：

$$M = a + b\ln D \tag{4-3-5}$$

式中　M——震级；
　　　D——位移（m）。

其位移与震级关系系数见表 4-3-7：

震级——位移方程系数表 表 4-3-7

地区	资料数	a	b	σ	R
North America	24	6.74	0.995	0.595	0.840
Rest of World	51	6.821	1.120	0.549	0.643
World Wide	75	6.750	1.197	0.541	0.791
A. Normal-Slip	20	6.827	1.05	0.449	0.777
B. Reverse-Slip	11	7.002	0.986	0.469	0.744
C. Normal-Oblique-Slip	8	6.750	1.260	0.395	0.672
D. Reverse-Oblique-Slip	6	6.917	−0.150	0.421	−0.063
E. Strike-Slip	30	6.717	1.214	0.639	0.864

4.3 发震断裂对工程结构的影响

再如：1989年编制国家标准《岩土工程勘察规范》时也曾对13个国家的历史地震资料90例做了统计分析工作，得到了地震震级（M）与地震断裂破裂长度（L）的关系式：

$$M = 6.22 + 0.635 \log L \tag{4-3-6}$$

从上述诸多的统计分析中，可以明显看出产生地表断裂的中浅源地震震级均在6级以上，按照上述统计关系，如产生1.0～3.0m地表位错震级将达到7级。根据中浅源地震震级与震中地震烈度的对应关系（震源深度$H=20$km），可明确看到产生地表位错的地震烈度均为8度或8度以上，从新的中国地震烈度表在地表现象一栏的描述中也可明显看出，当地震烈度为8度或8度以上时，才会出现地表明显的裂缝，因此在工程建设场地处在8度或8度以上地区时才需要进行地表位错对工程影响的评价，低于8度地区可以不予考虑。

2. 地表位错量与震级关系资料

根据邓起东（1992）；蒋溥（1993）和Wells D. L. K. J. coppersmith（1994）等人整理的世界和中国的地震地表位错资料情况（见表4-3-8、表4-3-9），国外共112次地震资料，国内共49次地震资料。

国外地震断裂地表位移与震级资料 表4-3-8

震级	平均位移量（m）															平均值（m）
$M=6.0\sim6.9$	0.90	3.50	1.00	0.30	0.90	0.25	0.45	2.10	0.50	0.10	0.15	0.20	0.18	0.90	0.54	1.20	0.68
	1.50	0.25	0.10	0.67	0.48	0.50	1.00	0.08	0.50	0.18	1.10	0.20	0.64	0.60	0.60	0.06	
	0.03	1.20	0.45	0.11	1.70	0.23	0.54	0.63	0.60	0.93	2.00	0.80	0.20	0.20			
$M=7.0\sim7.9$	1.90	2.59	3.30	2.00	3.00	3.30	1.35	2.90	4.60	2.00	1.85	1.50	0.66	0.50	0.57	1.80	2.16
	3.50	0.60	2.10	2.80	0.55	6.45	6.60	2.14	0.80	1.30	1.63	0.50	0.52	2.30	0.86	2.60	
	2.05	1.50	1.20	1.54	0.80	0.95	6.20	2.95									

注：小于6级和大于8级地震未参加统计。

国内地震断裂地表位移与震级资料 表4-3-9

震级		位移量（m）									平均值（m）
$M=6.0\sim6.9$	水平	2.00	2.40	2.00	0.24						1.66
	垂直	0.30	0.76	1.20	0.40						0.67
$M=7.0\sim7.9$	水平	1.50	2.50	7.40	10.50	5.50	7.00	2.00	5.50	1.50	8.00	3.90
		7.50	2.00	1.63	5.00	2.90	2.70	3.60	0.55	1.53	2.20	
		0.90										
	垂直	4.00	1.50	1.50	1.10	2.00	3.00	5.60	3.00	2.75	2.00	2.09
		5.50	5.50	1.20	1.30	5.25	0.95	0.50	0.50	0.20	0.70	
		1.10	0.30	0.50								

注：大于8级地震未参加统计。

从上述所列资料中可以明显地看出：大致相当于8度地震时的地表位错量平均值在0.67～1.66m。大致相当于9度地震时的地表位错量在2.09～3.90m。因此本文离心机模拟实验的位错量（1～4m），概括了8～9度的位错值，为评价奠定了基础。

3. 断错形变宽度

地震时产生地表错动带宽度分布是不均匀的，一般震中区最大。它既受到震级影响，也受到错动类型、地形地貌及沉积环境影响。震级愈大其破裂形变带宽度愈大，走滑型错动比其他类型错动其破裂形变带均较小，在基岩出露区形变带宽度也较窄，而在盆地区则较宽。地表断裂展布常具有雁行式排列，或平行、共轭等不规则形式，它们可以分布在一个较宽的条带范围内，除了有一个相对位移大、延伸长的主地震断裂外，在主断裂附近常常产生一些位移幅度相对较小、延伸长度相对短的分支断裂或次级断裂带，对建筑物影响较大的是地震的主断裂带。据北美地区地震地表断裂调查，走滑型断裂基本上沿原有断裂线附近出现，逆冲断裂在地表的偏移较大，主断裂线不大规则，次级断裂主要分布在其上盘，分布宽度一般较大，正断裂除有一主地震断裂带外，在其上盘一般分布有众多的次级断裂带。就目前资料来看地震地表断裂量化数据较少。我国地震断裂多以走滑型为主，所产生的地表断裂主要分布在原有断裂带及其附近，相对来说分布宽度较小，表 4-3-10 列出我国几次地震断裂的宽度情况。

地震地表断裂形变带宽度表 表 4-3-10

地震断裂带	由主断裂中线至各断裂带外缘的宽度（m）	
	走滑型断裂	其他类型断裂
主断裂带	100	800～1000
分枝断裂带	1400	2600
次生断裂带	2900	12900～13700

据 Bonilla 1967。

根据上表资料平均而言断错形变最大宽度出现的概率指数大致如表 4-3-11：

地震断裂形变最大宽度概率指数表 表 4-3-11

断裂形变宽度（m）	概率指数	断裂形变宽度（m）	概率指数
小于 100	0.50	300～500	0.20
100～300	0.40	大于 500	0.05

4. 地震现场宏观考察实例

地震现场的各种破坏现象是检验各种理论的试金石，也是地震破坏研究的重要基础。我国在 20 世纪 60～70 年代曾发生了十来次大地震。很好总结地震宏观破坏现象是相当重要的，对于隐伏断裂上覆土层厚度对建筑物影响问题，资料不多。现将搜集到的情况介绍如下：

（1）1970 年云南通海地震

震级为 7.7 级，发震断裂为曲江断裂，地震发生后沿曲江老断裂或其附近产生了明显的新断裂，总体走向约 120°～130°，长 60km。沿新断裂带地表出露一系列平直光滑的新错动断面、地裂缝及地表变形，显示了新断裂以顺时针水平错动为主，最大水平错距达 2.2m，垂直错距近 1.0m。值得提出的是地表出现新的断裂地段均是岩石出露或覆盖土层很薄，厚度在 30m 之内；覆盖土层超过 30m 的地段地表未出现重新断裂现象。

1968年王钟奇在文章中曾提出覆盖层厚度若大于位错量20～30倍时，则断错不易直通地表。1983年他又指出：当覆盖层厚度超过50m时，或覆盖厚度大于15～25倍位错时，基岩断错一般不易直通地表。

(2) 1976年7月28日唐山大地震

震级7.8级，在唐山市区北起胜利路向西南延至安机寨附近出现一条由雁形排列总体长8.0km的地表破裂，最大水平错距1.4m，垂直错距0.3～0.8m，宽10m。该地区覆盖土层厚度约100m，发震断层是隐伏的唐山断裂。地表出现的地裂与隐伏断裂的关系，当时有较大的争论。

一种观点认为，地表出现的地裂与发震的唐山断裂是相通的，是一条地震断裂。

另一种观点认为，地表出现的地裂不是与隐伏断裂相通的地震断裂，而是与发震构造相对应的，受地表运动控制的非构造性地裂，因本区土层覆盖厚度达100m，由于土的塑性特点而对基岩位错能的吸收作用，使得基岩断裂不能传播到地表。这种观点被后来1977～1978年建设部综合勘察研究设计院在地震现场工作所证实。有下列三方面：

① 根据唐山煤矿对地下巷道、竖井、平硐的全面调查，未发现有位错变形，说明不是深部基岩错断直通地表，也说明表层地裂也未影响到下部。

② 沿地表主要地裂地段挖些探井，观察土层破裂沿深度变化，结果地表地裂往下挖至2～3m即尖灭了，下部土层完整，没有错动痕迹。

③ 从地表各类建筑物破坏情况来看，地裂带通过地段的浅埋管线、道路、轻体平房被错断，没有一幢楼房被错断，地裂在楼房附近改向或自行间断。

从上述诸多现象说明并不是隐伏断裂错动直通地表，而是由于震源应力场控制下地面强烈水平运动造成浅层土的破裂，地裂仅在地表下2～3m范围内。

六、建议与对策

根据离心机模拟实验结果，可以明显地看出：基岩断裂位错时，张性的正断错位比水平错位对上部土层开裂影响要大。上部覆盖为单一的软～中等强度的土层，比粗细相间沉积的土层影响要大。在确定土层安全厚度界线时，按最不利的情况去考虑。

另外根据实验也明显看出：当断裂位错为1～3m时，土层开始出现裂缝，其破裂高度均在20m以内；当断裂位错增大到4.5m时，土层破裂向上发展，但均在30m以内。

结合地震宏观经验，考虑现在模拟实验与地震时的振动情况的差异，土层安全厚度界线值的确定还需有一定的安全储备，为此初步确定安全系数取3.0。

在上述实验结果，宏观震害经验及安全系数综合考虑后，提出如下建议：

(1) 当地震烈度低于8度的地区，可不考虑地下断裂对上部建筑物影响。

(2) 当地震烈度为8度（$M=6.5$），上覆土层厚度等于或大于60m时，可不考虑地下断裂对上部建筑物影响。

(3) 当地震烈度为9度（$M=7.3$），上覆土层厚度等于或大于90m时，可不考虑地下断裂对上部建筑物影响。

(4) 当场地覆盖土层条件不能满足2、3条件时，应避开地表主断裂，其避让距离，根据我国多次地震宏观经验，参考国外统计结果建议如表4-3-12。

避 让 距 离 表   表 4-3-12

烈度	建筑物抗震设防分类 (m)	甲	乙	丙	丁
八	避让距离	专门研究	100～300	50～100	
九	避让距离	专门研究	300～500	100～300	

注：避让距离系指至断裂带外缘的距离，次生与分枝断裂未予考虑。

七、进一步研究的问题

（1）本次研究成果是在离心机模拟实验基础上，结合地震宏观经验提出来的，但由于离心机模拟实验是拟静力状态下的结果，与地震时振动破坏情况尚有一定差异。因此，本次提出的界限值考虑了较大的安全系数，是否合适尚需验证。振动离心机目前国内尚没有这种试验设备，香港科技大学有这种试验设备，建议下一步在资金条件允许时，可与香港科技大学合作，进一步做些典型的振动离心机模拟实验。

（2）隐伏断裂地震时在基岩中发生位错，通过上覆土层后在地表产生位错主破裂带的位置，尚需进一步研究。从目前研究结果可以明显地看出，地表出现破裂的位置与基岩断裂的倾角大小、断裂错动方式（张性正断裂，压性逆断裂及水平错动）和上覆土层的组成物质有关。根据南京水科院对土坝粘土心墙试验时的条件，基岩断裂为低角度逆断裂，当其错动后在粘土心墙中的开裂方向与基岩断裂倾斜方向一致，通至顶端。本次试验主要是想搞清在土层中的破裂高度，以便确定安全厚度，为此试验时采用断裂直立而是张性正断裂最为不利的条件进行的。对于不同倾斜角度不同错动方式的实验，由于实验经费有限，本次尚难全面进行，有待进一步研究。

（3）实践是检验真理的唯一标准。有关抗地震的各种理论的检验的唯一标准是地震破坏现象，因此加强地震实际破坏现象的深入分析研究是非常重要的。由于过去历次地震考察在这个问题上注意不够，也未做过专项研究，所以实际资料显得不足，有待今后加强地震破坏现场的深入调查研究，并不断搜集国内外实际资料，进一步补充完善。

参 考 文 献

[1] 场地断裂课题研究小组. 场地断裂工程抗震评价研究报告，1988 年 12 月
[2] 南京水利科学研究院. 发震断裂上覆土层厚度对工程影响离心机模型试验（1、2），1995 年 12 月
[3] 邓起东等. 地震地表破裂参数与震级关系的研究，1992 年
[4] 蒋溥，梁小华. 场地勘察中的地震地质问题，1997 年 5 月
[5] 戴丽思，蒋溥. 我国 $M_s \geqslant 6.0$ 级地震震级和破裂尺度关系. 现代地壳运动研究（3）. 北京：地震出版社，1987
[6] 中国建筑科学研究院. 唐山强震区地震工程地质研究，1981 年
[7] Bonilla, M. G, 1988, Minimum earthguake magnitude associated winth coseismie surface faulting, BullAssoc. Eng. Geologists 25，17～29
[8] Wells, D. L, and K. J. coppersmith, 1994
New empirical relationships among magnitude, rupture length, rupture width, rupture area, and surface displacemewt, BSSA, VOL84, No. 4PP974～1002

（北京市勘察设计研究院　董津城　南京水利科学研究院　刘守华）

4.4 岩浆岩硬夹层场地的评价

一、问题的提出

在我国某些地区中,由于古代的火山喷发使岩浆岩覆盖在冲洪、积地层上的情况时有发生。随着时间的推移,在岩浆岩上又不断接受新的沉积物,从而形成了一种特有的硬夹层场地。在表 4-4-1 中给出了这类场地的一个典型剖面。这类剖面中的硬夹层剪切波速值很高,但厚度一般都不厚,按照 89 规范中的场地分类标准,是不能将这种硬夹层视为基岩看待的,但对其场地类别应如何确定无更具体说明。如果硬夹层埋深在 20m 之内,将其纳入加权平均剪切波速的计算,则有可能过高估计场地的抗震性能。为了考虑这类场地中的硬夹层的影响,我们对各种常见的岩浆岩硬夹层场地进行了土层地震反应的时程分析,希望从中找出某种规律性的东西,作为评定场地类别的依据。

典型岩浆岩硬夹层场地的柱状剖面 表 4-4-1

层号	埋深 (m)	层厚 (m)	密度 ($10^3 kg/m^3$)	剪切波速值 (m/s)	等效线性曲线序号
1	3	3	1.8	150	1
2	8	5	1.8	200	1
3	13	5	1.85	250	2
4	18	5	2.2	1000	5
5	28	10	2.0	350	4
6	48	20	2.0	430	4
基岩			2.32	600	5

二、岩浆岩硬夹层场地的剖面设计

为了考虑不同情况下岩浆岩硬夹层场地对地表地震动参数的影响,本文将设定基岩或输入水平以上地层分为三层:上覆土层、岩浆岩夹层和下卧土层;根据不同的剪切波速、埋深及厚度情况划分了四组共 86 个工况。

1. 第一组场地土模型

为了反映上覆土层的不同特性,文中共设置了三组上覆土层模型。这一组的上覆土层参数如表 4-4-2 所示。

第一组上覆土层参数 表 4-4-2

层号	层厚 (m)	总厚 (m)	剪切波速值 (m/s)	波传播时间 (s)
1	3	3	150	0.02
2	5	8	200	0.025
3	5	13	250	0.02
4	7	20	300	0.023

在表 4-4-2 中列出每层土的传播时间，是为了分析地表以下各层土可能产生的共振影响和便于计算等效剪切波速。等效剪切波速根据设定基岩面或 20m 以内各土层的剪切波速按以下公式计算：

$$V_{se} = \frac{d_0}{\sum_{i=1}^{n} \frac{d_i}{V_{si}}} \tag{4-4-1}$$

式中　d_0——取覆盖层厚度和 20m 两者之间的较小值，称为计算深度；

　　　d_i、V_{si}——分别为第 i 层土的厚度和剪切波速；

　　　n——计算深度范围内土层的分层总数。

上覆土层有 4 种工况：

工况 1：第 1 层

工况 2：1+2 层

工况 3：1+2+3 层

工况 4：1+2+3+4 层

从表 4-4-2 中的数据可知，这一组上覆土层 4 种工况的等效剪切波速分别为 150、178、200、227m/s，按修订稿中场地分类的有关规定，以上 4 种工况均属于中软场地土的情况。

考虑到由于火山喷发时的熔岩覆盖在沉积土层上形成的岩浆岩刚性大，但覆盖层不可能很厚，因此主要考虑厚度在 5m 以内的以下 3 种岩浆岩夹层工况：

工况 1：层厚=2.0m，剪切波速=1000m/s。

工况 2：层厚=3.5m，剪切波速=1000m/s。

工况 3：层厚=5.0m，剪切波速=1000m/s。

对于下卧土层，限于考虑以下 2 种工况：

工况 1：层厚=10.0m，剪切波速=350m/s。

工况 2：分二层，第 1 层层厚=10.0m，剪切波速=350m/s；第 2 层层厚=20.0m，剪切波速=430m/s。

这样第一组共分 24 种工况，工况编号用 W_{ij} 表示。$i=1$、2、3、4 分别依次表示上覆土层的 4 种工况；$j=1$、2、3 分别依次表示下卧土层为工况 1 时岩浆岩夹层的 3 种工况，$j=4$、5、6 分别依次表示下卧土层为工况 2 时岩浆岩夹层的 3 种工况。例如，表 4-4-1 所示的场地模型的工况编号为 W_{36}。

2. 第二组场地土模型

第二组场地土模型上覆土层参数值列于表 4-4-3 中。

第二组模型上覆土层参数　　　　表 4-4-3

层号	层厚（m）	总厚（m）	剪切波速值（m/s）	波传播时间（s）
1	3	3	100	0.03
2	5	8	100	0.05
3	5	13	150	0.033
4	7	20	200	0.035

上覆土层工况与岩浆岩夹层工况编号方法与第一组完全相同；岩浆岩夹层的各层厚度不变，只是剪切波速均由 1000m/s 改变成 700m/s；下卧土层只有一种工况，即层厚＝20.0m，剪切波速＝350m/s。

这样，第二组共分 12 种工况，工况编号用 N_{ij} 表示。类似地，$i=1$、2、3、4 分别依次表示上覆土层的 4 种工况；$j=1$、2、3 分别依次表示岩浆岩夹层的 3 种工况。例如，本组中相应于上覆土层工况 3 和岩浆岩工况 3 的编号为 N33。

3. 第三组场地土模型

这一组场地模型的上覆土层参数如表 4-4-4 所示。

第三组模型上覆土层参数　　　　　　　　表 4-4-4

土层编号	层厚（m）	总厚（m）	剪切波速值（m/s）	波传播时间（s）
1	3	3	80	0.0375
2	5	8	100	0.05
3	5	13	130	0.039
4	7	20	160	0.044
5	10	10	80	0.125
6	10	20	100	0.1

上覆土层工况：

工况 1：层 1

工况 2：层 1＋2

工况 3：层 1＋2＋3

工况 4：层 1＋2＋3＋4

工况 5：层 5

工况 6：层 5＋6

岩浆岩夹层工况：

工况 1：层厚＝2.0m，剪切波速＝1000m/s。

工况 2：层厚＝3.5m，剪切波速＝1000m/s。

工况 3：层厚＝5.0m，剪切波速＝1000m/s。

工况 4：层厚＝0.0m，即无岩浆岩夹层。

下卧土层只有一种工况，即层厚＝20.0m，剪切波速＝350m/s。剪切波在这一层中的传播时间为 0.057s。

第三组共分 24 种工况，工况编号用 G_{ij} 表示。$i=1$、2、3、4、5、6 分别依次表示上覆土层的 6 种工况；$j=1$、2、3、4 分别依次表示岩浆岩夹层的 4 种工况。为了比较硬夹层刚度的影响，在这一组中 G33 的基础上再增加两个工况 G331 和 G332，分别相应于硬夹层剪切波速为 500m/s 和 700m/s。

4. 第四组场地土模型

第四组场地土模型除了将下卧土层的剪切波速由 350m/s 变为 200m/s 之外，所有其他情况均与第三组相同，也分 24 种工况，工况编号用 J_{ij} 表示。

三、土层地震反应分析方法与参数选取

1. 计算方法

本项研究中将场地简化成一维水平成层模型用等效线性化土层地震反应分析方法求解，该方法是一种间接考虑土体非线性特性的方法，是在频域线性波动分析方法的基础上利用非线性动力方程的等效线性化处理手段给出的。这一方法可以分成两部分，一是线性方程的频域波动求解，二是土体非线性的等效线性化处理。有关计算方法的具体公式推导和求解过程详见文献[1]。

计算中采用李小军的程序，该程序经中国地震局批准为行业标准软件之一。

2. 参数选取

本项研究中的土层地震反应时程分析采用了统一的基岩地震动输入，以 89 规范中的基岩场地反应谱作为目标谱拟合生成三条人工地震波，加速度幅值均取为 150gal。在此项研究中选用加速度幅值为 150gal 是为了使分析结果适用于广大的 7~8 度地区，并能外延到 9 度地区。图 4-4-1（1）~（3）所示的是三条波的加速度时程。加速度时程的包线采用了具有上升—平稳—衰减函数的通用形式。

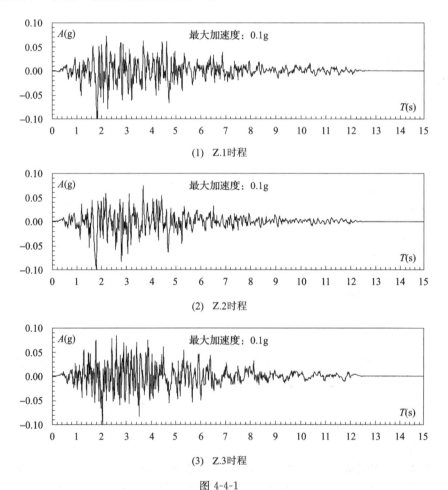

(1) Z.1时程

(2) Z.2时程

(3) Z.3时程

图 4-4-1

4.4 岩浆岩硬夹层场地的评价

在土层地震反应分析中，采用 89 规范中的 I 类场地的设计反应谱作为基岩输入波的目标谱也是一种常用的方法。需要指出的是这种输入波相应于具有短周期特性的软基岩或坚硬土的情况，对 II 类甚至 III 类场地会对地表谱加速度峰值造成很大的放大作用。实际的基岩谱一般是一种宽频带的谱，这里面尚有许多问题需要加以研究。由于本文主要研究场地土中的硬夹层对地面反应谱形状的影响，因此对地表谱峰值的差异暂不做进一步分析。

土的非线性特性采用等效线性化方法进行近似，在迭代计算中剪切模量和阻尼比与剪应变的关系曲线采用了重要工程场地地震安全性评价规范[2]中的通用结果。图 4-4-2（1）～(4) 给出了计算中使用的四类土的曲线关系；基岩和岩浆岩考虑为线性体，阻尼比取为 0.05。

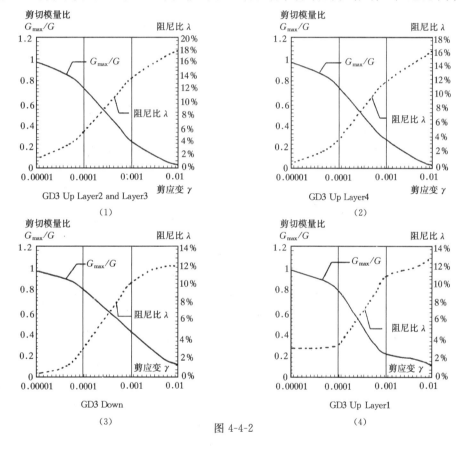

图 4-4-2

四、计算结果分析

第一组 24 种工况的地表加速度反应谱计算的典型结果绘图于图 4-4-3～图 4-4-6，每一张图中的三条曲线代表三条输入加速度时程的计算结果（以下同）。对比图 4-4-3、图 4-4-4、图 4-4-5（代表工况 W11、W12、W13），发现岩浆岩厚度的变化对最终结果影响很小；对比图 4-4-3、图 4-4-6（代表工况 W11、W14），看出下卧土层的变化对最终结果影响也不大。

这一组场地模型均属于中软场地土，II 类场地，所有 24 个工况的地表反应谱形状差别都不大，T_g 值都在 0.2s 左右，谱加速度峰值都比较大，约在 800gal 左右。当上覆土层从薄（3m）变厚（20m）时，α_{max} 约减小 30%。这一组场地模型的地面反应谱在短周期段的强烈放大作用看来主要是由于表层土和特定的输入波造成的。

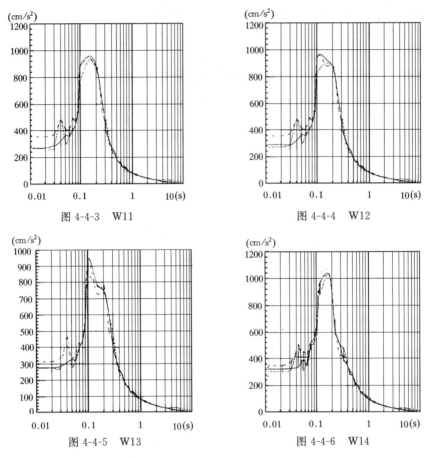

图 4-4-3　W11　　　　　　　　图 4-4-4　W12

图 4-4-5　W13　　　　　　　　图 4-4-6　W14

为了验证这种现象的普遍性，我们又设计几种工况。那就是在第二组工况中改变了上覆土层和岩浆岩夹层的剪切波速值，其典型工况的计算结果见图 4-4-7～图 4-4-12。在第二组场地模型的分析结果中，N11、N12 和 N13 与 W11、W12 和 W13 的差别不大，其短周期和高谱加速度峰值特性看来是受到浅层土的高频放大作用。N 组在 $i=2$、3、4 的工况的地表谱上都出现了周期为 1s 的次峰点，这些次峰点是相应的 W 组工况上所没有的。从这一组模型的分析结果同样可以发现岩浆岩厚度的变化对最终结果影响仍然很小。

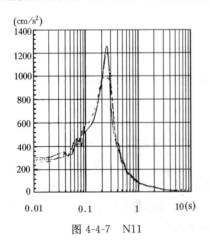
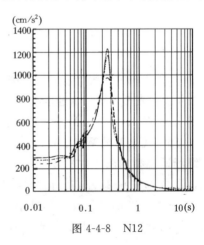

图 4-4-7　N11　　　　　　　　图 4-4-8　N12

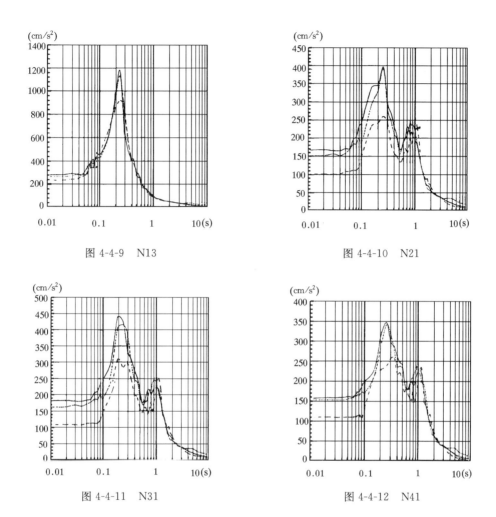

图 4-4-9 N13

图 4-4-10 N21

图 4-4-11 N31

图 4-4-12 N41

在第三组工况中不仅改变了上覆土层的剪切波速和厚度值，而且增加了无岩浆岩夹层的情况，典型工况的计算结果见图 4-4-13～图 4-4-24。从图中可看出与上述情况类似的结果，无岩浆岩夹层和有不同厚度的岩浆岩夹层的地表加速度反应谱几乎没有差别，这说明剪切波速远大于其相邻土层的硬夹层可视为刚体，因而可忽略其对土层传播特性的影响。这一组模型地表反应谱的另一特点是上覆土层的 6 个工况对 α_{max} 的影响很大。$i=1$ 的 4 个工况的反应谱峰值 α_{max} 约为 1000gal，峰值处周期约为 0.3s。$i=2\sim5$ 的 16 个工况的 α_{max} 约为 500gal，但出现了周期为 1.0s 的次峰。$i=6$ 的 4 个工况的 $\alpha_{max} \approx 100$gal，呈多峰状，最大的峰点周期达 3～4s。这一特点主要是由于软土层效应造成的。此外，为了比较硬夹层刚度的影响，在这一组中又增加两个工况 G331 和 G332，分别相应于硬夹层剪切波速为 500m/s 和 700m/s。G331 和 G332 两个工况的反应谱计算结果示于图 4-4-25 和图 4-4-26 中，对比工况 G33、G331、G332 的地表反应谱可以看出，三者之间差别很小，因此我们至少可以说，相对于中软场地土，硬夹层剪切波速超过 500m/s 时可不考虑其刚度的影响。

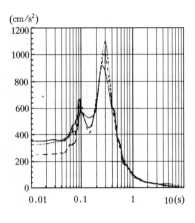

图 4-4-13　G11

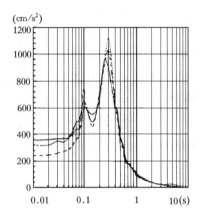

图 4-4-14　G13

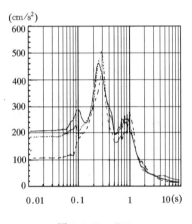

图 4-4-15　G23

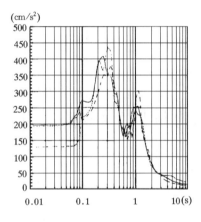

图 4-4-16　G33

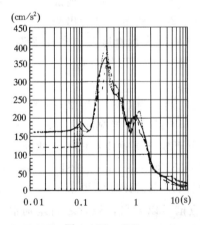

图 4-4-17　G41

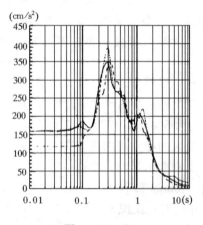

图 4-4-18　G43

4.4 岩浆岩硬夹层场地的评价

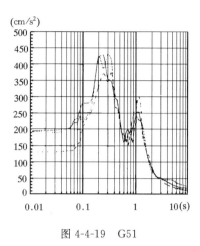

图 4-4-19 G51

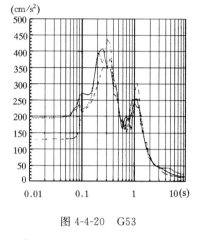

图 4-4-20 G53

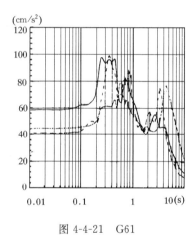

图 4-4-21 G61

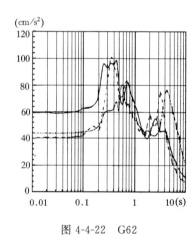

图 4-4-22 G62

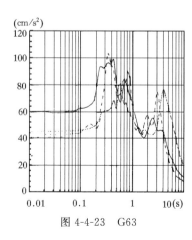

图 4-4-23 G63

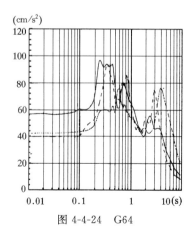

图 4-4-24 G64

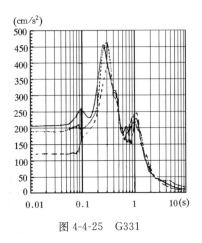
图 4-4-25 G331

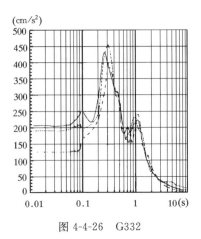
图 4-4-26 G332

为了探讨下卧土层的影响，第四组工况将下卧土层的剪切波速值进一步减小，其余参数与第三组完全相同以便比较，典型工况的计算结果见图 4-4-27～图 4-4-34。从这些结果中可以看到，随着 J 组中的下卧土层剪切波速的减小，其地表反应谱短周期分量进一步受到抑制，α_{max} 也相应减小。至于 1s 以上的长周期分量，二组模型中各工况的差别都不大。但在与上覆土层工况 6 相应的两组反应谱中，J 组的短周期分量虽然也明显小于 G 组，由于其 1s 左右的长周期分量明显大于 G 组，致使加速度反应谱的峰值从 0.4s 到 0.9s 同时使 J 组的 α_{max} 大于 G 组。如此看来，下卧土层刚度的影响是比较复杂的。但是，比较 G、J 两组中与 $i=3、4$ 对应工况的地表反应谱，可以看到两者的差异很小。更具体点讲，G63 和 G64 二个工况的反应谱几乎没有差别，J63 和 J64 二个工况的反应谱也只是在周期小于 1s 的中短周期稍有差异。也就是说，剪切波速大于 500m/s 的硬夹层对土层地震反应的影响是可以忽略不计的；在场地分类时，这样的硬夹层可以从土层柱状图中扣除。

五、计算方法的对比校核

为了校核应用不同计算程序对计算结果的影响，采用李小军的程序和 SHAKE91[3] 进行了对比计算。表 4-4-5 列出了计算中使用的两个土层剖面的具体参数值，其中剖面 1 和剖面 2 的输入加速度幅值分别为 100 和 150gal。

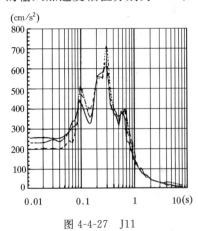
图 4-4-27 J11

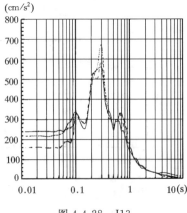
图 4-4-28 J13

4.4 岩浆岩硬夹层场地的评价

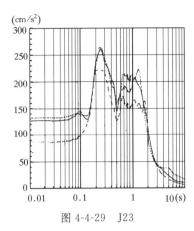

图 4-4-29　J23

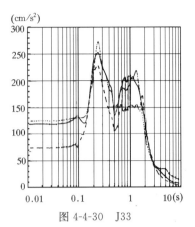

图 4-4-30　J33

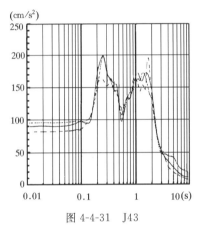

图 4-4-31　J43

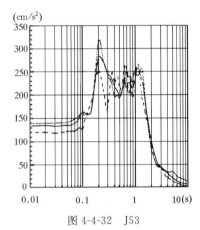

图 4-4-32　J53

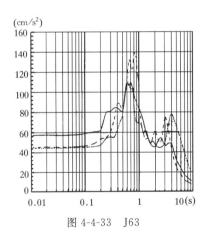

图 4-4-33　J63

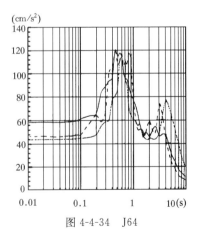

图 4-4-34　J64

对比计算的两个土层剖面的具体参数　　　　　　　表 4-4-5

序号	剖面 1				剖面 2			
	层厚 (m)	剪切波速 (m/s)	密度 (t/m³)	等效线性曲线序号	层厚 (m)	剪切波速 (m/s)	密度 (t/m³)	等效线性曲线序号
1	2	100	1.8	1	2	150	1.8	1
2	2	100	1.8	1	2	150	1.8	1

续表

序号	剖面 1				剖面 2			
	层厚 (m)	剪切波速 (m/s)	密度 (t/m³)	等效线性曲线序号	层厚 (m)	剪切波速 (m/s)	密度 (t/m³)	等效线性曲线序号
3	2	150	1.85	2	2	150	1.85	2
4	2	150	1.85	2	2	150	1.85	2
5	2	200	2.2	5	2	200	2.2	2
6	3	200	2.0	4	3	200	2.0	4
7	3	200	2.0	4	3	300	2.0	4
8	3	300	2.0	4	3	300	2.0	4
9		500	2.32	5		500	2.32	5

对上述二个土剖面分别用两个计算程序计算得出的地表加速度幅值如表 4-4-6 所示,表中的结果表明两个程序的峰加速度计算结果差别不大。

两种方法的加速度幅值对比　　　　　　　　　　　　　　　　表 4-4-6

加速度幅值（gal）	本研究结果	SHAKE91 结果
土剖面 1	181.7	217.8
土剖面 2	177.7	220.7

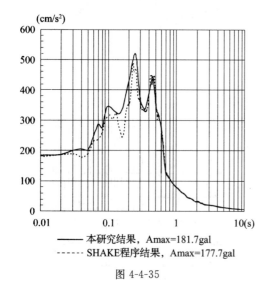

图 4-4-35

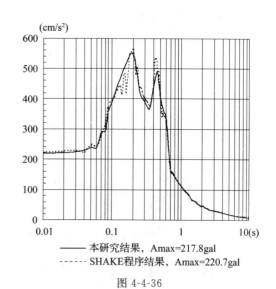

图 4-4-36

图 4-4-35 和图 4-4-36 给出了两个计算程序得出的地表反应谱对比，两个程序计算得出的曲线基本符合。只是在短周期处（0.1～0.2s）略有差别，其原因是由于这二个计算程序计算反应谱时输出点数有很大差别：本研究中所用李小军编写的程序仅输出 48 个周期点，而 SHAKE91 则输出 152 个周期点；在 0.1～0.2s 区间内前者只有 3 个点，后者则有 11 个点之多，在此周期范围内未计算的周期点上出现差异是正常现象，而在相同周期点上二者符合得还是很好的。以上对比分析表明，在类同的方法下应用不同的计算程序对结果的影响是不大的。

六、场地类别划分的建议

本项研究中四组86种工况的计算结果都显示了这样一种倾向,即有不同厚度的岩浆岩夹层情况下与无岩浆岩夹层情况下的地表加速度反应谱差别甚微。如果在场地类别划分时不考虑岩浆岩夹层的影响,即计算场地土等效剪切波速时人为去掉岩浆岩夹层,当下卧土层剪切波速值较高时对场地的抗震性能的估计可能略微偏于安全。建筑抗震设计规范中对基岩面的选取曾规定基岩以下不应再有软土层,其思路与本文的说法是一致的。看来,埋深20m之内有岩浆岩夹层的场地进行场地类别划分时,可去掉岩浆岩夹层后再计算场地等效剪切波速。89规范有关场地分类的条文第3.1.2~3.1.5条的说明中曾提到"薄的硬夹层和孤石应包括在覆盖层以内",这种提法尚不够明确和具体,可能会过高估计场地类别。本文中的分析结果至少可以表明,在进行场地分类时,厚度小于5m、剪切波速远大于500m/s的岩浆岩硬夹层可以从土层柱状图中扣除掉。

参 考 文 献

[1] 廖振鹏主编. 地震小区划理论与实践. 北京:地震出版社,1989
[2] 中华人民共和国地震行业标准. 工程场地地震安全性评价工作规范,(DB 001—94) 1994
[3] P. B. Schnabal, J. Lysmer and H. B. Seed. SHAKE-A Computer Program for Earthquake Response Analysis of Horizontal Layered Sites, Earthquake Engineering Research Center, Report No. UCB/EERC-72/12, University of California, Berkeley, Dec 1972
[4] 中华人民共和国国家标准. 建筑抗震设计规范(GBJ 11—89)条文说明. 沈阳:辽宁科学技术出版社,1989

(中国地震局地球物理研究所 赵松戈 中国建筑科学研究院 马东辉 周锡元)

4.5 液化判别和液化震陷

4.5.1 预估液化震陷经验公式

一、对液化砂土持力层地基震陷经验公式的检验

作者在文献[1]中将液化地基分为液化持力层型与液化下卧层型两类(图4-5-1),并且由国内外液化持力层型地基的实测震陷中,导出计算这类地基的震陷预估经验公式,即:

当 $B/D_l > 0.44$ 时

$$S_E = S_0 D_l \left[\frac{0.44}{B/D_l}\right](0.01p)^{0.6} \times \left(\frac{1-D_r}{0.5}\right)^{1.5} \quad (4\text{-}5\text{-}1a)$$

当 $B/D_l \leqslant 0.44$ 时

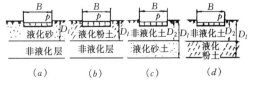

图 4-5-1 液化地基类型
注:(a)、(b)为持力层型;(c)、(d)为下卧层型

$$S_E = S_0 D_l (0.01p)^{0.6} \left(\frac{1-D_r}{0.5}\right)^{1.5} \qquad (4\text{-}5\text{-}1b)$$

式中 S_E——液化持力层型地基的计算震陷，m；

S_0——基准震陷与液化深度之比，对 7 度、8 度、9 度地区分别取 0.05，0.15 及 0.3；

D_l——由地面算起的液化深度，m；

D_r——砂土的相对密度；

B——基础宽度（m）。对单独柱基础取真实宽度；当为筏基或密集的柱基或条基时，取建筑物平面宽度；

p——基底压力（kPa）。

为对公式（4-5-1）进行验证，本文利用日本新潟地震的 35 个房屋震陷资料作了计算震陷与实测震陷的对比，见表 4-5-1。在求解计算震陷时，由于实际工程对象的有关数据不全，不满足计算公式的要求，不得不做一些合理的假定：

（1）对住宅，按每层楼平均荷载为 13kPa 计算基底压力（按我国国家规范）；

（2）新潟市严重液化地区砂土的实际相对密度为 0.4～0.5，计算中一律按 0.45 取用；

（3）液化深度按表 4-5-1 中的最大深度取用；

（4）有地下室的房屋按地上层数计算基底的压力。有地下室房屋的有利之处是基础埋深较无地下室者大，因此基底下的液化层厚度比无地下室者薄，地下室的荷载又常比挖去的土重小，因而按地上楼层数计算基底压力是偏于安全的；

（5）桩基按天然地基考虑，因为新潟市房屋下的桩打入深度不足，常悬在液化土中，与无桩者差不多。

计算震陷与实测震陷的对比（表 4-5-1）绘于图 4-5-2。图 4-5-2 中实线表示实测震陷与计算震陷相等，而虚线则代表计算震陷与实线相差±60%的范围。由图 4-5-2 可以看出，尽管在计算中作了上述一系列假定，但大多数散点分布在实线两侧不远处。考虑到静载下沉降计算的精度并不令人满意，对地震下震陷预估精度也不可能高，能够达到静载时沉降预估误差相同量级，就可以了。

计算震陷与实测震陷（新潟资料）的对比 表 4-5-1

No	层 数	建筑宽度 (m)	平均沉降实测值 (m)	最大沉降 (m)	液化层底深度 (m)	平均沉降计算值 (m)
1	2	8	0	<0.2	4～5	0.10
2	2	8	0	0.10	4～5	0.10
3	1	7	0.1	0.15	4～5	0.08
4	3	9	0.8	1.10	11～12	0.65
5	3	8	1.65	2.00	14～15	1.16
6	2	24	0.99	1.30	15～18	0.44
7	2	10	0.95	1.00	8.5～12.5	0.50
8	2	13	0.40	0.50	7～8	0.15

续表

No	层 数	建筑宽度 (m)	平均沉降 实测值 (m)	最大沉降 (m)	液化层 底深度 (m)	平均沉降 计算值 (m)
9	3	38	0	<0.2	6~10	0.01
10	3	6	2.15	2.40	12~20	2.7
11	4	7	2.37	2.57	12~20	2.78
12	3	6	1.31	1.54	14~18	2.24
13	4	6	2.25	3.45	12~16	2.07
14	4	11	0.07	0.15	8~10	0.44
15	2	15	0.10	0.16	9.5~10.5	0.24
16	4	7	0.99	1.57	14~15	1.55
17	4	7	1.05	1.50	14~15	1.55
18	3	11	1.28	1.72	10.5~13.5	1.08
19	3	7	0.60	0.97	8.5~11.5	0.78
20	3	10	0.85	1.20	9~10	0.41
21	4	7	2.07	3.80	8~9	0.56
22	3	10	0.80	1.00	8.5~12.5	0.64
23	4	10	1.60	3.40	10.5~14.5	1.02
24	3	10	0.63	0.80	10.5~14.5	0.86
25	3	7	0.40	0.60	9.5~10.5	0.64
26	5	30	0	<0.2	9.5~10.5	0.2
27	4	13	0.25	0.30	9.5~14.5	0.78
28	4	40	0.10	0.10	11.5~13.5	0.22
29	3	16	0.25	0.30	10.5~16.5	0.70
30	3	15	0.90	1.50	16~20	1.10
31	3+B*	12	1.00	1.50	8.5~14.5	0.73
32	3+B	13	0.48	0.66	10.5~14	0.62
33	6+B	15	0.25	1.00	9.5~13.5	0.70
34	3+B	12	0.85	1.16	11~12	0.49
35	4+B	12	1.33	1.50	8.5~11.5	0.54

* B 为地下室的代号。

** 本表中的实测震陷与建筑物情况取自文献 [2]。

国内液化持力层型地基的实测震陷资料较少，对它们的验算包含在图 4-5-4 中。

二、液化粉土持力层的震陷预估公式

当液化持力层为粉土时（图 4-5-1b），公式（4-5-1a）及公式（4-5-1b）不再适用，需寻求适合粉土特点的表达式。为此，将表征砂土的相对密度一项用经验系数 k 来代表。k 与粉土的标贯值 N 或标准承载力 f_k 有关，无量纲，见图 4-5-3 与表 4-5-2。对天津地区，若已知粉土的 f_k，可由表 2 查得 k 值；若已知标贯值 N，则由图 4-5-3，换算成 N 后，再由表 4-5-2 查出 k 值。

液化粉土的 k 值 表 4-5-2

f_k (kPa)	≤80	100	120	140	160	180	200	220	240	260	280	300
标贯值 N	≤1	1.5	2.3	3	3.5	4.3	5	5.5	6.3	7	8	9
k	0.3	0.28	0.26	0.24	0.22	0.2	0.18	0.16	0.14	0.12	0.10	0.08

注：表中 N 与 f_k 的关系不适用于天津地区，对天津地区 N 与 f_k 的关系见图 4-5-3。

如此，液化粉土持力层的震陷公式成为下列表达式：

当 $B/D_l > 0.44$ 时

$$S_E = S_0 D_l \left[\frac{0.44}{B/D_l}\right](0.01p)^{0.6k} \tag{4-5-2a}$$

当 $B/D_l \leqslant 0.44$ 时

$$S_E = S_0 k D_l (0.01p)^{0.6} \tag{4-5-2b}$$

对公式（4-5-2a）及公式（4-5-2b）有效性的检验见图 4-5-4。

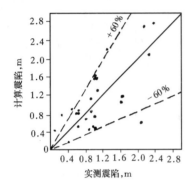

图 4-5-2 震陷计算值与实测平均震陷（新潟资料）比较

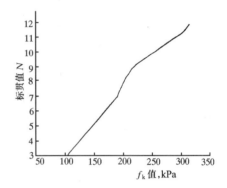

图 4-5-3 天津地区粉土的 f_k 与 N 的关系（天津地基基础规范）

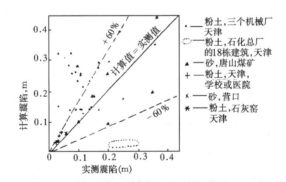

图 4-5-4 计算震陷与实际震陷（中国资料）的对比

三、液化下卧层地基震陷的预估

液化下卧层地基是指持力层为非液化层，而下卧层为液化层的地基，这里又包括两种情况，一种液化层是砂层，另一种是粉土层，现分别讨论：

1. 液化层为砂层（图 4-5-1c）

在此场合欲预估震陷量，可仍利用公式（4-5-1）。按下述步骤去求：

（1）首先假想地将液化砂层向上延伸到地面，变成液化持力层地基，求得此时的液化震陷 S_1；

（2）将持力层换成液化砂层，其性质与液化下卧层相同。按式（4-5-1）求出替换持力层的震陷值 S_2；

（3）真实下卧层的液化震陷视作 S_1 与 S_2 之差，即：

$$S_E = S_1 - S_2 \tag{4-5-3}$$

将 S_1 与 S_2 分别以式 (4-5-1) 表之，即得：

当 $B \leqslant 0.44 D_l$ 时

$$S_E = S_0 (D_l - D_2)(0.01p)^{0.8} \times \left(\frac{1-D_r}{0.5}\right)^{1.5} \tag{4-5-4a}$$

当 $B > 0.44 D_l$ 时

$$S_E = 0.44 \frac{S_0}{B}(D_l^2 - D_2^2)(0.01p)^{0.8} \times \left(\frac{1-D_r}{0.5}\right)^{1.5} \tag{4-5-4b}$$

式中 D_l——由地面算起的液化深度 (m)；

D_2——由地面算起的液化层顶面深度 (m)。

其他符号同公式 (4-5-1)。

2. 液化下卧层为粉土层（图 4-5-1d）

此时，按同样的道理可求得液化粉土下卧层的震陷，只须将 S_1 及 S_2 分别用式（4-5-2a）或式（4-5-2b）表示，即得：

当 $B/D_l > 0.44$ 时

$$S_E = 0.44 S_0 \frac{k}{B}(0.01p)^{0.8}(D_l^2 - D_2^2) \tag{4-5-5a}$$

当 $B/D_l \leqslant 0.44$ 时

$$S_E = S_0 k (0.01p)^{0.8}(D_l - D_2) \tag{4-5-5b}$$

公式 (4-5-3) 的实质是将下卧层型的震陷视作假想的持力层型震陷的一部分，这样处理是近似的。一是真实的非液化持力层也可能产生震陷，此处未计；二是真实持力层的水平向变形一般比液化层小，因而对液化层的侧向变形有某些约束作用，在此亦未考虑。上述二点产生的效应相反，可抵消一部分，总的误差尚可接受。

当式 (4-5-4) 与式 (4-5-5) 中取 $D_2 = 0$ 时，即成为式 (4-5-1) 与式 (4-5-2) 所表达的持力层型液化地基。

四、震陷公式 (4-5-4) 与 (4-5-5) 的检验 (中国资料)

为了检验公式 (4-5-4a)、(4-5-4b) 及公式 (4-5-5a)、(4-5-5b) 等求算砂土与粉土液化震陷公式的可信程度，将计算震陷与 55 个我国的实测震陷值做了对比，其结果汇总于图 4-5-4。其中大多数为粉土液化层且为下卧层，砂土液化层的情况较少，绝大部分资料来自 1976 年唐山地震中天津、塘沽的震害调查，少数资料来自 1975 年海城地震中的营口、盘锦地区。由图 4-5-4 中可以看出，约一半散点的实测值与计算值符合较好，部分点则差异较大，对此则有下列情况需要考虑：

1. 唐山地震中天津地区的永久水准点受大地变形的影响，发生程度不同的变动，进而影响到无法测出建筑物的绝对震陷值。因此天津地区的实测震陷是结构相对于地面或结构的各个单独桩基间的相对震陷。还有一部分震陷值是由目测或桥式吊车是否开得动等间接方法估计的。上述这些原因无疑要影响到实测震陷值的准确程度，但鉴于震陷资料不易获得，且总数不多，因而不能弃之不用，但在进行分析时应考虑这种影响。

2. 地质资料与震陷描述的不精确，绝大多数地质勘察并非针对发生震陷的房屋进行的。其目的、手段与精度不满足震陷计算的要求，不少震陷描述也不够明确，未指出是最大震陷还是平均震陷等等。

3. 由图 4-5-4 中可以看出大多数的计算震陷值大于实测震陷，由于实测震陷多是相对于地面或是相当于车间内震陷最小的柱基的，因而它们大多小于计算震陷，这应该是合理的。

4. 天津石化总厂四化建的 18 栋住宅是个明显的例外，其计算震陷比实际震陷小很多。其原因可能有多种因素，其中比较明显的有：① 震陷实测值中包含有震前的静沉降在内。根据二栋房屋的震前沉降观测资料，静沉降约为 5cm；② 有一软土层，厚 0.5m 左右，层面距基底约 1m（条形基础宽度在 2.5m 左右），承载力为 60～70kPa，在 8 度地震作用下可能产生数厘米的震陷，这一影响亦包含在实测震陷值中；③ 该液化层为海相沉积，有四层构造，其动力特性有别于一般；④ 设计中采用的基底静压力偏高，超过了勘察报告提供之值。

此外，作者又将菲律宾震陷资料[3]利用来作了对比：

菲律宾 1990 年地震（$M=7.8$ 级），Dagupan 市液化严重。地面加速度计算值大于 200gal，液化砂层厚 10～12m，地面有 0～3m 的非液化层，全市全毁屋房 1230 座、部分损坏 6235 座、废弃 47 座，主要毁坏原因为地基液化。房屋型式多为 2～5 层钢筋混凝土结构的民居或商店，液化引起的震陷值为 0.5～1.5m。如假定液化砂层的大致密度为 0.4，按式（4-5-4）粗算，计算震陷量约为 0.12m～1.4m，与实际震陷情况相当接近。

五、结 束 语

1. 总结文献 [1] 及本文的研究结果，对液化砂土，不论其为下卧层或持力层，均可用公式（4-5-4）预估其液化震陷，当其为持力层时，可令式中 $D_2=0$。

2. 对液化粉土地基，可用公式（4-5-5）预估其震陷值。当粉土为持力层时，则令式中 $D_2=0$。

3. 根据图 4-5-2 及图 4-5-4 对比结果，可以认为式（4-5-4）及式（4-5-5）具有初步定量的精度与可操作性。

4. 由于国内震陷资料中部分参数不完备，影响了经验公式的校核精度，尚待今后进一步研究，应用更多更准确的震陷资料对公式进行检验。

参 考 文 献

[1] 刘惠珊. 预估液化震陷的经验公式. 第三届全国土动力学学术会议论文集，1994
[2] Y. Yoshimi and K. Tokimats：Settlements of Buildings on Saturated Sand During Earthqnakes，Soil and Foundations，Vol. 17 No. 1 1977
[3] T. D. O' Rourke, P. A. Beaujon, C. R. Scawthorn "Liquefaction-Induced Large Ground Deformations and Their Effects on Lifelines During the 1990 Luzon, Philippines Earthquake"，《Case Studies of Liquefaction and Lifeline Performance During Past Earthquakes. Volume r：United States Case Studies》Edited by T. D. O'Rourke & M. Hamada，2/17/92

（冶金部建筑研究总院　刘惠珊）

4.5.2 阪神地震的液化特点

1995年1月17日发生的日本阪神大地震，造成的伤亡人员之多，房屋破坏之严重，仅次于1923年的关东大地震。该次地震具有水平及竖向地面加速度大（神户市开发局的地震记录，海港人工岛处的最大水平地面加速度达341gal，竖向达553gal）；液化严重；滑坡多等特点。本文着重介绍液化方面的特点与震害。

阪神地震中产生的液化有几个特点：砾石土液化，液化侧向扩展严重，液化减震作用明显，液化引起的桩基震害多。以下分别介绍。

一、砾石土的液化

阪神地震中主要液化区在神户市的海岸一带及二个人工岛（港岛与六甲岛）（图4-5-5）。这些地方分布着很厚的可液化填筑砂砾层，最大厚度达20m以上，一般为15m～20m。地下水位在-1.5m～-2.5m。近地表的2m～5m土质较好。由图4-5-5中可看出，液化区以二个人工岛最集中，港岛液化面积达70%～80%，六甲岛约50%。神户市区的液化地段沿海岸成条带状，再往内陆则为木结构房屋破坏集中带（非液化区）。液化区的地面最大加速度为0.33g及0.35g，比邻近的非液化区（地面加速度在0.83g～0.51g之间，仅一个记录为0.31g）为小。

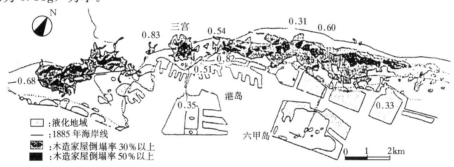

图4-5-5 神户市液化与房屋震害分布（图中数字为地面加速度g）

图4-5-6为典型液化场地地质剖面。由几个液化场地得到的液化层的级配曲线如图4-5-7。凡在图4-5-7中A点右侧的曲线则为砾石（即粒径超过2mm的颗粒总重超过全重的50%）。由图4-5-7看砾石组成颗粒较细，接近于砂。

砾石液化在此前即有过实例报导（表4-5-3），室内试验也多次验证了砾石在不排水条件下的液化。阪神地震是至今为止规模最大的砾石液化。某些日本抗震规范已将砾石的液化纳入。此问题应引起我们重视。

砾石液化实录　　　　　　　　　　　　　　　　表4-5-3

	场地及地震名称	当地地震强度	砾质土特性	来　源
1	辽宁营口石门水库大坝，海城地震（1975）	7度（坝体上较7度为大）	砂砾料坝体浅层滑动（坝料未专门碾压，松散）	汪闻韶（1997）
2	北京密云水库白河主坝砂砾壳，唐山地震（1976）	6度（0.05g）持时140s	中密	徐金城（1980）

续表

	场地及地震名称	当地地震强度	砾质土特性	来 源
3	Alasks 地震（美国，1964）		冲积扇，松而浅处砾质土液化	Coulter 等（1996）
4	Pence Ranch 地区 Whidkey Springs Road Slope Borah Prak 地震（1983，美国）		冲积阶地，有渗透性低的覆盖层，土质松，路坡约5度，坡脚喷冒	Stokoe 等（1988） Andrus 等（1991） Harder（1994）
5	Friuli 地区 Avasinis 村，意大利北部地震（1976）	地面加速度0.2g	Leale 河冲积扇前缘砂土液化，中部砾石液化。在 1976 年 5 月～9 月的三次地震中重复液化，$v_s=140\text{m}\sim120\text{m/s}$	文献[4]
6	日本，福井地震（1948）		冲积扇，土质中密至密实，普遍喷冒，引起破坏	Ishihara（1984） Hamad 等（1992）
7	日本 Hakkaido-Nansei-oki 地震（1993.7MT. Komagatake 地区）		崩落土，$D_r=100\%\sim30\%$，$D_{10}=0.4\text{m}$，$D_{50}=30\text{mm}$，$D_{100}=150\text{mm}$，砾粒占80%以上，上覆土层为火山灰。液化及震陷波及44座房屋	Takaji Kokusho 等（1995）[6]

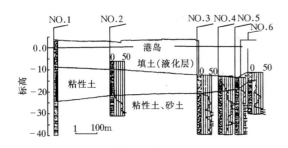

图 4-5-6　神户大桥附近地质剖面及标贯值

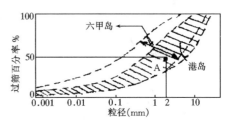

图 4-5-7　港岛与六甲岛的填土粒径曲线分布范围

二、液化减震作用

液化减震作用在我国通海地震、海城地震、唐山地震等强震及一些国外地震中均有表现，减轻了上部结构震害，但一直少有强震记录。阪神地震时获得了这一宝贵资料。图4-5-8 中 NS 向的地面水平加速度较基岩（−83m）为小。另一实测资料为：实测−83m 基岩处水平加速度为 472gal（NS 向）和 254gal（EW 向）；而液化场地的地表加速度分别为 341gal（NS）和 281gal（EW），和基岩处相比 EW 向没有什么放大，NS 向甚至减少了。

减震产生于液化前地震剪应力接近土的抗剪强度之时，因此时土的塑性变形大。由于减震作用，神户市液化区的房屋震害轻于非液化区，地面加速度也比邻近的非液化区小（图 4-5-1）。在二个人工岛上周边是液化侧扩区，结构受害多。人工岛中部虽液化但无侧扩，上部结构的震害极少，也是由于液化减震之故。

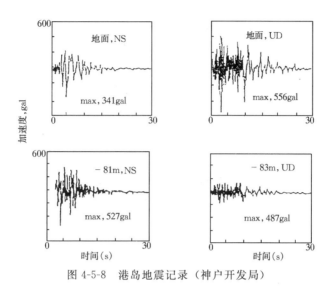

图 4-5-8 港岛地震记录（神户开发局）

图 4-5-9 是大阪湾四周的一个液化场地（PI）和三个非液场地（SGK，TKS 扩 KNK）上实测的水平加速度放大倍数随深度的变化。由图 4-5-9 可见，液化场地的主震和余震的地面加速度放大倍数（与基岩比）均小于非液化场地的。

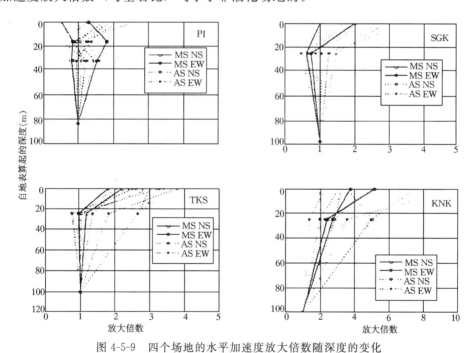

图 4-5-9 四个场地的水平加速度放大倍数随深度的变化
（MS—主震；AS—余震；NS—南北向；EW—东西向）

三、液化侧向扩展

由于这次地震的液化区是在海岸边和人工岛地段，因此液化侧向扩展的危害就显得特别突出，给近岸结构造成很大损害，如护壁、挡墙、港口堆场、仓库、旅客大楼、管线系统等。震后对此类破坏开展了广泛研究，并在抗震规范中增加了关于侧扩的内容。

图 4-5-10 为实测的有护岸结构（沉井或挡墙）情况下由于液化侧向扩展引起的地面水平位移量与距护岸距离间的关系。由图 4-5-10 可看出，发生水平位移的范围可达到距离岸壁 150～350m 以上，最大水平位移值达到 1.6～4m。在距护岸 50～100m 范围内，地面水平位移值随距离的增加而急剧减少，超出此范围则水平位移值缓慢地减少。因此在距护岸 50～100m 以外的结构，一般不会受到严重损害。

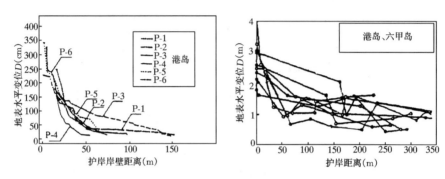

图 4-5-10 护岸距离与地表水平位移的关系

液化侧扩时，土体滑裂带内各点不仅产生了不同的水平位移，而且有竖向落差。因此，位于滑裂带内的结构受力复杂，不仅受水平撕拉和竖向不均匀沉降，而且还要受到很大的侧向推力。根据震后对受到侧向推力而位移的桥台的反算，在上覆非液化层中侧向推力按被动土压力计，在液化层中侧推力约为竖向总压力的 1/3。据此，日本的道路桥梁规范对液化侧扩时结构所受的侧向推力有如下规定：

当 $0 \leqslant x \leqslant H_{NL}$ 时，上覆非液化层中的侧推力为：

$$q_{NL} = C_S C_{NL} K_P \gamma_{NL} x \tag{4-5-6}$$

式中 q_{NL}——上覆非液化层中的侧推力（kN/m^2）；

x——由地表算起的深度（m）；

H_{NL}——上覆非液化层的厚度（m）；

C_S——计算点与水线间水平距离 S 的修正系数；

当 $S < 50m$，$C_S = 1$；$S = 50 \sim 100m$，$C_S = 0.5$；当 $S > 50m$，$C_S = 0.0$。

K_P——被动土压力系数；

γ_{NL}——上覆非液化层的重度（kN/m^3）；

C_{NL}——上覆非液化层的修正系数，根据液化层的液化指数 P_L 取值，P_L 越大则流动趋势越大。

$$P_L = \int_{H_{NL}}^{H_{NL}+H_L} (1 - F_L)(10 - 0.5x) dx \tag{4-5-7}$$

H_L——液化层的厚度（m）；

$P_L < 5$ 时，$C_{NL} = 0.0$；$P_L = 5 \sim 20$，$C_{NL} = (0.2 P_L - 1)/3$；$P_L > 20$，$C_{NL} = 1$。

F_L——抗液化指数，$F_L < 1$ 则液化。

液化层中的侧推力按式（4-5-8）计算：

$$q_L = C_S C_L [\gamma_{NL} H_{NL} + \gamma_L (x - H_{NL})] \tag{4-5-8}$$

式中 q_L——液化层中的侧推力（kN/m^2）；
C_L——液化层的修正系数，$C_L=0.3$；
γ_L——液化层的重度（kN/m^3）。

对于桩基，承受侧推力的宽度按最外排桩边缘间的宽度计。核算时需考虑结构三种受力情况：液化层不液化；液化；液化+侧向流动。

四、液化引起的桩基震害

此次地震，受害桩基很多，根据不完全统计已超过40。由于采用了孔内照相、孔内测斜、开挖等多种手段探查，获得了不少过去了解得很少的桩身震害资料，为今后的桩基抗震设计提供了具有指导意义的材料。通过这次地震明确了或验证了几个重要的认识：

（1）非液化场地的桩基震害主要出现在桩顶或桩与基础的连接部位。以拉、压、剪及其组合破坏型式使这些部位破损或拉脱或剪断，破坏形态与各国抗震规范中惯用的桩顶水平惯性力作用下以 m 法或常数法解得的桩身内力分布相符，验证了上述方法对非液化土中的桩是可用的。

（2）在液化而无侧向扩展的场地上，桩的破坏部位除桩顶与桩-承台连接处以外，在液化层上下界面附近也会出现弯、剪破坏（图 4-5-11）。主要的原因是液化土的剪切运动与相邻非液化层的差异所致。

液化土在即将液化和液化后的抗剪能力极低，剪应变很大，桩在其中得不到侧向支承。桩身受到地震作用时，相当于受到桩顶的上部结构水平惯性力与地运动的双重作用（图 4-5-12）。

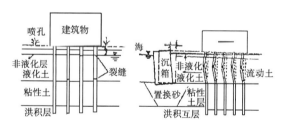

图 4-5-11 液化地基上桩基的震害

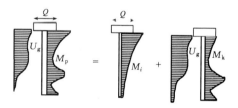

图 4-5-12 地震产生的桩身内力
Q—水平地震产生的桩顶惯性力；U_g—土变形；
M_p—桩身总弯矩；M_i—惯性力产生的弯矩；
M_k—土变位产生的弯矩

m 法与常数法只考虑了惯性力的那一部分，未考虑土层动力作用引起的桩身内力，而在液化场地上这一部分作用却是不应忽视的。由此引起的深部土层界面处桩身内力值，可以与桩顶的弯矩与剪力处于相当的量级，而且地震动强度越大，这一部分所占的比重也越大。一般桩身截面配筋与材料强度常较桩顶处为弱，因而常常导致桩身在液化土界面附近破坏。

（3）液化而且有侧向扩展的场地上，桩除了受到上述（2）中的作用外，还受到很大的侧向推力，因而桩身在深部弯、剪破坏的可能性又增加了一层。图 4-5-13 和图 4-5-14 为桩基因侧扩而破坏的实例。

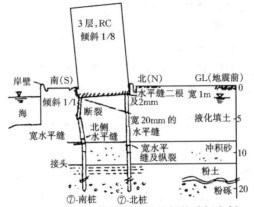

图 4-5-13 高大建筑物下的桩基侧扩破坏实例

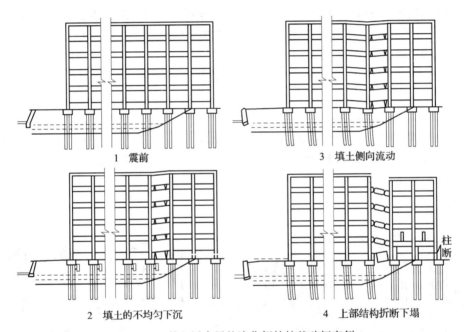

图 4-5-14 某六层房屋的液化侧扩桩基破坏实例

参 考 文 献

[1] 盐井幸武. 桥梁构造物基础的复旧、补强与今后课题,提言,基础工,1996
[2] 西田一彦等. 兵库县南部地震中市立西宫高校舍的破坏机构. 土と基础,1997
[3] Shunji Fujii ate. Investigation and Analysis of A Pile Foundation Damaged by Liguefaction During The 1995 Hyogoken-Nambu Earthguake. Special Issue of Soils and Foundations,1998
[4] 刘惠珊. 关于砾质土液化问题的探讨,土动力学理论与实践. 大连:大连理工大学出版社,1998
[5] Takaji Kokusho and Masaki Matsumoto, Nonoinearity in Site Amplication and soil propertes during the 1995 hyogoken-nambu earthquake, speacial issue of soils and foundtions,1998

(冶金建筑研究总院　刘惠珊)

第五章 结构抗震计算

5.1 引 言

2001规范的征求意见稿中,主要对"地震作用和抗震验算"一章中的一般规定、水平地震作用和抗震变形验算的有关内容进行修订。

一、一般规定

1. 对于质量和刚度分布明显不对称的结构,应考虑双向水平地震作用下的扭转影响。
2. 特别不规则的建筑、甲类建筑和高度超过一定范围的高层建筑应进行时程法分析,作为补充计算。鉴于各条地震波输入进行时程法分析的结果不同,本条明确了时程分析法所需的地震波数量和特征,即:选用不少于二条的实际记录和一条人工模拟的加速度时程曲线,其平均地震影响系数曲线应与振型分解反应谱法所采用的地震影响系数曲线在统计意义上相符。所谓在统计意义上相符,是指所选择的地震记录的平均地震影响系数曲线在每个周期点上的值与规范给出的 α 曲线相比,相差不超过20%。统计分析表明,在满足上述条件的地震波输入情况下,可以满足基底剪力不小于振型分解反应谱法计算结果的80%的要求。
3. 地震影响系数 α 曲线即设计反应谱,有较大的改进:

(1) 周期延至6s。根据地震学研究和强震观测资料统计分析,在周期6s范围内,有可能给出比较可靠的数据,也基本满足了国内绝大多数高层建筑和长周期结构抗震设计的需要。

(2) 在理论和统计上,设计反应谱存在二个衰减下降段,即速度控制段和位移控制段,前者下降指数为1,后者为2。为了保持规范的延续性,在周期 $T \leqslant 5T_g$ 范围内与89规范相同;把89规范的下平台改为倾斜段,使 $T > 5T_g$ 后的反应谱值有所下降,在 $T = 6T_g$ 附近,新的反应谱比89规范约增加15%,其余范围取值变动更小。这样处理比较符合统计规律。新提出的地震影响系数 α 曲线如图5-1-1所示。

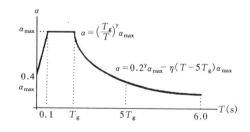

图 5-1-1 地震影响系数曲线

特征周期值 T_g (s) 表 5-1-1

地震动参数分区	场地类别			
	Ⅰ	Ⅱ	Ⅲ	Ⅳ
一区	0.20	0.30	0.40	0.65

注:二区取一区的7/6倍;三区取一区的4/3倍;
计算罕遇地震作用时,特征周期宜增加0.05s。

水平地震影响系数最大值 α_{max} 表 5-1-2

烈度 设防水准	6	7	8	9
多遇地震	0.04	0.08(0.12)	0.16(0.24)	0.32
罕遇地震	—	0.50(0.72)	0.90(1.20)	1.40

(3) 为了与我国新的地震动参数区划图接轨,根据地震动参数分区和不同场地类别确定特征周期 T_g,使其不仅与场地类别有关,还与地震分区有关,反映了震级、震中距的影响,如表 5-1-1 所示。

(4) 本次修订中仍采用设防烈度的概念,但是对应于不同地震分区的设计基本地震加速度,在烈度 7 度和 8 度之间,8 度和 9 度之间分别插入一档地震影响系数 α 值,如表 5-1-2 中括号内数值所示。

(5) 考虑到不同结构类型建筑抗震设计需要,提供了不同阻尼比(取 $0.01\sim0.20$)时,地震影响系数 α 曲线相对于标准 α 系数曲线(阻尼比为 0.05)的修正方法。这种修正分二段进行:在平台段($\alpha=\alpha_{\max}$)修正幅度最大;在上升段和下降段修正幅度变小;在曲线两端(0s 和 6s),不同阻尼比下的 α 系数值趋向一致。不同类型的建筑结构可根据各自的材料与结构特征决定其阻尼比,从而确定抗震计算所用的 α 值。

二、水平地震作用计算

1. 增加考虑双向水平地震作用下的地震效应组合。根据强震观测记录的统计分析,二个水平方向地震加速度的最大值之比约为 1:0.85,而且不一定发生在同一时刻,因此采用平方和开方计算二个方向地震作用效应的组合。

2. 由于地震影响系数在长周期段下降较快,对于基本周期大于 3s 的结构,采用加速度反应谱进行计算所得的水平地震作用效应可能太小。对于长周期结构,地震速度或位移可能对结构的破坏具有更大影响,而规范所采用的振型分解反应谱法尚无法对此作出估计。出于结构安全的考虑,增加了对各楼层水平地震剪力最小值的要求,楼层剪力系数分别为:7 度 0.012,8 度 0.024,9 度 0.40,结构水平地震作用效应应据此进行相应调整。

3. 关于考虑地基与结构相互作用的影响较 89 规范的规定更具体化,主要有二点:第一,规定了 8、9 度,Ⅲ、Ⅳ 类场地上采用刚性较好基础的钢筋混凝土高层建筑,当结构周期处于场地特征周期的 $1.2\sim5$ 倍范围时,才考虑折减水平地震作用下的楼层地震剪力;第二,对于高宽比较大的结构,楼层地震剪力的折减系数沿楼层高度按抛物线型分布。为简化计算,取顶端折减系数为 0,中间各层按线性插值折减。

三、抗震变形验算

1. 对结构在多遇地震作用下的弹性变形验算要求由"宜"改为"应",这是在近十年来对建筑震害的认识进一步加深的基础上提出的。对各类建筑结构,规定了层间弹性位移角限值,如表 5-1-3 所示。

确定位移角限值时,根据非结构构件和使用要求、结构变形特征等给出上、下限值,对板柱和框支层应从严要求(下限),对于弯曲变形占比重很大的高层建筑,确有依据时其限值可适当放宽。为了简化,计算层位移角时不再扣除结构整体弯曲变形等引起的所谓"无害位移"。这部分因素在设定层位移角限值时予以综合考虑。

2. 对某些结构的罕遇地震作用下的弹塑性变形验算由"宜"改为"应",也是基于对震害的认识而提出的。在强烈地震作用下,结构薄弱层产生太大的弹塑性变形将导致结构倒塌。但要求进行弹塑性变形验算的结构范围不能太宽,除 89 规范所规定外,增加了 8、

9 度区的乙类建筑、高度较高而又不规则的高层建筑，采用隔震和消能减震技术的结构等。

弹塑性变形计算方法，可以是简化计算法、静力非线性或非线性时程分析法等，视结构类型不同而采用。

相应地给出了罕遇地震作用下结构层间弹塑性位移角限值，如表 5-1-4 所示。

层间弹性位移角限值　　表 5-1-3

结构类型	弹性位移角限值
框架，框柱-框架	1/600～1/450
框墙，板柱-墙	1/900～1/700
筒中筒，核心筒	1/1000～1/800
抗震墙	1/1100～1/900
高层钢结构	1/300

层间塑弹性位移角限值　　表 5-1-4

结构类型	弹性位移角限值
单层钢筋混凝土柱排架	1/30
框架、板柱-框架	1/50
底部框架砖房中的框架	1/70
框-墙、板柱-墙	1/150
抗震墙和筒体	1/200
高层钢结构	1/70

（中国建筑科学研究院　王亚勇）

5.2　不同阻尼比和长周期的设计反应谱

一、前　言

地震反应谱理论是现阶段建筑抗震设计的基本理论。我国 89 规范提出了反映地震和场地特征的地震影响系数 α 曲线，它是设计反应谱的具体表达，其周期范围是 0～3s，阻尼比 $\zeta=5\%$，适用于一般的砖石结构和钢筋混凝土结构。对于具有较长自振周期或结构阻尼比不同于 5% 的其他建筑物、构筑物和设备，如高层建筑钢结构、矿山冶金构筑物、石油化工设备、核电站建筑等，89 规范所给的设计反应谱已不再适用，必须建立满足特殊要求的不同阻尼比的长周期（长达 10s 或 10s 以上）设计反应谱。

不同阻尼比、长周期设计反应谱在美、日等国的有关抗震设计规程中得到了应用，但纽马克等人所提出的对不同阻尼比反应谱的修正方法，不是过于简单、没有反映在不同周期段阻尼比对谱值的明显影响，就是过于复杂、涉及持续时间，给规范应用带来困难。因此，笔者认为有必要在统计分析基础上，建立适合特殊结构或设备抗震设计需要而又与 89 规范基本协调的长周期设计反应谱，并提出适合规范应用的不同阻尼比反应谱的修正方法。

二、统计分析基础

1. 设计近震和设计远震划分

大量震害实例表明，由来自不同震级和距离的地震所造成的破坏，即使地震动强度或烈度相同，建筑的破坏特征也不尽一样。为了考虑这种影响，89 规范按照近、远震和不同场地条件对设计反应谱进行了分类。对于某一场地，判断地震影响是来自近震或远震，可从"中国地震烈度区划图"查得；对于某一次地震，则可由其震级和震中距与烈度的关系来确定。震中烈度 I_0 和影响烈度 I 与地震震级 M、震中距 R 的如下关系：

$$\begin{cases} I_0 = 0.24 + 1.26M \\ I = 0.92 + 1.63M - 3.49\lg R \end{cases} \quad (5-2-1)$$

由式（5-2-1）可得到根据震级和震中距确定远、近震的大致标准如表 5-2-1 所示。

表 5-2-1 表示，在某一震级下，如果地震记录的震中距大于 R，则属于远震记录，反之为近震记录。

设计远震和设计近震划分标准　　表 5-2-1

震中烈度 I_0	6	7	8～9	10
影响烈度 I	4	5	6～7	8
震级 M	4.5	5.5	6.6	7.5
震中距 R (km)	15	20	25	30

笔者认为，在工程抗震设计中引进设计近震和设计远震的概念是必要的。在建立长周期设计反应谱的统计分析工作中，也应区分远震和近震。作为数据基础的地震加速度记录，宜按表 5-2-1 的划分标准分类。

2. 场地分类方法

场地分类应该以其对地面运动强度和谱特性的影响为准则，综合考虑场地分层土的厚度和刚度。在建立长周期反应谱时，笔者参照 89 规范规定的四类场地划分方法，主要依据是场地覆盖层厚度和土层的剪切波速，综合考虑厚度和刚度因素，可按下式换算场地等效固有周期：

$$T = \frac{4H}{V_{sm}} \quad (5-2-2)$$

式中　H——覆盖土层总厚度；

　　　V_{sm}——土层平均剪切波速。

这样，因为周期 T 同时反映了场地土厚度和刚度影响，可以作为场地分类的单一标准，如表 5-2-2 所示。

按场地类别对地震记录进行分组时，笔者根据记录台站所在地的土层钻孔资料计算场地固有周期，再按表 5-2-2 标准确定记录的场地类别。

场地类别划分标准　　表 5-2-2

场地类别	I	II	III	IV
固有周期（s）	$T \leqslant 0.10$	$0.10 < T \leqslant 0.40$	$0.40 < T \leqslant 0.80$	$T > 0.80$

3. 统计分析数据基础

用于建立不同阻尼比长周期抗震设计反应谱的地震数据，是从强震加速度记录数据库 EQDBMS 中挑选出来的。每条记录的最大峰值加速度均大于 $0.05g$。其中大部分是中国和美国西部的地震记录，还有少量前苏联、印度、伊朗等国的记录，共计为 100 个地震台站在 67 次地震中记录到的 159 条加速度曲线。作为统计数据样本的这 159 条曲线，震级范围为 $M=3.0\sim8.0$ 级，其中小于 5 级和大于 7 级的记录约占总样本数的 30%。震中距范围为 $R=1\sim155$km。按表 5-2-1 所给的设计远震和设计近震的划分标准，记录中有 28.3% 属于设计近震，71.7% 属于设计远震。按表 5-2-2 的场地类别划分标准，各类场地上地震记录所占比例为：I 类　30.8%；II 类　13.2%；III 类　35.2%；IV 类　20.8%。

三、平均 β 谱的骨架特征和控制参数

计算 159 条强震加速度曲线的加速率反应谱 $S_a(T)$（周期范围为 $0.04 \sim 10.0s$），阻尼比为 5%，并按下式求其加速度反应放大系数 β 谱：

$$\beta(T) = \frac{S_a(T)}{A_{max}} \qquad (5\text{-}2\text{-}3)$$

式中，A_{max} 为该加速度记录的最大峰值。

按远、近震和不同场地类别分组类别平均，得到图 5-2-1～图 5-2-3 所示的平均 β 谱。

由图 5-2-1～图 5-2-3 可以看出平均 β 谱的骨架特征是：

（1）总体来看，远震 β 谱向长周期方向偏移。周期大于 0.3s 以后，远震 β 谱值高于近震 β 谱值。但当周期大于 5s 以后，远震与近震的谱又趋向一致，见图 5-2-3。

（2）场地类别越高（场地土越软、厚），β 谱越向长周期方向偏移。但是当周期大于 5s 以后，不同场地类别的 β 谱值又逐渐趋向一致（见图 5-2-1、图 5-2-2）。

（3）β 谱的加速度控制段（平台部分）向速度控制段过渡的第一拐点周期 T_1 约在 $0.2 \sim 0.8s$ 左右，与 89 规范的特征周期 T_g 的划分基本一致。

（4）β 谱的速度控制段向位移控制段过渡的第二拐点周期 T_2 在 3s 左右，但不明显，有必要进一步分析。

上述分析结果表明，长周期抗震设计反应谱在周期小于 3s 部分的骨架类似 89 规范所规定的设计反应谱，其第一拐点周期 T_1 可按表 5-2-3 取值。

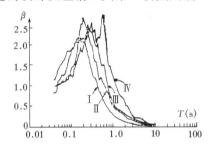

图 5-2-1 平均 β 谱（近震，各类场地）

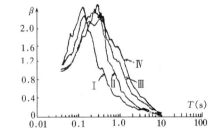

图 5-2-2 平均 β 谱（远震，各类场地）

图 5-2-3 平均 β 谱（远、近震）

第一拐点周期 T_1（s） 表 5-2-3

远、近震	场 地 类 别			
	Ⅰ	Ⅱ	Ⅲ	Ⅳ
近 震	0.20	0.30	0.40	0.65
远 震	0.25	0.40	0.55	0.85

为了确定 β 谱的第二拐点周期 T_2 及周期大于 T_2 的谱的骨架特征，将 159 条记录的 β 谱（不分远、近震和场地，阻尼比为 5%）平均，得到平均的 β 谱，然后用最小二乘法回归分析，分别用以下三个方程来分段拟合平均 β 谱：

$$\beta(T) = a + bT \qquad (5\text{-}2\text{-}4)$$

$$\beta(T) = \frac{1}{aT^2 + bT + c} \quad (5\text{-}2\text{-}5)$$

$$\beta(T) = \left(\frac{a}{T}\right)^b \quad (5\text{-}2\text{-}6)$$

拟合结果如表 5-2-4 和图 5-2-4 所示。

平均 β 谱最小二乘法拟合结果　　　　　　　　　表 5-2-4

T	$\beta(T)$	a	b	c	σ
$T \leq 0.13$	$a+bT$	0.683	9.989		1.825×10^{-4}
$0.35 \leq T \leq 3.5$	$\dfrac{1}{aT^2+bT+c}$	0.210	0.622	0.283	1.646×10^{-3}
	$\left(\dfrac{a}{T}\right)^b$	0.791	0.928		5.621×10^{-3}
$T > 3.5$	$\dfrac{1}{aT^2+bT+c}$	0.656	-3.970	9.788	4.238×10^{-5}
	$\left(\dfrac{a}{T}\right)^b$	1.864	2.033		7.318×10^{-4}

注：$T=0.13 \sim 0.35s$ 段的 β 谱为水平直线（平台）。

由表 5-2-4 和图 5-2-4 可知：

(1) 采用式 (5-2-4) ~ (5-2-6) 对统计平均的 β 谱进行拟合，结果方差很小。为了便于使用，β 谱的长周期段可以用式 (5-2-6) 来模拟。不同周期段 $\beta(T)$ 的系数 a 和 b 按表 5-2-4 取值。

(2) 拟合 β 谱在 $T \leq 0.13s$ 为斜直线，89 规范规定 $T \leq 0.10s$ 时为斜直线，二者基本一致。

(3) 拟合 β 谱的第二拐点周期 $T_2 = 3.5s$。

(4) 拟合 β 谱在 $T = 0.35 \sim 3.5s$ 段内为速度控制段，谱值变化与 $1/T^{0.928}$ 成正比；在 $T > 3.5s$ 段，谱值变化与 $1/T^{2.033}$ 成正比。拟合结果基本符合反应谱理论。

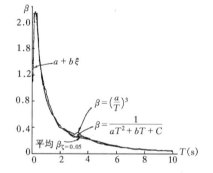

图 5-2-4　平均 β 谱和最小二乘法拟合的 β 谱（阻尼比 $\xi = 5\%$）

四、不同阻尼比 β 谱的修正

为了考虑阻尼的影响，并建立不同阻尼的 β 谱的数学模型，分别计算 159 条地震加速度记录在阻尼比为 0、2%、5%、10%、和 20% 情况下的 β 谱，不分远、近震和场地类别，综合平均得到如图 5-2-5 所示的 5 种阻尼比情况下的平均 β 谱（虚线表示）。

由图 5-2-5 中可以看出，阻尼比 ξ 对反应谱的影响在不同周期段是不一样的。笔者采用以下与周期和阻尼比有关的修正系数 C，对阻尼比 $\xi = 5\%$ 的 β 谱进行修正，得到其他 4 种阻尼比情况下的 β 谱（为了使用方便，不考虑地震动持续时间的影响）：

$$\beta(\xi, T) = C(\xi, T) \beta_{\xi=0.05}(T) \quad (5\text{-}2\text{-}7)$$

其中
$$C(\xi, T) = a'(\xi) + b'(\xi) T \quad (5\text{-}2\text{-}8)$$

仍采用最小二乘法拟合实际统计结果得到系数 a' 和 b'，如表 5-2-5 所示。

利用式 (5-2-7) 和式 (5-2-8) 对阻尼比为 5% 的 β 谱修正后的不同阻尼比情况下的 β

谱,与实际记录统计平均后得到的 β 谱的比较如图 5-2-5 所示。图中虚线为实际的 β 谱,光滑的实线为拟合的结果。可以认为拟合的程度比较理想。

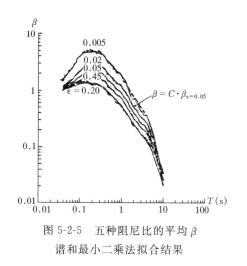

图 5-2-5 五种阻尼比的平均 β 谱和最小二乘法拟合结果

不同阻尼比 β 谱修正系数 a', b' 表 5-2-5

ξ	T	a'	b'
0.005	$T \leqslant 0.11$	1	8.943
	$10 \geqslant T > 0.11$	1.973	−0.095
0.02	$T \leqslant 0.13$	1	1.830
	$10 \geqslant T > 0.13$	1.306	−0.021
0.10	$T \leqslant 0.13$	1	−1.665
	$10 \geqslant T > 0.13$	0.782	0.008
0.20	$T \leqslant 0.18$	1	−2.306
	$10 \geqslant T > 0.18$	0.577	0.012

五、结　语

利用实测地震加速度记录的统计结果,对不同阻尼比长周期设计反应谱的研究表明:

1. 长周期地震反应放大系数 β 谱基本上可以划分为加速度控制段、速度控制段和位移控制段。三个区段交界点所对应的周期称为第一拐点周期 T_1 和第二拐点周期 T_2。T_1 可根据设计远、近震和 4 类不同场地按表 5-2-3 确定。$T_2 = 3.5$s,不再按远、近震和场地类别区分。

2. β 谱在 $0.1 \leqslant T \leqslant T_1$ 段为平台(加速度控制段);在 $T_1 \leqslant T \leqslant T_2$ 段的下降与 $1/T^{0.928}$ 成正比;在 $T > T_2$ 段的下降与 $1/T^{2.033}$ 成正比。为了与 89 规范协调一致,可按图 5-2-6 和表 3 建立长周期抗震设计反应谱。

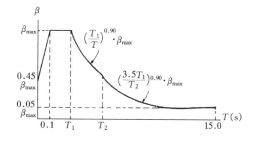

图 5-2-6　长周期抗震设计 β 谱

3. 不同阻尼比情况下的设计 β 谱,可采用与阻尼比 ξ 和周期 T 有关的修正系数 $C(\xi, T)$ 对 $\xi = 5\%$ 的标准设计 β 谱进行修正得到。统计结果表明,这种修正具有足够的精度。

4. 本文所提出的长周期设计反应谱与地震和场地相关,即考虑设计近震、设计远震和不同场地条件的影响,周期范围可以达到 10s。所提出的不同阻尼比情况下 β 谱的修正方法,可供某些特殊建(构)筑物和设备制定抗震设计规范或标准时参考。

5. 必须指出的是,由于仪器频响的限制,现有的地震数据处理采用数字滤波方法滤去长周期的基线误差成分,同时也会滤去了真实地面运动加速度的长周期分量。这样,由现有的地震加速度记录计算所得的地震反应谱必然缺少长周期成分,统计得到的反应谱在长周期段的值偏小。在实际使用时,要根据不同结构或设备的抗震设计要求和实践经验,对设计反应谱的长周期段作适当调整。例如，对于大型贮液罐，可根据地震可能产生或设备允许的地面运行最大位移值来调整周期在 10s 以上的反应谱值。

（中国建筑科学研究院　王亚勇　王理　刘小弟）

5.3 用于时程分析的地震记录选择方法及其应用

一、前　言

89 规范第 4.1.2 条第三款规定，对于特别不规则的建筑，甲类建筑及超过一定高度的高层建筑，宜采用时程分析法进行补充计算。89 规范同时还规定，对于时程分析法，宜按烈度、近震、远震和场地类别选用适当数量的实际地震记录或人工模拟的加速度时程曲线，计算所得的结构底部总剪力不能小于采用底部剪力法或振型分解反应谱法计算结果的 80%。

时程分析法与底部剪力法和振型分解反应谱法的最大差别是能计算结构和结构部件在每个时刻的地震反应（内力和变形）。近十几年来，随着高层建筑和复杂结构的发展，我国的设计人员越来越多地采用时程分析法进行抗震设计。但在实际应用中普遍感到困难的是在分析中应如何选择、选择几条地震记录作为输入？尽管在国内外的一些实际工程中已采用了时程分析法，但是，由于地震记录选择不当，致使对同一建筑结构物在相同强度下的不同地震输入的计算结果差异很大，与采用底部剪力法或振型分解反应谱法的计算结果也有很大出入。通常，这种差别可高达数倍乃至数十倍之巨！因此，如何估计和控制这种差别成为时程分析法的重要问题，而解决这个问题的关键除了保证计算模型的合理性和计算方法本身的精度之外，还有输入地震记录如何选用。

由于缺少国内的强震观测数据，而且没有明确的研究结论，致使设计人员在进行结构时程分析时，不分场地和结构类型等各种不同条件，盲目地采用个别的地震记录，如 El-Centro、Taft 和所谓的天津波、迁安波等。事实上，由于地震记录受震源、传播介质、场地条件等各种因素的影响，具有很大的不确定性。某些研究表明，即使是在同一地点，在先后发生的不同地震中所记录的加速度时程曲线的形状、大小及对应的反应谱的特征也可能极不相似。因此，对于不同类型的结构，若没有区别地使用上述四条地震记录进行时程分析，其结果当然是无法令人满意的。

为了解决这个问题，笔者运用国内外大量的实际地震记录按设计反应谱进行分组和统计。统计结果表明，在区分近震和远震的前提下，某一类场地上的实际地震加速度记录的反应谱具有不同的形状特征，其分布符合一定规律。在此基础上提出了一种基于 89 规范设计反应谱特征周期的地震记录选择方法，即按照建筑物所在场地的烈度、近震或远震、场地类别和结构自振周期等参数选择一组三条实际地震加速度记录和一条拟合规范目标反应谱的人工合成地震加速度时程曲线作为时程分析法的输入，加速度值分别按小震烈度和大震烈度进行调整，将计算结果平均。

二、各种因素对地震反应谱特征的影响

大量研究表明,地震的震源机制、传播介质、局部场地条件等因素对地面运动各类参数有影响,对地震反应谱的影响尤为显著。例如,图 5-3-1 表示在我国 1988 年 11 月 6 日云南澜沧—耿马地震中两个地震台站的加速度记录的反应谱[3]。其中,景洪台站距震中 142km,位于冲积土层上;思茅台站距震中 128km,位于砂粉岩地基上。两个台站基本在同一个方位上,震源机制是一样的,传播途径也差不多,反应谱特性却有很大差别。说明了场地条件对谱特性的影响。美国的 Uwadia 和 Trifunac 分析了 El Centro 台站在 15 次地震中得到的记录后指出,由不同震源所引起的地震加速度反应谱差别很大,说明震源机制和传播途径对地震谱特征具有一定影响。将这个台站的反应谱按震中距分类,所得到的平均反应谱示于图 5-3-2。从图 5-3-2 可以见到,在震中附近的反应谱卓越峰值的周期较短,随着震中距的增大,反应谱卓越峰值的周期随之增大。日本的土田肇等人对港湾技术研究所的 42 个地震台站的 222 条水平分量加速度反应谱作了分类统计,比较了其中曾获得两个以上记录的 22 个台站,发现同一个台站在不同的地震中所获得的记录的反应谱形状比较一致的有 11 个,相当离散的有 9 个,非常离散的有 2 个。这说明在同样的某类场地上的地震记录反应谱,由于多种因素的影响可能具有不同的形状特征[4]。

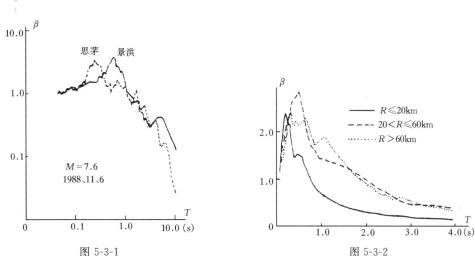

图 5-3-1   图 5-3-2

总起来看,震级、震中距和场地条件均对地震反应谱有影响。89 规范所提出的同样烈度下按远、近震划分和不同场地类别的地震影响系数曲线,即设计反应谱,就是综合考虑了上述各种因素的结果。

三、按远、近震和不同场地类别标定的抗震设计弹性反应谱

输入地震记录对时程分析法的计算结果有很大影响。为保证计算结果能符合规范的要求,又尽可能符合实际地震记录的统计规律,将经过选择的 142 条国内外重要的地震加速度记录按远、近震和不同场地类别予以分类,以供输入使用。

1. 设计反应谱的特征周期值

89规范所提出的设计反应谱规定了控制反应谱平台宽度的特征周期 T_g 和控制反应谱长周期段下降的指数形式。其中特征周期与设计近、远震和场地有关,按表 5-3-1 取值。

设计反应谱的特征周期值 T_g (s) 表 5-3-1

场地类别	I	II	III	IV
近 震	0.20	0.30	0.40	0.65
远 震	0.25	0.40	0.55	0.85

2. 地震记录分组和对设计反应谱的标定

对实际地震记录的分组方法不同导致所标定的反应谱不同,而标定结果的好坏又反过来证明分组方法的优劣。根据对强震记录反应谱特征的研究和规范化使用的要求,在标定近、远震下各类场地的设计反应谱时,希望谱曲线在过特征周期点后的下降段不要交叉。实际的统计结果证明交叉是不可避免的。为了解决谱曲线交叉的问题只能采用调整的方法,即将各组中的反应谱形状与多数不一致的记录挑出来,再根据其形状换到别的组去。这种调整证实了土田肇的研究结果。以下介绍两种地震记录分组方法及设计反应谱的标定结果:

(1) 按近、远震和地震台站场地类别分组及标定结果(分组一)

将所有地震加速度记录按震中烈度和震级大小分为近震和远震组[5],再根据记录台站等效固有周期划分场地类别 I—IV,共分为 8 组。计算各组的平均反应谱并加以平滑化。经比较后发现,各组记录的平均反应谱的特征周期基本符合表 5-3-1 的标准,但在长周期段的谱曲线交叉,如图 5-3-3 和图 5-3-4 所示。

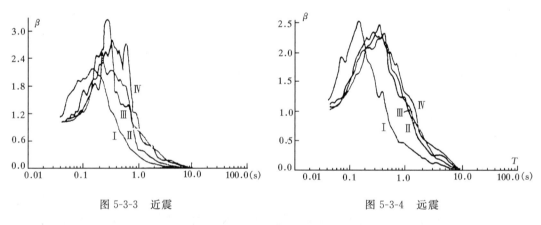

图 5-3-3 近震　　　　　　　　　图 5-3-4 远震

(2) 以速度峰值 v 和加速度峰值 a 之比标定反应谱的结果

假定地震地面运动加速度峰值和速度峰值是发生在同一周期时间内,根据反应谱可知,反应谱特征周期 T'_g 与速度峰值和加速度峰值存在如下关系:

$$T'_g = 2\pi \frac{\beta_v}{\beta_a} \cdot \frac{v}{a} \tag{5-3-1}$$

其中 β_v 和 β_a 分别为速度反应放大系数和加速度反应放大系数。由统计结果可知,阻尼比为 0.05 的反应谱的平台段 $\beta_a = 2.25$,$\beta_v = 1.50$,则

$$T'_g \doteq 4.2 \frac{v}{a} \tag{5-3-2}$$

对分组一的结果运用式（5-3-2）求得每一组的平均特征周期 T'_g 及其对应的方差 σ，结果如表 5-3-2 所示。

从表 5-3-2 可以看到，统计分析结果的离散性较小。但是Ⅲ、Ⅳ类场地的 T'_g 值过于接近而且在近震情况下规律不对，谱在长周期段交叉。另外，对照表 5-3-1 可知，Ⅳ类场地的反应谱特征周期偏小。由此可见，用峰值速度和峰值加速度之比作为记录分组的标准并以此标定设计反应谱效果也不理想。

特征周期 T'_g 的均值和方差 σ (s)　　　　　表 5-3-2

场地类别		Ⅰ	Ⅱ	Ⅲ	Ⅳ
近震	T'_g	0.18	0.30	0.48	0.44
	σ	0.007	0.008	0.035	0.037
远震	T'_g	0.26	0.48	0.53	0.56
	σ	0.088	0.087	0.060	0.052

（3）按反应谱形状（特征周期）分组及标定结果（分组二）

基于对上述分组一的两种标定结果的认识，笔者提出了一种按反应谱形状（用特征周期来表征）、并以表 5-3-1 为标准的地震记录分组方法。对全部记录分组标定的结果如图 5-3-5 和图 5-3-6 所示。

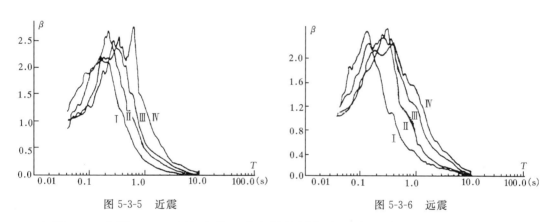

图 5-3-5　近震　　　　　　　　　　图 5-3-6　远震

由图 5-3-5 和图 5-3-6 可以看到，反应谱长周期段基本没有交叉。对统计平均的反应谱曲线用最小二乘法拟合，结果符合反应谱理论并与 89 规范的设计反应谱基本一致[6]。

四、按远、近震和不同场地类别标定的地震塑性反应谱

利用第三节所提出的两种地震记录分组方法（分组一和分组二）对地震延性谱和累积损伤谱进行标定，结果也证明了分组二具有较好的规律性，适合规范应用。限于篇幅，本文只给出分组二的标定结果。

1. 地震动延性谱的标定

单质点系在地震作用下的平衡方程表示为

$$M\ddot{Y}(t)+C\dot{Y}(t)+F[Y(t)]=-M\ddot{X}(t) \qquad (5\text{-}3\text{-}3)$$

其中 Y 为质点的相对位移，$\ddot{X}$ 为地震地面运动加速度，M 为质量，C 为阻尼系数，F 为与质点相对位移有关的恢复力。

定义结构延性系数为 $\mu(t)=Y(t)/Y_y$，Y_y 为屈服位移，$\mu(t)$ 小于 1 时，结构处于弹性阶段；$T=2\pi\sqrt{M/K}$ 为单质点体系自振周期；$\lambda=|F(Y_g)|/(M\cdot|\ddot{X}(t)|_{max})$ 为结构强度系数，表示结构的强弱，对于一般钢筋混凝土和钢结构，$\lambda=0.2\sim1.0$；$I(t)=\ddot{X}(t)/|\ddot{X}(t)|_{max}$ 表示归一化的加速度记录，将上述数据代入方程（5-3-3）得

$$\ddot{\mu}(t)+\frac{4\pi\zeta}{T}\dot{\mu}(t)+\frac{4\pi^2}{T^2}F[\mu(t)]=-\frac{4\pi^2}{T^2\lambda}I(t) \qquad (5-3-4)$$

式中　ζ——临界阻尼比。

与弹性反应谱相似，定义延性谱为

$$S_\mu(T)=|\mu(t)|_{max} \qquad (5-3-5)$$

取 $\lambda=0.2$ 和 0.8 分别对应较弱和较强的结构，计算每条地震记录的延性谱并按各分组平均，求得近震或远震下各类场地平均延性谱 $\overline{S_\mu}$ 如图 5-3-7 和图 5-3-8 所示。

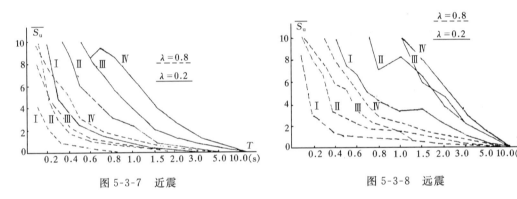

图 5-3-7　近震　　　　　　　　　　图 5-3-8　远震

可以看出，弹性反应谱特征周期值 T_g 越大（表示场地类别越高），对应的延性谱值越大，表明在软弱场地上的钢筋混凝土结构在地震作用下将产生较大的塑性变形，图 5-3-7 和图 5-3-8 均显示了较好的规律性。

2. 地震动累积损伤谱的标定[6]

对于具有刚度退化性质的钢筋混凝土框架，柱子的破坏是造成建筑物倒塌的主要原因。框架柱的恢复力滞回规则一般用克拉夫模型来表示。其破坏现象有两种，一种是屈服后负刚度现象，它控制着结构的大变形破坏；另一种是强度退化，它控制着结构的累积损伤。为了将混凝土结构的低周疲劳特性引入结构恢复力模型，将克拉夫模型修改成图 5-3-9 的形式。

在图中，$N_{fi}=\left(\dfrac{C}{\Delta Y_i}\right)^\delta$ 为与变形 ΔY_i 相对应的寿命曲线，C 和 δ 为由实验确定的结构常数。

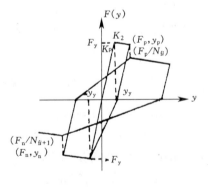

图 5-3-9

定义：对于某一地震地面运动加速度 $\ddot{X}(t)$，具有刚度退化性质的单质点体系的累积损伤系数为

$$AD = 1 - RS = 1 - \frac{F_{RS}}{F_y} \quad (5\text{-}3\text{-}6)$$

式中 RS 为结构残余强度系数，F_y 为结构初始屈服强度，F_{RS} 为结构残余屈服强度。$AD=1.0$ 时表示结构完好无损，$0<AD<1$ 表示结构有所损伤但不致倒塌。

对于具有不同自振周期 T 的单质点体系，在同一地震加速度时程作用下，求出对应的累积损伤系数，最后形成累积损伤谱 $AD(T)$。图 5-3-10 和图 5-3-11 表示近震和远震下各类场地的平均累积损伤谱，由于 I 类场地上强度较大的结构不易产生累积损伤，图中只画出 $\lambda=0.2$ 和 $\lambda=0.6$ 两组结果。

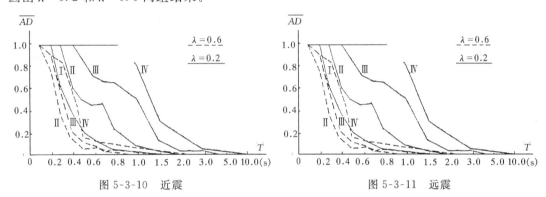

图 5-3-10 近震　　　　　　　图 5-3-11 远震

由图 5-3-10 和图 5-3-11 所示的各类场地的累积损伤谱显示了较好的规律性。可以看出，弹性反应谱的特征周期值 T_g 越大，对应的累积损伤谱值也越大，而且远震记录对长周期结构产生的累积损伤谱比近震记录大。对于一般钢筋混凝土结构，如果所在场地越软，在地震作用下可能产生的破坏和倒塌程度越严重。在同等烈度条件下大震远震的危害比小震近震的危害更大。

五、用于时程分析法的输入地震记录的选择方法

如前所述，分组一是按地震记录所在地点的实际场地类别划分的，而分组二是按记录的反应谱特征周期划分的。比较二种分组有如下遇合结果（表 5-3-3）。

不同地震记录分组的遇合结果　　　　表 5-3-3

分组二	记录总数 142 条	分组一			
		1	2	3	4
		18	34	46	44
I	36	15	13	5	3
II	21	1	4	9	7
III	52	2	11	20	19
IV	33	0	6	12	15

表 5-3-3 说明，某一类实际场地上的地震记录主要体现了 89 规范所定义的同一类场地的设计反应谱的形状特征，但同时还体现了 89 规范所定义的其他类场地设计反应谱的特

征。这种遇合结果为结构时程分析法的输入地震记录的选择提供了依据。综合考虑地震地面运动的随机性和判定场地类别的模糊性，以及计算工作量等因素，笔者建议在进行结构时程法分析时，每次采用三条实际地震记录作为输入，按表 5-3-4 进行组合。如有必要，另加一条拟合规范目标反应谱的人工合成地震加速度曲线，计算结果平均。

时程分析法输入地震记录的选择与组合　　　　　　　　　　表 5-3-4

分　组　二	分　组　一			
	1	2	3	4
Ⅰ	2	1	0	0
Ⅱ	0	2	1	0
Ⅲ	0	0	2	1
Ⅳ	0	0	1	2

按照上述选择地震波的方法，编制了"时程法抗震设计地震波的选择程序"EQSS，该程序配制有一小型的地震记录数据库 EQDB，存有数十条国内外重要的地震记录。用户必须按程序的揭示输入地震烈度、近震或远震、场地类别和结构的基本周期就可以得到适用的三条实际地震记录和一条人工合成地震加速度曲线。

六、杆系结构和层间结构模型的地震反应时程分析结果

为了验证笔者所提出的地震记录分组方法对时程法分析的效果，构造了 4 层、8 层、15 层的杆系结构模型和层间结构模型，分别代表不同刚度的低、中、高层建筑类型。采用平面结构时程法弹塑性地震反应分析程序 PFEP 进行计算[8]。以各组地震加速度记录作为水平向输入，计算每条地震记录作用下各个结构模型的弹塑性最大反应（位移和内力），然后统计平均并求出所对应的标准差，结果如表 5-3-5 所示。表 5-3-5 所示结果具有很小的离散性，统计标准差一般只有均值的 10%～20%，最大不过 55%。这样可以保证在给定设计反应谱的条件下，从相应地震记录分组中挑选记录进行时程法计算时，不会有太大的偏差。如果在选择记录时进一步考虑结构的自振周期，可以保证得到比较安全的结果。

时程分析法分析结果　　　　　　　　　　表 5-3-5

结构	地震	场地类别	层间模型				杆系模型			
			顶点位移 (cm)		基底剪力 (t)		顶点位移 (cm)		基底剪力 (t)	
			均值	标准差	均值	标准差	均值	标准差	均值	标准差
4 层	近震	Ⅰ	0.78	0.28	58.84	19.67	1.32	0.43	34.92	5.77
		Ⅱ	1.14	0.16	82.61	14.99	2.08	0.81	49.30	12.97
		Ⅲ	1.52	0.40	98.44	6.40	3.30	1.09	62.89	13.48
		Ⅳ	1.84	0.36	107.69	1.98	5.26	0.76	78.08	3.85
	远震	Ⅰ	1.32	0.21	91.23	21.12	2.62	0.69	67.73	19.85
		Ⅱ	1.74	0.24	105.64	2.58	3.34	0.39	66.44	3.23
		Ⅲ	1.82	0.59	99.61	16.71	3.86	1.10	72.35	5.90
		Ⅳ	1.72	0.40	105.79	4.02	4.80	1.91	83.92	12.08

续表

结构	地震	场地类别	层间模型				杆系模型			
			顶点位移（cm）		基底剪力（t）		顶点位移（cm）		基底剪力（t）	
			均值	标准差	均值	标准差	均值	标准差	均值	标准差
8层	近震	Ⅰ	1.40	0.59	53.99	17.06	1.06	0.36	17.92	7.73
		Ⅱ	2.50	1.01	93.70	23.66	3.76	1.54	46.12	16.30
		Ⅲ	3.52	1.25	115.96	19.77	6.16	2.17	68.99	12.50
		Ⅳ	6.08	0.83	130.59	0.04	7.88	2.33	74.69	11.22
	远震	Ⅰ	2.92	0.74	101.73	17.95	4.20	1.50	50.93	13.66
		Ⅱ	3.98	0.55	128.87	2.43	6.26	2.13	65.20	10.71
		Ⅲ	5.10	1.31	130.59	0.00	10.36	1.91	82.86	4.20
		Ⅳ	7.18	3.84	130.60	0.01	12.88	2.91	84.89	3.91
15层	近震	Ⅰ	1.18	0.37	85.08	21.26	1.12	0.37	43.09	9.33
		Ⅱ	3.46	1.70	160.59	57.52	3.22	1.10	64.49	9.26
		Ⅲ	6.40	3.08	275.06	118.26	12.34	2.92	145.68	30.14
		Ⅳ	11.24	6.20	436.95	155.98	15.90	5.15	200.52	42.24
	远震	Ⅰ	5.44	1.79	223.99	77.92	6.82	2.64	113.54	39.65
		Ⅱ	8.30	3.31	297.73	75.78	9.10	2.78	138.93	26.60
		Ⅲ	14.52	5.12	499.20	129.03	18.54	5.65	210.70	52.25
		Ⅳ	18.00	4.73	586.29	125.60	34.74	16.41	377.84	164.21

值得提出的是，在远震情况下对4层层间模型计算所得的平均顶点位移，在Ⅲ、Ⅳ类场地上的值小于Ⅱ类场地上的值，完全符合震害经验。

七、应 用 实 例

为了验证笔者所提出的地震记录选择方法，特选取两栋中、高层建筑作为实例，应用平面结构弹塑性地震反应分析程序PFEP进行时程法分析。

实例一：美国加州Imperial峡谷县政府大楼

该大楼为6层钢筋混凝土框架结构。图5-3-12表示其东西向剖面。该大楼在1979年10年15日的帝国峡谷地震中遭受破坏，底层柱子柱脚及柱顶处混凝土剥落，钢筋弯曲外凸。由于地震前在大楼的1层、2层、4层和顶层安装了强震加速度仪，而且仪器在地震中均有效地进行工作，记录了整座大楼的地震反应全过程。震后，研究人员作了详细的震害调查，资料完整。

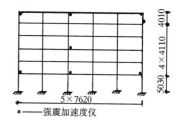

图 5-3-12

该建筑位于本次地震的震中区，距震中仅有几公里，属于典型的近震作用。根据该地的地质钻孔资料，按我国89规范标准，可以判定该场地为Ⅳ类场地。

对该大楼进行时程分析时，分别采用了以下三条加速度记录作为输入：

1. 该大楼底层地面处的强震加速度仪在地震时的实际记录。
2. 任选的其他Ⅳ类场地上的近震加速度地震记录。

3. 拟合近震、Ⅳ类场地设计反应谱的人工合成加速度曲线。

所有记录均调整到实际加速度记录的最大峰值（水平向为 331cm/s^2，竖向为 154cm/s^2）。运用程序 PFEP 对该大楼计算的弹塑性地震反应，各楼层的最大水平位移值和与仪器实际记录值的比较结果见表 5-3-6。

楼层最大水平位移（单位：cm）　　　　表 5-3-6

输入记录	楼层					
	屋面	6层	5层	4层	3层	2层
底层实际记录	18.20	18.10	17.50	16.30	14.60	11.70
近震记录（Ⅳ类场地）	2.80	2.50	2.10	1.80	1.30	0.80
人工合成记录	23.10	22.90	22.40	21.60	20.60	18.80
仪器实测值	21.43	*	*	13.83	*	8.30

由表 5-3-6 可以看到，用底层地面实际记录输入计算所得楼层最大水平位移与各层仪器实测值基本相符，采用人工合成记录输入的计算结果偏大，而且任选的其他Ⅳ类场地的近震记录输入计算的结果与实测值相差 10 倍之多！对这条任选记录的反应谱进一步进行分析后发现，其特征周期 T_g 为 0.28s，具有 89 规范定义的近震Ⅱ类场地反应谱特征。可见，按实际场地类别选用地震记录作为输入，有时会得到错误的结果。

按表 5-3-4 所示的地震记录选择方法，对本例建筑选取具有Ⅳ类反应谱特征周期（$T_g=0.65s$）的近震记录 2 条，Ⅲ类反应谱特征周期（$T_g=0.40s$）的近震记录一条和拟合Ⅳ类近震设计反应谱的人工合成加速度记录一条，分别作为输入进行时程分析。分析计算分两步进行：第一步为弹性计算，输入的加速度峰值按 7 度小震考虑，水平峰值调整为 35.6cm/s^2，竖向峰值调整到 23.0cm/s^2。计算结果与用振型分解反应谱法计算的结果分别列于表 5-3-7；第二步为弹塑性计算，输入的加速度调整到实际记录的水平（水平峰值为 331cm/s^2，竖向峰值为 154cm/s^2）。计算结果列于表 5-3-8。

弹性分析计算结果（Imperial 大楼）　　　　表 5-3-7

输入加速度记录	屋面位移（cm）	底面总弯矩（kN—m）	底层总剪力（kN）
AV2X001 近震Ⅳ类	1.80	2555	899
AV2X646 近震Ⅳ类	1.20	1489	523
AV2X080 近震Ⅲ类	0.90	1126	395
人工合成记录	2.60	3030	1067
平均	1.62	2050	721
反应谱法	1.68	2106	738

弹塑性分析计算结果（Imperial 大楼）　　　　表 5-3-8

输入加速度记录	屋面位移（cm）	底面总弯矩（kN—m）	底层总剪力（kN）
AV2X001 近震Ⅳ类	10.0	4401	2017
AV2X646 近震Ⅳ类	11.1	4415	1833
AV2X080 近震Ⅲ类	7.9	4374	1734
人工合成记录	23.1	5214	2055
平均	13.0	4601	1910

从表 5-3-7 可以看到，时程法与反应谱法相比，弹性计算的平均结果，底层总剪力相差 2.3%，如果不加人工合成记录的计算结果，则相差 18%，均满足规范要求。底层总弯距和屋面位移也都比较接近。从表 5-3-8 可以看到，采用三条实际地震记录非线性地震反应结果离差较小，人工波计算结果与地震中实测值比较接近。总起来看，采用人工合成加速度记录计算结果偏大，原因是它所包含的频率成分比较丰富。某些原型结构的振动台试验也表明，输入人工波所造成的结构反应和破坏要比输入实际地震记录的结果大。

实例二：北京某教学大楼

该大楼为 23 层钢筋混凝土框架-抗震墙结构，剖面如图 5-3-13 所示。

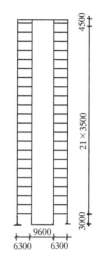

图 5-3-13

根据结构物所在场地设防烈度和场地条件，按 8 度小震 II 类场地分别采用反应谱法和时程法对结构的横向和纵向进行计算。在进行时程法分析时仍按笔者提出的原则，选择两条具有 II 类场地反应谱特征和一条具有 III 类场地反应谱特征的实际地震记录以及一条拟合 II 类场地反应谱的人工合成地震波作为输入，计算结果平均。用两种方法计算的内力结果示于图 5-3-14 和图 5-3-15；最大层间相对位移为：

横向—反应谱法 1/1170，时程法 1/1200；

纵向—反应谱法 1/2267，时程法 1/2640。

可以认为两种方法计算结果基本一致。

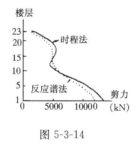

图 5-3-14　　　　　　　　　图 5-3-15

八、结　语

1. 用于时程分析法的输入地震加速度记录对计算结果有很大影响，宜按烈度、近震或远震、场地类别和结构基本周期等参数选择。

2. 实际地震记录的统计结果表明，某一类实际场地上的地震记录不仅体现了 89 规范所定义的该类场地的设计反应谱特征，有的还体现了其它类别场地的反应谱特征并且服从一定的分布规律。据此所提出的选择地震记录的方法是：每次采用三条实际地震记录，按表 5-3-4 进行选择和组合。如有必要，另加一条拟合建筑场地设计反应谱的人工地震波，计算结果平均。

3. 对两个工程实例的具体分析表明，用所选择的地震记录作为输入进行时程法分析，弹性计算结果与振型分解反应谱法的计算结果相比，误差小于±20%，满足 89 规范的要求；弹塑性计算结果的离差也较小。一般来说，采用拟合设计反应谱的人工地震波作为输入计算结果偏于安全。

4. 运用笔者提出的地震记录选择方法编制了计算机软件 EQSS。用户只要输入地震烈度、近震或远震、场地类别和结构基本周期，便可得到三条实际地震记录和一条拟合设计反应谱的人工地震波。

参 考 文 献

[1] 赵西安，容柏生. 广东国际大厦 63 层主楼结构的动力时程分析. 建筑科学. 1989 年第 6 期
[2] 王亚勇等. 结构时程分析法输入地震记录的研究. 第三届全国地震工程会议论文集，大连，1990
[3] 王理，王亚勇. 抗震设计用地震波的选择与合成程序 EQSS. 第四届建筑工程计算机应用学术会议论文集，广州，1988
[4] Slobodan Kojic. etc. A Postearthquake Response Analysis of the Imperial Conuty Services Building in EL-Centro，Report No. CE84-02，University of Southern California，December，1984
[5] 王广军等. 同等烈度按震中距区分的讨论. 地震学刊，1984 年第 2 期
[6] 王亚勇等. 不同阻尼比长周期抗震设计反应谱的研究. 工程抗震，1990 年第 1 期
[7] 程民宪，陈聃. 考虑结构低周疲劳特性的地震反应谱. 地震工程与工程振动，1988 年第 8 卷第 4 期
[8] 魏琏，王亚勇. 工程抗震设计软件系列（ERED-01）简介，建筑科学，1990 年第 2 期

（中国建筑科学研究院　王亚勇　刘小弟　程民宪）

5.4 结构的偶然偏心和地震扭转效应

一、序　言

随着震害经验的不断积累，人们不断认识到，地震作用时的地面运动是多维的。不论是对称结构，还是不对称结构，有时都会产生扭转破坏，事实说明，单单考虑单分量地震作用是不够的，扭转的地震作用同样需得到重视。对称结构在地震作用下产生的扭转效用的原因不外乎由施工质量、活载分布不均匀等原因造成的实际质心与名义质心的不重合，还有就是地震作用本身带有扭转分量。

通过对 44 个主要国家抗震规范有关规定的统计，发现其中有 31 个国家考虑了扭转的影响，占 70.5%；在考虑扭转影响的规范中，有 22 个规范考虑了偶然偏心的影响，占 67.7%。可见有很大部分的抗震规范是十分重视偶然偏心导致的扭转。

在我国的建筑结构抗震设计中，对复杂平面结构考虑了扭转振动效应，而对均匀对称结构，没有考虑偶然偏心的影响，因此，对偶然偏心引起的地震扭转作用效应进行研究是一个重要的课题。

二、材料、施工等原因引起偏心的概率计算方法

由于施工质量、材料情况等各种条件的不确定性，我们可以认为结构自重 G 是一

个随机变量。根据以前的统计，经假设检验，认为 G 服从正态分布 N（$1.060G_k$，$0.074G_k$）。

若将结构平面分成 $2n \times 2n$ 个区域，将坐标中心设在几何中心上，可以假定其中每个小区域的质量 m_i 之间是相互独立的，都服从 N（$1.060G_k \cdot S/4n^2 g$，$0.074G_k \cdot S/4n^2 g$）正态分布，其中 S 为结构平面面积，$4n^2$ 为所分区域个数，g 为重力加速度。

根据求质心公式：

$$X_c = \frac{\sum m_i x_i}{\sum m_i} \quad (5-4-1)$$

$$Y_c = \frac{\sum m_i y_i}{\sum m_i} \quad (5-4-2)$$

可知质心位置也是随机变量，是各个小区域质量 m_i 的函数。

欲求 X_c 或 Y_c 的概率分布，我们必须知道（$\sum m_i x_i$，$\sum m_i$）的联合概率密度。

设：$\vec{m} = \{m_1, m_2, \cdots\cdots, m_i, \cdots\cdots m_{4n^2}\}^T$

$$A = \left\{ \begin{matrix} x_1 & x_2 \cdots x_i \cdots x_{4n^2} \\ 1 & 1 & 1 & 1 \end{matrix} \right\} \quad (5-4-3)$$

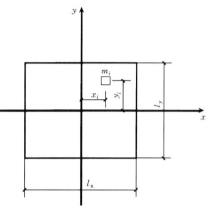

图 5-4-1

则（$\sum m_i x_i$，$\sum m_i$）$= A \times \vec{m}$，由于 x_i 是已知的，所以矩阵 A 是常矩阵。

根据 n 维随机向量正态分布概率密度的定义，由于 $\vec{m} = \{m_1, m_2, \cdots\cdots, m_{4n^2}\}^T$ 服从 $4n^2$ 元正态分布，设 $B = (b_{ij})$ 是一 $4n^2$ 阶正定（对称）矩阵，是其协方差矩阵，以 $B^{-1} = (r_{ij})$ 表示 B 的逆矩阵；$|B|$ 表示 B 的行列式的值。$\vec{\mu} = (\mu_1, \mu_2, \cdots, \mu_n)^T$ 为均值向量，是一实值列向量，则 $4n^2$ 维正态随机向量 $\vec{m} = \{m_1, m_2, \cdots\cdots, m_{4n^2}\}^T$ 的分布密度为

$$p(m_1, m_2, \cdots, m_{4n^2}) = \frac{1}{(2\pi)^{\frac{n}{2}} |B|^{\frac{1}{2}}} \times \exp\left\{ -\frac{1}{2}(x - \vec{\mu})^T B^{-1} (x - \vec{\mu}) \right\}$$

简记为 $N(\mu, B)$。

由于矩阵 A 是线性的，$\vec{m}$ 服从正态分布，所以 $A \times \vec{m}$ 也是服从正态分布的，$A \times \vec{m}$ 也就是（$\sum m_i x_i$，$\sum m$）服从二元正态分布 $N(A\vec{\mu}, ABA^T)$，其中：

$$A \times \vec{\mu} = \left\{ \begin{matrix} x_1 & x_2 \cdots x_i \cdots x_{4n^2} \\ 1 & 1 & 1 & 1 \end{matrix} \right\} \{\mu \cdots \mu\}' = \{\mu \sum x_i, 4n^2 \mu\}'$$

$$ABA^T = \left\{ \begin{matrix} x_1 & x_2 \cdots x_i \cdots x_{4n^2} \\ 1 & 1 & 1 & 1 \end{matrix} \right\} \left\{ \begin{matrix} \sigma^2 & & & \\ & \sigma^2 & & \\ & & \ddots & \\ & & & \sigma^2 \end{matrix} \right\} \left\{ \begin{matrix} x_1 & x_2 \cdots x_i \cdots x_{4n^2} \\ 1 & 1 & 1 & 1 \end{matrix} \right\}^T = \sigma^2 \left\{ \begin{matrix} \sum x_i^2 & \sum x_i \\ \sum x_i & 4n^2 \end{matrix} \right\}$$

将 $\sum m_i x_i$ 记为 ξ_1，$\sum m_i$ 记为 ξ_2，$\vec{\xi} = (\xi_1, \xi_2)$，则（$\sum m_i x_i$，$\sum m_i$）的联合概率密度记为：

$$p(\xi_1, \xi_2) = \frac{1}{(2\pi)^{\frac{2}{2}} |ABA^T|^{\frac{1}{2}}} \times \exp\left\{ -\frac{1}{2}(\vec{\xi} - A\vec{\mu})^T (ABA^T)^{-1} (\vec{\xi} - A\vec{\mu}) \right\}$$

$$= \frac{1}{4n\pi\sigma^2 \sqrt{\sum x_i^2}} \exp\left[-\frac{1}{2} \times \left(\frac{1}{\sum x_i^2 \sigma^2} \xi_1^2 + \frac{1}{4n^2 \sigma^2} (\xi_2 - 4n^2 \mu)^2 \right) \right] \quad (5-4-4)$$

根据概率论中两个随机变量商的分布公式：

设 (X, Y) 的概率密度为 $p(x, y)$，$Z = X/Y$ 的概率密度为：

$$p_Z = \int_{-\infty}^{\infty} |y| p(yz, y) dy \tag{5-4-5}$$

现在 $(\sum m_i x_i, \sum m_i)$ 的联合概率密度已知，所以按公式 (5-4-5) 是可以求出 X_c、Y_c 的概率密度的。现以 X_c 为例，计算 X_c、Y_c 的概率分布。

根据两随机变量商的概率密度公式，可知 X_c 的概率密度为：

$$p_{x_c} = \int_{-\infty}^{\infty} |y| p(yx_c, y) dy \tag{5-4-6}$$

将 $(\sum m_i x_i, \sum m_i)$ 的联合概率密度代入式 (5-4-6)，可得质心位置的分布的概率密度：

$$p_{x_c} = \int_{-\infty}^{\infty} \frac{|\xi_2^2|}{4n\pi\sigma^2\sqrt{\sum x_i^2}} \exp\left\{-\frac{1}{2}\left[\frac{\xi_2^2 x_c^2}{\sum x_i^2 \sigma^2} + \frac{(y - 4n^2\mu)^2}{4n^2\sigma^2}\right]\right\} d\xi_2$$

$$= \lim_{n \to +\infty} \int_{-\infty}^{+\infty} \frac{4n^2 g |\xi_2|}{\pi \cdot 0.074 \cdot G_k \cdot S \sqrt{\frac{l_x^2}{12}(4n^2 - 1)}}$$

$$\exp\left\{-\frac{1}{2} \cdot \left[\frac{4n^2 \cdot g}{\frac{l_x^2}{12}(4n^2-1) \cdot 0.074 G_k \cdot S} \cdot X_c^2 \xi_2^2 + \frac{4n^2 \cdot g}{4n^2 \cdot 0.074 G_k \cdot S} \cdot (\xi_2 - 4n^2\mu)^2\right]\right\} d\xi_2$$

通过此公式即可利用数值积分得出质心在各点分布的概率，从而求出质心在 $(0, 0.05l)$ 以及 $(0.05l, 0.1l)$ 范围内分布的概率，为结构计算时考虑偶然偏心提供数学上的理论依据。

质心在 $(0, 0.05l)$ 以及 $(0.05l, 0.1l)$ 范围内分布的概率可通过式 (5-4-7) 和式 (5-4-8) 得出。

$$P(0 < x_c < 0.05l) = \int_0^{0.05l} p_{x_c} dx_c \tag{5-4-7}$$

$$P(0.05l < x_c < 0.1l) = \int_{0.05l}^{0.1l} p_{x_c} dx_c \tag{5-4-8}$$

数值积分可通过变步长二重辛卜生法则实现，这是比较成熟的积分法，并通过实例计算验证，可以用来积分计算。

经计算后得出，质心在 $(0, 0.05l)$ 范围内分布的概率为 44.05%，质心在 $(0.05l, 0.1l)$ 范围内分布的概率为 5.11%，也就是，质心在 $(-0.05l, 0.05l)$ 范围内分布的概率为 88.1%，质心在 $(-0.1l, -0.05l) \cup (0.05l, 0.1l)$ 范围内分布的概率为 10.22%。当考虑偶然偏心时，将偶然偏心取垂直于地震作用方向的边长的 0.05 倍，具有一定的保证率。在以下的计算分析中，取 $0.05l$ 作为偶然偏心的数学期望值。

三、偶然偏心的计算分析

既然偶然偏心是不可避免的，那么偶然偏心的影响有多大，在抗震设计中应怎样考虑，各种结构形式在水平地震作用下由偶然偏心所引起的扭转效应到底有什么不同，哪一种结构形式对偶然偏心更为敏感？就这些问题，本文通过实例分析来寻求规律。计算程序采用结构计算程序 CTAB，修改其质心位置来模拟实际的偶然偏心情况。质心移动后，与不考虑偶然偏心的结构同样经过 CTAB 计算，将得到的结果进行对比，以得到考虑偶然偏心与不考虑偶然偏心的位移增大幅度。我们所对比的是各结构顶层四个角点的位移增量,这样可以充分体现结构扭转效应的变化。

由于结构的各种因素对偶然偏心的敏感程度可能不一样,这里主要考虑以下几种情况:① 考察各种结构,在周期、刚度和结构层数都不变,质心位置在偏离 $0.05l$ 处左右随机变化的情况下,到底质心位置在什么位置上引起的增量最大;② 周期、结构层数不变的情况下,只有抗扭刚度变化,考察不同的抗扭刚度对偶然偏心的敏感程度;③ 周期、抗侧移刚度、抗扭刚度不变,结构层数变化时,结构对偶然偏心的敏感程度;④ 结构平面尺寸的影响。

1. 偶然偏心位置随机性的影响

首先模拟的情况是,周期、结构刚度等因素不变,只改变质心的偏心位置,质心位置在以 $\pm 0.05l$ 为均值的周围随机分布,对不同结构形式,不同的层高,分别作了计算分析。

由于扭转计算的特殊性,当各层质心在同一方向偏移到最大,不一定得到最大的位移增量。实际上各层质心的偏心方向与偏心的大小不可能一样,也就是在同一方向上,偏心的大小达到同样数值的概率很小。为了与实际情况更加接近,这里编制了一个小程序,将 CTAB 的输入文件 Loads.cta 略加修改,使质心位置 (X_c, Y_c) 的分布在以 $\pm 0.05l$ 为均值的附近(示意图见图 5-4-1),具体步骤见图 5-4-2。

通过多次取随机数,以取得多种不同的质心位置,进行同样的计算,同样进行考虑偏心与不考虑偏心的位移结果对比,之后统计各种质心位置不同时位移计算结果的数据,与质心位置固定在 $\pm 0.05l$ 时的位移增大量进行对比。

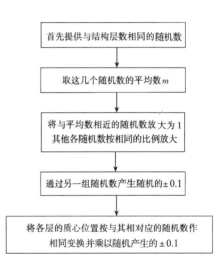

图 5-4-2 计算流程

通过计算,各种结构形式对偶然偏心的敏感程度,及质心位置是在 $0.05l$ 处随机分布的情况下,与质心位置固定在 $0.05l$ 处时,地震作用下结构顶点的位移比较可以很容易看出来。长方形框架结构与长方形框架-剪力墙结构对偶然偏心的敏感程度较高。

位移增大幅度对比表   表 5-4-1

结构形式 \ 质心位置	布置在 $0.05l$ 处	随机布置时的最大值	随机布置时的平均值
框架正方形	14.00%	19.5%	13.9%
框架长方形 ($l/b=2$)	25.36%	32.11%	26.01
框剪正方形	8.93%	14.60%	9.02%
框剪长方形 ($l/b=2$)	20.80%	30.03%	19.6%

2. 抗扭刚度对偶然偏心的敏感程度

为了考虑结构的抗扭刚度的影响。在保证抗侧移刚度不变的情况下，移动剪力墙等抗侧力构件的位置，改变其与质心位置间的距离，这样就改变了抗扭刚度。

根据抗扭刚度公式

$$K_\vartheta = \sum_i k_{yi} x_i^2 + \sum_i k_{xi} y_i^2 \tag{5-4-9}$$

当剪力墙等抗侧力构件距离质心位置近时，抗扭刚度减少，当剪力墙等抗侧力构件远离质心位置时，抗扭刚度增大。

实际计算中，采用图 5-4-3 的方法，由（a）～（e）改变抗扭刚度。同时，侧向刚度基本没有改变。

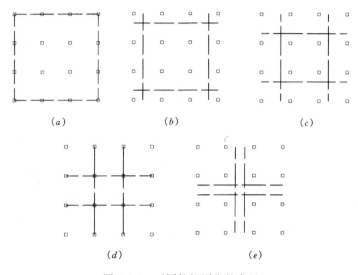

图 5-4-3 不同抗扭刚度的布置

计算结果如图 5-4-4 所示，抗扭刚度变小后，偶然偏心的影响明显增大。当剪力墙布置在四周的情况下，抗抗扭刚度大时，偶然偏心的影响不大，扭转周期与侧向周期的比不超过 0.6 时，位移增大幅度没有超过 1.10，也就是说，结构边缘点的位移增大幅度没有超过 10%；当周期比超过 0.6 时，位移增大幅度曲线有迅速的增加，当周期比超过 0.9 时，位移增大幅度超过 1.20，周期比在 1.3 左右，位移增大幅度达到最大点，在 1.25 左右。

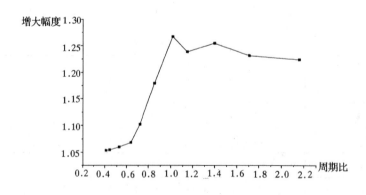

图 5-4-4 抗扭刚度影响

可见为避免偶然偏心的影响，可加大抗扭刚度，将剪力墙布置在结构四周。对于内筒-外框架结构，需加强边柱，以提高边柱在偶然偏心引起的扭转情况下抗剪能力。

3. 结构层数对偶然偏心的敏感程度

这里主要考察在抗侧移刚度一致的情况下，结构层数变化的时候，结构对偶然偏心的敏感程度；同时也比较了对于结构层数不同，但各层的抗侧力构件与质量均相同的情况下，结构对偶然偏心的敏感程度。

如图 5-4-3（a）所示的平面结构，选择从 4～14 层的变化，也就是计算结构层数不同的 11 个结构。通过改变各结构各层的质量，以使各个结构的周期相同。通过对比顶点位移的位移增量，可以分析结构层数对偶然偏心的影响（见图 5-4-5）。

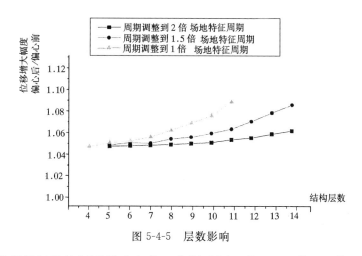

图 5-4-5　层数影响

参考周期是根据场地特征周期确定的，分别采用 1 倍、1.5 倍、2 倍的场地特征周期来分析，场地类别均为Ⅱ类。从图 5-4-5 中可以看出，结构层数增加后，由于偶然偏心而引起的位移增大幅度也相应的增加，但增加的幅度不大，不同层数的结构之间差距没有超过 10%。当参考周期相对较短时，增大得较为迅速，而参考周期相对较长时，增大得较为平缓。

4. 结构尺寸对偶然偏心的敏感程度

结构尺寸的不同，对于偶然偏心的敏感程度是不同的，而且变化的幅度相差较为明显。在本节里主要对比了框架和框剪结构的结构尺寸的敏感程度。对比方法主要是，改变结构的长宽比值，以考察不同的结构尺寸的影响（见图 5-4-6）。

在实例的计算中，结构尺寸的变化如图 5-4-6（a）～（e）。l/b 取从 1.0 到 5.0 的 9 种变化，框剪结构的剪力墙布置分还几种情况，1）剪力墙位置固定在结构平面中部对称位置，以保证抗扭刚度基本一致；2）剪力墙布置在结构平面的最外侧；3）随着结构长度的增加，增加剪力墙的数量。

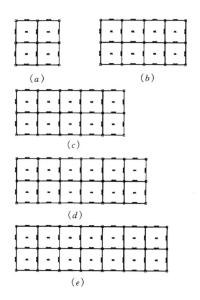

图 5-4-6　不同尺寸布置

由图 5-4-7 可以看出，所有计算结构的结果都显示，长宽比增大时，由偶然偏心引起的位移增大幅度都有明显的增大。其中以框架结构与剪力墙布置位置 1 的增大现象最为显著，剪力墙布置位置 3 增长的较为缓慢。纯框架结构，当长宽比超过 2.5 时，位移的增大幅度超过了 30%，当长宽比为 5.0 时，位移增大幅度已超过 40%，可见长宽比对于框架结构的偶然偏心的影响是很明显的；对于布置有剪力墙的几种情况，可以看出剪力墙布置在最外侧时，偶然偏心所引起的增大的幅度明显低于其他几种情况。剪力墙布置位置 1 将剪力墙布置在靠近结构中心位置，抗扭刚度随着结构长宽比值的加大与侧向刚度的比值明显减少，也就是扭转周期与侧向周期的比值迅速加大，如前所论述的那样，周期比加大，偶然偏心所引起的位移增大幅度也加大。

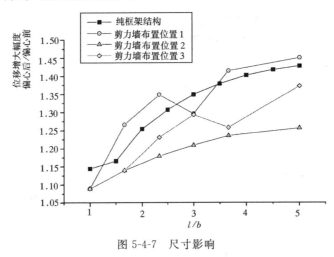

图 5-4-7 尺寸影响

以上为地震力垂直于长边时的统计结果，当地震力垂直于短边时，偶然偏心导致的位移增大量很小，没有超过 5%。

四、偶然偏心引起的地震扭转效应的统计规律

通过对大量实际算例的总结，分析了各种因素对偶然偏心的不同敏感程度，得出以下规律：

1. 在计算结构地震作用效应时，需要考虑偶然偏心的影响

在进行大量的实例计算后，可以看出偶然偏心所引起的地震扭转效应是不能忽视的。从所计算的数据上看，即使受偶然偏心影响最小的结构，其结构顶层角点的位移也要比未考虑偶然偏心时增大了 5% 左右（见图 5-4-4），而这也是多个实例计算结果的平均值，若考虑质点位置在以 $\pm 0.05l$ 为均值的附近随机分布时，其最大值要大于 5%。因此，偶然偏心所引起地震作用扭转效应的增大是应该考虑的。

2. 各结构因素对偶然偏心的敏感程度

不同的结构形式，其对于偶然偏心的敏感程度是不同的。从计算结果的比较可以看出，在各种结构因素中，结构的抗扭刚度及结构平面尺寸是两个比较重要的因素。从图 5-4-4 及图 5-4-7 可以看出，这两个结构因素产生变化时，由偶然偏心所引起的在地震作用下结构角点位移增大量也显著变化，当结构平面长宽比由 1.0 增加到 5 时，结构顶层角点的

位移增大量也从 1.10 到 1.45，而当周期比（抗扭周期/侧向周期）增大到 0.8 以后结构顶层角点的位移增大量也超过了 1.2，可见平面尺寸和抗扭刚度是影响偶然偏心所引起的地震作用扭转效应的重要因素。

结构类型的影响，如框架结构与框架-剪力墙之间的差异，可以归结为抗扭刚度的影响，框架结构的抗扭刚度要小于相同平面尺寸的框剪结构，其由偶然所引起的地震扭转增大效应也要大于框剪结构（图 5-4-7）。

其他结构因素，如结构层数的变化，对由偶然偏心所引起的地震作用的扭转效应有一定影响，但不是特别明显。

3. 由前面所计算的结果可以得出以下规律：

1）结构平面为正方形，且周期比（抗扭周期/侧向周期）$T_t/T_1 < 0.8$ 时，结构平面的角点的位移在考虑偶然偏心时要比未考虑偶然偏心增大 10% 左右；

2）当结构平面为长方形，长宽比 $2 < l/b < 3$ 时，或正方形平面周期比 $T_t/T_1 > 0.8$ 时，结构平面的角点位移考虑偶然偏心时要比未考虑偶然偏心增大 30% 左右；

3）当结构平面的长宽比 $l/b > 3$，结构平面的角点位移考虑偶然偏心时要比未考虑偶然偏心增大 35%～45% 左右。

五、结　　论

通过上述大量算例的计算和分析，可以得出以下结论：

1. 计算结构地震作用效应时，需要考虑偶然偏心的影响；

2. 结构楼层实际的质心位置并不是位于理论计算处，按楼层边长的 5% 考虑，具有接近 90% 的保证率；

3. 结构的抗扭刚度及结构平面尺寸，是对偶然偏心敏感的两个结构因素，这两个结构因素变化时，由偶然偏心所引起的地震扭转效应的增大量也相应的迅速变化；

4. 工程上可采用下列简化的方法估计偶然偏心引起的地震效应：一般的正方形结构，边榀的地震效应至少乘以一个 1.1 的放大系数；长宽比小于 2 的矩形结构，短边边榀的地震效应至少乘以一个 1.15 的放大系数，长边边榀的地震效应乘以一个 1.05 的放大系数；长宽比大于 2 的矩形结构的短边以及抗扭刚度较小的结构，边榀抗侧力结构宜乘以一个 1.4 左右的放大系数。

参　考　文　献

[1] 胡聿贤. 地震工程学. 北京：地震出版社
[2] 中华人民共和国国家标准. 建筑抗震设计规范　GBJ 11—89
[3] 中华人民共和国行业标准. 钢筋混凝土高层建筑结构设计与施工规程　JGJ 3—91
[4] Regulations for Seismic Design A World List - 1996. International Association for Earthquake Engineering
[5] 徐培福，黄吉锋，韦承基. 高层建筑结构在地震作用下的扭转振动效应. 建筑科学，第 16 卷第 1 期，2000 年 2 月
[6] 高振世，朱继澄，唐九如等. 建筑结构抗震设计. 北京：中国建筑工业出版社
[7] T. 鲍雷 M. J. N. 普里斯特利. 钢筋混凝土和砌体结构的抗震设计. 北京：中国建筑工业出版社

[8] J. C. De La Llera and A. K. Chopra. Using Accidental Eccentricity In Code-specified Static and Dynamic Analyses of Buildings. Earthquake eng. Struct. dyn. vol 23，947-967（1994）

[9] J. C. De La Llera and A. K. Chopra. Estimation of Accidental Torsion Effects for Seismic Design of Buildings. Journal of Structural Engineering, vol. 121,（1995）

[10] 李宏南. 结构多维抗震理论与设计方法. 北京：科学出版社

[11] C. M. Wang and W. K. Tso. Evaluation of Seismic Torsional Provisions in Uniform Building Code. Journal of structural Engineering，Oct. 1995

[12] Anil K，Goel，Rakesh K. Evaluation of torsional provisions in seismic codes. Journal of Structural Engineering v 117 n 12 Dec 1991

[13] 杨鉴，魏琏. 高层建筑扭转耦连自由振动的计算. 建筑结构学报，6 期，1985

[14] 魏琏，杨鉴. 高层建筑扭转振动时的地震力及振型组合. 第三届国际高层建筑会议论文集，1984

[15] 复杂高层建筑设计计算程序 CTAB v1.2 技术手册. 1997

（中国建筑科学研究院　孙建华　戴国莹　沙安）

5.5 基于概率的构件抗震验算表达式

一、前　言

2001 年版抗震设计规范的构件截面抗震验算表达式与 89 年版相同，这里摘录修订 89 抗震规范时的有关研究成果，以便不熟悉该表达式的设计人员有所了解。

建筑结构以概率可靠度为基础的极限状态设计方法的研究和运用不断深入，我国在《建筑结构设计统一标准》GBJ 68—84 编制时，对承受直接作用（荷载）的结构构件承载能力的可靠度进行了分析，给出了以概率为基础的多系数设计表达式，但尚未对间接作用——地震作用做相应的研究分析。

众所周知，比起直接作用，地震在时间、空间和强度上的随机性是极为显著的，而且结构所承受的地震作用还直接依赖于结构本身的重力荷载、刚度等特性。在强烈地震中，结构进入弹塑性工作状态，其承载能力并不存在安全储备，从根本上说，结构的抗震安全性是变形能力的安全储备问题。因而在结构抗震设计中如何进行概率可靠度分析，是十分复杂的。

根据我国许多地区发生不同烈度地震的概率分析和统计，89 抗震规范采用二阶段设计的方法，把"小震不坏，大震不倒"的抗震设计原则具体化。本文着重依据建立直接作用（荷载）设计表达式的基本原则，讨论第一阶段抗震设计的构件截面验算问题，即在各地设防烈度所对应的多遇地震下，结构构件承载能力的可靠指标及其验算表达式。这个讨论将涉及以下诸方面：

（1）多遇地震下结构所受地震作用的概率模型和统计参数；

（2）结构抗震可靠度的特点和 TJ 11—78 抗震规范在多遇地震下的可靠度水准；

（3）抗震截面验算表达式中的地震作用分项系数、荷载效应组合和抗力分项系数。

二、确定设计表达式的一般方法

结构的概率极限状态设计法是以结构满足预定功能要求的最经济的极限状态作为依据的设计方法。它将结构的可靠性（安全性、适用性和耐久性）视为结构具有规定功能的能

5.5 基于概率的构件抗震验算表达式

力,并用概率来度量。考虑到人们的习惯,这种方法将结构的极限状态方程转化为以各基本变量标准值(标准荷载、标准强度等)和分项系数(荷载分项系数、强度分项系数等)形式表示的极限状态设计表达式。这也是第一阶段抗震设计确定截面验算表达式的基本方法。其基本步骤可简单归纳为如下四个步骤(详见文献[1]):

第一步,通过统计分析,建立基本变量的概率模型和统计参数。《建筑结构设计统一标准》规定,恒载是正态分布,活、风、雪荷载是极值Ⅰ型分布,构件抗力(如材料强度等)服从对数正态分布。统计参数即基本变量的平均值和方差,通常以均值系数 μ 和变异系数 δ 表示。

第二步,用可靠指标 β 来度量构件可靠度的概率。考虑到规范的延续性,现阶段拟通过对 78 规范设计构件所具有的可靠度的反演计算和综合分析,确定今后设计的"目标可靠指标"。

78 规范的承载力极限状态表达式可写为

$$K(S_G + S_Q)_k = R_k \tag{5-5-1}$$

式中,K 为 78 规范的安全系数;$(S_G + S_Q)_k$ 表示按 78 规范标准值计算的恒荷载和各种荷载(如活荷载或地震作用)的荷载效应;R_k 为按 78 规范标准值和计算公式求得的构件抗力(习称强度值)。

根据各种荷载、抗力的概率模型和统计参数,考虑 $\rho = (S_Q/S_G)_k$ 的各种不同比值,用一次二阶矩方法,按图 5-5-1 所示的框图由电子计算机求得"验算点"的可靠指标 β 值;再取不同的 ρ 值对应的 β 值的平均值作为"目标可靠指标"。对于直接作用,此值约 3.3。

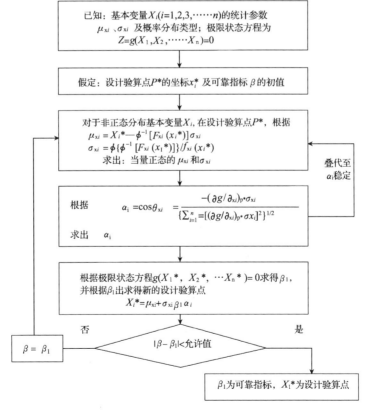

$\Phi^{-1}(\cdot)$ 为标准正态分布的反函数,$\Phi(\cdot)$ 为标准正态概率密度函数

图 5-5-1 可靠指标计算流程

这样得到的"目标可靠指标 β^*",其实质是从总体上继承了现有设计的可靠度水准。

第三步,按目标可靠度,用最小二乘法确定荷载分项系数和抗力分项系数。在规定了各种基本变量标准值的前提下,永久荷载标准值效应 S_{Gk} 和某个可变荷载标准值效应 S_{Qk} 的若干种简单组合如下式:

$$R_k = \gamma_R(\gamma_G S_{Gk} + \gamma_Q S_{Qk}) \tag{5-5-2}$$

选取一组分项系数(γ_G、γ_Q、γ_R),使按式(5-5-2)设计的各种构件所具有的可靠指标,与目标可靠指标 β^* 之间在总体上误差最小,即满足式(5-5-3)为最小的一组分项系数:

$$I = \sum \sum \{1 - R_{kij}/R^*_{kij}\}^2 \tag{5-5-3}$$

式中,R^*_{kij} 和 R_{kij} 为 j 种荷载效应比值(ρ_j)下,分别按目标可靠指标 β^* 和按式(5-5-2)得到的构件抗力(承载力)标准值。

注意到有着相同可靠指标 β^* 的构件,由于效应比值 ρ_j 不同,分项系数有所变化,工程实用的最佳分项系数须要对不同构件的永久荷载、可变荷载的分项系数取定值,对不同的构件的抗力分项系数取不同的定值。据此,《统一标准》规定,永久荷载分项系数 γ_G 取 1.2,其他可变荷载的分项系数 γ_Q 取 1.4。对直接作用,各种构件的抗力分项系数 γ_R,则在选择最佳的永久、可变荷载分项系数的过程中,对三种不同的简单荷载效应组合($S_G + S_{L1}$;$S_Q + S_{L2}$;$S_G + S_W$)按式(5-5-4)求得:

$$\gamma_{Ri} = \sum R^*_{kij} S_j / \sum S_j$$
$$S_j = \gamma_G (S_{Gk})_j + \gamma_Q (S_{Qk})_j \tag{5-5-4}$$

式中的 $\sum$,系对三种荷载 n 个 ρ_j 值的全部($3n$ 个)求和。

后来,一些设计规范又做了进一步简化,将直接作用(即荷载)下构件抗力分项系数 γ_R 转化为构件抗力函数表达式中的材料分项系数,隐含在材料设计值 f_d 中而不用材料标准值 f_k 表示;相应地,抗力函数表达式中的抗力标准值 R_k 也改为抗力设计值 R_d。

第四步,确定多个可变荷载同时作用的组合值系数。当结构同时承受多种可变作用时,由于各种可变作用不可能同时以其设计基准期内的最大值(设计表达式中以标准值代表)出现,需考虑其组合值问题,即几种随机过程叠加后的统计特性问题。

对于可变直接作用的组合,《统一标准》采用了 JCSS 建议的平稳二项随机过程近似组合概率模型,并结合工程经验判断,引入组合值系数 ψ_c,使按表达式设计的构件所具有的可靠指标,与在上述第三步的一种可变荷载简单组合情况下的可靠指标有最佳的一致性。其中,风荷载与其他可变荷载相组合的条件,则沿用荷载规范(TJ 9—74)的规定。

以下将针对地震作用的特点予以讨论,而与基本步骤相同的计算过程则从略。

三、多遇地震作用和构件抗震抗力的统计特性

根据我国许多地区发生不同烈度地震的概率统计分析,在我国各地,与设防烈度所对应的多遇地震在 50 年内发生的超越概率为 63.2%,其重现期约 50 年,比荷载规范风、雪荷载取值的重现期 30 年要长些。因此,把这样大小的地震视为一种可变作用是较为合理的。抗震设计时第一阶段的抗震验算,即是在这样大小地震作用下的验算。

1. 结构所受多遇地震作用的统计特性

结构承受的总地震作用,通常可用底部剪力表示,即

$$V_E = \alpha G_{eq} \tag{5-5-5}$$

式中，α—地震影响系数；G_{eq}—等效总重力荷载。因此，地震作用依赖于地震强弱、反应谱动力系数和结构的重力荷载。

通常认为，在50年的设计基准期内，结构承受地震作用可用极值Ⅱ型表示：

$$F_{\text{II}}(V) = \exp\{-(V_0/V_m)^{-\lambda}\} \tag{5-5-6}$$

式中 V_0—结构在基本烈度下的基底剪力值；

V_m—极值分布的众值，取 $V_m = 0.4V_0$；由于众值烈度的 α_m 为基本烈度 α_0 的 0.34 倍，等效总重力荷载为 $0.85G_K$，故 $V_m = 0.4V_0$；

λ—形状参数，取 2.3~2.4（7、8、9度不同）。

结构底部剪力 V_0 的平均值 μ_v 和变异系数 δ_v 都是结构周期、阻尼、重力荷载以及反应谱的函数。其中，反应谱的离散性需要采用同一个地点多次地震纪录的统计分析；由于有足够多强震记录资料的地区不多，只能借助于美国帝国山谷（El-Center）地区和我国松潘地区的分析结果。统计结果，对于基本烈度地震，均值系数 $\mu_v = 0.63$~0.61，变异系数 $\delta_v = 1.38$~1.17，随烈度的高低有所不同。

第一阶段抗震验算的地震是50年内平均出现一次的多遇地震（相当于该地区众值烈度地震），在一个地区发生某一烈度地震（例如众值烈度地震）时结构底部剪力服从极值Ⅰ型分布：

$$F_{\text{I}}(V) = \exp\{-\exp[-(V - 0.9169V_k)/0.2479V_k]\} \tag{5-5-7}$$

相应的统计参数数是：均值系数 $\mu_v = 1.06$，变异系数 $\delta_v = 0.3$。此时，均值系数和变异系数均考虑了某一具体地点、某一烈度的反应谱，结构周期、阻尼比以及等效重力荷载的影响。

2. 结构构件抗震承载力的统计特性

地震作用是一种动态的间接作用。地震时结构构件的抗力与静力作用下的抗力相比，从震害分析、振动台试验、拟动力试验和静水平力试验的资料看，严格地说二者是有区别的。粘弹性的土壤，其动载强度明显高于静载强度，砌块构件和钢筋混凝土构件也有不同程度的变化，而钢材则变化不大。由于试验资料尚不足以形成统计参数，而且迄今的抗震设计，将动态的地震作用通过反应谱转化为等效的静力后，则大多沿用构件在静力下的抗力。因此，在计算地震作用的可靠水准时，除砖结构外，构件的抗力仍沿用直接作用时的数值，直接采用《统一标准》规定的统计参数。

抗震设计规范（TJ 11-78）中，砖砌体抗震强度的取值，是编制 TJ 11-74 规范时，根据我国新疆、广东和云南四次强震中 7 度以上地震区 94 幢砖房 1946 道墙体所受剪力的反算，在求得地震作用系数的同时得到的。根据近来全国 100 多片砖砌体试验墙在反复荷载下获得的资料，与 78 规范抗震强度计算值相比，其统计参数如下：

均值系数 $\mu_R = \mu_{kP}\mu_{kM}\mu_{kA} = 1.02 \times 1.0 \times 1.0 = 1.02$ (5-5-8)

变异系数 $\delta_R = \sqrt{\delta_{kP}^2 + \delta_{kM}^2 + \delta_{kA}^2} = \sqrt{0.04^2 + 0.24^2 + 0.21^2} = 0.32$ (5-5-9)

式中，下标 kP 表示抗剪强度计算模式不定性的随机变量；下标 kM 反映砌体材料性能不定性的随机变量；下标 kA 反映构件几何参数不定性的随机变量。

砖砌体抗震的抗剪强度的概率模型仍认为属对数正态分布。

下面将与抗震可靠水准计算有关的构件抗力 R 的统计参数列于表 5-5-1：

有关构件抗力的统计参数　　　　　　　　　　　　　表 5-5-1

结构构件	受力状态	μ_R	δ_R
钢结构构件	偏心受压（A3）	1.21	0.15
薄壁型钢构件	偏心受压（16Mn）	1.20	0.15
钢筋混凝土	受弯	1.13	0.10
结构构件	大偏心受压	1.16	0.13
砖墙体	动态受剪	1.02	0.32
木结构构件	受弯	1.38	0.27

四、抗震承载能力的目标可靠指标

为了研究结构在多遇地震下承载能力的可靠度水准，我们对钢筋混凝土框架、单层厂房和带构造柱多层砖房的若干工程实例，按图 5-5-1 的框图计算了其可靠指标。

根据《统一标准》的要求，利用 TJ 11—78 抗震规范可靠度水准进行"校准"。在上述多遇地震作用和各种构件抗力的概率模型和统计参数分析基础上，获得 6 种构件在多遇地震下的承载能力可靠指标和失效概率（表 5-5-2）。其中，考虑到 78 抗震规范的结构影响系数 C 值是对基本烈度的地震而言的，计算时转换到相对于多遇地震的取值；对砖结构，不存在地震作用效应与永久荷载效应的比值 ρ 的问题，其他构件的 ρ 值范围是根据调查和分析确定的。

对于按 TJ 11—78 规范的结构在地震作用下承载能力可靠度水准的校准，发现以下诸点：

1. 按 50 年基准期内地震作用的概率模型和统计参数进行分析，则抗震规范承载能力的可靠指标是很低的，甚至是负值。这说明结构在强烈地震下不存在承载力的安全储备，完全符合抗震设计的基本思想。

多遇地震下构件可靠指标和失效概率　　　　　　　　　　　　　表 5-5-2

结构构件	受力状态	常遇 ρ 值	78 规范 K 值	平均 β 值	失效概率
钢结构构件	偏心受压	0.5～4.0	1.128	1.03	0.154
薄壁型钢构件	偏心受压	0.5～4.0	1.216	1.06	0.144
钢筋混凝土	受弯	0.25～2.5	1.12	1.20	0.113
结构构件	大偏心受压	1.0～5.0	1.24	1.66	0.048
砖墙体	动态受剪	——	2.0	2.28	0.011
木结构构件	受弯	0.25～2.0	1.509	1.89	0.039

2. 在多遇地震烈度下，各构件的可靠指标要比直接作用的可靠指标低得多。这跟 TJ 11—78 抗震规范的安全系数比一般荷载降低 20% 有关。但钢结构构件的可靠指标更偏低一些，今后设计的目标可靠指标宜适当提高，例如，取 $\beta^* = 1.5$。

3. TJ 11—78 规范对结构延性的要求，实际上是直接和 $\xi = KC$ 相对应而不是仅与 C 值对应，由于采用安全系数 K 掩盖了这个事实。现在，从多遇地震下 β 指标的差异，较真实地反映出不同构件所需的延性要求：基本上属于脆性破坏的砖墙，其承载能力的要求远大于延性结构；受弯钢筋混凝土梁的延性要求也要高于受偏压的柱子，这可使抗震设计的概念更为清楚。

五、多遇地震作用和抗力的分项系数

确定直接作用和构件抗力的分项系数的一般方法已在第二段第三步中介绍过，只要把公式（5-5-2）和（5-5-4）中的 S_{Qk} 用多遇地震作用 S_{Ek} 代替，即可对多遇地震的作用分项系数 γ_E 和构件抗力分项系数 γ_R 进行分析。

由于砖墙体抗剪强度验算中，不存在地震作用效应和永久荷载效应的比值问题，在确定地震作用分项系数时，只选择地震作用下常遇到的钢筋混凝土受弯、大偏压构件，钢结构的偏压构件和木结构的受弯构件等 6 种构件进行分析。

在分析中，首先按《统一标准》已选定的 $\gamma_G = 1.2$，对地震作用分项系数的可能取值为 $\gamma_E = 1.0$、1.1、1.2、1.3、1.4、1.5 和 1.6 共七组进行计算；然后，又估计永久荷载分项系数的可能取值为 $\gamma_G = 1.0$、1.1 和 1.3 三种可能，γ_E 仍按上述七组数据变化。两次合计共 28 组不同的取值加以综合分析，并考虑到设防烈度 7、8、9 度地震作用效应与永久荷载效应有不同的比值，确定取 $\gamma_E = 1.3$。

注意到美国 A58 标准和新西兰抗震规范等，其地震作用的分项系数也介于永久荷载和活荷载的分项系数之间，我们认为，取 $\gamma_E = 1.3$ 是可行的。

至于构件的抗震抗力分项系 γ_R，如本文第二段所述，可在选择 γ_E 的过程中同时确定。此时，公式（5-5-4）可具体化改写为：

$$\gamma_{Ri} = \sum R^*_{kij}[1.2S_G + 1.3S_E]/\sum[1.2S_G + 1.3S_E]^2 \tag{5-5-10}$$

式中，R^*_{kij} 为第 i 个构件在第 j 种作用效应比值 ρ_j 下，按第四段得到的目标可靠指标求出的构件抗力标准值；S_G、S_E 为永久荷载和多遇地震作用标准值对应的效应。

如第三段所述，在抗震截面验算中，除了砖砌体抗剪强度外，各个构件的抗力标准值均采用一般静荷载下的取值。而有关的规范已将直接作用下的抗力分项系数转化为材料分项系数，相应设计表达式中的抗力标准值 R_k 转化为抗力设计值 R_d。若抗震验算中仍采用抗力标准值，则会给设计人员增加计算工作量，为此，相应于抗力设计值的抗力分项系数可由下式计算：

$$\gamma_{RE} = \sum R^*_{dij}[1.2S_G + 1.3S_E]/\sum[1.2S_G + 1.3S_E]^2 \tag{5-5-11}$$

式中，下标 d 表示构件抗震设计值。γ_{RE} 称为构件抗力的抗震调整系数，或抗震设计抗力分项系数。

这里需要特别指出：

（1）第一阶段抗震验算的目标，除了要求结构在多遇地震下"不坏"外，还包含了大部分结构在强烈地震下所需的变形要求。由于地震下对结构构件的变形要求直接依赖于承载能力标准值而不是设计值，采用抗力标准值的验算将对第一阶段设计中隐含的变形要求有明确的概念，也为需要进行第二阶段设计（变形验算）时直接提供了计算参数。因此是比较理想的方案。

（2）如前所述，多遇地震下目标可靠指标较为真实地反映了各种不同结构的延性要求，不同材料的不同受力状态的构件，其可靠指标有较大的差异。鉴于直接作用下构件的可靠指标之间几乎没有差异（除了钢筋混凝土和砖石的受剪构件为 3.7 外，其余构件均为 3.2），由抗震的可靠指标对应于一般构件抗力设计值得到的抗震设计抗力分项系数（或抗震调整系数）就有较大的差异，不可能统一为相同的数值。

六、多遇地震下其他可变荷载的组合

多遇地震作用效应和其他可变荷载效应的组合问题，是寻求多种不同的随机过程叠加后的统计特性问题。目前，《统一标准》对一般可变荷载采用了平稳二项随机过程的 JCSS 建议的近似组合概率模型，而通常认为地震作用比较符合泊松随机过程的概率模型。从统计学的观点，对地震作用和其他可变荷载组合的统计规律的研究尚不充分。我们发现，《统一标准》中，可变的直接作用的任意时点的概率分布是年的最大分布，当地震作用是主要作用时，用 JJJS 方法和 Turkstra 方法没有多大差别，而后者较符合地震作用随机性强持续时间短的特点，故采用 Turkstra 方法及泊松过程的概率模型进行了分析，并按《统一标推》的方法，对 G+L+E，G+E+W 及 G+E+S 进行计算，此时荷载 L、W 和 S 取任意时点的效应值。

参考计算结果，并依靠工程经验的判断，建议用《统一标准》处理风荷载和其他可变荷载相组合的方式，沿用 TJ 11—78 抗震规范的规定，但对某些活荷载的组合值系数适当调整。

需要指出的是：地震作用是一种间接作用，地震作用和其他可变荷载的组合有自己的特点。在计算地震作用时，必须考虑发生地震时永久荷载和其他重力荷载的组合问题；在计算地震作用效应时，除了上述组合外，还需考虑和风荷载效应的组合，二者都同样是多个随机过程的叠加问题。在 TJ 11—74 和 TJ 11—78 规范中，已经考虑了地震与风荷载遇合的可能性做相应的处理，在计算地震作用及验算地震效应时，对重力荷载取同样的组合值系数，89 规范仍可采用同样的方法处理。于是，在计算地震作用时，将永久荷载和其他重力荷载的组合称为重力荷载代表值，基本上沿用 TJ 11—78 规范规定的组合值；在验算地震作用效应时，直接采用重力荷载代表值的效应，不再重复考虑永久荷载效应和其他重力荷载效应的组合，仅对高耸结构等考虑风荷载的组合系数，取 $\psi_w = 0.20$。

七、验算表达式

综上所述，我们根据第一阶段抗震设计的特点，分析讨论了在各设防烈度对应的多遇地震作用下结构承载能力极限状态设计方法，获得 TJ 11—78 规范设计构件的可靠度水准。在确定了基本变量标准值、组合值和分项系数的基础上，可得到 89 规范所采用的简化的截面验算表达式，从而把第一阶段抗震设计初步建立在概率可靠度理论基础上：

$$1.2 S_{GE} + 1.3 S_E + 1.4 \psi_w S_{wk} \leqslant R_d / \gamma_{RE} \qquad (5\text{-}5\text{-}12)$$

式中 S_{GE}——结构构件重力荷载代表值，包括永久荷载标准值和其他重力荷载组合值，的荷载效应；

S_E——多遇地震作用标准值的效应,考虑到结构抗震计算模型的简化等因素,需要乘以必要的"效应调整系数";

S_{wk}——风荷载标准值的效应;

R_d——构件承载力设计值;

γ_{RE}——承载力设计值的分项系数,即89规范和2001规范的承载力抗震调整系数。

参 考 资 料

[1] 建筑结构设计统一标准 GBJ 68—84
[2] 魏琏,高小旺,韦承基. 地震作用下结构可靠度的计算方法. 中国建筑科学研究院研究报告,1984
[3] 鲍霭斌,李中锡,高小旺,周锡元. 用地震危险性分析方法评价我国部分地区基本烈度的发生概率. 地震学报,1期,1985
[4] 高小旺,鲍霭斌. 地震荷载的概率模型及其统计参数. 地震工程与工程振动,1期,1985
[5] 刘恢先. 修订我国烈度表的一个建议方案. 中国科学院工程力学所地震工程研究报告集,第四集,1981
[6] 高小旺,周炳章,李松波,古德雨. 多层砖房的抗震可靠度. 建筑结构,2期,1986.
[7] 吴育才,高小旺,张琪. 单层工业厂房的可靠度分析. 建研院、机械部设计研究总院研究报告,1984
[8] 高小旺,鲍霭斌. 用概率方法确定抗震设防水准. 建筑结构学报,2期,1986
[9] Development of a probability based load criterion for America national standard,A58
[10] International system of untied standard codes of practice for structures,Vol. 1 (J.C.S.S)
[11] 《砖石结构设计规范》修订组. 砌体强度的变异系数和抗力分项系数. 建筑结构,1期,1984

(中国建筑科学研究院　高小旺　韦承基　戴国莹)

5.6　建筑结构抗震变形验算限值

5.6.1　层间弹性位移角限值

一、前　言

最近几年,基于建筑行为的抗震设计思想(Performance-Based Seismic Design)受到了世界各国学者的广泛关注[1][2][3]。从各国抗震设计规范修订的动向看,比如,美国的 SEAOC Vision 2000[2] 和日本的新建筑结构设计系统发展计划(Development of New Structural Design System For Building, April 1995-March 1998)[3],可以说 PBSD 是 21 世纪世界建筑抗震设计的大潮流。由于建筑的行为水准(Performance Level or Damage Level)与结构变形的关系比其与受力的关系更加密切。比如,钢筋的受拉断裂主要是受其极限拉应变控制,约束混凝土的受压破坏主要受其极限压应变控制,墙板的开裂可以根据其横向位移角的大小来控制等等,并且钢筋混凝土构件屈服后的抗剪强度与构件的变形也有很大的关系,也就是说建筑结构在设计地面运动下的变形值一般可以很好地体现建筑结构的行为水平。可以认为建筑行为的抗震设计最终应归结为结构变形抗震设计。基于结构变形的抗震设计的两个最主要任务是如何合理计算结构在给定地震运动下的位移反应和确定实现预定建筑功能的结构变形容许值。本文讨论的主要是上述的第二个问题,即我国 89 规范中层间位移角容许值存在的问题及修订的对策。

二、对层间弹性位移角容许值 $[\theta_e]$ 取值的一些看法

验算小震(50 年内超越概率为 63.2%)下结构的层间弹性位移是为了实现第一水准的抗震设防要求[4],即在这种频度高而强度低的地震作用下,要求建筑能完全履行其设计功能,结构及非结构构件不受损坏或只是受到轻微损坏。因此,层间弹性位移角容许值的取值应以控制非结构构件的损坏程度和主要结构构件的开裂为依据。我们经过以下几个方面的分析后认为,我国 89 建筑抗震设计规范所规定的 $[\theta_e]$ 值偏大。

1. 试验中所测定的构件的开裂位移角均比规范所规定的 $[\theta_e]$ 值小

我国在 20 世纪 80 年代进行过几十榀填充墙框架的试验研究[5],试验中量测的填充墙框架几个特征点的平均层间位移角如表 5-6-1 所示。根据文献[5]统计结果,墙面初裂时的层间位移角:无洞填充墙框架为 1/2500,开洞填充墙框架为 1/926。文献[5]所建议的"小震"抗震变形验算限值为 1/500 是以墙面裂缝连通时的侧移角为依据的。当时他们所指的"小震"("有的国家规范中将这样的地震称为中震"[5])其实就是我国 89 建筑抗震设计规范所规定的"中震"。从表 5-6-1 可以看出,在墙面裂缝连通时,填充墙框架梁柱的某些截面可能已达到屈服状态。89 规范以 1/500 这个适合于中震的限值来验算小震下的变形是不合理的。

填充墙框架若干主要特征点的平均变形值 ($\Delta/h \times 1000$) 表 5-6-1

变形特征	墙面初裂	柱子初裂	裂缝连贯	柱铰出现	屈服变形	极限变形
实体	0.40	1.42	2.68	4.03	10.01	29.39
开洞	1.08	2.53	4.31	6.72	13.02	39.14

框架-抗震墙结构的 $[\theta_e]$ 取值也同样偏大。作者曾对 10 榀抗震墙进行了试验研究,试验中量测的墙面开裂时的层间位移角为 $(0.42 \sim 0.89) \times 10^{-3}$。日本学者广泽雅也利用大量的试验数据(175 个试件)对抗震墙的变形进行了统计分析。统计结果表明抗震墙开裂位移角主要分布在 $(0.30 \sim 0.90) \times 10^{-3}$ 范围。根据试验结果,如果以控制抗震墙开裂为 $[\theta_e]$ 的取值标准,抗震墙的层间弹性位移角限值应该是 1/1600(取平均值)。可见规范给定的 1/650~1/800 限值是偏大了。

2. 有限元分析的结果也表明规范所规定的 $[\theta_e]$ 偏大

本文利用结构分析软件 SAP84(Version 4.0,1994),采用平面应力九节点单元对 RC 抗震墙、填充墙框架及纯框架在多种受力状态下的应力分布及变形进行了弹性分析计算。计算模型及结果如下。

(1)剪力墙楼层单元的平面应力有限元分析

剪力墙单元的计算模型如图 5-6-1 所示。墙顶面的荷载为模拟楼层界面处的内力。

计算中采用了多种荷载组合的目的,除了用于模拟处于不同高度的楼层外,更主要是为了寻找不同受力状态下带边柱剪力墙开裂时的最大侧移角。计算中混凝土采用 C30,弹性模量取 $E=0.85E_c$,泊松比 $\nu=0.2$,剪切模量 $G=E/2(1+\nu)$。由于小震下的变形验算属于正常使用状态的验算,用于混凝土开裂判断的抗拉强度采用其标准值(取 $f_{tk}=0.23(f_{cu})^{2/3}$,C30 混凝土的抗拉强度标准值 $f_{tk}=2.22\text{MPa}$)。当剪力墙边柱或墙板混凝土的最大主拉应力大于其抗拉强度标准值时就认为该剪力墙已开裂,对应的侧移角为其开裂侧移角。计算的主要结果如表 5-6-2 所示。通过分析可以归纳出以下几个特征:带边柱剪力墙的开裂侧移角为 $(0.25\sim0.4)\times10^{-3}$;增大竖向压力可以在一定程度延缓墙体裂缝的发生;楼层受到的弯矩作用主要产生楼层沿竖向的拉压转动,对水平侧移的贡献不大。

带边柱剪力墙楼层单元的计算结果 表 5-6-2

模型号	荷载 (kN, kN·m)			边缘构件应力最大值 (MPa)		墙板最大主拉应力 (MPa)		计算侧移角 $\delta=\Delta/h\times10^{-3}$		备注
	N	V	M	受拉侧	受压侧	σ_1	θ(度)	平均值	最大值	
WA1	4000	2000		0.58	−7.30	1.32	29	0.20	0.23	未开裂
WA2	4000	3000		2.39	−9.23	2.17	35	0.29	0.33	柱板均初裂
WA3	6000	3000		0.86	— 10.96	1.98	30	0.29	0.34	临近开裂
WA4	8000	4000		1.15	−14.6	2.60	30	0.39	0.46	开裂、轴压很高
WB1	4000	1000	13200	3.97	−10.9	2.70	47	0.25	0.29	严重开裂
WB2	5000	1000	13200	2.40	−11.8	2.40	41	0.25	0.29	开裂
WB3	6000	500	12200	0.58	−10.9	1.64	33	0.17	0.23	未开裂
WB4	6000	500	17800	2.44	−12.84	2.51	45	0.22	0.27	开裂
WB5	10000	1000	24400	2.75	−20.0	2.99	47	0.34	0.43	开裂、压坏

上述弹性有限元计算的结果接近试验量测值($(0.30\sim0.90)\times10^{-3}$)的低限,主要是因为:① 当肉眼观测到裂缝时,墙体的裂缝实际上已经有了一定的开展;② 严格地讲,混凝土是弹塑性体,弹性计算值必然会比实际量测值小。

(2) 框架及填充墙框架楼层单元的平面应力有限元分析

框架楼层单元的计算模型如图 5-6-2 所示。除了填充墙外,框架的材料及计算参数均同前述的剪力墙。主要计算结果如表 5-6-3 所示。通过对计算结果的分析可以总结以下几点:① 填充墙框架的开裂侧移角比纯框架的开裂侧移角小许多。比较 FS1 与 FS2 可知,由于填充墙的存在大大地提高了楼层的抗侧移刚度,因而可以大大减少楼层的弹性侧移,但是由于填充墙灰缝的抗裂强度很低,因此在很小的侧移角下就会开裂(本算例 $\delta=1/1560$ 时就已经普遍开裂);② 增大柱子的轴向压力可以在一定程度上提高层间开裂位移,但轴向压力的增加必须受到混凝土抗压强度的限制(算例 FS7 的最大主压应力达到了 14.5MPa);③ 填充墙框架的计算开裂侧移角平均约为 1/2000;纯框架的计算开裂侧移角平均约为 1/800。

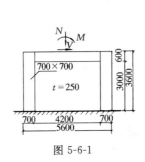
图 5-6-1

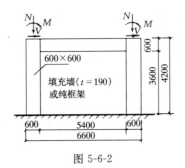
图 5-6-2

框架楼层单元的计算结果　　　　　　　　　　　　表 5-6-3

模型号	荷载 (kN, kN·m) N　V　M	柱主拉应力 (MPa) 受拉　受压	梁主拉应力 (MPa)	侧移角 $\delta=\Delta/h$ (10^{-3})	备　注
FS1	1000　200　320	0.67～5.69	5.06	0.64	带填充墙，墙板严重开裂
FS2	1000　200　320	6.40～11.9	14.0	2.36	与 FS1 比较
FS3	1000　100　160	4.46～6.80	7.52	1.26	梁柱均已严重开裂
FS4	1000　100	1.18～6.69	2.60	0.89	梁裂，柱未开裂
FS5	1500　150	1.77～10.0	6.20	1.33	柱拉压应力均较大
FS6	1500　200	3.70～12.0	8.33	1.77	梁柱均已严重开裂
FS7	1500　150	2.20～14.5	6.77	1.72	柱截面减为 400，开裂
FS8	1500　180	2.90～11.2	7.50	1.58	开裂已较严重

三、我国规范限值与国际上主要抗震设计规范规定值的差别

在讨论我国 89 规范的层间弹性侧移角限值是否偏大时，经常有人会说我国的限值已经比美国、欧洲以及日本的要求严格许多，没有必要再进一步调小。这种说法其实是对这些国家的抗震设防标准以及抗震设计方法缺少全面理解所造成的。

虽然美国地震工程界不断地强调必须根据预估地震的不同危险水平对建筑结构进行多水准的抗震设防，但美国的现行抗震设计规范（UBC—94 和 SEAOC BLUE BOOK—1990）仍然是采用单水准的抗震设计方法[2][6]。大多数的美国抗震规范都明确表示他们提供的抗震设防标准是确保生命安全（Life-safe level）的最低要求，而不是确保结构免遭损坏[7]。其采用的设计地震在 50 年内的超越概率为 10%（地震的重现周期为 475 年)[2][6]，该地震的强度水平正好相当于我国规范规定的基本烈度。在这个"中震"水平的地震作用下，美国的规范允许结构进入弹塑性状态。根据这种设计原则，美国规范规定结构的设计基底剪力为按照弹性反应谱计算得到的基底剪力除以一个与结构体系数类型及其变形能力有关的结构系数 R_w。

与上述设计原则相对应，其规范规定用于设计地震下变形验算的层间位移为在设计地震作用下按照弹性分析所得到的层间弹性位移乘以 $3R_w/8$（UBC—1994）的位移增大系数以考虑塑性变形的影响。可见美国规范在设计地震下的变形验算已经是弹塑性变形验算，与我国规范小震下的弹性变形验算不同，其层间位移角容许值（1/250 or 1/200）自然会比我国规范所规定的限值大。

欧洲规范（Eurocode 8)[8]的设防标准与美国的 UBC 相似，也是采用重现周期为 475

年的地震作为设计地震，用于变形验算的层间位移也在弹性分析值的基础上乘以一个与结构的延性能力有关的位移性能系数 q_d。

日本的建筑标准法规（Buiding Standard Law of Japan 1981）采用双水准的抗震设计原则[9]。第一水准抗震设防是以中等强度地震为对象的，其对应的地表有效加速率峰大约为 80~100gal[9]。该法规规定的层间侧移角限为 1/200，目的是防止非结构构件严重破坏或脱落而可能引起疏散口堵塞或直接对人员造成伤害[9]。可见，日本建筑法规的变形验算是以安全为目标的，而我国验算"小震"作用下结构的层间弹性变形的目的是保证结构或非结构不受损坏或只受轻微损坏。由于两个国家规范所规定的设计地震水平和变形验算的目的均不同，其侧移角容许值必然存在较大差异。

四、工程设计中层间位移计算普遍存在的问题及实际工程的层间侧移角计算值的分布

1. 楼层位移差与层间位移的区别

一个多层或高层建筑结构在水平力作用下的总水平位移为楼层的剪切位移与结构的总体弯曲变形产生的侧移之和（如图 5-6-3 所示）[10][11]，即

$$\delta_i = \delta_i^s + \theta_{i-1} h_i$$

式中，δ_i 为楼层位移差（或称名义层间位移）；δ_i^s 为楼层间构件的弯曲和剪切变形产生的侧移；θ_{i-1} 为下一层楼面由于结构总体的弯曲变形产生的转角；h_i 为楼层的高度。

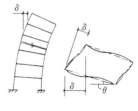

图 5-6-3

结构的整体弯曲和基础转动所引起的侧移是影响结构稳定的一个重要因素，因此在验算结构的顶点位移时必须加以考虑。然后，造成楼层结构构件及非结构构件损坏的位移一般是 δ_i^s，因此用于层间位移验算的结构位移应该是指 δ_i^s 而不是 δ_i。对于变形以剪切型为主的结构，δ_i 与 δ_i^s 相差较小，但对于弯曲型和弯剪型结构，δ_i 与 δ_i^s 之间的差异随着楼层位置的提高将变得愈来愈大。本文在上述的有限元分析中发现，当在剪力墙的顶面施加较大的弯矩时，由于整体拉压产生的墙顶面转角可能大于侧向位移角。可见两者的差异可能是非常大的。目前大部分的设计软件均直接采用楼层位移差 δ_i 进行高层建筑结构的层间位移验算，从而造成结构的上部楼层的位移可能出现不满足规范限值的结果。其实，由于上部楼层的层间剪力一般比下部楼层小许多，其层间位移一般是很小的。

2. 实际工程层间侧移角计算值的分布[12][13]

为了较为全面了解实际工程的层间侧移角计算值的分布情况，本文对分布于上海、福建、广东、北京以及云南等地的 124 幢高层建筑结构的层间位移角进行了统计分析，统计所得弹性层间侧移角的频度分布如图 5-6-4 所示。从图 5-6-4 可知，本文统计范围内的 124 幢高层建筑的弹性层间侧移角均小于 1/800，其中有 85% 的房屋的层间侧移角小于 1/1200。上述统计的这些层间侧移角计算值都是直接采用名义层间侧

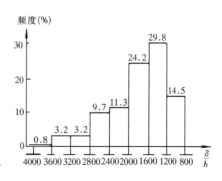

图 5-6-4

移角，如果再扣除高层结构整体弯曲引起的楼面转角（见前文），实际的层间侧移角将会更小，可见适当减小现行抗震规范的层间侧移角限值不仅是必要的，而且也是可能的。

五、建议的层间侧移角限值

根据我国 89 建筑抗震设计规范[4]规定的抗震设防目标，当建筑遭受低于本地区设防烈度的多遇地震影响时，其结构及非结构构件一般不受损坏或只是受到轻微损坏。然而，本文前面引用的大量试验数据和有限元分析结果均表明，89 规范规定的用于"小震"下抗震变形验算的层间弹性侧移角限值（框架结构的 1/450 或考虑填充墙抗侧力作用的 1/550 和框架-抗震墙结构的 1/650 或较高要求的 1/800）是难以保证上述设防目标的实现的，因此必须作适当的调整。前面所提及的美国、欧洲和日本规范均是以控制非结构构件的破坏程度作为其设计地震下变形验算的目的，因而无论是对那种结构类型均采用统一的位移角限值。根据我国规范规定的"小震"下的设防目标，层间侧移角限值的确定不应只考虑非结构构件可能受到的损坏程度，同时也应控制剪力墙、柱等重要抗侧力构件的开裂。虽然在框架结构中填充墙等非结构构件可能会先于框架柱受到损坏，而框架－抗震墙结构和抗震墙结构中的钢筋混凝土抗震墙却可能在非结构构件发生明显损坏之前出现斜裂缝，因此仍需划分为两种类型分别考虑。

1. 框架结构的层间弹性侧移角限值

由于框架结构的任意一个楼层都会存在一定数量的填充墙，而根据前面的分析可知，填充墙一般会先于框架柱开裂，因此，为了避免填充墙这一类非结构构件受到较大损坏，用于层间位移验算的层间位移角限值的取值必须同时考虑容许的填充墙开裂程度、框架柱的开裂以及其他非结构构件可能遭受的损坏。除了填充墙外，其他非结构构件可承受的变形在国内外均研究较少。文献［14］通过统计认为当侧移角达到 1/1000 时非结构构件可能遭受损坏，这个结论对我们确定弹性层间位移角限值有一定的参考价值。根据弹性有限元分析结果（见表 5-6-3），不带填充墙的框架柱的开裂侧移角平均约为 1/800（C30 混凝土，强度等级降低时会有所减小），无开洞填充墙的开裂侧移角约为 1/2000。试验结果统计的墙面初裂时的层间位移角[5]：无洞填充墙框架为 1/2500，开洞填充墙框架为 1/926（见表 5-6-4）。以这么小的侧移角作为框架结构的限值应用于实际工程似乎不太现实。考虑到框架结构的侧移计算时一般都不考虑填充墙的刚度，计算的层间位移值往往比实际的层间位移值大，因此层间位移角限值可对应地适当放大。另外，由于填充墙的轻度开裂一般不会影响到建筑的使用功能，因而可以允许裂缝有一定的开展，但不允许有严重开裂，最起码不应出现墙面裂缝连通。严重的开裂不仅修复费用高，而且可能造成门窗开启困难，造成人员恐慌。文献［5］统计的 34 榀填充墙框架试件，有 12 榀墙面裂缝连通时的侧移角分布在 $(0.95 \sim 1.85) \times 10^{-3}$，平均值为 1/714。综合上述各方面因素（参见表 5-6-4），本文建议框架结构的弹性层间侧移角限值取 1/800。

与弹性层间侧移角限值有关的几组数据　　　　表 5-6-4

	计算值	试验值	实际工程值	原限值	建议限值	备　注
框架结构	1/2000～1/1800	1/2500～1/926	95%<1/800	1/450～1/550	1/800	填充墙适度开裂
抗震墙	1/4000～1/2500	1/3330～1/1110	85%<～1/1200	1/650～1/800	1/1200	不出现斜裂缝

2. 框架-剪力墙结构和剪力墙结构等含有剪力墙的结构体系之弹性层间侧移角限值

由于"小震"作用下一般不允许作为主要抗侧力构件的剪力墙墙板出现明显斜裂缝，因此，同上述框架结构以控制非结构构件的破坏程度作为层间侧移角限值的取值依据不同，这一类以剪力墙为主的结构体系必须以控制剪力墙的开裂程度作为其侧移角限值的取值依据。为了便于比较，本文把可供参考的几组剪力墙侧移多角数据汇总于表5-6-4。从表5-6-4可知，剪力墙的开裂侧移角的主要分布区间，弹性有限元分析的结果为 $(0.25 \sim 0.4) \times 10^{-3}$、试验结果为 $(0.3 \sim 0.9) \times 10^{-3}$。虽然取试验结果的平均值（1/1600）作为侧移角限值似乎会比较合适，但考虑到结构的最大层间位移（不可混同层位移差）往往发生于建筑下部剪力较大同时又刚度较小的楼层，这些楼层的剪力墙承受的轴向力一般都比较大，其开裂侧移角一般也比较大，因此可以考虑取接近试验结果上限的值（1/1200）作为验算的限值。这个值与《钢筋混凝土高层建筑结构设计与施工规程》(JGJ 3—91) 中较高装修标准的剪力墙结构侧移角限值（1/1000）比较接近，并且大约有85%的实际工程的层间侧移角计算值小于1/1200，较容易被工程界接受。因此本文建议取1/1200作为以RC剪力墙为主要抗侧力构件的结构的弹性层间侧移角限值。

参 考 文 献

[1] Bertero V. V.：State-of-the-Art Report on Design Criteria, Porc. 11th World Conf. Earthquake Engrg. Mexico. 1996，Paper No. 2005

[2] Bertero V. V.：The Need for Multi-level Seismic Design Criteria, Porc. 11th World Conf. Earthquake Eng. Mexico，1996，Paper No. 2120

[3] Otani：Recent Developments in Seismic Criteria of Japan, Proc. 11th World Conf. Earthquake Eng. Mexico，1996，Paper No. 2124

[4] 中华人民共和国国家标准. 建筑抗震设计规范（GBJ 11—89），1989

[5] 童岳生，钱国芳. 砖填充墙框架的变形性能及承载力，西安冶金建筑学院学报，1985，17（2），PP1～21

[6] Uniform Building Code, Volume 2，UBC-94，Structrural Engineering Design Provisions，1994

[7] Farzad Naeim, The Seismic Design Handbook, Van Nostrand Reinhold, New York 1989，PP120～141

[8] European Prestandard，Eurocode 8，CEN，ENV 1998，1994

[9] [日] 大崎顺彦编著，毛春茂等译. 建筑物抗震设计法. 北京：冶金工业出版社，1990，PP34～93

[10] Minoru Wakabayashi, Design of Earthquake Resistant Buildings, McGRAW-HILL BOOK Co. New York.，1986，pp93～94。

[11] 魏琏. 地震作用下建筑结构变形计算方法，建筑结构学报，Vol. 15 No. 2，1994，pp2～10

[12] 上海市建委科技委员会. 上海八十年代高层建筑结构设计. 上海：上海科学普及出版社，1994

[13] 刘大海等编著. 高层建筑结构方案优选. 北京：中国建筑工业出版社，1996，pp107～255

[14] Scholl R. E.：Brace Dampers, An Alternative Structural System for lmproving Earthquake performance of Building, Proc. of the 8th WCEE, San Francisco, Vol.5，1984

（同济大学　郭子雄　吕西林　中国建筑科学研究院　王亚勇）

5.6.2 层间弹塑性位移角限值

一、前　言

国际地震工程界多年来的理论研究及大量的震害经验表明，建筑结构在设计地面运动下的变形值一般可以很好地体现结构的性能水平，因而基于结构变形（或结构性能）的抗震设计方法被地震工程界公认为一种有效的抗震设计方法[1]。基于结构变形的抗震设计的两个最主要任务是如何合理计算结构在给定地震作用下的位移反应和确定实现预定建筑功能的结构变形容许值。可以肯定地讲，基于结构变形的抗震设计理念是21世纪世界各国抗震规范修订的最主要依据。虽然我国89规范[2]的指导思想符合了上述抗震设计理念，但是在规范具体实施过程中，也存在一些问题，比如罕遇地震下的抗倒塌验算缺乏可操作性等。在作者先期完成的工作中[3]，讨论了钢筋混凝土结构在多遇地震下抗震变形验算的层间弹性位移角限值问题，本文将进一步讨论我国89建筑抗震设计规范中罕遇地震作用下结构层间弹塑性变形验算存在的一些问题，并提出修订的建议。

二、关于需要进行罕遇地震下结构弹塑性变形验算的范围

钢筋混凝土结构在遭遇高于本地区设防烈度的强烈地震作用下，结构总体上并不存在强度抗力的储备，而主要是依靠结构本身的弹塑性变形来吸收和耗散地震输入的能量。如果结构的变形能力不足以抵御地震输入能量对结构变形的要求，结构将可能发生倒塌。为了简化设计过程，89规范[2]只规定对楼层屈服强度系数小于0.5的框架结构和甲类建筑进行罕遇地震作用下结构层间弹塑性变形验算，而对非甲类建筑的其他结构类型，比如框架-抗震墙、框架-筒体和抗震墙等结构类型均没要求进行层间弹塑性变形验算。这个规定主要存在以下几个问题：

（1）在各种多、高层建筑结构中，89规范只要求对框架结构进行罕遇地震下的弹塑性变形验算，而对框架-抗震墙、框架-筒体等其他结构类型则不要求进行弹塑性变形验算（甲类建筑除外）。本文认为弹塑性变形验算的范围应该适当扩大。虽然在罕遇地震作用下框架结构会比其他抗侧刚度较大的结构类型（比如框架-抗震墙结构、抗震墙结构等）产生较大弹塑性层间位移，但框架柱所能承受的塑性变形约为抗震墙变形能力的6倍（框架柱的极限位移角约为1/50~1/20，而抗震墙的极限位移角约为1/333~1/125），因此不能局限于对框架结构进行弹塑性变形验算。

（2）目前工程设计中一般只对那些突破规范要求的高层结构进行罕遇地震作用下的层间弹塑性变形验算，而对较低的多层结构则不进行验算，这种设计思想是值得商榷的。当一个结构遭受到罕遇地震时，结构的某些关键部位必将发生塑性变形，从而导致结构周期的大幅度延长和结构阻尼的增大。在图5-6-5所示的小震和大震的设计反应谱中，曲线A和曲线B分别表示按小震进行截面设计的周期较短的多层结构和周期较长的高层结构在遭遇罕遇地震作用过程中所受地震作用的可能变化趋势。从图中不难看出，如果只是从弹性的角度考虑，当遭受罕遇地震作用时，在周期较短的多层结构上增加的弹性地震作用的比例将可能大于在周期较长的高层结构上增加的比例（分别相对于两类结构在小震下的地震作用而言），然而，

由于 89 规范是按照小震地震作用下结构的内力组合进行截面配筋设计,这部分增加的超出弹性承载力所能承受的地震作用(确切地说是地震能量)必然只有通过结构的非弹性变形来承担。下面采用 Newmark 方法对两类结构可能的弹塑性变形作定性的比较。

根据文献 [4] 基于单质点体系建立的地震作用下结构的弹性位移反应与弹塑性位移反应的关系,长周期结构在同一地震下的弹性位移反应与弹塑性位移反应符合等位移原则,即只要结构的屈服强度系数 ζ_y($\zeta_y = V_y/V_e$,V_y 为楼层的屈服抗剪强度、V_e 为弹性地震反应层间剪力)不是太小,其在某一屈服荷载 V_y 下的弹塑性变形近似等于在 V_e 下按弹性考虑计算的弹性变形,从而根据图 5-6-6(a)三角形的相似关系可以推导出以下延性系数与 V_y/V_e 的关系:

$$\mu = \frac{\delta_p}{\delta_y} = \frac{V_e}{V_y} \qquad (5\text{-}6\text{-}1)$$

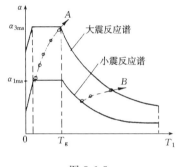

图 5-6-5

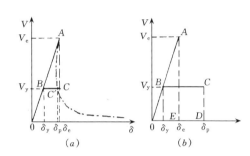

图 5-6-6 弹性地震反应与弹塑性地震反应的关系
(a)长周期结构;(b)短周期结构

而短周期结构的弹塑性地震反应与弹性地震反应的关系符合等能量原则,即根据图 5-6-6(b)中△OAE 与梯形 $OBCD$ 的面积相等,可以推导出短周期结构的延性系数与 V_y/V_e 的关系:

$$\mu = \frac{1}{2}\left[\left(\frac{V_e}{V_y}\right)^2 + 1\right] \qquad (5\text{-}6\text{-}2)$$

上述理论同样也适用于层间屈服强度系数沿高度均匀分布的结构。不妨假设讨论中的高层结构为长周期结构,多层结构为短周期结构,比较式(5-6-1)和式(5-6-2)容易发现,即使多层结构与高层结构楼层的 V_e/V_y 相等,在多层结构上产生的层间弹塑性变形也将大于在高层结构上产生的层间弹塑性变形,更何况可能出现如图 5-6-1 所示的罕遇地震下多层结构的弹性地震作用相对值一般大于高层结构的弹性地震作用相对值的情况。可见,罕遇地震作用下对多层结构变形能力的要求一般大于对高层结构变形能力的要求,因此,如果不考虑 $P-\Delta$ 效应,多层建筑比高层建筑更有必要进行罕遇地震下的弹塑性变形验算。

综上所述,本文认为,罕遇地震下的弹塑性位移验算不应该只注重于高层结构,验算的范围也应扩大到包含框架、框架-抗震墙、框架-筒体和抗震墙等常用的结构类型。由于实际震害中出现严重破坏或倒塌的,主要是那些承载力或刚度沿结构的竖向有较大突变或沿平面内的分布明显不对称的结构。因此,在满足抗震构造的前提下,可以只对上述结构类型中那些强度或刚度沿结构的竖向有较大突变或沿平面内的分布明显不对称的结构进行罕遇地震下的弹塑性变形验算。

三、结构弹塑性位移反应计算中存在的主要问题

地震反应时程分析方法是计算结构在强烈地震作用下弹塑性变形的基本方法。该方法将结构看作弹塑性振动体系，直接输入强震加速度记录，依据结构的弹塑性性能选择恰当的恢复力模型，对结构的运动方程进行直接积分。近年来我国对结构时程分析时地震波的输入原则进行了研究，并已经取得了较好的结果，而在钢筋混凝土结构构件恢复力模型的研究方面却进展较为缓慢。

钢筋混凝土结构非线性分析的可靠程度在很大程度上取决于结构构件的恢复力模型。钢筋混凝土构件试验表明，结构总的弹塑性变形主要是由关键受力区域（比如塑性铰区）的弯曲变形、剪切变形以及纵向受力钢筋的粘结滑移所产生的变形组成。随着结构几何条件、内力组成和加载程序的不同，上述三个成分所起的作用将会发生改变。对于剪跨比较小的构件，剪切变形的影响是一个不可忽略的因素。在 R. C. Fenwick[5] 的试验中，测量到剪跨比为 2.5 的钢筋混凝土梁延性比为 6.0 时剪切变形产生的位移占总位移的 40%。其他试验结果[6]也证明了当剪跨比较小时，框架柱的总弹塑性位移中剪切变形成分甚至可能超过弯曲变形成分。文献 [7] 的试验结果证明了节点区钢筋滑移对总体变形的影响不可忽视。因此在结构弹塑性分析中忽略上述任何一个变形分量的影响将可能是结构分析结果不准确的主要根源。而目前国内外在钢筋混凝土结构弹塑性分析中对剪切变形尚没有令人满意的计算方法，一般对剪切变形要么不考虑，要么只按弹性来考虑，这显然是不合理的。因此，如何在钢筋混凝土结构构件的恢复力特性中真实模拟上述各种非线性变形因素，是钢筋混凝土结构弹塑性地震反应分析中迫切需要解决的课题。

四、规范规定的层间弹塑性位移角限值存在的问题及修订的建议

1. 构件的极限位移角与结构的弹塑性位移角限值的关系

在罕遇地震作用下，钢筋混凝土结构主要是依靠本身的弹塑性变形来吸收和耗散地震输入的能量。如果结构的变形能力不足以抵御地震输入能量对结构变形的要求，结构将可能发生倒塌。迄今为止提出的许多评判结构是否倒塌的指标中（比如变形、能量和低周反复疲劳等指标），没有一个能全面反映结构在地震作用下的倒塌性状。从工程实用角度，一般是采用结构或构件的极限层间位移角的某一统计值作为评判结构是否可能发展倒塌的阈限。

对构件或结构的极限位移角的定义，目前还没有统一的标准。常用的定义方法有以下两种：一种是以 P-Δ 骨架上承载力下降至 αP_{max} 时所对应的变形 Δ_u 作为构件的极限变形；另一种是重复循环时承载力的退化率（即某一延性比下第二次循环所能达到的最大荷载值与第一次循环的最大荷载值之比）低于某一限值时所对应的变形 Δ_u 作为构件的极限变形。对于第一种方法，α 的取值取决于结构保持稳定对承载力降低的容许程度或结构对破坏的容许程度。对砌体结构、钢筋混凝土梁柱节点区和剪跨比小于 1 的钢筋混凝土墙等，由于P-Δ 曲线在承载力达到最大值后下降很快甚至失稳，一般可取 $\alpha=1$；其他钢筋混凝土构件

的 α 值可根据其变形能力取 0.8～0.9 之间的某一值。目前我国的建筑抗震试验规程中规定 $\alpha=0.85$，从本质上讲仅适合于以弯曲变形为主的构件。

原则上讲，作为罕遇地震下结构抗倒塌验算标准的弹塑性层间位移角限值应该取所验算的结构类型中变形能力较差的构件的极限位移角的下限值或某一具有较高可靠度的值。然而，许多实际结构是由各种类型的构件组成的具有多道抗震防线的超静定结构体系，比如框-墙、框-筒和多肢墙等结构，在罕遇地震作用下，这些结构中各构件之间存在着较大的内力重分布，部分构件达到其极限变形或破坏并不意味着结构一定会发生倒塌。从部分振动台试验的破坏现象发现，在相当于罕遇地震的加速度输入下，框-筒结构模型中少数柱子的压溃并没有造成整体的倒塌。因此本文认为，以构件的极限位移角来确定结构的层间位移角限值，是具有较高可靠度的。

2. 框架结构的层间弹塑性位移角限值

在框架结构中，由于柱子承受弯、剪、压的复合作用，其变形能力一般比梁差。因此，框架柱的塑性变形能力在很大程度上决定了框架结构抗震性能的好坏。规范采用 1/50 限值实际上是 50 个剪跨比大于 2.5 的柱试件的极限位移角的下限值[8]。根据 UBC/EERC91 年对大量试验数据的统计结果[9]，剪跨比大于 2.0 的极限位移角也几乎都大于 1/50。这种以构件试验值下限作为框架结构的容许变形指标可以说是偏于保守的，因为：① 由于试验设备的陈旧及人为因素的影响，有部分试件明显还未达到最大变形能力就终止了记录；② 有少数试件是为了研究某一参数对构件总体性能的影响而有意设计了较劣参数，而这种构件在实际工程中一般不会出现。即使是那些具有较小剪跨比或较大轴压比的柱试件，也具有比较大的极限位移角，比如文献[6] 的 10 个试件中多数发生了剪切破坏，最小的极限位移角也有 1/30。

实际上，框架结构的层间位移角是楼层梁、柱、节点弹塑性变形的综合结果，因而采用梁—柱组合试件的试验结果能比柱试件更合理地反映框架结构的层间变形能力。根据文献[9] 对 36 个梁—柱组合试件极限位移角的统计结果，其极限侧移角的分布区间为 [1/27，1/8]，其中 94% 的试件的极限位移角在 1/25 以上。

综合上述分析可知，89 规范所规定框架结构的层间弹塑性位移角限值还有提高余地。考虑到目前对钢筋混凝土结构在罕遇地震下的变形计算方法还很不成熟，计算结果一般比实际弹塑性位移反应偏小，因此常规框架结构的弹塑性位移角限值可考虑仍取 1/50。但建议对那些采取了较好的提高变形能力措施的框架结构的位移角限值允许比原来所规定的有更大幅度的提高。弹塑性位移角限值作为对一种结构类型的变形能力的宏观估计，要把上述诸多因素都考虑进去是非常困难的。国内外许多研究结果表明，轴压比与配箍率是影响框架结构变形能力的两个最主要因素，其对变形能力的影响应进一步研究并加以细化，而在规范中则可以用表格或曲线的形式来体现这两个因素对容许变形值的影响。

3. 钢筋混凝土框架-抗震墙、框架-筒体等结构的弹塑性位移角限值

特征刚度比适中的框架-抗震墙结构在强烈地震作用下，刚度大且变形能力相对较差的抗震墙单元不仅会比框架结构先进入弹塑性状态，而且最终破坏也相对集中在抗震墙单元。著名的日-美联合进行的七层原型框架-抗震墙结构拟动力试验[10]，以及该原型的 1/5 缩比模型的模拟地震振动台试验也证实了上述观点。因此，框架-抗震墙结构的弹塑性位移角限值主要应根据抗震墙单元的变形能力来确定。

从上述原型试验的破坏状态可知，虽然框架-抗震墙结构中的整体抗震墙具有较大的剪跨比，但楼层单元的受力及破坏状态仍类似于带有周边框架的单层 RC 抗震墙单元。这主要是由于抗震墙的周边构件承担了大部分的整体弯矩而墙板主要是承担剪力，因而墙板一般仍发生剪切破坏。因此，钢筋混凝土框架-抗震墙的极限变形能力可以通过对大量的带有边框柱（含暗柱）抗震墙的试验结果进行统计来

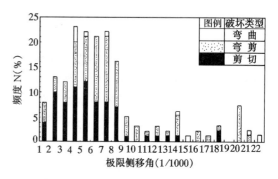

图 5-6-7 抗震墙极限侧移角频度分布

获得。图 5-6-7 为根据日本学者广泽雅也[11]对 176 个发生不同破坏形式的抗震墙试件的极限侧移角的统计结果绘制的直方图。从该图可以总结出以下规律：① 抗震墙破坏形式对其极限侧移角的影响不明显；② 所统计的抗震墙的极限侧移角主要分布在 1/333～1/125 之间。文献 [12] 对 11 个带边框低矮抗震墙试验所得到极限侧移角为 1/192～1/112，平均值为 1/160。文献 [13] 进行了无边框带竖缝抗震墙与不带缝抗震墙的对比试验。从其试验结果看，带缝墙与不带缝墙的极限位移角值差异很小，所记录的承载能力下降至 $0.8 P_{max}$ 时的侧移角分布在 1/174～1/105 之间。

文献 [11] 的统计所采用的试件的数量较多（176 个），破坏形式也比较全面，对制定罕遇地震下框架-抗震墙结构及抗震墙结构的层间位移角限值，具有很高的参考价值。对于纯抗震墙结构，如果仅考虑单片墙的作用，取接近墙片极限位移角主要分布区间的下限值 1/300 作为其弹塑性位移角限值，保证率约为 80%。但正如前面所述，实际结构中抗震墙各墙肢之间以及墙肢与联梁之间存在着内力重分布，其整体的变形能力和稳定性一般都比单片墙的好很多，并且考虑到国内试验量测的抗震墙极限位移角均大于 1/200，因此本文建议取 1/200 作为抗震墙结构的极限位移角限值。

在框架-抗震墙结构中，由于存在框架结构作为第二道抗震防线和框架与抗震墙之间的内力重分布，首先进入弹塑性状态的抗震墙作为第一道抗震防线，可以允许其承载能力有较大的降低。因此，框架-抗震墙结构的层间弹塑性位移角限值可以比纯抗震墙结构的限值有较大的提高。综合上述和所列举的试验结果，本文建议取 1/150 作为框架-抗震墙结构的层间弹塑性位移角限值。

在 T. Nakachi[14] 等人模拟一个 25 层框架-筒体结构在斜向地震作用下底部三层核心混凝土筒体受力的试验中，所测量的四个 1/8 比例模型试件极限位移角分别为 1/322、1/217、1/167 和 1/104，后面两个试件因为采取了增强变形能力的措施，因而具有较好的变形能力。目前国内外对框架-筒体结构的试验研究还很少，因此暂时建议取与抗震墙结构相同的弹塑性位移角限值，而该限值是否合理，还有待于对筒体结构开展更多的试验研究。

五、结　论

1. 罕遇地震下的弹塑性位移验算不应该只注重于高层结构，同时验算的范围也应扩大到包含框架、框架-抗震墙、框架-筒体和抗震墙等常用的结构类型中那些承载力或刚度沿结构的竖向有较大突变或沿平面内的分布明显不对称的结构。

2. 如何在钢筋混凝土结构构件恢复力特性中真实模拟关键受力区域的弯曲变形、剪切变形及节点区内受拉钢筋的滑移变形这三个主要的非线性变形因素，是钢筋混凝土结构弹塑性地震反应分析中迫切需要解决的课题。

3. 89规范所规定框架结构的层间弹塑性位移角限值是偏于安全的，建议对那些采取较好提高变形能力措施的框架结构的位移角限值允许比原来所规定的有更大幅度的提高。

4. 钢筋混凝土框架-抗震墙结构、抗震墙结构和框架-筒体结构罕遇地震下的弹塑性位移角限值可以参考本文表5-6-5所建议的值。

建议的层间位移角限值 表5-6-5

结构类型	$[\theta_p]$	结构类型	$[\theta_p]$
框　架	1/50	框架-抗震墙	1/150
底层框架砖房中的框架	1/70	抗震墙、筒体	1/200

参 考 文 献

[1] V. V. Bertero. State-of-the-Art Report on Design Criteria. Proc. 11th World Conf. Earthquake Engrg. Mexico, 1996, Paper No. 2005

[2] 中华人民共和国标准. 建筑抗震设计规范（GBJ 11—89）. 北京：中国建筑工业出版社，1989

[3] 郭子雄，吕西林，王亚勇. 建筑结构抗震变形验算中层间弹性位移角限值的研讨. 工程抗震，1998第二期，pp1～6

[4] A. S. Veletsos and N. M. Newmark. Effect of inelastic behavior on the response of simple systems to earthquake motions. Proc. Second World Conf. Earthquake Eng., Tokyo, 2, PP895～912

[5] R. C. Fenwick. Load deflection characteristic of plastic hinges in ductile concrete beam, Proc. 11th World Conf. Earthquake Engrg. Mexico, 1996, Paper No. 469

[6] 徐贱云，吴健生等. 多次循环荷载作用下钢筋混凝土柱的性能. 土木工程学报，1991，24（3），PP57～70

[7] J. Alsiwat and M. Saatcioglu. Hysteretic of anchorage slip in R/C members, ASCE. Joumal of Struct. Engrg., 1992, Vol. 118, PP2439～2458

[8] 钟益村等. 钢筋混凝土结构变形性能及容许变形指标. 建筑技术通讯—建筑结构，1984（3）．pp38～45

[9] X. X. Qi and J. P. Moehle. Displacement design approach for R. C. structures subject to earthquake. Report No. UCB/EERC-91/02, PP4～12

[10] H. Kabeyasawa et al. U. S.—Japan cooperative research on R/C full-scale building test. Proc. 8th WCEE, S. Francisco (U. S. A), 1984, Vol. 6, PP627～634

[11] 广泽雅や. 既往の铁筋コンクリート造耐震壁に关する実验资料とその解析. 建设省建筑研究所资料，No. 6，1975

[12] 郭子雄，童岳生. 钢筋混凝土低矮抗震墙性能研究. 工程力学，1995增刊，pp868～872

[13] 蒋欢军，吕西林. 沿竖向耗能剪力墙的低周反复荷载试验研究. 工程力学，1997增刊

[14] T. Nakachi and T. Toda. Experimental study on deformation capacity of RC core walls after flexural yielding. Proc. 11th world Conf. Earthquake Engrg. Mexico, 1996, Paper No. 1747

（同济大学　郭子雄　吕西林　中国建筑科学研究院　王亚勇）

5.7 建筑结构静力弹塑性分析方法

5.7.1 原理和计算实例

一、Push-over 方法的应用背景

1. 国外情况简介

结构静力弹塑性分析（push-over）法在国外应用较早，20 世纪 80 年代初期在一些重要刊物上就有论文采用过这种方法。近年来这种方法的应用和研究逐渐深入，例如，11WCEE 论文集中三篇关于 push-over 的论文分别讨论了三维 push-over 分析的简化、不同场地条件下 push-over 结果与时程分析结果的对比、利用伪三维模型对复杂结构进行 push-over 分析等；另外，在 Journal of Structural Engineering（ASCE）、Earthquake Engineering and Structural Dynamics、Engineering Structures 等刊物以及一些相关的论文集和研究报告中也时常可以见到这方面的论文。相对而言，近年来的论文中，专门论述 push-over 分析的较少，多数都是把它作为一种分析手段用于各种目的的研究。这种方法也称为"反应谱强度计算法"，即 Spectrum Capacity Method。

与此相适应，一些商业软件或公益软件的新版本中也增加了 push-over 分析的功能，如 NCEER 的 IDARC、Structus lnc. 的 SCM-3D（属于 ETABS 系列）、Berkeley 的 DRAIN 等等。倒不是说以前的那些软件和其他没有明确说明这一功能的结构分析软件就不能进行 push-over 分析了，而是对程序进行一些专门的改进后，可以大大地减少手工工作量。

2. 抗震规范修订关于这部分新增的内容

push-over 方法近年来引入我国后，逐渐得到了大家的重视和应用。在《建筑抗震设计规范》的修订征求意见稿（1998 年 9 月）中，第 3.3.2 条为："……弹塑性变形分析，可按工程情况采用以下方法之一：静力非线性分析、非线性时程分析。"这里所说的静力非线性分析，除了指一般的与反应谱结合不密切的非线性静力分析外，也包括了 push-over 方法。在最近的规范修编组会议中，就明确提出了将 push-over 分析引入规范的想法，只是提法上没有采用这个词。

因为弹塑性时程分析对计算机软硬件和分析人员要求较高，工作量也较大，在一段时期内不容易成为一种被广泛采用的方法。因此逐步推广 push-over 这种较一般静力分析有许多改进而且相对简便易行的方法，可能是一种可行的方向。开展这方面的研究和应用，既具有理论意义，也具有工程实践价值。

二、Push-over 方法的原理和具体步骤

1. 原理

Push-over 方法是近年来在国外得到广泛应用的一种结构抗震能力评价的新方法，其应用范围主要集中于对现有结构或设计方案进行抗侧力能力的计算，从而得到其抗震能力的估计。这种方法从本质上说是一种静力非线性计算方法，与以往的抗震静力计算方法不同之处主要在于它将设计反应谱引入了计算过程和计算成果的工程解释。其大致步骤是：根据房屋的具体情况在房屋上施加某种分布的水平力，逐渐增加水平力使结构各构件依次进入塑性。因为某些构件进入塑性后，整个结构的特性会发生改变，因此又可以反过来调整水平力的大小和分布。这样交替进行下去，直到结构达到预定的破坏（成为机构或位移超限）。这种方法的优点在于：水平力的大小是根据结构在不同工作阶段的周期由设计反应谱求得，而分布则根据结构的振型变化求得。

2. 实施步骤

（1）准备工作：如同一般的有限元分析，建立结构的模型，包括几何尺寸、物理参数以及节点和构件的编号。不同的软件对节点编号和构件编号的要求不同，使用中要注意。另外，结构上的荷载也要求出，包括竖向荷载和水平荷载，水平荷载的计算方法在第3步中描述。为了进行弹塑性分析，还应求出各个构件的塑性承载力。对于梁，应求出其两端上下两个方向的塑性弯矩和两端的极限抗剪承载力；对于柱，则应求出其 M—N 曲线的三个控制点（轴压、平衡、纯弯）。

（2）求出结构在竖向荷载作用下的内力。因为这个内力将来要和在水平力作用下的内力叠加，相当于荷载作用效应组合，因此竖向荷载标准值的分项系数要按照规范的规定取用。这时还要求出结构的基本自振周期。

（3）施加一定量的水平荷载。水平力施加于各层的质量中心处，对于规则框架，各层水平力之间的比例关系，或沿结构高度的分布规律，可以按照底部剪力法确定。也有文献[1]采用以下公式：

$$F_i = \frac{W_i h_i^k}{\sum_{j=1}^{n} W_j h_j^k} \cdot V_b \qquad (5\text{-}7\text{-}1)$$

其中，F_i、W_i、h_i、V_b 分别代表楼层剪力、楼层重量、楼层高度和基底剪力，n 是总层数。指数 k 的确定方法是：当结构周期低于 0.5s 时，$k=1$；结构周期高于 2.5s 时，$k=2$；中间用线性插值。这种形式的水平力分布规律，如果取 $k=1$，就是我国规范底部剪力法中采用的公式，水平力在高度上为倒三角形分布。1996 年 SCM-3D 的作者郑正昌博士来我校讲学时曾指出，水平力沿高度方向的分布，除了倒三角形的形式外，对于高层房屋，还有采用下面几层为倒三角形分布，上面各层为均匀分布的。

在这一步中，水平力大小的确定原则是：水平力产生的内力与第（2）步竖向荷载产生的内力叠加后，恰好能使一个或一批构件进入屈服。

（4）对在上一步进入屈服的构件，改变其状态。最简单的办法，是用塑性铰来考虑构件进入塑性，将屈服的构件的一端甚至两端设成铰接点（对于柱子，还要考虑被压溃以至于失去全部承载力的情况，将其取消）。这样，相当于形成了一个新的结构。求出这个"新"结构的自振周期，在其上再施加一定量的水平荷载，又使一个或一批构件恰好进入屈服。

（5）不断地重复第（4）步，直到结构的侧向位移达到预定的破坏极限，或由于铰点过多而成为机构（这种情况一般很难出现）。记录每一次有新的塑性铰出现后结构的周期，累计每一次施加的水平荷载。

(6) 成果整理：将每一个不同的结构自振周期及其对应的水平力总量与结构自重（重力荷载代表值）的比值（地震影响系数）绘成曲线，也把相应场地的各条反应谱曲线绘在一起，如图 5-7-1 所示。这样，如果结构反应曲线能够穿过某条反应谱，就说明结构能够抵抗那条反应谱所对应的地震烈度。还可以象后面的例子那样，在图中绘出相应的变形，更便于评价结构的抗震能力。

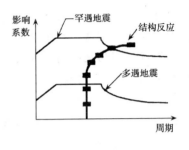

图 5-7-1

我国抗震设计规范中的设计反应谱虽然是弹性反应谱，但它的形式（横轴为周期，纵轴为地震影响系数）非常便于 push-over 分析的结果表达。

3. 可用于进行 push-over 分析的软件

从上面所述的步骤可知，push-over 分析实际上对软件并没有什么特别的要求，只需要软件能够将构件的某一端或两端（桁架单元）设为铰接点就可以了（但不是将这个节点设为铰接点而导致连接于节点上的所有单元都变成与节点铰接，正确的做法是"主—从节点"。），现有的多数软件都具有这种功能。

但是，如果软件没有为 push-over 分析做专门的设计，那么，将原来固接的杆端改为铰接并重新计算的工作就要依靠手工完成。因为这种方法是逐步进行加载的，反复的次数可能很多（如果房屋构件较多，可能达上百次），有时还要进行两个方向的分析，所以工作量非常大，因此引进和开发能够自动进行这一工作的程序是推广应用 push-over 分析的必备前提。不过从理论上讲，如果不考虑杆件刚度退化历程以及刚度沿杆长的变化等非线性因素，程序实际上只需做到弹性分析阶段就可以了。与以往的程序相比，增加的内容主要是自动判断塑性铰出现并修改结构、累计各次加载量等，实现起来并不困难，我们目前已着手进行。

另外，利用一些电子表格软件配合使用，能够使结果的整理和表达简洁清晰。

三、计 算 实 例

下面给出 push-over 分析的三个具体例子。其中，澜沧-耿马地震中的两幢三层框架只进行了横向的分析，丽江物资大厦进行了两个方向的分析。在计算中，对实际结构进行了一定的简化（构件的塑性承载力未按施工图逐一计算，而是简单地取梁的配筋率为 1.9%，柱的配筋率为 3%，对称配置）。

这三个例子都是用 SCM-3D 计算的，这个程序对房屋进行三维建模后，可以自动进行 push-over 分析，但在一定条件下需要手工控制加载步长。如果使用者熟悉 SAP、DRAIN 等程序，所需时间并不多。

1. 澜沧-耿马地震中的两幢三层框架

【例1】 岩帅茶厂。房屋尺寸如图 5-7-2 所示，柱截面为 300mm×400mm，梁截面为 300mm×600mm 并于两端加腋，混凝土实测强度等级约为 C12～C15，计算中弹性模量取为 2×10^4 MPa。场地属于Ⅲ类。

5.7 建筑结构静力弹塑性分析方法

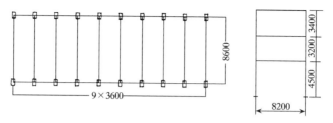

图 5-7-2 岩帅茶厂简图

分析结果绘于图 5-7-3 中。为了方便进行 push-over 分析,可以将反应谱曲线事先绘制好。这样,最后只需将结构反应曲线(即图中的影响系数-周期曲线)和反应谱曲线绘在一起就可以了。

从图中可以看出,这个结构能够满足 9 度罕遇地震的抗倒塌验算(即在层间位移角超过 1/50 以前结构反应曲线穿过了 $\alpha_{max}=1.4$ 的反应谱曲线),但多遇地震时的层间位移角达到了 1/250 左右,不能满足规范要求;在基本烈度地震时,层间位移角约为 1/70~1/80。

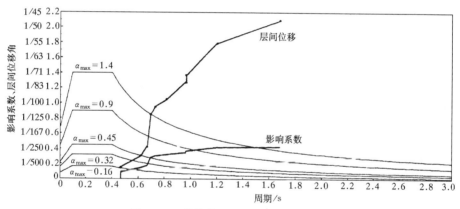

图 5-7-3 岩帅茶厂 push-over 分析成果

【例 2】 耿马县商业局服务公司综合门市。房屋尺寸如图 5-7-4 所示,柱截面为 300mm×600mm 和 300mm×400mm,梁截面为 250mm×600mm,计算中弹性模量取为 $2.55×10^4$ MPa。场地属于Ⅲ类。

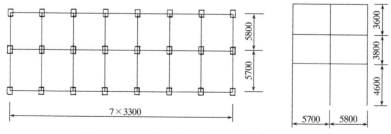

图 5-7-4 耿马县商业局服务公司综合门市简图

从图 5-7-5 中可以看出,这个结构能满足 9 度罕遇地震的抗倒塌验算(实际遭遇的是 8 度),也可以满足 8 度多遇地震时的层间位移角要求;在基本烈度地震时,层间位移角约为 1/200。

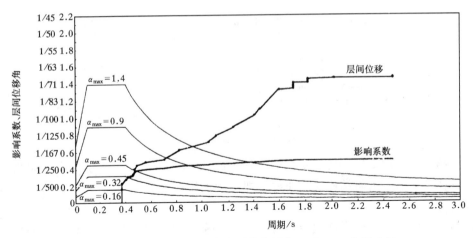

图 5-7-5　耿马县商业局服务公司综合门市 push-over 分析成果

2. 丽江物资大厦

【例3】　丽江物资大厦。将这个例题单列的原因是本结构不完全对称,而且进行了两个方向的分析。图 5-7-6 取自文献[3],自下而上层高为:5.275m、4.2m、3×3.3m、3×3.6m、4.5m、2.7m,自左向右(纵向)的跨度为 3×3.6m、5.4m、3.6m,横向跨度为 2×4.5m。其中,在第 6、7、8 层上有抽柱(图中左边的两根中柱)。

柱截面为 400mm×600mm,梁截面为 300mm×450mm、300mm×900mm、250mm×400mm、250mm×500mm,计算中弹性模量取为 $2.55×10^4$ MPa。场地属于Ⅲ类(曾对这幢建筑进行过地震危险性分析,场地周期测得 0.59s,但成果整理时仍按 0.4s 的反应谱,因此可能有较大的误差)。

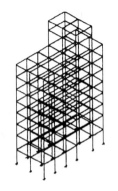

图 5-7-6　丽江物资大厦计算模型

施加横向的水平荷载时,结构是不对称的,水平力加在每一层的几何中心处。计算中为了简化,竖向荷载完全由横向梁承担,与实际情况有出入。横向的分析结果见图 5-7-7,纵向见图 5-7-8。

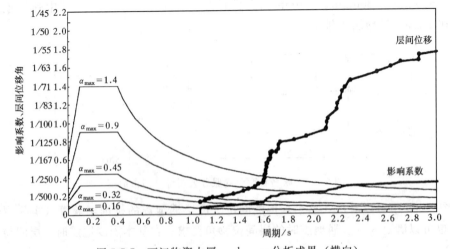

图 5-7-7　丽江物资大厦 push-over 分析成果(横向)

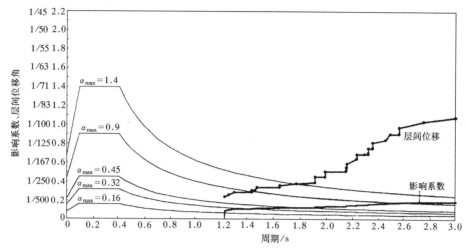

图 5-7-8　丽江物资大厦 push-over 分析成果（纵向）

从图中可以看出，这个结构的横向能满足 8 度罕遇地震的抗倒塌验算，层间位移角在 1/100～1/125 之间；也可以满足 8 度多遇地震时的层间位移角要求；在基本烈度地震时，层间位移角约为 1/285。纵向的情况也大致如此，但比横向稍弱。

四、有关问题讨论

1. 结构自振周期的计算

在杆件有限元分析中，按照规范的各种参数计算框架结构的自振周期（考虑了刚性楼板），一般都会得到长于实测或经验公式的结果，主要原因可能是高估了结构质量和忽略了填充墙的抗侧刚度。简单的修正方法是对求出来的周期乘上一个周期折减系数，然后再用于结果的整理。因为 push-over 本质上是一种静力方法，所有这种修正实际上与程序无关。

周期折减系数的取值方法可以在很多资料中查到，要注意的是当结构的侧向变形达到一定范围后，由于填充墙的逐渐破坏，周期折减系数要相应调整，以反映填充墙抗侧刚度的降低甚至消失。

如果考虑得精确一些，在模型中设置可以有刚度变化的墙板单元或斜支撑单元来模拟墙充墙，就能够使分析进一步简化。但是这种单元的抗侧刚度取值目前似还没有定论，需要进一步的研究。

2. 三维模型和二维模型的比较

如果三维模型在某个方向上是（质量和刚度）对称且均匀的，那么将其简化为这个方向的二维模型后，所求出的自振周期应当是准确的。如果三维模型不对称均匀，将其简化为二维模型后，求出的周期值就会偏小。另外，由于二维模型不能反映由于偏心等造成的扭转，会低估结构的反应，尤其是远离刚度中心的构件。

三维模型中一般采用刚性楼板假定，但对于有错层或楼板开大孔洞（如室内天井）的情况，就应慎重处理。现有的可进行三维分析的程序中，有的采用了刚性楼板假定，有的没有采用，在选用时要注意。这个问题在二维模型中不明显，通常都假定梁轴向不变形，或者说梁两端的水平位移相等。

在 push-over 分析中，因为需要判断构件是否进入了塑性阶段，所以在三维模型中还存在许多问题。对于双向偏心受力的柱子，它的 $M—N$ 关系是一个三维曲面，这个曲面的方程如何确定就是一个应用中必须回答的问题。一般情况下，柱子截面关于两个轴的尺寸和承载力不同，使得这个问题更加复杂。在 SCM-3D 中，采用了最简化的处理，即分别做出两个轴的 $M—N$ 曲线（实线）后，将对应点相连（虚线），如图 5-7-9 所示。对梁而言，如果要考虑双向弯曲和扭转破坏，也存在这样的问题。好在目前基本构件的理论已经较为成熟，有许多资料可资利用，混凝土规范中就给出了近似计算公式。如果采用二维模型进行 push-over 分析，就不存在这些问题。

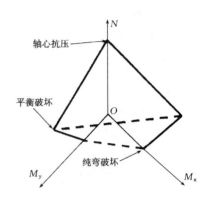

图 5-7-9　柱子的空间 $M—N$ 关系

3. Push-over 方法与时程分析法计算结果的比较

前面所做的三个例子分别取自文献［1］和文献［2］，这两篇文献中，都对结构进行了时程分析，因此可以做一个简单的对比。

例题 1 和例题 2 取自文献［1］。这篇论文中描述了两幢房屋（以及其他一些房屋）的实际破坏情况，主要内容是强调在相同加速度幅值条件下用不同的地震时程计算所得的结果会有较大的差异，应慎重选用。对于遭遇 9 度地震的岩帅茶厂，合理的最大层间位移角计算值应为 1/100 左右，一层破坏较严重，三层基本完好；Push-over 分析所得的层间位移角约为 1/70～1/80。对于遭遇 8 度地震的耿马县商业局服务公司综合门市，最大层间位移角计算值约为 1/150，破坏情况比例题 1 稍严重（施工质量不佳），Push-over 分析所得的层间位移角约为 1/200。

例题 3 取自文献［2］。在 3% 超越概率地震波作用下的最大层间位移角计算值约为 1/45，Push-over 在 1/100～1/125 之间；在 63% 超越概率地震波作用下的最大层间位移角计算值约为 1/200～1/250，Push-over 在 1/650 左右。实际破坏情况是 1～3 层比较严重，"从柱的破坏情况看，地震时层间位移在 $H/250$～$H/350$ 之间。" Push-over 计算的基本烈度时层间位移角约为 1/285。

4. 对不规则框架、有加强措施的砌体结构、耗能减震结构的应用的几点思考

将 push-over 方法应用于规则的框架结构的计算，目前已没有太大的问题。对于体型复杂的结构，则还有许多工作要做。主要应考虑的因素是如何利用这种静力分析方法来考虑结构在地震作用下的扭转变形及其引起的不利内力，目前这方面的研究还主要是进行与三维时程分析的结果对比，结合理论分析来进行探索。另外，如何根据结构本身的特性来拟定水平力的空间分布、在结构的不同工作阶段是否需要对水平力的空间分布规律进行调整、二维分析与三维分析之间的近似程度如何、对不同类型结构的计算准确性等问题，尚待进一步的研究。

将 push-over 方法应用于有构造柱和圈梁的砌体结构房屋以及采取了其他一些加强措施的砌体房屋，墙体抗侧移时的力-位移关系应按约束砌体考虑，简单说，就是这种墙片在位移达到一定限值后，其抗侧能力不会象无构造措施的墙片那样迅速降低和消失，而是

能够在开裂以后的较长的阶段内保持相当的抗侧移刚度和承载力,也就是具有一定的延性。对这类房屋进行 push-over 分析时,模型完全由墙片构成,因此主要的问题就是墙片的刚度及其变化规律如何表达,或者说墙片的破坏准则如何确定。

将 push-over 方法应用于带有耗能装置的结构,目前我们采用的方法是将耗能装置作为结构的构件反映在模型中,但是这类特殊构件的刚度表达式及其随侧向位移的增大而变化的规律不同于梁、柱。这方面要做的工作主要是通过实验手段得到耗能器的相关参数。

参 考 文 献

[1] Giuseppe Faella. Evaluation of the R/C Structures Seismic Response by Means of Nonlinear Satic Push-over Analyses [R]. 11th World Conference on Earthquake Engineering, Mexico, 1996, Paper No.1146
[2] 叶燎原,王建祥. 从几幢典型房屋的时程分析结果看地震波选择的重要性[J]. 云南建筑,1992,(1)
[3] 叶燎原,肖梅玲. 丽江物资大厦的震害机理及加固分析[J]. 地震工程与工程振动,1999,19(1)

(云南工业大学　叶燎原　潘　文)

5.7.2 分析方法的改进

一、引　言

由于时程分析法能够计算地震反应全过程中各时刻结构的内力和变形状态,给出结构的开裂和屈服的顺序,发现应力和塑性变形集中的部位,从而判明结构的屈服机制、薄弱环节及可能的破坏类型,因此被认为是结构弹塑性分析的最可靠方法。目前,对一些特殊的、复杂的重要结构愈来愈多地利用时程分析法进行计算分析,许多国家已将其纳入规范。但是,时程分析法分析技术复杂、计算耗费机时,计算工作量大、结果处理繁杂,且许多问题在理论上还有待改进(如输入地震动及构件恢复力模型的不确定性等),各规范有关时程分析法的规定又缺乏可操作性,因此在实际工程抗震设计中该方法并没有得到广泛的应用,通常仅限于理论研究中。鉴于上述背景,寻求一种简化的评估方法,使其能在某种近似程度上了解结构在强震作用下的弹塑性反应性能,这将具有一定的应用价值。静力弹塑性分析(Static Push-over Analysis,以下简称 POA)作为一种结构非线性响应的简化计算方法,在多数情况下它能够得出比静力弹性甚至动力分析更多的重要信息,且操作简便,近来引起了广大学者和工程设计人员的关注。

二、静力弹塑性分析法尚存缺陷

1. 静力弹塑性分析法的基本假定

静力弹塑性分析法没有特别严密的理论基础,其基本假定为:

(1) 结构(实际工程中一般为多自由度体系,以下简称 MDOF)的响应与一等效单自由度体系(以下简称 SDOF)相关,这就意味着结构响应仅由结构的第一振型控制;

(2) 结构沿高度的变形由形状向量 $\{\phi\}$ 表示（见图 5-7-10），在整个地震反应过程中，不管结构的变形大小，形状向量 $\{\phi\}$ 保持不变。

尽管上述两个假定在理论上不完全正确，但已有的研究表明[4]、[8]，对于响应以第一振型为主的结构最大地震反应，静力弹塑性分析法可以得到合理的估计。

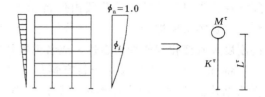

图 5-7-10 多质点体系等效为单质点体系示意图

将结构转化为与其等效的 SDOF 系统的公式并不唯一，但等效原则大致相同，即均通过结构 MDOF 的动力方程进行等效。众所周知，结构在地面运动下的动力微分方程为

$$[M]\{\ddot{X}\}+[C]\{\dot{X}\}+\{Q\}=-[M]\{1\}\ddot{X}_g \quad (5\text{-}7\text{-}2)$$

式中　$[M]$ ——结构质量矩阵；

$[C]$ ——结构阻尼矩阵；

$[X]$ ——结构相对位移向量；

$[Q]$ ——结构层间恢复力向量，$\{Q\}=[K]\{X\}$，其中 $[K]$ 为结构刚度矩阵；

X_g ——地震动加速度时程。

由于在地震工程中研究的地震动过程 $\{\ddot{X}\}_g$ 极不规则，无法将全过程用一解析式表示，所以上式只能通过数值计算求解。而在 POA 方法中，根据其假定可以将结构相对位移向量 $\{X\}$ 由结构顶点位移 x_t 和形状向量 $\{\phi\}$ 表示如下：

$$\{X\}=\{\phi\}x_t \quad (5\text{-}7\text{-}3)$$

于是式（5-7-2）可写为

$$[M]\{\phi\}\ddot{x}_t+[C]\{\phi\}\dot{x}_t+\{Q\}=-[M]\{1\}\ddot{X}_g \quad (5\text{-}7\text{-}4)$$

如果定义等效单自由度体系（SDOF）参考位移 x^r 为

$$x^r=\frac{\{\phi\}^T[M]\{\phi\}}{\{\phi\}^T[M]\{I\}}x_t \quad (5\text{-}7\text{-}5)$$

用 $\{\phi\}^T$ 前乘方程（5-7-4），并用方程（5-7-5）替换 x_t，则将结构（MDOF）在地面运动下的动力微分方程转化为等效单自由度体系（SDOF）的动力微分方程如下：

$$M^r\ddot{x}^r+C^r\dot{x}^r+Q^r=-M^r\ddot{x}_g \quad (5\text{-}7\text{-}6)$$

式中 M^r、C^r、Q^r 分别为 SDOF 体系的等效质量、阻尼和恢复力。这里仅列出美国 FEMA (1998)[4]、Krawinkler (1998)[8] 提出的计算方法。

$$M^r=\{\phi\}^T[M]\{1\} \quad (5\text{-}7\text{-}7)$$

$$Q^r=\{\phi\}^T[P_y] \quad (5\text{-}7\text{-}8)$$

$$C_r=\{\phi\}^T[C]\{\phi\}\frac{\{\phi\}^T[M]\{1\}}{\{\phi\}^T[M]\{\phi\}} \quad (5\text{-}7\text{-}9)$$

式（5-7-8）中，$[P_y]$ 为 MDOF 体系屈服时楼层荷载向量。

等效 SDOF 体系的周期 T_{eq}（K^r 为等效刚度）计算如下：

$$T_{eq}=2\pi\sqrt{\frac{M^r}{K^r}} \quad ((5\text{-}7\text{-}10)$$

2. 静力弹塑性分析法的尚存局限

静力弹塑性分析法的具体实施方法虽略有不同，但其基本步骤大致如下：

(1) 确定结构各单元的恢复力模型；
(2) 确定结构的目标位移；
(3) 选择合理的水平荷载模式，将荷载施加于结构上，逐渐增大荷载，结构构件相继屈服，随之修改其刚度，直到达到结构目标位移，对结构性能进行评判。

对结构目标位移的确定，在结构等效为 SDOF 体系，可利用弹塑性反应谱直接得到，也可以通过对等效 SDOF 进行动力时程分析。由于我国抗震规范[1]未给出弹塑性反应谱，本文通过后一种方法计算结构的目标位移。等效 SDOF 的恢复力模型简化为如图 5-7-12 所示的二折线，简化方法如图 5-7-11。选择拟合规范反应谱较好的输入地震记录（加速度反应谱见图 5-7-13），样本容量取 3 条实际地震波＋1 条人造地震波，计算 SDOF 的最大弹塑性位移，从而确定结构的目标位移。

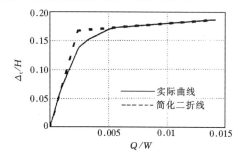

图 5-7-11 结构底部剪力/结构重量-顶点位移/总高度关系图

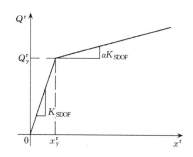

图 5-7-12 等效 SDOF 力-位移关系图

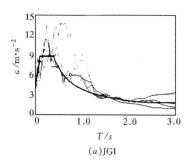
(a) JG1

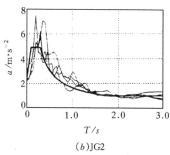
(b) JG2

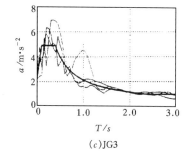
(c) JG3

图 5-7-13 输入地震记录的加速度反应谱

由上述步骤可见：结构目标位移的确定和水平荷载模式的选择，将直接影响静力弹塑性分析法对结构抗震性能的评估结果。静力弹塑性分析法目前尚存在的某些缺陷，也主要反映在这两个方面。

三、本文对静力弹塑性分析法的研究

本文采用 Gibson 单分量模型，仅考虑杆件两端的屈服，对柱、梁分为两种单元进行判断。柱单元考虑轴力和弯矩的相互作用；梁单元的屈服仅考虑梁的弯矩影响。按混凝土和钢筋强度标准值、截面实配钢筋确定构件的特征点，其中图 5-7-12 中 α 取 1%。

本文采用三种水平荷载模式（依次编号为模式 A、B 和 C），对不同的结构进行分析评判，并与动力时程分析法的计算结果比较，选择了一种更合理的水平荷载模式。

对于模式 A：

$$P_i = \frac{W_i h_i}{\sum_{m=1}^{n} W_m h_m} \tag{5-7-11}$$

对于模式 $B^{[4]}$：

$$P_i = \frac{W_i h_i^k}{\sum_{m=1}^{n} W_m h_m^k} V_b \tag{5-7-12}$$

其中，n 为结构总层数；h_i、h_m 为结构 i、m 层楼面距地面的高度；W_i、W_m 为结构第 i、m 层的楼层重力荷载代表值；对指数 k 规定为：

$$k = \begin{cases} 1.0 & T \leqslant 0.5\text{s} \\ 1.0 + \dfrac{5 - 0.5}{2.5 - 0.5} & 0.5\text{s} < T < 2.5\text{s} \\ 2.0 & T \geqslant 2.5\text{s} \end{cases} \tag{5-7-13}$$

式（5-7-13）中，T 为结构基本周期。可见当结构基本周期小于或等于 0.5s 时，模式 A 与模式 B 完全相同。

对于模式 C：

由于加载前一步的周期和振型已知，根据振型分解反应谱法平方和开平方（SRSS），计算结构各楼层的层间剪力，由各层层间剪力反算各层水平荷载，作为下一步的水平荷载模式。设 j 振型下 i 层的水平荷载、层间剪力为 F_{ij}、Q_{ij}，N 个振型 SRSS 组合后 i 层剪力为 Q_i，i 层等价水平荷载为 P_i，则模式 C 计算步骤如下：

$$F_{ij} = \alpha_j \gamma_j X_{ij} W_i \tag{5-7-14}$$

$$Q_{ij} = \sum_{m=i}^{n} F_{mj} \tag{5-7-15}$$

$$Q_i = \sqrt{\sum_{j=1}^{N} Q_{ij}} \tag{5-7-16}$$

$$P_i = Q_i - Q_{i+1} \tag{5-7-17}$$

其中，α_j 为加载前一步的第 j 周期对应的地震影响系数，按修订稿罕遇地震影响系数曲线计算；X_{ij} 为加载前一步的第 j 振型第 i 层质点的水平相对位移；γ_j 为加载前一步的第 j 振型参与系数；N 为考虑的振型个数（本文仅考虑前三个振型）；n 为结构总层数；W_i 为结构第 i 层的楼层重力荷载代表值。

本文以 8、12 和 15 层的框架为研究对象，依次编号为 JG1、JG2 和 JG3，其截面均按 PK 配筋。结构计算简图如图 5-7-14，具体参数如下。

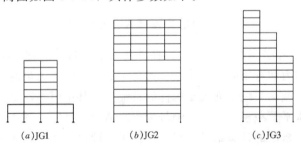

图 5-7-14 结构计算简图

5.7 建筑结构静力弹塑性分析方法

JG1底部两层层高为3.6m，其余层高均为3.0m，共8层，总高度为25.2m，柱距为6.0m。柱截面尺寸为：450mm×450mm（1～6层边柱，3～6层中柱）、500mm×500mm（1～2层中柱）、400mm×400mm（7～8层），梁截面尺寸均为250mm×500mm，混凝土强度等级为C20，设防烈度为8度，场地卓越周期T_g为0.40s。结构基本周期为1.376s。在设计完成后，在第3层增加质量30t，对原设计未进行抗震复核。

JG2除第7层层高为5.4m外，其余层高均为3.3m，共12层，总高度为41.7m，柱距为12.0m（1～7层）、6.0m（8～12层）。柱截面尺寸为：700mm×700mm（1～7层边柱，8～12层柱）、900mm×900mm（1～7层中柱）。梁截面尺寸为300mm×900mm（1～6层）、600mm×1800mm（7层）和300mm×600mm（8～12层）。混凝土强度等级为C35，设防烈度为8度，场地卓越周期T_g为0.30s。结构基本周期为1.514s。

JG3层高均为3.0m，共15层，总高度为45m，柱距为6.0m。柱截面尺寸为：450mm×450mm（1～5层边柱）、600mm×600mm（1～5层中柱）、400mm×450mm（6～16层边柱）、500mm×500mm（6～16层中柱），梁截面尺寸：500mm×1550mm（第9层，模拟加强层刚度突变），其余各层均为250mm×550mm，混凝土强度等级为C40，设防烈度为7度，场地卓越周期T_g为0.40s。结构基本周期为1.808s。

上述3结构等效SDOF体系的参数见表5-7-1。

等效SDOF体系的参数　　　　　　　　　　　　　　　表5-7-1

结构编号	M^r (kg)	T_{eq} (s) [T_1]	x_y (s) (m)	$e=x^r/x_t$	α
JG1	250229.50	1.394 [1.376]	0.0625	0.721	0.033
JG2	797351.44	1.544 [1.514]	0.0672	0.805	0.037
JG3	536080.88	1.893 [1.808]	0.0693	0.697	0.030

注：T_1为结构第一周期。

本文对框架结构输入地震波进行时程分析（分析程序为PFEP），得到结构的顶点最大位移x_t；然后将结构等效为SDOF体系，输入同样的地震记录，计算出最大位移，反算出结构的等效顶点位移x_t^*；结构计算结果对比见表5-7-2。

由表5-7-2可以发现，有些地震记录计算的x_t与x_t^*相差较大，究其原因：① 与地震波自身的频谱特性有关。地震记录的弹性反应谱不象规范设计反应谱那样光滑，有些记录在结构基本周期段跳动，因而对等效周期与结构基本周期的差异比较敏感；② 在确定SDOF结构的屈服位移时，将计算得到的底部剪力—顶点位移曲线简化为二折线时有误差。

结构顶点位移（x_t）与等效顶点位移（x_t^*）对比（m）　　　　表5-7-2

结构	地震编号	x_t	x_t^*	结构	地震编号	x_t	x_t^*	结构	地震编号	x_t	x_t^*
JG1	USA00161	0.188	0.254	JG2	USA00118	0.098	0.100	JG3	USA00115	0.143	0.176
	USA00863	0.258	0.212		USA00193	0.105	0.088		USA00868	0.148	0.176
	USA00868	0.152	0.155		USA00293	0.082	0.076		USA01183	0.145	0.179
	AW02	0.194	0.232		AW027	0.108	0.106		AW010	0.147	0.143
	平均值	0.198	0.213		平均值	0.098	0.093		平均值	0.146	0.168

注：以AW开头编号的为拟合规范（GBJ 11—89）设计反应谱的人造地震记录。

本文取结构的目标位移为等效顶点位移的平均值+1倍标准差[4]，JG1、JG2 和 JG3 的目标位移分别为 0.250、0.104 和 0.185。

图 5-7-15 给出了结构在不同水平荷载模式的底部剪力—顶点位移曲线，图 5-7-16 给出了结构最大层间弹塑性位移角分布图，图 5-7-17 给出了结构在不同水平荷载模式的最大层间剪力分布图。

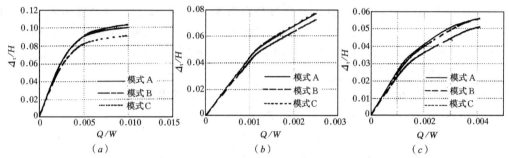

图 5-7-15　结构底部剪力/结构重量（Q/W）-顶点位移/总高度（Δ_t/H）曲线
(a) JG1；(b) JG2；(c) JG3

由图 5-7-16 可以发现：由于模式 C 考虑了结构前几振型的影响，其对结构的响应估计较其他模式更接近于时程分析结果。且从理论上讲，模式 C 采用了加载每一步结构瞬时周期、瞬时振型，因而更加合理。

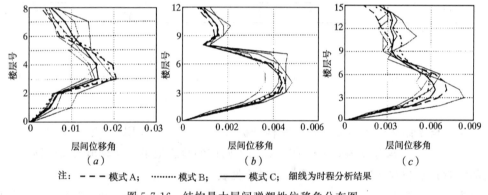

注：-- 模式 A；······ 模式 B；—— 模式 C；细线为时程分析结果

图 5-7-16　结构最大层间弹塑性位移角分布图
(a) JG1；(b) JG2；(c) JG3

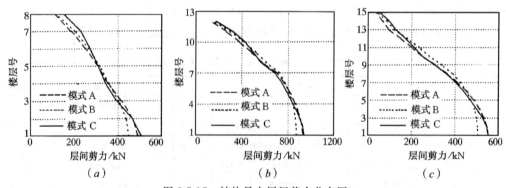

图 5-7-17　结构最大层间剪力分布图
(a) JG1；(b) JG2；(c) JG3

图 5-7-18 给出了模式 C 结构加载过程中第一振型的变化曲线。图 5-7-18 中仅画出具有代表性的 4 条瞬时振型曲线，其中 S1 为结构的初始振型；S4 为结构的终止振型；S2、S3 表示加载过程中，杆件的相继屈服，结构振型发生变化。这种结构振型改变是模式 A、B 无法描述的。

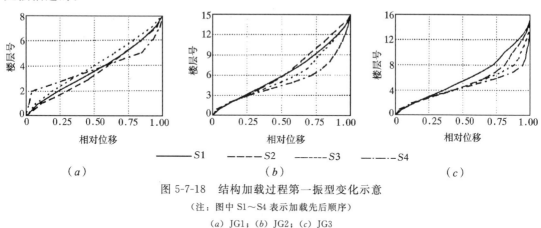

图 5-7-18 结构加载过程第一振型变化示意
(注：图中 S1~S4 表示加载先后顺序)
(a) JG1；(b) JG2；(c) JG3

从图 5-7-19 可以发现，由于 JG1 未按抗震规范设计，出现了很多柱铰，而 JG2 和 JG3 仅出现少量柱铰，即使 JG2 转换层大梁也未屈服，由于该层为强梁弱柱，与大梁相连的柱不可避免地出现了塑性铰。这也说明，各国抗震规范积累了过去多次地震震害经验，接纳了成熟的科研成果，虽然尚存有待完善之处，但是在实际工程设计中，严格按照抗震规范进行设计是必要的。

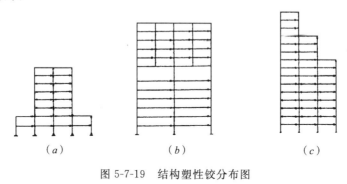

图 5-7-19 结构塑性铰分布图
(a) JG1；(b) JG2；(c) JG3

四、结　论

本文采用三种水平荷载模式对结构进行弹塑性性能评估，并与动力时程分析进行对比，发现对于本文的算例，由于高振型影响并不显著，因此三种荷载模式差别不太大，但模式 C 更为合理。所以建议静力弹塑性分析法优先选择采用模式 C。

参　考　文　献

[1] 中华人民共和国标准. 建筑抗震设计规范 (GBJ 11—89). 北京：中国建筑工业出版社

[2] Uniform Building Code [S]. Volume 2, UBC94, Structural Engineering Design Provisions, 1999
[3] European Prestandard, Eurocode 8 [S]. CEN, ENV 1998-1-1, 1994
[4] Federal Emergency Management Agency. Guidelines and Commentary for the Seismic Rehabilitation of Buildings [S]. FEMA 273 & 274, 1998
[5] Vojko Kilar. Simple Push-over Analysis of Asymmetric Buildings [J]. Earthquake Engineering and Structural Dynamics, 1997, 26: 233~249
[6] Peter Fajfar. Simple Push-over Analysis of Buildings Structures [R]. 11th World Conference on Earthquake Engineering, Acapulco, Mexico, 1996
[7] Giuseppe Faella. Evaluation of the R/C Structures Seismic Response by Means of Nonlinear Static Push-over Analysis [R]. 11th World Conference on Earthquake Engineering, Acapulco, Mexico, 1996
[8] Helmut Krawinkler. Pros and Cons of a Push-over Analysis of Seismic Performance Evaluation [J]. Engineering Structures, 1998, 20: 452~464
[9] Mehdl Salidl. Simple Nonlinear Seismic Analysis of R/C Structures [J]. ASCE, May, 1981, 107, No. ST5. 937~951
[10] R Scott Lawson. Nonlinear Static Push-over Analysis—Why, When, and How? [C]. 5th U. S. National Conference on Earthquake Engineering, Chicago, USA, 1994. 283~292

(重庆建筑大学　杨　薄　李英民　赖　明　中国建筑科学研究院　王亚勇)

第六章 混凝土结构抗震设计

6.1 引 言

多层和高层钢筋混凝土结构的房屋,是我国大量使用的结构类型。2001 规范将按照适度提高结构抗震安全度的总要求,对钢筋混凝土结构的抗震设计规定,主要拟作以下修订:
(1) 新增筒体和板柱抗震墙结构类型;
(2) 调整抗震等级,明确地下室、裙房的抗震等级;
(3) 调整体现强柱弱梁、强剪弱弯等的内力增大系数;
(4) 用柱剪跨比代替高宽比,合理判别长短柱;
(5) 用柱的配箍特征值和体积配箍率代替单一的配箍率要求;
(6) 根据国内外试验研究成果提出放宽柱轴压比限值的措施,包括调整配箍特征值;
(7) 新增防震缝两侧设置抗撞墙的抗震措施;
(8) 补充有关框支结构的抗震措施;
(9) 明确地下室顶板作为上部结构计算的嵌固端的必要条件;
(10) 增大柱纵向钢筋的最小配筋率;
(11) 补充并调整抗震墙设计和构造措施;
(12) 新增扁梁、扁梁节点和圆柱节点的抗震设计方法;
(13) 调整节点核芯区受剪承载力计算公式;
(14) 新增转换层结构设计要求;
(15) 新增高强混凝土结构和预应力混凝土结构抗震设计要点。
以下对若干可能的修订作一些说明。

一、一 般 规 定

1. 增加筒体和板柱结构体系。筒体结构包括框架-核心筒和筒中筒结构。板柱体系包括板柱-抗震墙和板柱-框架体系。筒体结构中有少量板柱结构时,不按板柱体系考虑。

2. 调整部分结构体系的抗震等级。对 8 度设防的框架和框架-抗震墙结构,部分提高了抗震等级。确定框架-抗震墙结构抗震等级考虑墙量的因素,改用楼层最大弹性层间位移进行判别,与第五章中抗震变形验算的要求相适应。从概念上符合抗震墙较少时将趋向框架结构的抗震等级。

补充规定地下室结构和与主体结构相连裙房的抗震等级。当结构高度接近区分抗震等级的界限时,应结合房屋不规则程度及场地、地基条件,来综合确定抗震等级。

3. 设防烈度为 8、9 度的框架结构,当防震缝两侧框架高度、刚度、或层高相差较大时,可采取设抗撞墙的措施。

4. 用跨高比和剪压比定义抗震墙的弱连梁，代替 89 规范用连梁约束弯矩比值的方法。

5. 规定了各类抗震墙底部加强部位的范围。

6. 规定了带地下室的高层建筑以地下室顶板处作为结构底部嵌固部位的具体要求。

二、计 算 要 点

1. 9 度设防框架和一级框架结构列为同一档次考虑强柱弱梁。其他抗震等级的框架分别采用不同强柱系数，比 89 规范略有提高，并且三级也要考虑强柱系数。

2. 规定框架梁、抗震墙连梁、框架柱和抗震墙底部加强部位的剪力增大系数，比 89 规范略有提高，且包括三级。

3. 一、二级框架结构的角柱应考虑弯矩及剪力增大系数。

4. 三级框架的高度接近二级和三级框架梁柱节点核心区混凝土强度低于柱混凝土强度的 70% 时，应进行节点核心区受剪承载力验算。

5. 对于沿竖向刚度相差较大的框架-抗震墙结构，规定了框架部分最小地震力的要求。

6. 纵横相连的抗震墙，在计算内力和变形时，对翼墙有效长度的取值比 89 规范有所增大。

7. 对框支结构落地抗震墙的受剪承载力验算只考虑墙体的有约束部分，无地下室时抗震墙与基础交接处根据压应力情况设置防滑移的交插斜筋。

8. 规定框支柱最小地震剪力和地震附加轴力增大系数。

三、框架结构抗震构造措施

1. 规定梁宽大于柱宽的宽扁梁的设计、构造要求。
2. 用剪跨比代替高宽比区分长柱和短柱。
3. 规定柱轴压比可以调整的条件。
4. 柱截面纵向钢筋最小总配筋率比 89 规范提高 0.1%～0.2%。
5. 用含箍特征值表达柱箍筋加密区的配筋率。

四、抗震墙设计

相比 89 规范，这次修订对抗震墙设计有较大的改动和补充。

1. 抗震等级为一、二级的抗震墙体，一字形及 T 字形截面抗震墙都要求计算底部加强部位在重力荷载作用下的平均轴压比。

2. 根据规定的轴压比限值判别截面是否满足抗震要求，从而进一步按相应轴压比限值确定设置约束边缘构件，包括约束边缘构件的范围、配箍特征值。

3. 降低了 89 规范对构造边缘构件要求。

五、框架-抗震墙结构

1. 补充抗震墙边缘构件的构造要求。
2. 对抗震墙边柱截面及配筋提出要求，包括对边柱拉力的限制。

六、板 柱 结 构

1. 板柱框架与抗震墙或梁柱框架协同工作的内力分配关系。
2. 按等代框架计算时，等代梁有效宽度的取值。
3. 柱上板带或暗梁的配筋构造要求。

七、筒 体 结 构

1. 筒体结构中加强层的应用范围及设计要求。
2. 核心筒的设计要求。
3. 框筒结构的设计要求。

八、附 录

1. 关于框架梁柱节点核心区抗震验算

对框架梁柱节点核心区的剪力及受剪承载力计算公式进行调整。

补充宽扁梁节点核心区的受剪承载力计算。

补充圆柱梁节点核心区的受剪承载力计算。

2. 关于带有落地筒体的转换层结构抗震设计要求

主要包括：对高位转换和厚板转换层的应用限制；

转换层传给抗震筒体的剪力，应考虑的增大系数及取值；

施加于转换层的倾覆力矩，应考虑的增大系数及取值。

3. 关于高强混凝土结构抗震设计要求

包括：高强度混凝土的应用范围；

梁受压区高度比及受剪承载力；

柱轴压比、柱纵向配筋率及含箍特征值应考虑的调整系数和调整数值。

4. 关于预应力混凝土结构抗震设计要求

包括：无粘结预应力的应用范围及限制；

框架梁柱的预应力筋及非预应力筋应占的比值；

预应力框架梁柱节点及预应力板柱-框架结构的专门要求。

（北京市建筑设计研究院　胡庆昌）

6.2 混凝土延性框架抗震设计方法

一、地 震 作 用

1. 美国 UBC1997 要求对平面不规则的双向框架考虑双向地震作用，例如，地震作用对柱轴力按 $N_{ex}+0.3N_{ey}$ 考虑。
2. 新西兰规范 DZ3101 1994 对一般规则的延性框架也要求考虑双向地震作用，考虑的方法有两种：

(1) 双向框架梁均出现塑性铰，柱按双向受弯、受剪考虑。

(2) 按单向框架分别考虑。计算时考虑梁对柱的最大可能影响。包括强柱、强剪及高振型影响等，用加强系数的简化方法，考虑双轴效应。规范附录中介绍一种多层延性框架简化设计方法。

3. 欧洲 Eurocode 8 1996 对延性等级 DC"H"的框架柱要求考虑双轴地震作用。对延性等级 DC"M"和 DC"L"则可按简化法考虑双轴作用，即将受弯承载力乘以折减系数 0.7。

4. 日本结构设计指南 1994 AIJ 要求计算双向框架柱的轴力时应考虑正交方向框架由地震作用引起轴力的 50%。

例如，作用在抗震墙的轴力 N_w

$$N_w = N_L + N_E + N'_E \quad (6\text{-}2\text{-}1)$$

式中 N_L——长期轴力；$N_L = N_{L1} + N_{L2}$；

N_E——地震作用下，抗震墙平面内边界梁传来的轴力：

$$N_E = |\Sigma Q_{E1} - \Sigma Q_{E2}|$$

N'_E——正交梁传来的地震作用引起的轴力：

$$N'_E = (\Sigma Q'_{E1} + \Sigma Q'_{E2}) \times 0.5$$

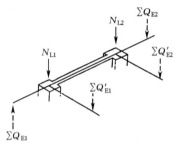

图 6-2-1

5. 我国建筑抗震设计规范 GBJ 11—89 未明确考虑双向地震作用，在此次修订稿中只提出"质量和刚度明显不均匀、不对称的结构，应考虑双向水平地震作用下的扭转影响"。

二、框架柱轴压比

1. 美国 UBC97 及 ACI 318—95 对柱轴压比未提出明确要求，但在轴向受压承载力设计值 P_n 计算中引入降低系数 0.80 和 0.85 考虑了意外偏心及混凝土强度不足等影响。

$$P_n = 0.85\phi[0.85f'_c(A_g - A_{st}) + f_y A_{st}], 螺旋箍 \phi = 0.75 \quad (6\text{-}2\text{-}2)$$

$$P_n = 0.80\phi[0.85f'_c(A_g - A_{st}) + f_y A_{st}], 矩形箍 \phi = 0.70 \quad (6\text{-}2\text{-}3)$$

上式可写为：$P_n = 0.638[0.85f'_c(A_g - A_{st}) + f_y A_{st}]$，螺旋箍

$P_n = 0.56[0.85f'_c(A_g - A_{st}) + f_y A_{st}]$，矩形箍

近似考虑：$f_y \approx 10 f'_c$，柱配筋率为 $1\% \sim 4\%$，轴向荷载设计值 $\approx P_n$。

则：

$$\frac{P_n}{f'_c A_g} = 0.53 \sim 0.70 (矩形箍) \quad (6\text{-}2\text{-}4)$$

$$= 0.6 \sim 0.80 (螺旋箍) \quad (6\text{-}2\text{-}5)$$

以上比值相当于考虑纵筋作用的轴压比限值。

2. 新西兰对抗震框架柱轴向受压荷载有以下限值：

$$N \leqslant 0.7\phi N_0 \quad (6\text{-}2\text{-}6)$$

式中 N——轴向受压荷载设计值（包括地震作用引起的轴力）；

N_0——中心受压承载力：

$$N_0 = a_1 f'_c(A_g - A_{st}) + f_y A_{st} \quad (6\text{-}2\text{-}7)$$

当 $f'_c > 55\text{MPa}, a_1 = 0.85 - 0.004(f'_c - 55), a_1 \geqslant 0.75$

当 $f'_c \leqslant 55\text{MPa}, a_1 = 0.85$

式中　ϕ——稳定系数，$\phi = 0.85$；

　　　A_g——柱截面毛面积；

　　　A_{st}——柱纵筋总面积；

　　　f_y——柱纵筋抗拉强度设计值；

　　　f'_c——混凝土抗压强度设计值。

当 $f'_c \leqslant 55\text{MPa}$，配筋率为 1/100 时（$A_{st}/A_g = 0.01$），设 $f_y \approx 10 f'_c$，代入上式，得 $N/(f'_c A_g) = 0.6$，与 UBC 接近。

新西兰 NZS3101，1982 规定 N 取以下二式中的较小值：

$$N \leqslant 0.7 \phi N_0$$
$$N \leqslant 0.7 f'_c A_g$$

DZS3101（NZS3101，1994）只考虑第一式，放宽了轴压比要求，但当轴压比>0.6时，配箍量比 NZS3101，1982 有较大幅度提高，参见图 6-2-11。

3. Eurocode 8 对柱轴压比的要求，按延性等级分类表 6-2-1，

$$\gamma_d = N_{sd}/(A_c f_{cd})$$
$$f_{cd} = 0.75 f_{ck}$$
$$= 0.75 \times 0.8 f_{cuk}$$
$$= 0.75 \times 0.8 \times 2 f_c$$
$$= 1.2 f_c$$

表 6-2-1

延　性　分　类	DC "H"	DC "M"	DC "L"
轴压比	≤0.50	≤0.65	≤0.75
轴压比按 f_c	≤0.60	≤0.78	≤0.90
轴压比按 f'_c	≤0.34	≤0.44	≤0.51

式中　N_{sd}——组合轴力设计值；

　　　A_c——柱截面面积；

　　　f_{cd}——混凝土抗压强度设计值。

4. 日本结构设计指南 AIJ 1994

(1) 对一般框架柱轴压比的限值：

$$\frac{1}{3} < \frac{N_c}{A_c F_c} \leqslant \frac{2}{3} \quad (6\text{-}2\text{-}8)$$

式中　N_c——柱轴向荷载设计值（包括地震作用引起的轴力）；

　　　A_c——柱截面面积；

　　　F_c——混凝土抗压强度设计值。

轴压比 1/3 是根据日本试验研究，对应于柱高宽比=5，层间变形角为 1/100，位移延性系数 $\mu_\Delta = 2$ 的情况（见铁筋ユンケリート构造计算规律）。当柱轴压比 $< \frac{1}{3}$，柱的最大变

形能力可以达到 1/50，当轴压比 $>\dfrac{1}{3}$，为了保证变形能力需要特殊约束，但轴压上限不宜超过 $\dfrac{2}{3}A_c F_c$。所谓特殊约束包括箍筋直径不小于 $\phi 10$，肢距不大于 200mm，间距不大于 100mm 等要求（图 6-2-2）。日本已进行高轴压柱的试验，一种是不变轴压 $0.6A_c F_c$，另一种柱承受压（$N_c = 0.75 A_c F_c$）荷载及拉（$N_c = -0.25 A_c F_c$）荷载，两种试验都说明高轴压柱在足够的约束条件下仍具有良好的延性，边柱及角柱在强震作用下都可能出现拉力，承受拉弯的柱具有较好的延性，但如受拉纵筋屈服，则再度受压时由于包兴格效应将导致纵筋压屈，因此日本设计指南限制受拉柱的钢筋拉应力不大于 0.75 屈服强度。当轴压比 $N_c/A_c F_c < 1/3$，从理论上讲可以采用单套箍，不需要特殊约束，但是考虑到受剪、粘结劈裂及纵筋压屈等影响，在实际工程设计中，单套箍只用于截面 $\leqslant 400\text{mm} \times 400\text{mm}$ 的柱。

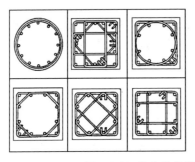 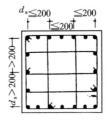

图 6-2-2 特殊约束箍筋构造

箍距 $\leqslant 100\text{mm}$，肢距 $\leqslant 200\text{mm}$，直径 $\geqslant \phi 10$

（2）日本"铁筋ュンヶリート建物の最新耐震设计 1996"広沢雅也等推荐对有特殊约束的柱，当混凝土强度不大于 C60 时，在计算轴压比时可考虑箍筋约束及纵筋的作用。

$$N_c \leqslant \dfrac{1}{3}[(A_g - A_s)(F_c + 4.16\sigma_L) + A_s f_y] \tag{6-2-9}$$

式中 N_c——考虑轴压比要求时，柱的最大轴力

$$N_c \leqslant \dfrac{2}{3} A_g F_c$$

A_g——柱的全截面面积；

A_s——柱的全部纵筋面积；

F_c——混凝土抗压设计强度；

σ_L——封闭箍对抗压强度的贡献，

$$\sigma_L = \dfrac{a_w f_{wy}}{h \cdot s}$$

a_w——封闭箍沿一个方向各肢总面积；

f_{wy}——箍筋屈服强度；

s——箍筋沿竖向间距；

f_y——柱纵筋屈服强度；

h——垂直于箍筋的柱核心边长。

例：柱截面 $A_g = 100\text{cm} \times 100\text{cm}$

6.2 混凝土延性框架抗震设计方法

$$F_c = 300 \text{kg/cm}^2, \quad f_y = 3100 \text{kg/cm}^2, \quad f_{wy} = 4500 \text{kg/cm}^2$$

设 $A_s = \dfrac{1}{100} A_g = 100 \text{cm}^2$

$$\sigma_L = a_w f_{wy}/(h \cdot s) = \frac{6 \times 0.785 \times 4500}{95 \times 10} = 22.31 \text{kg/cm}^2$$

$$N = \frac{1}{3}[(10000-100)(300+4.1 \times 22.31) + 100 \times 3100]$$

$$= 1395.18(\text{t})$$

$$\frac{N}{A_g F_c} = \frac{1395.18}{3000} = 0.47 < \frac{2}{3}$$

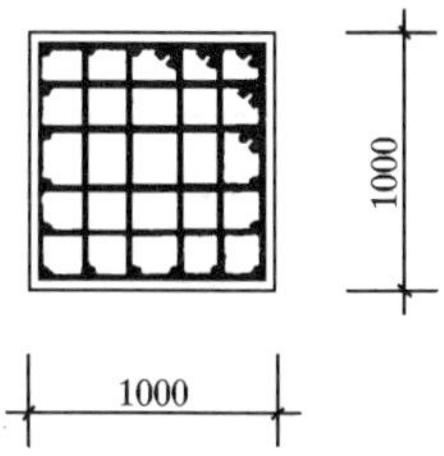

图 6-2-3 箍 ϕ10-100
肢距 190

设 $A_s = \dfrac{4}{100} A_g = 400 \text{cm}^2$

$$N = \frac{1}{3}[(10000-400)(391.47) + 1240000] = 1666(\text{t})$$

$$\frac{N}{A_g F_c} = \frac{1666}{3000} = 0.56 < \frac{2}{3}$$

（3）抗震墙塑性铰部位，边柱的轴力限制：

$$N_w \leqslant \frac{2}{3} A_{core} F_c - A_{ws} f_{wy}, \text{边柱为一般约束} \quad (6\text{-}2\text{-}10)$$

$$N_w \leqslant A_{core} F_c - A_{ws} f_{wy}, \text{边柱为特殊约束} \quad (6\text{-}2\text{-}11)$$

式中 N_w——作用在抗震墙的轴力设计值（包括地震双向作用）；

A_{core}——柱的核心面积；

f_{wy}——墙板内纵向筋的屈服强度；

A_{ws}——墙板内纵向钢筋总面积。

日本设计指南和规准中所论及带边柱抗震墙只是对称截面，两端有柱，配筋相同。据东京大学地震所壁谷泽寿海教授解释这只是一种简化，边柱承受全部轴力包括地震倾覆力矩引起的轴力，腹板只考虑承受剪力。出于两端的柱是假定完全对称，所以只考虑 A_{ws}，在 A_{core} 一项中考虑了混凝土和约束作用。用 A_{core} 代替 A_c 是考虑边柱保护层脱落的影响。抗震墙边柱的轴压比及边柱的约束要求主要是在墙根部塑性铰部位，指南中规定塑性铰范围不大于墙肢截面长度及两层高度二者的较大值。指南中对抗震墙柱的约束规定如表 6-2-2：

表 6-2-2

边柱轴压比	<0.3	0.3~0.6	>0.6
体积配箍率	0.6%	1.2%	1.8%

边柱轴压比 $= \dfrac{N_w + A_{ws} f_{wy}}{A_{core} F_c}$

当中和轴移动到墙内，与边柱邻接部位的抗震墙也需要约束。

（4）对框支柱的轴压比要求：

$$-0.75 A_s f_y \leqslant N \leqslant 0.55 A_c F_c \quad (6\text{-}2\text{-}12)$$

对柱截面要求特殊约束。结合阪神地震经验，建议在柱核心设置暗柱（图 6-2-4）。

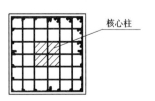

图 6-2-4

5. 轴压比及配箍量比较表（表 6-2-3）。

表 6-2-3

规范名称	轴压比限值	混凝土抗压强度设计值
UBC97 ACI318—95 美国	未明确规定轴压比要求，从柱受压承载力计算公式中显示出当柱配筋率为 1%～4% 时，轴压比为 0.53～0.70	f'_c
新西兰 DZ3101 1994	延性框架 配筋率 1/100　轴压比：0.53 有限延性框架 配筋率 1/100　轴压比：0.73	f'_c
Eurocode 欧洲	DC "H" 0.34 DC "M" 0.44 DC "L" 0.51	f'_c
日本 AIJ	以变形能力≈1/50 为标准 一般构造箍筋≤0.33 特殊约束箍筋 0.33～0.67	$F_c \approx f'_c$
中国* GBJ 11—89	一级　二级　三级 (0.7)　(0.8)　(0.9) 0.39　0.45　0.51	(　) 按 f_c $f'_c \approx 1.78 f_c$

规范名称	轴压比限值	配箍量（参阅图 6-2-10）
中 国*	$0.39^\triangle - 0.51$	配箍量在美国、新西兰之间
日 本	$0.33^\triangle - 0.67$	低轴压时配箍量少
欧 洲	$0.34^\triangle - 0.51$	配箍量最高
新西兰	$0.53^\triangle - 0.73$	高轴压时配箍量比美国高 低轴压时配箍量比美国少
美 国	不要求	柱承载力与新西兰基本相同，但配箍量较高

注：* 与其他国家相比，中国对一般结构不考虑双向地震作用，轴力偏小。
　　△ 最高延性要求。

6. 箍筋对柱的约束作用：

（1）1986 年日本横滨国立大学曾进行约束混凝土矩形截面柱对变形能力影响的试验研究，试件截面 250×250mm，高 500mm（$h/D=2$）。混凝土强度等级为 C30、C45、C60，体积配箍率分别为 3.44%、2.75% 及 2.06%，主筋配筋率为 1.36%，进行单调及反复加载试验（图 6-2-5）。利用 F.E Richart 混凝土承受水平侧压的有效强度 F_{cc} 计算公式进行计算与实验值进行比较。

从图 6-2-6 可以看出，轴力主要由核心混凝土承担，其次为箍筋约束作用，纵筋作用较小。总轴力计算值略小于试验值。此外，混凝土强度愈高，约束作用有下降趋势，当然配箍率减少也有影响。Richart 公式考虑箍筋约束作用的混凝土抗压强度 F_{cc} 为 $(F_c + 4.1\sigma_L)$，可改写为 $(F_c + 2\rho_s f_{wy})$，ρ_s 为体积配箍率。按中国规范可写为：

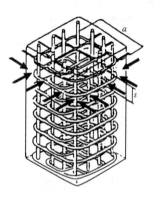

图 6-2-5　混凝土承受箍筋的均等侧压

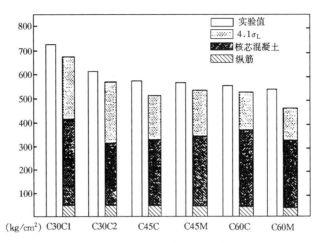

图 6-2-6 Richart 计算值与实验值的比较

$$F_{cc} = F_c + 2\rho_s f_{wy}, \frac{F_{cc}}{F_c} = 1 + \frac{2\rho_s f_{wy}}{F_c}, \frac{f_{cc}}{f_c} = 1 + \frac{2\rho_s f_{wy}}{1.78 f_c} \approx 1 + \frac{\rho_s f_{wy}}{f_c} = 1 + \lambda_v,$$

即 $f_{cc} = f_c(1+\lambda_v)$，或 $f_{cc} = f_c(1+\rho_s f_{wy})$。

f_{cc} 为考虑箍筋约束作用混凝土轴心抗压强度设计值，λ_v 为柱的配筋特征值。

最低构造要求，箍筋肢距不大于 200mm，箍距不大于 100mm，箍距直径不小于 ϕ10。采用螺旋箍，直径不小于 ϕ10，箍筋净距不大于 75mm。

例：$N=1200$t，C30，$f_c=150$kg/cm^2，$f_{wy}=3100$kg/cm^2，Ⅱ级钢，每一方向箍筋用 6ϕ10，肢距 19cm，柱截面为 100cm×100cm，$h=95$cm，箍距为 10cm。

a. 不考虑箍筋约束作用；按 GBJ 11—89:

轴压比 $\lambda_N = \dfrac{N}{A_g f_c} = \dfrac{1200 \times 10^3}{100^2 \times 150} = 0.80$

b. 考虑箍筋约束作用：$\rho_s = \dfrac{4.71 \times 2 \times 95}{95^2 \times 10} = 0.01$

$$\lambda_N = \frac{N}{A_g(F_c + \rho_s f_{wy})} = \frac{1200 \times 10^3}{100^2(150 + 3100 \times 0.01)} = 0.663$$

轴压比，比不考虑箍筋约束作用降低 17%。

1928 年美国 F·E Richart 根据试验提出：

$$F_{cc} = F_c + 2\rho_v f_y$$

式中 F_{cc}——有约束的混凝土抗压强度；

ρ_v——体积配箍率；

f_y——箍筋抗屈服强度。

$$\frac{F_{cc}}{F_c} = 1 + \frac{2\rho_v f_y}{F_c},$$

$$\frac{f_{cc}}{f_c} = 1 + \frac{2\rho_v f_y}{1.78 f_c} \approx 1 + \frac{\rho_v f_y}{f_c} = 1 + \lambda_v$$

分析规范修订稿表 6.3.12，可以得出轴压比差值与考虑复合箍配箍特征值后轴压比差值的关系（表 6-2-4）。

表 6-2-4

轴压比差值	考虑配箍特征值的轴压比差值
0.4－0.3＝0.1	0.4(1+0.11)－0.3(1+0.1)＝0.114
0.5－0.4＝0.1	0.5(1+0.13)－0.4(1+0.11)＝0.121
0.6－0.5＝0.1	0.6(1+0.15)－0.5(1+0.13)＝0.125
0.7－0.6＝0.1	0.7(1+0.18)－0.6(1+0.15)＝0.136
0.8－0.7＝0.1	0.8(1+0.22)－0.7(1+0.18)＝0.150
0.9－0.8＝0.1	0.9(1+0.28)－0.8(1+0.22)＝0.170
0.1	平均值 0.136

以上说明按表 6-2-4 考虑复合箍提高混凝土抗压强度作用并满足构造要求，轴压比限值可增大 0.1。

【算例】 增大轴压比限值，减小柱截面，配箍计算。

原设计一级框架柱截面 850mm×850mm，C40，Ⅱ级钢箍筋，轴压比 0.8。将轴压比提高到 0.9，柱截面可改为 800mm×800mm。

未提高轴压比前，截面为 850mm×850mm，轴压比 0.8，$\lambda_v = 0.22$，

需要：
$$\rho_v = \frac{0.22 \times 195}{3100} = 0.014$$

采用箍筋 ⏀12（Ⅱ级钢），间距 100mm，肢距 200mm

$$\rho_v = \frac{10 \times 80 \times 1.131}{80^2 \times 10} = 0.014$$

提高轴压比之后，截面为 800×800，轴压比 0.9，$\lambda_v = 0.28$

需要：
$$\rho_v = \frac{0.28 \times 195}{3100} = 0.018$$

采用 ⏀14 箍筋（Ⅱ级钢），间距 100mm，肢距 200mm

$$\rho_v = \frac{10 \times 75 \times 1.539}{75^2 \times 10} = 0.021 > 0.018$$

(2) 螺旋箍对混凝土柱的约束作用：

在三向受压状态下混凝土的强度及延性都超过单向受压（图 6-2-7）。当混凝土圆柱体承受侧向恒压 σ_3，沿纵轴加载使纵向 σ_1 增值到破坏，此时 σ_1 可用下式表达：

$$\sigma_1 = f'_c + 4.1\sigma_3 \qquad (6-2-13)$$

试验说明轻混凝土及高强混凝土的抗压强度受约束压力的影响较小，此时式 (6-2-13) 中的 4.1 将降为 2.0（见 1963 年美国 PCA 有关轻混凝土研究报告及 1993 年 ACI 363 有关高强混凝土研究报告）。

图 6-2-8 表示螺旋箍柱的半个截体，在受压荷载作用下，柱沿纵向缩短，在压应力 f_1 及泊松比作用下导致侧向膨胀，特别当压应力超过圆柱体强度 70% 以上时。混凝土的膨胀受到螺旋箍的约束（图 6-2-8 (b)）。由于平衡关系，混凝土受到侧向压应力 f_2，分离体（图 6-2-8 (c)）承受三向受压作用，从而提高了混凝土强度。

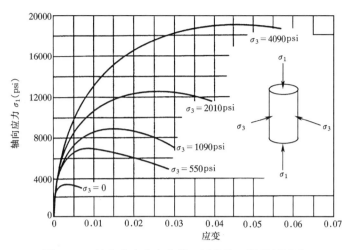

图 6-2-7　轴向应力应变曲线，圆柱体三轴受压试验
无约束混凝土抗压强度 $f'_c = 3600\text{psi}$

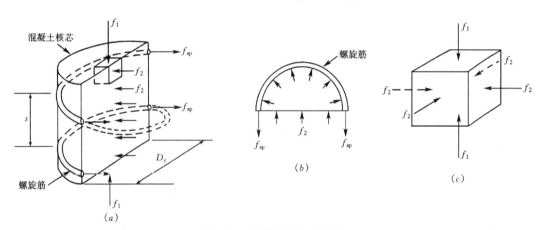

图 6-2-8　螺旋箍受力示意图

试验报告见：F. E. Richart, A study of the failure of concrete under combined compressive stresses. Bulletin 185 University of Illinois engineering experiment station. Urbana Ⅲ Nov. 1928.

$$f_1 = f'_c + 4.1 f_2 \tag{6-2-14}$$

普通矩形箍筋肢距约为柱宽，相对而言，侧向约束作用很小，对混凝土强度所起作用也很小，主要的作用是防止纵筋在接近屈服时压屈（图 6-2-9）。

螺旋箍的体积配箍率
$$\rho_s = \frac{A_{sp} L_{sp}}{A_c s} \tag{6-2-15}$$

式中　A_{sp}——螺旋箍的截面积 $= \pi d_{sp}^2 / 4$；
　　　d_{sp}——螺旋箍直径；
　　　L_{sp}——一周螺旋的长度 $= \pi D_c$；
　　　D_c——柱核芯直径（箍筋外皮到外皮）；
　　　A_c——柱核芯面积 $= \pi D_c^2 / 4$；
　　　s——旋距；
　　　f_{sp}——箍筋屈服强度。

$$\rho_s = \frac{A_{sp} \pi D_c}{(\pi D_c^2/4)s} = \frac{4A_{sp}}{sD_c} \tag{6-2-16}$$

考虑自由体水平为平衡：

$$2f_{sp}A_{sp} = f_2 D_c s \tag{6-2-17}$$

由式（6-2-16）、式（6-2-17）

$$f_2 = \frac{f_{sp}\rho_s}{2} \tag{6-2-18}$$

柱表皮未脱落前的承载力：

$$P_0 = 0.85f'_c(A_g - A_{st}) + f_y A_{st} \tag{6-2-19}$$

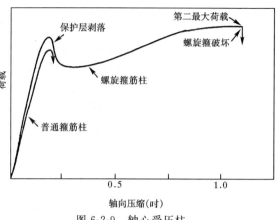

图 6-2-9 轴心受压柱

表皮脱落后承载力：

$$P_2 = 0.85f_1(A_c - A_{st}) + f_y A_{st} \tag{6-2-20}$$

设 $P_2 = P'_0$，忽略 A_{st}

则

$$f_1 = \frac{A_g f'_c}{A_c} \tag{6-2-21}$$

将式（6-2-14）、式（6-2-18）代入式（6-2-21），令 f_{sp} = 箍筋屈服强度 f_y

得：

$$\rho_s = 0.45\left(\frac{A_g}{A_c} - 1\right)\frac{f'_c}{f_y} \tag{6-2-22}$$

根据试验高强混凝土的 ρ_s 将大于式（6-2-22）的 ρ_s 值。

由式（6-2-15）及式（6-2-22），得

$$s \leqslant \frac{\pi d_{sp}^2 f_y}{0.45 D_c f'_c [(A_g/A_c) - 1]} \tag{6-2-23}$$

构造要求净距 $s \leqslant 7.5$cm，箍直径不小于 $\phi 10$。

三、柱的纵向配筋率和配箍率

1. 柱的纵向配筋率（表 6-2-5）

表 6-2-5

规　　范	最大总配筋率	最小总配筋率
UBC97 ACI 318—95	0.06	0.01
DZ3101 1994	0.04	0.008
Eurocode8 1996	0.04	0.01
GBJ 11—89 GBJ10—89	0.04	0.008
日　本	为了满足高延性要求，柱受拉筋配筋率不宜大于 0.008，但当满足粘结劈裂核算时，可超过以上限值	

2. 柱塑性铰范围与配箍率（长柱）

(1) 塑性铰范围（取较大值）（表 6-2-6）

6.2 混凝土延性框架抗震设计方法

表 6-2-6

规 范	塑性铰范围	注
UBC97 ACI 318—95*	柱截面长边，1/6 净高，457mm	反弯点距柱端超过 1/4 净高时取全高范围
DZ3101 1994	（1~3）倍柱长边，由柱端至最大弯矩的 0.6~0.8 倍处	取值与柱轴压比有关
Eurocode 8	柱长边的 1.5 倍，1/5 净高，600mm	
日 本	柱长边的 1.5 倍	框支柱取全高范围
GBJ 11—89	柱长边，1/6 柱净高，500mm	框支柱取全高范围

* ACI 318—95 对框支柱除沿全高范围按塑性铰要求加强约束外，框支柱上下端柱筋锚入墙或基础部分在锚长范围亦应按柱铰加强约束。

（2）柱铰配箍量可用配箍面积，体积配箍率或配箍特征值来表达。配箍量与延性要求和柱的轴压比有直接关系，高延性要求和高轴压都需要高配箍量。

图 6-2-10 表示不同国家规范对配箍量的要求差别较大，当轴压比＜0.5，Eurocode 8 配箍率最高，其次为 UBC，NZS 最低。EC8 区分长柱与短柱，UBC 则对 A_g/A_c 比值反应敏感。NZS 柱纵筋配筋率对配箍率有明显影响（1%~4%配筋率）。日本对配箍量主要反映在轴压比（轴压比＞1/3，需要特殊约束）和剪力配筋及粘结劈裂等方面。

当轴压比＞0.5（$A_g/A_c=1.3$），NZS 配箍量超过 UBC。

我国抗震规范修订本，抗震等级为一级的柱配箍特征值在轴压比＜0.5（按 f_c 计算约为 0.9）阶段，基本位于 UBC 与 NZS 之间。

新西兰规范 NZS3101，1994 与 1982 年版在配箍量方面有较大变动。当轴压比＜0.6，1994 规范的配箍量有大幅度降低，轴压比＞0.6，配箍量比 1982 规范增大。1994 规范的另一个特点，当轴压比小于 1/3，配箍量维持常量，当轴压比＞1/3，Λ_{sh} 明显上升。这和日本设计指南中要求轴压比超过 1/3 时，应特殊加强约束基本一致。

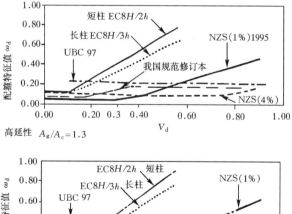

图 6-2-10 各国规范的配箍特征值比较（柱截面 500mm，混凝土 C30，钢筋 $f_y=400$MPa）

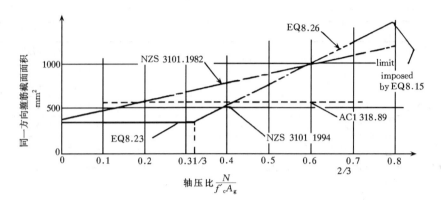

图 6-2-11　不同规范配箍量比较

四、延性框架的柱弯矩和剪力

1. UBC97. ACI 318—95

（1）柱弯矩计算按节点中线处计算：

$$\Sigma M_c \geqslant 1.2 \Sigma M_g \tag{6-2-24}$$

式中　M_c——沿地震作用方向相应于最低轴力的柱受弯承载力；

M_g——考虑梁筋屈服超强（超强系数＝1.25）的梁受弯承载力。

不满足以上条件的柱不计入 ΣM_c 之内（相当于增大强柱系数）。

（2）柱剪力计算：

$$V = \frac{M_{pr1} + M_{pr2}}{H} \tag{6-2-25}$$

式中　M_{pr1}，M_{pr2}——按柱筋屈服（考虑1.25超强系数）及相应轴力求得的柱上、下端受弯承载力；

H——柱净高。

2. 新西兰 DZ3101 1994

（1）柱弯矩计算：设计要求除底层柱脚及顶层柱顶外，防止柱端出铰。

$$\Sigma M_c \geqslant 1.4 \Sigma \phi_0 M_b \tag{6-2-26}$$

式中　M_c，M_b——柱、梁的受弯屈服承载力；

ϕ_0——超强系数，$\phi_0 = 1.25$。

M_b 中考虑楼板钢筋参加工作范围，见图 6-2-12。

以上强柱弱梁公式适用于柱反弯点在楼层之内的情况：

$$\frac{\Sigma K_{上梁} + \Sigma K_{下梁}}{2 K_柱} > 0.2 \tag{6-2-27}$$

式中，K 为线刚度。

当柱反弯点不在楼层内时，则该柱类似弱连梁剪力墙肢的工作情况。

DZ3101 1994 附有允许柱端出铰的有限延性

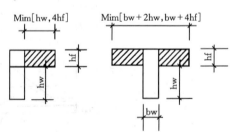

图 6-2-12　楼板钢筋参予工作范围

框架设计方法。在附录中还给出按等效静力计算考虑高振型动力放大系数及双轴效应的柱弯矩计算方法。

（2）柱剪力计算：

$$V = 1.3\phi_0 V_E \tag{6-2-28}$$

式中 V_E——对应于梁屈服承载力 M_b 的剪力计算值；

ϕ_0——超强系数，$\phi=1.25$。

3. 日本 1996.8 広沢雅也等编著的《铁筋コンクリート建物の最新耐震设计》延性框架柱计算

（1）柱弯矩计算：

$$_cM_u \geqslant 1.2\,_cM_m \tag{6-2-29}$$

式中 $_cM_u$——柱受弯承载力；

$_cM_m$——柱的最大可能弯矩（按梁的实际受弯承载力，包括钢筋超强及梁两侧各 1m 的板筋作用）。

框支柱（PILOTI）允许柱脚屈服但应防止柱上端特别是框支柱与抗震墙相连接的柱顶出铰，柱顶应按最大可能弯矩，并考虑不小于 1.1 的弯矩增大系数。

（2）柱剪力计算：

$$_cQ_{su} \geqslant 1.3\,_cQ_m \tag{6-2-30}$$

式中 $_cQ_{su}$——柱受剪承载力；

$_cQ_m$——柱的最大可能剪力，按 $_cM_m$ 求得。

4. Eurocode 8 1996

（1）柱弯矩计算：

$$M_{cu} = \gamma_{rd} \frac{\sum m_{bu}}{\sum M_c} M_c \tag{6-2-31}$$

式中 M_{cu}——柱受弯承载力；

M_c——考虑地震作用组合的柱弯矩计算值；

ΣM_c——梁柱节点上、下 M_c 值之和；

ΣM_{bu}——节点左右梁端按实际配筋受弯承载力之和；

γ_{rd}——梁纵筋超强系数。

高　延　性：DC "H"—1.35

中等延性：DC "M"—1.20

低　延　性：DC "L"—柱弯矩值采用 M_c，$\gamma_{rd}=1$。

（2）柱剪力计算 DC "H"，DC "M"　　$V = \gamma_{rd} \dfrac{\sum M_{cu}}{L_c} \tag{6-2-32}$

$$\text{DC "L"} \quad V = \frac{\sum M_c}{L_c} \tag{6-2-33}$$

式中 L_c——柱净高；

γ_{rd}——对应于不同延性要求的 γ_{rd} 值；

ΣM_{cu}——梁柱节点上下柱端按实际配筋的最大受弯承载力之和。

五、圆柱的梁柱节点核芯受剪承载力计算公式的探讨

当仅有环形箍筋时，

$$V_j = \frac{1}{\gamma_{RE}}\left(0.15\eta_j f_c A_j + 0.05\eta_j \frac{N}{D^2}A_j + 157 f_{yV} A_{sh}\frac{h_0 - a'_s}{s}\right) \quad (6\text{-}2\text{-}34)$$

上式中 A_j 为圆柱截面面积，A_{sh} 为核芯区环形箍筋单根截面的面积，去掉 η_j 及 γ_{RE} 附加系数，上式可写为

$$V_j = V_c + V_N + V_s \quad (6\text{-}2\text{-}35)$$

V_N 取值同一般梁柱节点，主要探讨 V_c 和 V_s。

1. 1995年《建筑结构学报》第三期载有吕志涛关于圆形截面钢筋混凝土构件抗剪研究文章，作者参照 J. L. Cerke 年对圆截面梁的试验研究成果，对圆截面构件在静力作用下受剪承载力的混凝土承担部分建议取：

$$V_c = \frac{0.21}{\lambda}f_c D \bar{h}_0 \quad (6\text{-}2\text{-}36)$$

式中　D——圆截面的直径；

　　　$\bar{h}_0$——当量有效高度：$\bar{h}_0 = r + \frac{2r_s}{\pi}$

$r = \frac{D}{2}$，r_s 为纵向钢筋所在圆周的半径；

$\bar{h}_0 = r + \frac{2r_s}{\pi} = \frac{D}{2} + \frac{0.95D}{\pi} = 0.8D$，节点核芯取 $\lambda = 1$

$V_c = 0.21 f_c D^2 \times 0.8 = 0.17 f_c D^2 \approx 0.21 f_c A_j$，$A_j = 0.8 D^2$

以上是静力计算值，考虑抗震，V_c 不宜大于 $0.85 \times 0.21 f_c A_j = 0.178 f_c A_j$。

2. 参考 ACI Structural Journal Jan.-Feb. 1989 Priestley and Paulay 的文章 Seismic Shear Strength of Circular Reinforced Concrete Columns：

圆形截面柱受剪，环形箍筋所承受的剪力可用下式表达：

$$V_s = \frac{\pi(2A_{sh}f_{yV})D'}{4s} \quad (6\text{-}2\text{-}37)$$

式中　A_{sh}——环形箍单肢截面面积；

　　　D'——纵向钢筋所在圆周的直径；

　　　s——环形箍筋间距。

在 1/4 圆内水平投影平均箍筋拉力：$\frac{A_{sh}f_{yV}}{2}$

全截面 45°沿斜裂缝处箍筋拉力水平投影总值：

$$\frac{A_{sh}f_{yV}}{2}\frac{\pi D'}{4s}\times 4 = \frac{\pi D'}{2s}A_{sh}f_{yV} = 1.57\frac{D'}{S}A_{sh}f_{yV}$$

偏于安全取 $D' = h_{b0} - a'_s \approx 1.57\frac{h_{bc} - a'_s}{s}A_{sh}f_{yv}$

3. 根据重庆建筑大学 2000 年完成的 4 个圆柱梁柱节点试验，对受剪承载前两项（$V_c + V_N$）的剪压比（$V_c + V_N$）/（$f_c A_j$）建议取 0.15 左右。

计算比较如表 6-2-7。

表 6-2-7

试件	箍筋 $f_y=410$MPa	轴压比	f_c (MPa)	面积配箍率 ρ_{sv_j}	轴力 N (kg)	剪压比 计算	剪压比 试验	$(V_j/(f_c A_j))$ 计算值/试验值
J—1	5 ⌀ 12	0.15	20.1	0.0082	37887.6	0.27	0.33	0.82
J—2	4 ⌀ 10	0.43	22.3	0.0066	120499	0.24	0.30	0.8
J—3	6 ⌀ 10	0.40	20.8	0.0061	104552.2	0.246	0.26	0.95
J—4	5 ⌀ 10	0.06	20.8	0.0051	15682.8	0.216	0.26	0.83
					平均	0.243	0.288	0.85

当在核芯区截面中附加拉筋时，核芯区受剪承载力计算公式为：

$$V_j \leqslant \frac{1}{\gamma_{RE}}\left(0.15\eta_j f_c A_j + 0.05\eta_j \frac{N}{D^2} A_j + 1.57 f_{yv} A_{sh} \frac{h_{bc}-a_s'}{s} + f_{yv} A_{sv} \frac{h_{bc}-a_s'}{s}\right) \quad (6\text{-}2\text{-}38)$$

式中　A_{SV}——同一截面验算方向另加拉筋截面总面积；

　　　A_{sh}——环形箍筋单肢截面面积。

参 考 资 料

[1] 建筑抗震设计规范 GBJ 11—89
[2] Uniform Building Code 1997. vol2
[3] Building Code Requirement for Structural concrete ACI 318—95
[4] DZ3101 Concrete Structures Standard 1994
[5] Eurocode 8：Design Provisions for Earthquake Resistance of Structures，1996
[6] AIJ Structural Design Guidelines for Reinforced Concrete Buildings，1994
[7] Design Guidelines for Earthquake Resistant Reinforced Concrete Buildings Based on Ultimate strength Concept，1990
[8] 鉄筋コンクリート建物の最新耐震設計。広沢雅也等，1996
[9] F. E Richart：A study of the failure of concrete under confined compressive stresses，1928
[10] JamesGMacGregor：Reinforced concrete mechanics and design，1992

（北京市建筑设计研究院　胡庆昌）

6.3　混凝土延性抗震墙的设计方法

抗震墙广泛用于多层和高层钢筋混凝土房屋。2001规范规定的7种现浇钢筋混凝土房屋结构类型中，除框架结构外，其余6种结构体系都有抗震墙或抗震墙组成的筒体。抗震墙之所以成为主要的抗震结构构件，是因为：抗震墙的刚度大，容易满足小震作用下结构尤其是高层建筑结构的位移限值；地震作用下抗震墙的变形小，破坏程度低；可以设计成延性抗震墙，大震时通过连梁和墙肢底部塑性铰范围的塑性变形，耗散地震能量；与其他结构（如框架）同时使用时，抗震墙吸收大部份地震作用，降低其他结构构件的抗震要求。设防烈度较高地区（8 度及以上）的高层建筑采用抗震墙，其优点更为突出。

抗震墙由墙肢和连梁两种构件组成。设计抗震墙应遵循强墙弱梁、强剪弱弯的原则，即连梁屈服先于墙肢屈服，连梁和墙肢应为弯曲屈服。

与 89 规范相比，2001 规范在抗震墙的设计方面、特别是在抗震构造措施方面拟有比较大的变化，主要有：

(1) 底部加强部位的高度；
(2) 墙肢截面组合的弯矩、剪力设计值和连梁组合的剪力设计值；
(3) 分布钢筋的最小配筋率；
(4) 增加了抗震墙的轴压比限值；
(5) 将边缘构件分为约束边缘构件和构造边缘构件，两种边缘构件的构造不同，加强了应该加强的部位，放松可以放松的部位，使抗震墙具有更合理的抗震性能。抗震墙轴压比限值和边缘构件方面的规定，主要是吸取了基于位移的设计方法和近年来的研究成果。

本文主要介绍国外规范对延性抗震墙的设计规定。

一、抗震墙的设计弯矩包线

地震作用下，墙肢首先在底截面屈服；随着变形增大，屈服部位向上发展，形成塑性铰区。提高潜在塑性铰区的弯矩设计值，一方面可以推迟塑性铰区的形成，另一方面可以将塑性变形限制在底部一定范围。

新西兰和欧洲规范，都采用类似的设计弯矩包线。规定设计弯矩包线的目的，主要是迫使抗震墙的塑性变形限制在底部的一定范围，形成塑性铰，从而简化塑性铰以上部位的抗震措施。

塑性变形的范围与抗震墙的剪跨比、轴压比、连梁的约束作用、基础转动等多种因素有关，但对高墙而言，通过受弯配筋方式，可以控制塑性变形的范围。

塑性变形的范围，新西兰取为墙肢的截面高度，欧洲规范取为墙肢截面高度和 1/6 总高度的较大值。

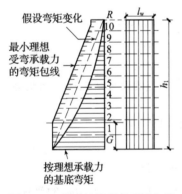

图 6-3-1 新西兰规范的弯矩包络

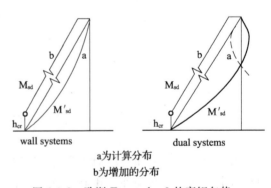

图 6-3-2 欧洲 Eurocodes 8 的弯矩包络

抗震墙的动力弯矩包络沿高度接近线性变化，连同塑性铰范围形成双线性的设计弯矩包线。由非弹性动力分析求得的弯矩包络与按规范侧力求得的静力弯矩图是很不相同的，这已为反应谱分析以及时程动力分析所证实。根据美国 PCA 的研究报告，20 层的悬臂剪力墙承受某一特定的地面运动,其典型的弯矩包线相应于不同基底屈服抗弯能力,如图 6-3-3 所示,可以看出大都是接近直线变化。

假如受弯钢筋按静力弯矩图配置,则受弯屈服可沿墙体高度的任何部位出现,这是不理想的,因为在预期受弯塑性铰区要求特殊的构造,也就是要多配横向钢筋.同时弯曲屈服还将降低受剪机制的作用,这也要求增加塑性铰区的水平受剪钢筋。

由于上述原因,新西兰规范建议受弯钢筋按线性变化的抵抗力矩进行配置,如图 6-3-1 所示。这个包络再向上推移一个距离 l_w,这是因为由于剪力的作用,截面的弯曲拉力大于弯矩在该截面所能引起的拉力,这样就求得最小的理想受弯承载力的弯矩包线,竖向受弯钢筋可按此图配置,同时考虑必要的锚固长度。

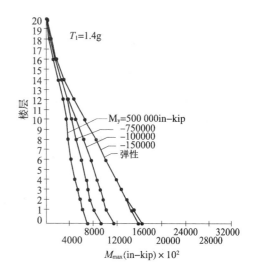

图 6-3-3 20 层剪力墙不同基底屈服承载力 M_7 的动力弯矩包线

为了保证抗震墙的位移延性系数 μ_Δ 为某一定值,墙肢的高宽比 (h_w/l_w) 越大则要求墙体根部塑性铰的曲率延性系数 μ_ϕ 越高。例如,为了保证 $\mu_\Delta=4$,当 $h_w/l_w=4$ 时,则 $\mu_\phi=8$. 当 $h_w/l_w=10$ 时,则 $\mu_\phi=12$。可以看出,高层抗震墙结构比多层抗震墙结构要求更高的截面延性,而采取措施保证墙体根部高度为 l_w 范围内截面的延性,更是保证结构延性的关键问题。除了塑性铰区以外,抗震墙的其它部位可以相对地放宽保证延性的构造要求。

美国 UBC 规范未明确规定抗震墙的设计弯矩,但在 UBC97 的说明中,明确规定了抗震墙最大响应的截面曲率包线,从而可以求得任何截面的最大压应变,包括底部的塑性铰部位(参见图 6-3-4)。其实际效果与新西兰、欧洲规范相当。

我国 89 规范中,对抗震等级一级、单肢的、小开洞抗震墙,设计弯矩包线基本上与新西兰规范相同:

底部加墙部位的各截面,均应按墙底截面组合的弯矩设计值采用,墙顶组合的弯矩设计值应按顶部的约束弯矩设计值采用,中间各截面组合的弯矩设计值应按上述二者间的线性变化采用。

同时,还明确底部塑性铰以上一层,墙肢截面的弯矩设计值不应小于底部塑性铰区顶部截面的弯矩设计值,从而规定了受弯配筋的构造要求。

本次修订,对塑性铰区以上部位的组合弯矩设计值拟乘以增大系数 1.2。与 89 规范相比较,可简化底部加强部位以上的弯矩设计值的取值。

二、抗震墙的底部加强部位

抗震墙的底部加强部位,是指在抗震墙底部的一定高度内,适当提高承载力和加强抗震构造措施。弯曲型和弯剪型结构的抗震墙,塑性铰一般在墙肢的底部,将塑性铰范围及其以上的一定高度范围作为加强部位,对于避免墙肢剪切破坏、改善整个结构的抗震性能,是非常有用的。

89规范抗震墙底部加强部位的高度与墙肢的总高度和墙肢截面长度有关,由于墙肢截面长度不同,导致加强部位高度不完全相同。本次修订,底部加强部位的高度只考虑了高度因素。注意到抗震墙的高度越高,高宽比越大,则墙体底部塑性变形范围与总高度的比值相对较小。因此,对高度小于150m的抗震墙,底部加强部位的高度拟取为1/8总高度;对高度大于150m的抗震墙,底部加强部位的高度拟取为1/10总高度。

底部加强部位的加强措施,主要包括:
(1) 按照"强剪弱弯"的概念设计,规定不同抗震等级的剪力增大系数;
(2) 规定静载下的轴压比限值,以及设置约束边缘构件和构造边缘构件的范围和构造要求;
(3) 规定抗震墙的最小配筋率;
(4) 对跨高比小于2的抗震墙连梁,要求采用交叉斜筋。跨高比小的连梁容易剪切破坏,即使是按强剪弱弯设计,在梁的两端屈服出现塑性铰后,仍难避免剪切破坏。为了改善跨高比小的连梁的性能,从而改善联肢墙的抗震性能,增加了连梁斜向配筋的规定。有两种斜向配筋的方式:有箍筋的暗柱和无箍筋的钢筋。试验研究表明,连梁配置斜向交叉暗柱,可以提高连梁的受剪承载力、剪切变形能力和耗能能力,使抗震墙具有良好的抗震性能。配置无箍筋的斜向钢筋,对连梁的抗震性能也有一定的改善。

规定抗震墙底部加强部位的目的是:
(1) 修订稿的轴压比限值仅考虑静载的作用,难以控制墙体的非弹性范围;
(2) 墙体的塑性铰,在地震作用下可能向上发展;
(3) 抗震墙受到平面内外相连构件的约束作用,底部塑性铰范围也会向上发展;
(4) 保证抗震墙弹性工作范围与弹塑性工作范围的连续性。

三、抗震墙的约束边缘构件

新西兰和欧洲规范都明确规定,在竖向荷载和地震共同作用下,抗震墙截面混凝土的最大压应变 ε_{cu} 不大于 $0.003\sim0.004$,从而确定约束边缘构件的设置范围及构造要求。为了简化分析,新西兰规范采用截面的受压区高度比 c/l_w 来判断,当 c/l_w 不大于0.1时,对混凝土截面可不考虑约束。

美国 UBC 94 和 UBC97 都要求计算相对于最大响应的位移 (Δ_M) 和转角 (ϕ_t),并求出截面最大压应变 $\varepsilon_{cu}=\phi_t c_u$ (c_u 为截面的受压区高度比),然后控制最大压应变。墙肢的高宽比越大,其底部塑性铰范围 (l_p) 内要求越高的截面转动延性系数 (μ_ϕ),美国 UBC 取 l_p 为墙肢截面高度 l_w 的1/2,从而要求更严格限制压应变、约束边缘构件范围和约束要求:当 $\varepsilon_{cu}>0.003$ 则设置约束边缘构件,且 ε_{cu} 不得大于0.005。

本次修订,考虑便于操作,拟采用静载下的轴压比限制,但在限值中适当考虑地震作用的影响。

四、抗震墙基于位移设计方法简介

自20世纪70年代抗震墙成为房屋建筑的主要抗侧力构件以来,抗震墙的设计采用的是基于承载力的方法。90年代初,美国加州工程师协会(SEAOC)提出了一种抗震墙设计新方法:基于位移的设计方法。1994年美国统一建筑法规(UBC-94)采用了这一方法;UBC-97对这一方法作了改进;随后,1999年的美国混凝土建筑结构规范(ACI318-99)

和 2000 年的国际建筑法规（IBC-2000）也采用了基于位移的方法设计抗震墙。ACI318-99 的设计步骤比 UBC-97 简单些，除了高轴压比的情况外，两者的结果基本相同；IBC-2000 的设计步骤与 ACI318-99 基本相同。与基于承载力的设计方法（如 UBC-91）相比，新的设计方法放松了大部分抗震墙的构造要求。

抗震墙基于位移的设计方法的提出，始于对 1985 年智利地震抗震墙房屋结构震害的分析研究。智利地震中，300 多幢有抗震墙的房屋建筑破坏，除了强地面运动的持续时间比较长以外，主要原因是边缘构件的构造弱、配箍少、对混凝土没有约束。分析结果还表明，有的抗震墙破坏轻微，主要是因为结构体系的刚度大、变形小。随后，进一步的研究工作集中在建立抗震墙的基于位移的设计方法。

抗震墙基于位移的设计为：以抗震墙顶点最大弹塑性位移为目标位移，根据弹性和非弹性变形沿墙高度的近似分布，建立顶点位移和墙底截面曲率的关系；由墙底截面的曲率和受压区高度，得到混凝土最外缘纤维的压应变；根据约束混凝土的应力—应变关系，确定需要配置箍筋的边缘构件的长度和配箍量。抗震墙实施基于位移设计的关键之一，是计算顶点弹塑性位移，即地震中抗震墙顶点可能达到的最大弹塑性位移。

UBC-97 的抗震墙基于位移的设计用于 3 区和 4 区，其步骤如下：

(1) 计算顶点最大弹塑性位移 Δ_M

$$\Delta_M = 0.7R\Delta_S \tag{6-3-1}$$

最大弹塑性位移 Δ_M 为设计地面运动作用下抗震墙的顶点位移。设计地面运动是指 50 年内超越概率为 10% 的地震地面运动，与我国的中震相当，美国 3、4 区的地面运动的峰值加速度分别为 0.3g 和 0.4g。

Δ_S 为设计位移，即结构在设计地震力作用下的弹性顶点位移，采用静力弹性方法或反应谱振型分解法计算。计算中，考虑 P-Δ 效应；考虑混凝土开裂，截面的弯曲刚度和剪切刚度不超过其弹性刚度的 1/2。

R 为考虑抗侧力结构承载力超强和结构整体延性的一个系数。

用弹性方法计算抗震墙的弹塑性顶点位移，是基于所谓"等位移原理"。大量计算分析表明，基本周期不短于 0.5s 的"长周期"结构，其弹塑性顶点最大位移反应与其弹性顶点位移反应接近，可以用弹性方法计算其弹塑性顶点位移；基本周期低于 0.5s 的"短周期"结构，其弹塑性顶点最大位移反应与结构的承载力有关，大于弹性顶点最大位移反应。

若计算弹性顶点位移时不考虑截面开裂，则弹塑性顶点位移可以取 $2\Delta_M$；Δ_M 也可以用非线性时程分析得到。

(2) 计算抗震墙屈服时的顶点位移 Δ_y

UBC—97 规定，Δ_y 为抗震墙受拉纵筋屈服时的顶点位移，可以用下式计算：

$$\Delta_y = (M'_n/M_E)\Delta_E \tag{6-3-2}$$

式中，M'_n 为恒载、活载和地震作用效应（荷载分项系数分别为 1.2、0.5 和 1.0）组合的轴力作用下抗震墙底部截面的受弯承载力；Δ_E 为设计地震作用下不考虑截面开裂抗震墙弹性顶点位移；M_E 为顶点位移为 Δ_E 时墙底截面的弯矩。

(3) 计算抗震墙顶点位移为 Δ_M 时墙底截面的曲率 ϕ_t

抗震墙在水平力作用下的弹塑性顶点位移由屈服位移和非弹性位移组成，即：

$$\Delta_M = \Delta y + \Delta_i \tag{6-3-3}$$

抗震墙顶点位移为 Δ_M 时，墙底截面的总曲率为 ϕ_t，ϕ_t 为屈服曲率 ϕ_y 和非弹性曲率 ϕ_i 之和，即：

$$\phi_t = \phi_y + \phi_i \tag{6-3-4}$$

UBC—97 用下式计算墙肢的屈服曲率 ϕ_y：

$$\phi_y = 0.003/l_w \tag{6-3-5}$$

Δ_i 与墙底截面曲率 ϕ_i 的近似关系为：

$$\Delta_i = \phi_i l_p (h_w - l_p/2) \tag{6-3-6}$$

因此，ϕ_t 为：

$$\phi_t = \phi_y + \Delta_i / [l_p (h_w - l_p/2)] \tag{6-3-7}$$

式中，h_w 为抗震墙的高度；l_p 为抗震墙塑性铰沿墙高度的长度。l_p 的取值对墙底截面的总曲率 ϕ_t 影响很大。l_p 愈大，则 ϕ_t 愈小，抗震墙可能不安全。因此，l_p 的长度取小一些，是偏于安全的。UBC-97 取 l_p 为抗震墙墙肢截面长度 l_w 的 1/2，即 $l_p=0.5 l_w$。

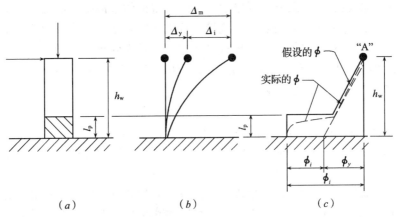

图 6-3-4 抗震墙弹塑性位移和截面曲率示意图
(a) 简化荷载下的悬臂墙；(b) 墙顶位移；(c) 最大响应的曲率

(4) 计算抗震墙底部截面的曲率为 ϕ_t 时截面受压区高度 c'_u

可以通过计算截面的弯矩—曲率关系得到，也可以近似取截面达到受弯承载力 M'_n 时的受压区高度。计算中，轴力取组合的设计值，计入包括端部纵筋和分布纵筋在内的所有纵筋，并假设受拉区纵筋全部受拉屈服、受压区纵筋全部受压屈服。

(5) 计算底部截面混凝土最大压应变 ε_{max}

$$\varepsilon_{max} = \phi_t c'_u \tag{6-3-8}$$

UBC-97 规定，ε_{max} 不大于 0.005。

(6) 确定端部是否需要约束边缘构件

采用应变平截面分布的假定，中和轴处应变为零，受压区边缘的压应变为 ε_{max}。若 ε_{max} 不超过 0.003，则不需要约束边缘构件；否则，压应变超过 0.003 的抗震墙部份，需要设置约束边缘构件。

(7) 约束边缘构件的构造要求

构造要求包括四个方面：长度和高度，箍筋面积、间距，水平分布筋在约束边缘构件内的锚固，纵筋面积、搭接等。

UBC-97 还给出了一种根据墙肢轴压比确定是否需要设置约束边缘构件、约束边缘构件长度的方法。

UBC97 规定,抗震墙墙肢的轴压力 $P_u \leqslant 0.35P_0$。

$$P_0 = 0.85 f'_c (A - A_y) + A_y f_y \qquad (6\text{-}3\text{-}9)$$

式中,轴压力 P_u 由恒载 D、活载 L 和地震作用 E 产生,分项系数分别为 1.2、0.5 和 1.0,即 $P_u = 1.2D + 0.5L + E$。若取 $f'_c = 0.8 f_{cu}$, $f_c = 0.5 f_{cu}$, $f_y = 310\text{MPa}$, $A_y = 0.003A$, C40 混凝土,则可换算为

$P_u \leqslant 0.49 A f_c$,即考虑地震组合的轴压比限值为 0.49。

(北京市建筑设计研究院 胡庆昌,清华大学 钱稼茹)

6.4 框架梁柱组合件抗震性能试验和分析

一、引 言

钢筋混凝土结构非线性地震反应分析的可靠性在很大程度上取决于结构构件的恢复力模型。钢筋混凝土构件试验表明,结构总的弹塑性变形主要是由关键受力区域(比如塑性铰区)的弯曲变形、剪切变形、纵向受力钢筋在节点内的粘结滑移以及节点核芯区的剪切变形等几部分组成。随着结构几何条件、内力组成、配筋特征和加载程序的不同,上述变形成分所起的作用将会发生改变。对于剪跨比较小的构件,剪切变形的影响是一个不可忽略的因素。在 R. C. Fenwick[1] 的试验中,测量到剪跨比为 2.5 的钢筋混凝土梁当位移延性比为 6 时的剪切变形产生的位移占总位移的 40%。本文作者对常规框架柱的试验结果也表明纵向钢筋在节点中的滑移所引起的侧向位移约占总位移的 20%[2]。

实际上,框架结构的层间位移角是楼层梁、柱及节点弹塑性变形的综合结果。原则上讲,进行大比例多层多跨框架模型试验才能真正揭示框架结构的整体变形性能。但由于大比例多层多跨框架模型试验的费用较高,试验数量尚非常有限,因而以往在讨论钢筋混凝土框架结构的层间位移角限值时一般都是以框架柱试件的变形能力为依据的。从这个意义上讲,采用梁—柱组合试件(Beam-Column Subassemblage)的试验结果比柱试件更能合理地反映框架结构的层间变形能力。虽然以往国内外曾针对框架节点进行过大量的试验研究,但必须认识到框架节点试验的重点往往是针对核芯区的强度、抗震性能及纵向钢筋在节点中的锚固等问题进行研究的,而梁柱组合件试验的主要目的是把十字形组合件的变形能力与整个框架结构的变形能力建立起联系。

本文试验用的梁柱组合件是从多、高层框架结构中取出来的一个典型单元(图 6-4-1)。如果忽略梁的轴向变形,该十字形梁柱组合件的侧向位移即等于与之相关的框架结构上下两层层间位移的平均值,并可近似地认为是框架结构的层间位移。因此,可以利用十字形梁柱组合件来研究多、高层框架结构的层间位移。

虽然国内外曾对梁柱组合件进行过试验研究[3][4],但仍存在着以下一些问题:① 大部分的试验采用的是梁端加载的

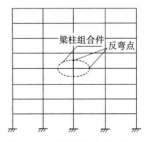

图 6-4-1 梁柱组合件单元

形式，无法全面模拟框架结构实际受力，特别是较大弹塑性变形时，P-Δ 效应的影响；② 对组合件的各种非线性变形成分的量测还不全面；③ 国内所进行过的少量试验中所用试件的比例无法模拟常规实际框架结构；④ 尚未见有按照我国 89 系列规范进行设计的组合件试验研究报告。本试验的目的主要有：① 研究弱梁型框架中梁、柱及节点的变形在框架层间位移中所占的比例及其随加荷过程的变化规律。② 研究弱梁型框架的层间剪力—层间位移角的滞回特征，为弱梁型框架层间恢复力模型的建立提供试验依据。③ 研究框架结构节点区内纵向钢筋的粘结滑移所产生的转角与弯矩之间的关系。④ 研究不同配筋特征的框架结构的层间变形能力及梁端塑性铰的转动能力，为今后"抗震模式规范"中钢筋混凝土框架结构的层间位移角限值及构件的变形限值的规定提供背景数据。

二、试验概况

1. 试件情况

本试验采用的梁柱组合件试件取自于常规多层多跨框架结构在侧向荷载作用下相邻梁柱反弯点之间的组合体，模型与原型的几何比例为 1:2。试件共 6 个，分两批制作。试件梁截面尺寸为 150mm×250mm，柱截面尺寸为 200mm×200mm。柱的设计轴压比为 0.33，柱及梁抗弯承载力按照 $M_c/M_b>1.3$ 设计。试件的几何尺寸及截面配筋如图 6-4-2 和表 6-4-1 所示，其材料的力学性能见表 6-4-2。所有试件分两组打制，每组各 3 个试件。

试件配筋特征明细表　　　　　　　表 6-4-1

试件号	钢 筋 号			
	①柱纵筋	②梁纵筋	③梁箍筋	④节点箍筋
ZHJ1	8ϕ12	2ϕ12	ϕ4@60	2ϕ6+3ϕ4@60
ZHJ2	8ϕ12	2ϕ12	ϕ6@70	2ϕ6+3ϕ4@60
ZHJ3	8ϕ12	2ϕ12	ϕ6@50	2ϕ6+3ϕ4@60
ZHJ4	8ϕ12	3ϕ12	ϕ6@70	2ϕ6+3ϕ4@60
ZHJ5	8ϕ12	3ϕ12	ϕ6@70	4ϕ6@70
ZHJ6	8ϕ12	3ϕ12	ϕ6@70	6ϕ6@45

试件材料力学性能　　　　　　　表 6-4-2

混 凝 土			钢　　筋				
试件	f_{cu} (MPa)	E_c (MPa)	直径	f_y (MPa)	f_b (MPa)	E_s (MPa)	ε_y ($\mu\varepsilon$)
ZHJ1~ZHJ3	35.7	3.05×10^4	Φ12	360.2	528.2	1.70×10^5	2120
ZHJ4~ZHJ6	36.0	3.53×10^4	Φ6.2	350	493.5	2.05×10^5	1683
			Φ4		640.6		

2. 加荷装置

为了使梁—柱组合件试验能真实体现框架结构的变形性状以及 P-Δ 效应的影响，本课题组根据试验需要设计了允许柱端位移的加荷装置（图 6-4-3）。该加荷装置在加力架的四角共安装了 16 个滚柱轴承，以减少试验过程中摩擦力的影响。

为了考察该加荷装置本身刚度的大小，本课题组事先利用 SCHENCK 伺服作动器对该加力架的刚度进行了测定。测定结果表明，加力架连接节点的摩擦力很小。在小位移量程时测量到的加力架阻力只有 0.1~0.2kN，而在试验最大位移量程时阻力达到最大，约为 0.8kN。

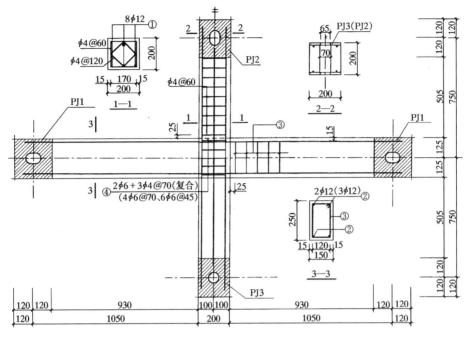

图 6-4-2 试件配筋图

组合件中柱的轴向力由附加于加力架上部的反力钢梁和油压千斤顶施加。水平力采用 SCHENCK 伺服作动器施加。试件的加载装置及支承情况如图 6-4-3 所示。整个试验过程在同济大学土木工程防灾国家重点试验室振动台试验室进行。

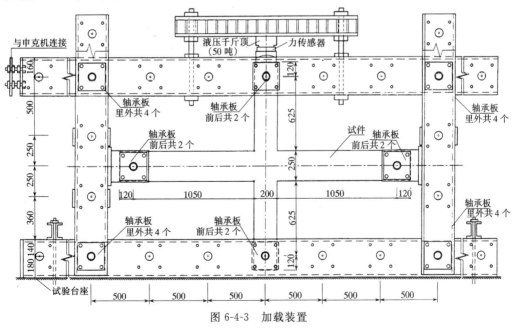

图 6-4-3 加载装置

3. 测量内容及仪表布置

本试验主要测量以下几项内容：① 采用电子位移计测量试件支座位移及组合件的侧

移。② 采用电子引伸仪测量塑性铰区域的弯曲变形、剪切变形、纵向钢筋在节点区的滑移以及节点核芯区的剪切变形。③ 用电阻应变片测量试件关键受力区域纵向钢筋及箍筋的应变。仪表及应变测点的布置如图 6-4-4 所示。图 6-4-4（a）中虚线为箍筋应变片的定位线，其倾角在梁端为 45°，在节点核芯区沿核芯区的对角线。力和变形信号均通过传感器或应变仪放大后由自动数据采集机采集。

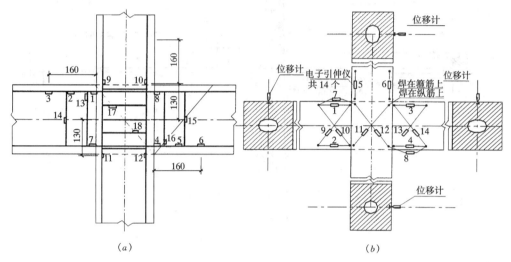

图 6-4-4 应变测点及仪表布置图
(a) 钢筋应变测点；(b) 引伸仪及位移计

4. 加荷程序

首先施加竖向荷载至试件的预定轴压力并使其保持恒定，然后施加水平荷载。水平荷载的施加采用荷载和位移双控制方法，具体过程如下：① 试件屈服以前按照荷载值控制加载，并在 $0.8P'_y$、$0.9P'_y$、$1.0P'_y$、$1.1P'_y$、$1.2P'_y$……上分别进行一次往复循环（其中 P'_y 为预估的屈服荷载），每次循环后暂停加载以便观察钢筋应变通道的值。如果发现梁受拉纵向钢筋应变达到或超过屈服应变，即停止荷载控制加载，并记录相应的屈服位移 Δ_y 和屈服荷载 P_y。② 试件屈服以后按照记录到的试件屈服位移 Δ_y 的倍数控制循环加载，即分别在试件的位移幅值达到 Δ_y、$2\Delta_y$、$3\Delta_y$、$4\Delta_y$、$5\Delta_y$…时进行三次往复循环加载，直到试件的承载力下降至最大荷载（P_{max}）的 80% 或滞回环出现明显不稳定状态后才中止试验。考虑到控制过程及加力架阻力可能产生的误差，本文特意采用 $0.8P_{max}$ 作为试验终止荷载，以确保获得抗震试验规程所规定的对应于 $0.85P_{max}$ 的极限位移。

三、主要试验现象及结果分析

1. 试验加载过程中试件的主要破坏特征

ZHJ1、ZHJ2、ZHJ3 大约在梁纵筋屈服的同时，节点核芯区出现微裂缝，大约在 $2\Delta_y$ 时节点核心芯区有较多的斜裂缝出现，梁弯曲裂缝的范围进一步扩展。$3\Delta_y$ 时梁柱交接面压皱起皮，交接面裂缝进一步加宽，从形态上看仍属于可修复的范围。$4\Delta_y$ 出现细小的纵向钢筋粘结裂缝，$5\Delta_y$ 梁柱交接面附近混凝土出现压碎现象，交接面处裂缝进一步加宽。$6\Delta_y$ 时梁端部纵筋混凝土保护层大量剥落。最后破坏状态为梁端弯曲破坏。

ZHJ4 的梁端可见弯曲裂缝大约在水平荷载为 20kN 时出现，约 30kN 时节点核芯区开始出现了细小斜裂缝。在梁纵筋发生屈服（水平荷载约为 40kN）的同时节点核芯区也出现了一系列斜向平行裂缝。在位移幅值为 $1\Delta_y$ 循环时节点核芯区出现了一系列交叉平行斜裂缝；当进行位移幅值为 $2\Delta_y$ 的加载时，节点核芯区的裂缝宽度扩展明显，并伴随有混凝土开裂的声响，从现象上看梁弯曲裂缝的发展不如节点快；$3\Delta_y$ 位移幅值加载时，节点核芯区裂缝数量进一步增加，宽度继续扩大，裂缝交叉处混凝土开始鼓起，并开始有碎屑脱落，节点斜裂缝最大宽度达 1.2mm。梁柱交接面处最大裂缝宽度约 1.5mm。柱开始出现水平裂缝。$4\Delta_y$ 时节点核芯区对角斜裂缝最大宽度达 1.5mm，节点核芯区斜裂缝数量不断增加，形成网状交叉斜裂缝，节点核芯区的混凝土保护层剥落现象明显。在位移幅值大于 $4\Delta_y$ 之后，整个节点核芯区开始出现可见的侧向膨胀变形，核芯区斜裂缝宽度在等位移幅值循环加载下也有明显增大，此时梁上的裂缝除了在交接面处的裂缝因纵向钢筋在节点内锚固破坏而增大外，其它部位的裂缝趋向稳定，破坏主要集中在节点核芯区内。节点的最后破坏状态呈节点核芯区剪切破坏特征。

ZHJ5 和 ZHJ6 的开裂情况在 $1\Delta_y$ 的位移幅值以前与 ZHJ4 基本相似，但在进行位移幅值为 $2\Delta_y$ 的加载时节点核芯区裂缝宽度的增大不如 ZHJ4 明显，其中 ZHJ5 节点核芯区的裂缝宽度增加幅度略大于 ZHJ6，此时梁柱交接面处的裂缝宽度约为 0.8mm。$3\Delta_y$ 以后 ZHJ5 和 ZHJ6 的破坏状态上的差异逐步显现出来，ZHJ6 梁上的弯曲裂缝宽度比 ZHJ5 开展得多且大，但节点核芯区斜裂缝的宽度比 ZHJ5 的小。$4\Delta_y$ 时 ZHJ5 的节点核芯区对角斜裂缝最大宽度达 1.0mm，节点核芯区斜裂缝数量不断增加，形成了网状交叉斜裂缝，其中沿对角线两条斜裂缝宽度最大，节点核芯区的混凝土保护层剥落现象明显。在 $5\Delta_y$ 以后 ZHJ6 节点核芯区的开裂逐步稳定了下来，破坏主要集中在梁端。ZHJ5 的最终破坏状态呈梁端弯曲—节点核芯区剪切破坏特征，而 ZHJ6 的最终破坏状态为梁端弯曲破坏。所有试件的最终破坏状态如图 6-4-5 所示。

2. 钢筋的屈服情况

因加载过程采用荷载和位移双控制的方法，在荷载控制加载过程中可以方便地追踪计算机所显示的钢筋应变通道的变化情况。当某级荷载下临界截面附近的受拉纵向钢筋应变达到或接近其屈服应变（事先通过材性试验测定）时即认为试件屈服，并定义此时试件的位移为 Δ_y。随着位移幅值的增加，所有梁上纵向钢筋应变测点的应变值先后达到屈服应变。ZHJ1～ZHJ3 柱纵向钢筋均未发生屈服，ZHJ4～ZHJ6 的柱子纵向钢筋在试件达最大荷载时个别应变测点达到或接近屈服，但因随后进入了强度退化阶段，柱子钢筋的屈服没有进一步发展。

ZHJ1～ZHJ3 的节点核芯区箍筋的应变变化情况基本相同，其中 ZHJ3 的核芯区箍筋应变如图 6-4-6 (a) 所示。从图 6-4-6 (a) 可以发现，当试件进行 $2\Delta_y$ 的位移幅值加载时，节点箍筋应变突然增大，这与试验中观察到的节点核芯区斜裂缝的发生是同步的。随着梁端纵向钢筋的强化，节点核芯区箍筋的应变有所增加，但很快趋向稳定，并随着后续加载强度的退化而减少。由于这三个试件的节点核芯区所承受的剪力水平不高，量测到的箍筋应变最大值仅为 $1100\mu\varepsilon$。图 6-4-6 (b)、(c)、(d) 分别为 ZHJ4、ZHJ5 和 ZHJ6 的节点核芯区箍筋的应变变化情况。ZHJ4 的节点箍筋在进行 $2\Delta_y$ 的位移幅值加载时即达到了屈服

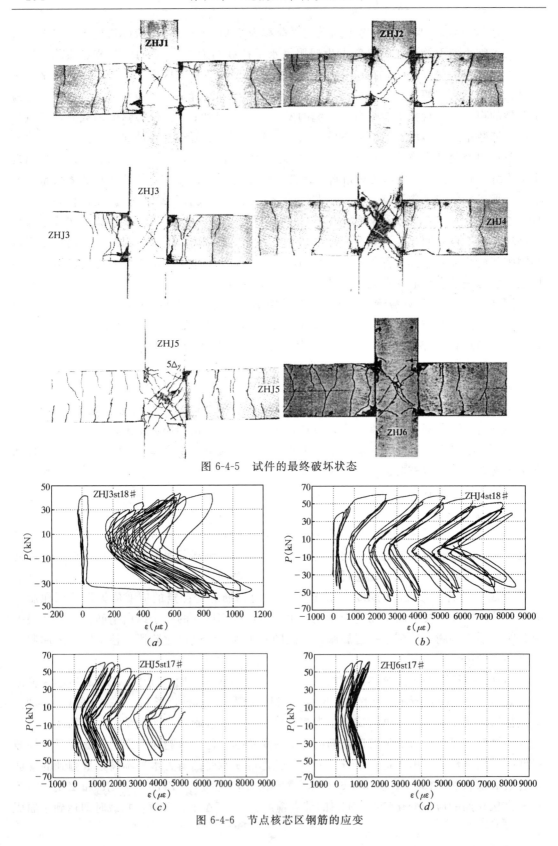

图 6-4-5 试件的最终破坏状态

图 6-4-6 节点核芯区钢筋的应变

应变,并且在每次增大位移幅值时箍筋应变都有较大幅度的增加。随着节点箍筋的逐步屈服,节点核芯区的破坏程度逐步加剧,试件的破坏状态为节点剪切破坏。虽然 ZHJ5 的节点核芯区配箍是按照现行规范的强节点要求进行设计的,但核芯区箍筋还是随着梁端抗弯承载力的强化而逐步发生了屈服。ZHJ5 屈服时的位移幅值约为 $5\Delta_y$,据此可以进一步确定试件的破坏状态为梁端弯曲—节点剪切破坏。ZHJ6 的节点箍筋应变变化情况与 ZHJ3 相似,直到试件极限破坏,节点箍筋仍未发生屈服,试件的破坏呈弯曲破坏。

3. 滞回曲线及其骨架曲线特征

试件的滞回曲线如图 6-4-7 所示。从图中可以看出,ZHJ1~ZHJ6 滞回环的形状并没有明显区别。在 $5\Delta_y$ 以后,随着梁端箍筋或节点核芯区箍筋数量的增加,滞回曲线的强度退化现象减弱,滞回环出现不稳定状态有所推迟。

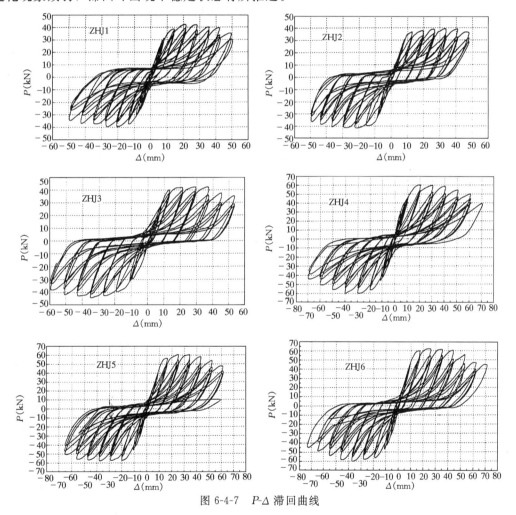

图 6-4-7 P-Δ 滞回曲线

图 6-4-8 所示为试件的 P-Δ 骨架曲线。比较图中各曲线可以看出,ZHJ1~ZHJ3 的骨架曲线在达到最大荷载之前基本相似,其中加密梁端箍筋的 ZHJ3 试件的强化幅度比其它两个试件的大,而箍筋较少的 ZHJ1 试件的强度退化不仅比 ZHJ2 和 ZHJ3 出现得早,而且也比较明显。ZHJ4~ZHJ6 的骨架曲线与 ZHJ1~ZHJ3 的主要差别是试件屈服以后的强

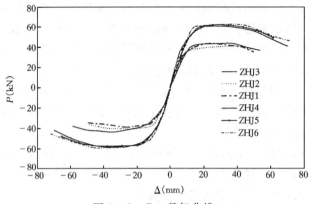

图 6-4-8 P-Δ 骨架曲线

化区段较短,由于 ZHJ4 和 ZHJ5 的节点核芯区出现明显的剪切破坏,因而较早进入强度退化,但退化速度并不如预想的快,骨架曲线下降段的下降速度随着节点核芯区箍筋数量的增加而放慢。各试件骨架曲线主要特征点的试验结果详见表 6-4-3。其中,荷载的单位为 kN,位移的单位为 mm,P_{cr} 和 Δ_{cr} 分别为节点核芯区开裂时的荷载和位移值。

骨架曲线主要特征点试验结果　　　　　表 6-4-3

试件	P_{cr}	Δ_{cr}	P_y	Δ_y	P_{max}	P_{max}/P_y	P_u	Δ_u	P_u/P_{max}	Δ_u/Δ_y
ZHJ1	30	7.00	29.32	6.96	40.9	1.40	35.5	47.55	0.86	6.83
ZHJ2	27	6.85	27.50	7.14	40.35	1.47	36.25	48.35	0.90	6.77
ZHJ3	27	8.10	26.0	7.30	43.1	1.65	36.55	56.0	0.85	7.67
ZHJ4	28	4.20	42.5	8.55	59.05	1.39	51.16	56.7	0.86	6.63
ZHJ5	30	6.7	40.45	9.13	59.25	1.46	51.7	58.8	0.87	7.20
ZHJ6	35	6.56	39.7	8.00	60.45	1.52	51.0	58.9	0.84	7.36

四、框架梁柱组合件试件的变形组成分析

1. 测量方法

为了测量塑性铰区域的弯曲变形、剪切变形、节点区钢筋的滑移量以及节点核芯区的剪切变形等,在塑性铰区域及节点内通过焊接在钢筋上的螺杆在试件上面共安装了 14 个电子引伸仪(见图 6-4-4b)。其中,沿试件纵向布置的 #1~#4 引伸仪用来测量塑性铰区域的平均曲率;#7 与 #1、#8 与 #4 两组引伸仪的变形量之差分别代表节点两侧梁纵向钢筋在节点内的滑移量;沿梁塑性铰区域对角布置的 #9、#10、#13、#14 引伸仪用来测量该区域内的剪切变形;#11 和 #12 用来测量节点核芯区的剪切变形。上述每个引伸仪的夹具均经过专门设计,并通过精密万向轴承与预埋螺杆连接(图 6-4-9),从而避免了因塑性铰区有较大剪切变形

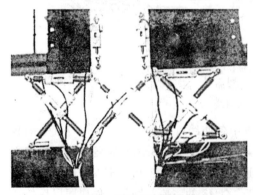

图 6-4-9 引伸仪安装示意图

或平面外变形而造成滑杆被卡或仪表损坏。

2. 各种变形成分及其产生的位移的简化分析

框架梁柱组合件的层间位移可以看作是由梁变形引起的层间位移 Δ_b、柱子变形产生的层间位移 Δ_c 和节点剪切变形产生的层间位移 Δ_j 这三部分组成，如图 6-4-10 所示。其中 Δ_b 由梁上塑性铰区的塑性转角 θ_{bp}、纵筋在节点内的滑移转角 θ_{slp}、梁的弹性转角 θ_{be} 以及梁剪切变形组成。根据对试验结果的分析，梁剪切变形对整体侧移的贡献很小，因此在分析中忽略梁剪切变形对侧移的影响。由图 6-4-10 几何关系可得

$$\Delta_b = \theta_b H = (\theta_{bp} + \theta_{slp} + \theta_{be}) H/2 \tag{6-4-1}$$

梁的塑性转角 θ_{bp} 和滑移转角 θ_{slp} 可根据试验数据求得，其中极限状态时各试件所测量到的 θ_{bp} 和 θ_{slp} 如表 6-4-4 所示。Δ_c 和 θ_{be} 均按弹性方法分析，但将混凝土的弹性模量乘以 0.85 以考虑开裂的影响。

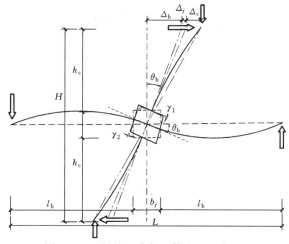

图 6-4-10 梁柱组合件整体变形示意图

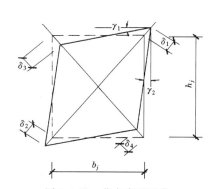

图 6-4-11 节点变形示意

极限状态时梁端塑性转角及滑移转角 表 6-4-4

	ZHJ1	ZHJ2	ZHJ3	ZHJ4	ZHJ5	ZHJ6
θ_{bp}	0.026	0.027	0.031	0.019	0.031	0.033
θ_{slp}	0.010	0.010	0.012	0.012	0.013	0.013

节点核芯区的剪切角可以通过核芯区变形图的几何关系及试验量测的核芯区对角线的变形量计算确定。根据图 6-4-11 所示的几何关系，可以求得节点核芯区的剪切变形角 γ 为

$$\gamma = \gamma_1 + \gamma_2 \cong \frac{\sqrt{h_j^2 + b_j^2}}{h_j b_j} \cdot \frac{\delta_1 + \delta_2 + \delta_3 + \delta_4}{2} \tag{6-4-2}$$

式中，δ_1、δ_2、δ_3、δ_4 分别为节点核芯区对角线的伸长和压缩量，其值由引伸仪 #11 和 #12 测定；h_j 和 b_j 分别为节点核芯区的高度和宽度。

假设 $\gamma_1 = \gamma_2$（对于核芯区宽度和高度差别不大的节点，此假设可能造成的误差很小），则由图 6-4-10 的几何关系可以求得节点核芯区的剪切角产生的层间位移为

$$\begin{aligned} \Delta_j &= 0.5 H (\gamma_1 (L - b_j)/L + \gamma_2 (H - h_j)/H) \\ &= 0.5 \gamma (1 - b_j/L - h_j/H) H \end{aligned} \tag{6-4-3}$$

式中各符号的含义见图 6-4-10。把试验所测得的核芯区对角线的变形值和试件的几何尺寸代入式（6-4-2）和式（6-4-3），即可求得加载过程中任意时刻核芯区剪切变形产生的侧移，如图 6-4-12 所示。比较图中各曲线可以看出，产生最终节点剪切破坏试件的节点核芯区剪切变形所产生的顶点位移很大，甚至在相同顶点位移幅值循环加载下，核芯区剪切变形产生的顶点位移成分也出现了增大现象（图 6-4-12 中 ZHJ4）。随着核芯区箍筋数量的增加，核芯区剪切变形产生的侧移有所减小（图 6-4-12 中 ZHJ5）。产生最终梁端弯曲破坏的试件节点核芯区剪切变形所产生的顶点位移很小，甚至在荷载退化后其产生的位移还有所减小（图 6-4-12 中 ZHJ3 和 ZHJ6）。

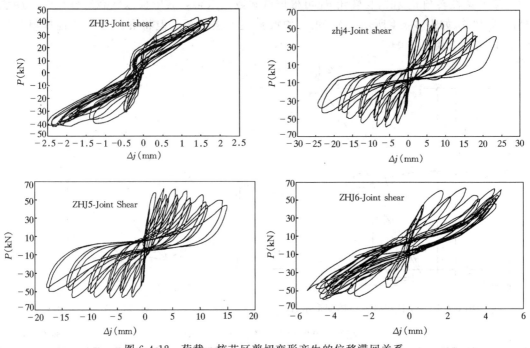

图 6-4-12　荷载—核芯区剪切变形产生的位移滞回关系

3. 各种位移成分所占的比例及其规律

利用上述方法及试验所量测的相关数据，即可求得各种非线性变形所产生的顶点位移在加载全过程中的变化情况。根据不同位移幅值下的各种位移成分与对应的位移幅值的比值，即可得如图 6-4-13 所示的各种位移成分在总位移中所占的比例及随位移幅值的变化情况。由于 ZHJ1、ZHJ2、ZHJ3 和 ZHJ6 的破坏形态都是梁端弯曲破坏，其对应的各种变形成分所占的比例也较为接近，因此可以对这四个试件的相应位移成分求平均以考察梁端弯曲破坏试件中各种变形成分对总层间位移的贡献及其变化规律（如图 6-4-13（a）。由于 ZHJ4 最终破坏形态为节点核芯区剪切破坏，其各种变形成分所占的比例与弯曲破坏存在很大的差异（图 6-4-13（b））。由图 6-4-13 可以看出：

（1）在以梁端极限弯曲破坏为主的梁柱组合件中，核芯区剪切变形所占的比例较小。但一旦出现节点核芯区箍筋屈服和剪切破坏，极限破坏时节点核芯区剪切变形产生的位移在框架梁柱组合件层间位移中所占的比例甚至可能超过梁端塑性转角对层间位移的贡献。

（2）最终产生梁端弯曲破坏的梁柱组合件的梁端塑性转角产生的层间位移和纵向钢筋在节点中的滑移产生的层间位移在总层间位移中所占的比例均随着位移幅值的增大而增大，在极限破坏时所占的比例分别约为60%和24%。

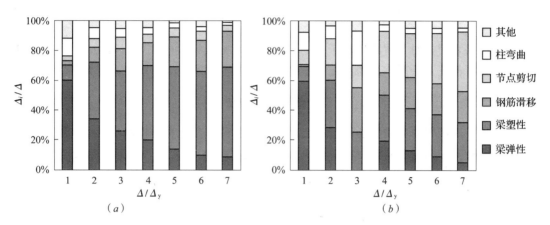

图 6-4-13 各种变形成分对整体位移贡献的比例
(a) ZHJ1、2、3、6（平均）；(b) ZHJ4

参 考 文 献

[1] R. C. Fenwick, Load deflection characteristic of plastic hinges in ductile concrete beam, Proc. 11th World Conf. Earthquake Engrg. Mexico, 1996, Paper No. 469
[2] 郭子雄，吕西林. 低周反复荷载作用下高轴压比 RC 框架柱的性能研究. 建筑结构，1999，(4)
[3] S. Viwathanatepa, E. P. Popov and V. V. Bertero (1979), Seismic behavior of reinforced concrete interior beam-column subassemblages, Report No. UBC/EERC-79/14
[4] Masaru Teraoka, Kazuya Hayashi and Satoshi Sasaki, Behavior of interio beam-and column subasemblages in an RC frame, Journal of Fujita Technical Research Institute No. 9 1998

（同济大学　吕西林　郭子雄　中国建筑科学研究院　王亚勇）

6.5　延性混凝土剪力墙的试验和分析

地震区的结构构件除应满足承载力和刚度要求之外，还应有良好的延性。为保证钢筋混凝土柱的延性，我国规范对柱的轴压比作了严格的限制。但对广泛用于地震区高层建筑的剪力墙，规范并没有提出轴压比的限值。本文简要介绍了 10 片相对受压区高度为 0.061 至 0.443 的剪力墙试件的延性试验结果，建立了剪力墙曲率延性的计算方法，研究了诸因素与延性的关系，并提出了为保证剪力墙的延性应限制相对受压区高度（轴压比）和约束边缘构件的建议。

一、试 验 研 究

本文作者进行了 4 片相对受压区高度 ξ 为 0.137～0.418 的剪力墙（SWH—1～

SWH—4）在往复荷载作用下的试验[1][2]；清华大学土木工程系的其他研究者还进行了 6 片 ξ 为 0.061～0.443 的剪力墙的试验。表 6-5-1 给出 10 个试件的基本参数，其中 SW—1、SW—3 的数据取自文献 [3]，SW—R—1 的数据取自文献 [4]，SW—7～SW—9 的数据取自文献 [5]。通过试验，研究了剪力墙的位移延性等抗震性能。表 6-5-2 列出了位移延性比的试验结果。

试验结果表明，对于剪跨比大于 2 的剪力墙，影响其延性的主要因素为 ξ 和端部约束范围的含箍特征值 λ_k。基本趋势为：ξ 越大，延性越差；增大 λ_k 有利于改善延性。

二、延性计算方法

为了进一步研究剪力墙的延性，本文进行了延性计算。计算的思路为：对给定几何尺寸、材料特性及受力情况的剪力墙，计算截面屈服曲率 ϕ_y 和极限曲率 ϕ_u，得到曲率延性比 μ_ϕ，$\mu_\phi = \phi_u/\phi_y$；利用 T. Paulay[3] 提出的公式计算位移延性比 μ_Δ，即：

$$\mu_\Delta = 3(l_p/h_e)(1 - l_p/2h_e)(\mu_\phi - 1) + 1 \qquad (6\text{-}5\text{-}1)$$

式中 h_e——剪力墙的有效高度，$h_e = 2H/3$；

H——剪力墙总高（mm）；

l_p——塑性铰区高度（mm），$l_p = (0.20 + 0.044 H/h_w) h_w$；

h_w——剪力墙截面长度（mm）。

计算 μ_ϕ 采用以下假定和约定：① 应变沿截面高度的分布在变形后保持线性；② 最外侧受拉钢筋达到屈服应变时的截面曲率为屈服曲率 ϕ_y；③ 受压区外纤维混凝土达到极限应变时的截面曲率为极限曲率 ϕ_u；④ 计算截面混凝土的压力时，用等效矩形应力图代替实际的混凝土压应力图形，混凝土平均压应力取 $0.74 f_{cu}$，等效矩形应力图形高 x 取为压区高度 x_n 的 0.8 倍；⑤ 钢筋采用理想弹塑性应力应变关系，不考虑强化。

1. 理论方法

将截面分成若干条带，用程序计算在一定轴向荷载作用下截面的弯矩曲率关系，由假定②、③确定 ϕ_y 和 ϕ_u。计算中，混凝土受拉采用线性应力应变关系，混凝土开裂后退出工作。混凝土受压且不考虑箍筋约束作用时，采用规范应力应变曲线[7]，方程为：

$$\sigma = \begin{cases} 0.76 f_{cu}[2\varepsilon/0.002 - (\varepsilon/0.002)^2] & \varepsilon \leqslant 0.002 \\ 0.76 f_{cu} & 0.002 < \varepsilon \leqslant 0.0033 \end{cases} \qquad (6\text{-}5\text{-}2)$$

极限压应变取 $\varepsilon_{cm} = 0.0033$。考虑箍筋约束时，采用文献 [8] 提出的考虑箍筋约束的应力应变关系。由文献 [8] 可知，影响混凝土应力应变关系的主要因素为混凝土强度和含箍特征值 λ_k（$\lambda_k = \rho_v f_{yv}/f_{cu}$，$\rho_v$ 为体积配箍率，f_{yv} 为约束箍筋的屈服强度，f_{cu} 为 200mm×200mm×200mm 混凝土立方体强度）。经计算发现，λ_k 越大，ε_c 越大，而 f_{cu} 对 ε_c 的影响不大，可忽略。本文取 $f_{cu} = 40\text{N/mm}^2$ 计算不同 λ_k 对应的应力应变关系曲线，结果见图 6-5-1。

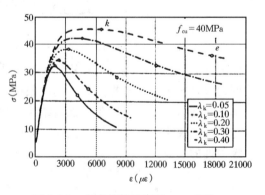

图 6-5-1 考虑箍筋约束的 σ-ε 曲线

曲线有两个特征点——峰值点"k"和收敛点"e"，收敛点 e 是下降段 $d^3y/dx^3=0$ 的点。σ_k、ε_k、σ_e、ε_e 分别为曲线峰值点及收敛点的应力和应变。

文献[8]的应力应变关系较复杂，计算采用简化后的曲线方程：

$$\sigma = \begin{cases} \sigma_k[2\varepsilon/\varepsilon_k - (\varepsilon/\varepsilon_k)^2] & \varepsilon \leqslant \varepsilon_k \\ \sigma_k - \dfrac{\varepsilon - \varepsilon_k}{\varepsilon_e - \varepsilon_k}(\sigma_k - \sigma_e) & \varepsilon > \varepsilon_k \end{cases} \quad (6\text{-}5\text{-}3)$$

当考虑箍筋的约束作用时，采用以下两个标准作为判断压区混凝土达到极限应变的准则，并取较小值为极限应变值 ε_{cm}。标准一：取收敛点"e"为混凝土的破坏点，相应的应变 ε_e 为极限应变 ε_{cm}；标准二：达到极限应变时，构件的承载力不小于最大承载力的 90%。在一般情况下，达到 ε_e 时，构件的承载力不会小于最大承载力的 90%。因此本文用标准一作为判定压区混凝土达到极限应变的准则。R. Rark[6]等人的研究表明，普通箍筋约束的混凝土极限应变不大于 $15000\mu\varepsilon$，因此本文还限定 $\varepsilon_{cm} \leqslant 15000\mu\varepsilon$。

2. 简化方法

由上述假定①、②，截面屈服曲率 ϕ_y 用下式计算：

$$\phi_y = (\varepsilon_y + \varepsilon_{cy})/(h_w - a_s) \quad (6\text{-}5\text{-}4)$$

式中 a_s——最外侧受拉纵筋距截面近边的距离（mm）；

ε_y——纵筋屈服应变（$\mu\varepsilon$）；

ε_{cy}——最外侧纵筋屈服时受压区混凝土外纤维应变（$\mu\varepsilon$）。

用程序计算 10 个剪力墙试件截面屈服时受压区混凝土外纤维的应变 ε_c，计算结果见表 6-5-1。通过线性回归并简化得到 ε_{cy} 的表达式：

$$\varepsilon_{cy} = (560 + 3000\xi)f_y/310 \quad (6\text{-}5\text{-}5)$$

式中 ξ——相对受压区高度，$\xi = x/(h_w - a_s)$。

剪力墙试件基本参数及屈服时混凝土应变 ε_{cy}（$\mu\varepsilon$）计算结果　　表 6-5-1

试件编号	b_w	h_w	H	b_f	h_f	f_{cu}	a_s	f_c	ρ_s	f_y	ρ_w	f_{yw}	ξ	ε_c	ε_{cy}	$(\varepsilon_{cy}-\varepsilon_c)/\varepsilon_c$
SW—1	110	1200	2400			36.8	30	28.0	0.68	381	0.46	289	0.157	1104	1267	15%
SW—3	110	1200	2400	295	100	36.8	24	28.0	0.53	381	0.46	289	0.061	807	913	13%
SW—7	100	700	1500			36.8	27	28.0	0.88	405	0.67	305	0.325	1829	2005	10%
SW—8	100	700	1500			40.2	26	30.6	0.65	432	0.67	305	0.443	2492	2632	6%
SW—9	100	700	1500			43.1	30	32.8	1.79	375	0.67	305	0.327	1830	1864	2%
SW—R—1	100	900	1840			40.3	30	30.6	2.09	420	0.67	345	0.185	1509	1511	0%
SWH—1	70	690	1500	200	70	37.1	17	28.2	0.34	381	0.44	345	0.418	2179	2229	2%
SWH—2	70	690	1500	200	70	50.8	18	38.6	0.61	287	0.44	345	0.272	1399	1274	−9%
SWH—3	70	690	1500	200	70	47.5	19	36.1	0.94	262	0.44	351	0.134	1006	813	−19%
SWH—4	70	690	1500	200	70	39.3	19	29.9	0.94	251	0.44	345	0.417	1784	1466	−18%

注：表中 b_w、h_w——矩形截面或工字形截面腹板宽度、长度，mm；

b_f、h_f——工字形截面翼缘宽度、长度，mm；

ρ_s、ρ_w——端部主筋、竖向分布筋配筋率，%；

f_y、f_{yw}——部端主筋、竖向分布筋屈服强度，MPa。

由上假定①、③、④和⑤，截面极限曲率 ϕ_u 用下式计算：

$$\phi_u = \varepsilon_{cm}/x_n \quad (6\text{-}5\text{-}6)$$

混凝土极限压应变 ε_{cm}（$\mu\varepsilon$）的确定同理论方法；用截面极限状态力的平衡关系得到 x_n（图 6-5-2）：

- 矩形截面、翼缘位于受拉区的 T 形截面（图 6-5-2a）

$$x_n = \frac{A_s f_y - A'_s f'_y + \rho_w b_w h_w f_{yw} + N}{0.74 f_{cu} 0.8 b_w + 2\rho_w b_w f_{yw}} \quad (6\text{-}5\text{-}7)$$

- 工字形截面（图 6-5-2b）

$$x_n = \frac{A_s f_y - A'_s f'_y + \rho_w h_w f_{yw} + N - 0.74 f_{cu} h_f (b_f - b_w)}{0.74 f_{cu} 0.8 b_w + 2\rho_w b_w f_{yw}} \quad (6\text{-}5\text{-}8)$$

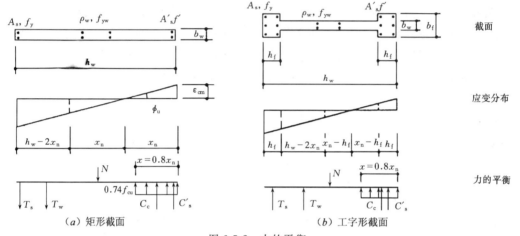

图 6-5-2　力的平衡

三、计算结果与试验结果的比较

用上述方法对清华大学所做的 10 片剪力墙试件进行了计算，结果见表 6-5-2。表中，ϕ_y^1、ϕ_u^1、μ_ϕ^1 和 μ_Δ^1 用理论方法计算得到；ϕ_y^2、ϕ_u^2、μ_ϕ^2 和 μ_Δ^2 用简化方法得到；μ_Δ 为实测结果。曲率单位为 $10^{-6}/\mathrm{mm}$。除个别试件外，计算结果与试验结果吻合良好。

计算结果与试验实测结果的比较　　　　表 6-5-2

构件编号	ξ	λ_k	理论方法				简化方法				实测	$(\mu_\Delta - \mu_\Delta^1)/\mu_\Delta$	$(\mu_\Delta - \mu_\Delta^2)/\mu_\Delta$
			ϕ_y^1	ϕ_u^1	μ_ϕ^1	μ_Δ^1	ϕ_y^2	ϕ_u^2	μ_ϕ^2	μ_Δ^2	μ_Δ	×100（%）	×100（%）
SW—1	0.157	*	2.58	14.3	5.55	3.63	2.71	15.4	5.69	3.71	3.22	−13	−15
SW—3	0.061	*	2.31	33.7	14.6	8.85	2.40	38.6	16.1	9.73	5.60	−58	−74
SW—7	0.325	0.19	5.73	27.9	4.88	3.15	5.99	30.9	5.15	3.30	3.65	14	10
SW—8	0.443	0.17	6.49	18.7	2.89	2.05	7.11	20.8	2.92	2.06	2.60	21	21
SW—9	0.327	0.21	5.55	30.8	5.55	3.52	5.58	33.4	5.98	3.76	3.35	5	−12
SW—R—1	0.185	*	4.15	14.6	3.51	2.43	4.15	19.0	4.58	3.07	3.72	35	17
SWH—1	0.418	*	6.07	10.3	1.70	1.38	6.14	10.1	1.64	1.35	2.17	36	38
SWH—2	0.272	*	4.22	15.7	3.72	2.49	4.03	15.3	3.79	2.53	2.50	0	−1
SWH—3	0.134	*	3.45	29.8	8.65	5.20	3.16	30.9	9.77	5.82	5.59	−7	−4
SWH—4	0.417	*	4.53	10.4	2.29	1.71	4.06	10.1	2.48	1.81	1.83	−7	1

注：表中，带 * 的为不考虑箍筋的约束作用。

四、影响因素分析

从简化方法可得到：

$$\mu_\phi = \frac{\phi_u}{\phi_y} = \frac{\varepsilon_{cm}/x_n}{(\varepsilon_y + \varepsilon_{cy})/(h_w - a_s)} \approx \frac{\varepsilon_{cm}}{1.25\xi} \cdot \frac{1}{\varepsilon_y + (560 + 3000\xi)f_y/310} \quad (6\text{-}5\text{-}9)$$

端部主筋一般为Ⅱ级钢，可不考虑 f_y 的影响。因此影响 μ_ϕ 的主要因素为 ξ 和 ε_{cm}，而 ε_{cm} 取决于 λ_k 的大小。对 μ_Δ 影响较大的因素为：μ_ϕ 和墙高宽比 H/h_w。因此，影响 μ_Δ 的主要因素为：ξ、λ_k 及 H/h_w。

为了定量地了解 μ_Δ 与这些因素的关系，用上述方法对矩形截面墙 W—1 作参数计算。W—1 按"高规"一级抗震设计，暗柱即约束边缘构件面积为 $A_c = 15b_w^2$，其主筋面积为 $A_s = 0.015A_c$，竖向分布筋配筋率为 0.25%。从 x_n 的计算式可知，对同一片剪力墙，x_n 与轴压力 N 成正比，因此，ξ 越大，轴压比 n 也越大。图 6-5-3 为清华大学所做的 10 片剪力墙的 ξ 和 n 与 μ_Δ 的关系，从图中可以看出，用 n 作为参数，μ_Δ 的离散程度比用 ξ 作为参数

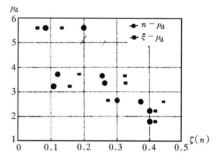

图 6-5-3 $n - \mu_\Delta$、$\xi - \mu_\Delta$ 试验结果

的大。虽然用 ξ 作为影响延性的因素更合适一些，但用 n 比较简便明了。图 6-5-4 为含箍特征值 $\lambda_k = 0.08$、0.16、0.22 时，$H/h_w - n - \mu_\Delta$ 关系的计算结果。从图 6-5-4 中可知：

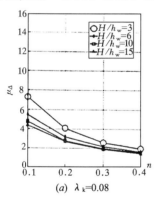 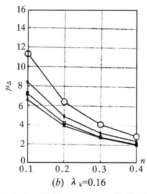 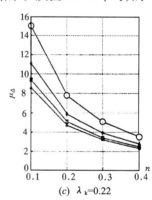

图 6-5-4 $H/h_w - n - \mu_\Delta$ 的关系

(1) 剪力墙的延性比随轴压比的增大而减小。当 $\lambda'_k = 0.16$，$H/h_2 = 6$ 时，当 n 从 0.1 增大到 0.4 时，μ_Δ 从 7.2 减小到 2.1。

(2) 剪力墙的延性比随含箍特征值的增大而提高。当 $n = 0.3$，$H/h_w = 6$ 时，当 λ_k 从 0.08 增大到 0.22 时，μ_Δ 从 2.2 提高到 3.9。

(3) 剪力墙的延性比随高宽比的增大而减小。当 $\lambda_k = 0.16$，$n = 0.2$ 时，对应于 H/h_w 为 6 和 15 的延性比分别为 4.9 和 3.9。

(4) 箍筋对混凝土的约束作用随 λ_k 的增大而提高，但 λ_k 对 μ_Δ 的提高作用是有限的。该作用随着轴压比或相对受压区高度增大而减小，当 λ_k 从 0.08 增大到 0.22 时，μ_Δ 最多只能增大一倍。对于高轴压比剪力墙，靠增大 λ_k 来提高延性是不经济的。为保证剪力墙

延性，比较合适的方法是限制轴压比。对 W—1 而言，若工程上可接受的 λ_k 的最大值为 0.16，假设 $H/h_w=6$，要求延性比 $\mu_\Delta=3$，则轴压比不能超过 0.31，相应的 ξ 为 0.33。

五、结　　论

1. 通过试验，证实了相对压区高度和边缘构件的约束程度是影响剪力墙的延性的重要因素。

2. 用本文提出的方法计算了 10 片剪力墙的延性，计算结果与试验结果吻合良好。

3. 计算表明，相对受压区高度 ξ（或轴压比 n）、约束边缘构件的含箍特征值 λ_k 和墙高宽比 H/h_w 对延性比的大小都有影响。ξ 或 n 越大，延性比越小；λ_k 越大，延性比越大；H/h_w 越大，延性比越小。

4. 理论计算表明，对于轴压比较高的剪力墙，用增大端部约束边缘构件的含箍特征值的方法提高其延性和改善其变形能力是不经济的。为保证剪力墙具有良好的延性，有效的方法是限制剪力墙的相对受压区高度（或轴压比），并根据相对受压区高度（或轴压比）确定端部约束边缘构件的范围及其含箍特征值。

参 考 文 献

[1] 吕文. 钢筋混凝土剪力墙的延性研究［硕士学位论文］. 北京：清华大学土木工程系，1998

[2] 吕文，钱稼茹，方鄂华等. 高轴压比悬臂剪力墙延性性能的研究. 见：胡庆昌，周炳章编. 第六届高层建筑技术交流会. 珠海，1997

[3] 周云龙. 截面形状及配筋对单片剪力墙抗震性能的影响［硕士学位论文］. 北京：清华大学土木工程系，1987

[4] 唐曦. 钢骨钢筋混凝土剪力墙抗弯性能试验研究［硕士学位论文］. 北京：清华大学土木工程系，1995

[5] 张云峰. 钢筋混凝土剪力墙高轴压比下抗震性能试验研究［硕士学位论文］. 北京：清华大学土木工程系，1996

[6] T. Paulay and M. J. N. Priestley, Stability of Ductile Structural Walls, ACI Structural Journal, V. 90, No. 4, July-August 1993

[7] 中华人民共和国建设部. 混凝土结构设计规范（GBJ 10—89）. 北京：中国建筑工业出版社，1989

[8] 邢秋顺，翁义军，沈聚敏. 约束混凝土应力—应变全曲线的试验研究. 见：约束与普通混凝土强度理论及应用学术计论会论文集. 烟台，1987

[9] R. Park and T. Paulay. Reinforced Concretet Structures. New York：JohnWiley & Sons，1975

（清华大学　吕文　钱家茹　方鄂华）

6.6　单层钢筋混凝土柱厂房柱间支撑的抗震设计

89 抗震规范根据历次地震，特别是唐山地震的经验，在 89 规范表 8.1.20 和附录六之（四）中分别对柱间支撑斜杆的最大细长比和柱间支撑节点预埋板钢筋的截面抗震验算作出了规定，由于要求较严，给设计造成一定的困难，且有一些问题值得商榷。

1. 89规范表 8.1.20 对柱间支撑交叉斜杆长细比的限值,应与表 8.1.19 一样,同时考虑设防烈度和场地类别才更为合理。

2. 各单位的震害调查统计表明:柱间支撑的震害破坏虽较普遍而明显,但总的来讲破坏的百分率不是很高,以 8 度区为例:

(1) 机械部设计研究院资料:

8 度区调查厂房 116 栋,有柱间支撑震害的厂房 43 栋(37%),其中杆件压曲 31 栋(兼节点破坏的 13 栋),节点破坏的 12 栋。

(2)《单层与多层房屋抗震设计》资料:

天津 8 度区调查柱间支撑道数 118,完好 81 道(69%);斜杆压曲破坏 37 道(31%),其中兼拉断 4 道(3%),兼节点破坏 9 道(8%)。

(3) 89 抗震规范统一培训材料

天津 8 度区:边柱列上、下柱支撑的破坏率分别为 3% 和 11%;中柱列上、下柱支撑的破坏率分别 2% 和 65%。

3. 8 度区统计的柱间支撑破坏率,绝大部分为天津地区 Ⅲ、Ⅳ 类场地。

4. 所调查的厂房绝大部分未考虑抗震设防,而抗震计算的柱间支撑斜杆内力大于非抗震设计的柱撑斜杆内力几倍。

(1)《钢结构设计手册》柱间支撑计算例题:

两台 $Q=10/20t$ 超重级夹钳吊车(轮压相当于 $Q=75/20t$ 吊车),按二道下柱支撑计算,支撑斜杆内力 $N=140kN$,如改为一道下柱支撑,则支撑斜杆内力 $N=2\times140=280kN$。

但天津地区的工业厂房,吊车起重量 $Q=75t$ 的不是很多,如以 $Q=75t$ 的桥式吊车作比较,则柱间支撑斜杆内力 $N=100kN$。

(2)《建筑抗震设计手册》纵向抗震计算例题:

例题一:两跨 24m 等高厂房,长 60m,一道下柱支撑,8 度 Ⅲ 类场地,计算结果为:

中柱列:上柱支撑斜杆内力 $N=625.1kN$

下柱支撑斜杆内力 $N=906.9kN$

例题二:两跨 18m 不等高厂房,长 72m,一道下柱支撑,8 度 Ⅱ 类场地,计算结果为:

B 柱列:上柱支撑斜杆内力 $N=335kN$

中柱支撑斜杆内力 $N=608.4kN$

下柱支撑斜杆内力 $N=641.2kN$

因此,非抗震设计的柱间支撑在强烈地震作用下,遭到一定程度的破坏的原因,除节点强度不足外,另一个原因是端节点的位置不恰当,柱间支撑斜杆的轴线与柱轴线交在地坪以上,不能保证将地震作用直接传给基础,使排架柱根部受到额外较大的拉、弯、剪而破坏,有的甚至将整个柱截面剪断、错位、柱间支撑节点破坏在柱间支撑破坏总数中仅占一部分,如再除去柱间支撑节点位置不当这一因素外,柱间支撑节点的破坏率将会有所降低,而柱间支撑节点的位置问题,在 89 抗震规第 8.1.20 条的三款已经得到解决。

5. 根据以上分析对 89 抗震规范的有关部分拟作如下修订:

(1) 表 8.1.20 "柱间支撑斜杆最大长细比" 的分档同时考虑烈度和场地的影响进行划

分,并把 8 度Ⅰ、Ⅱ类场地和 9 度Ⅰ、Ⅱ类场地要求适当放宽。

(2) 89 抗震规范附录六的(四)中的 N 改为预埋板的斜向内力,可采用全截面屈服强度计算的支撑斜杆轴力的 1.05 倍,但不应大于按纵向抗震计算的支撑斜杆轴向力的 1.2 倍。

6. 按修订方法进行柱撑斜杆截面抗震验算

仍采用《建筑抗震设计规范》的两个纵向抗震计算例题。

【例1】 两跨 24m 等高,三道上柱支撑,一道下柱支撑,8 度近震Ⅲ类场地,柱边列:

上柱支撑 ∟90×56×5 (三道)

平面内 $\lambda_1=196<[200]$,平面外 $\lambda_2=150<[200]$

$\sigma_t=101\text{N/mm}^2<\dfrac{0.85\times 215}{0.9}=203\text{N/mm}^2$

$101\times 1.2=121.2<203\times 1.05=213.15\text{N/mm}^2$

下柱支撑 2∟110×70×7 (一道),平面内 $\lambda_1=128<[150]$

$\sigma_t=158\text{N/mm}^2<\dfrac{215}{0.9}=239\text{N/mm}^2$

$158\times 1.2=189.6<239\times 1.05=250.95\text{N/mm}^2$

中柱列

上柱支撑 ∟100×80×6 (三道)

平面内 $\lambda_1=130<[200]$,平面外 $\lambda_2=137<[200]$

$\sigma_t=196\text{N/mm}^2<203\text{N/mm}^2$

$196\times 1.2=235.2>203\times 1.05=213.15\text{N/mm}^2$

下柱支撑 ZC16a (一道),$\lambda_1=72<[150]$

$\sigma_t=201\text{N/mm}^2<239\text{N/mm}^2$

$201\times 1.2=241.2<239\times 1.05=250.95\text{N/mm}^2$

【例2】 两跨 18m 不等高,三道上、中柱支撑,一道下柱支撑,8 度Ⅱ类场地。

A 柱列

上柱支撑 ∟100×63×6 (三道)

平面内 $\lambda_1=177<[250]$,平面外 $\lambda_2=138<[250]$

$\sigma_t=102\text{N/mm}^2<\dfrac{0.85\times 215}{0.9}=203\text{N/mm}^3$

$102\times 1.2=122.4<203\times 1.05=213.15\text{N/mm}^2$

下柱支撑 2∟8 (一道),$\lambda_1=116<[200]$

$\sigma_t=177\text{N/mm}^2<239\text{N/mm}^2$

$177\times 1.2=212.4<239\times 1.05=250.95\text{N/mm}^2$

B 柱列

上柱支撑 ∟100×63×6 (三道)

由 A 柱列上柱支撑得出支撑斜杆的最大长细比满足要求

$\sigma_t=117\text{N/mm}^2<203\text{N/mm}^2$

$117\times 1.2=140.4>203\times 1.05=213.15\text{N/mm}^2$

中柱支撑 ZC8 (三道),$\lambda_2=100<[200]$

$$\sigma_t = 112\text{N/mm}^2 < 239\text{N/mm}^2$$
$$141 \times 1.2 = 134.4 > 203 \times 1.05 = 250.95\text{N/mm}^2$$

下柱支撑　ZC12（一道），$\lambda_1 = 76.6 < [200]$
$$\sigma_t = 241\text{N/mm}^2 \approx 239\text{N/mm}^2$$
$$241 \times 1.2 = 289.2 > 239 \times 1.05 = 250.95\text{N/mm}^2$$

C 柱列

上柱支撑　∟$100 \times 63 \times 6$（三道），$\lambda = 180 < [250]$
$$\sigma_t = 74\text{N/mm}^2 < 203\text{N/mm}^2$$
$$74 \times 1.2 = 88.8 < 203 \times 1.05 = 213.15\text{N/mm}^2$$

下柱支撑　ZC（一道），$\lambda_1 = 144 < [200]$
$$\sigma_t = 157\text{N/mm}^2 < 239\text{N/mm}^2$$
$$157 \times 1.2 = 188.4 < 239 \times 1.05 = 250.95\text{N/mm}^2$$

以上分析表明：按修订方法的计算结果：对边列柱的上、下支撑和中列柱的上柱支撑（唐山地震 8 度后，这些部位非抗震设防的柱撑，震害也很少，很轻）的节点强度要求，可以大大减小，使设计趋于合理，当 8 度 Ⅲ、Ⅳ 类场地和 9 度时，抗震验算的柱撑斜杆内力与采用全截面屈服强度计算的柱撑斜杆内力相差不多，所以按修订方法进行节点设计，能满足节点强度大于斜杆轴向力的原则要求。

（机械工业部设计研究院　徐建　王骏孙）

第七章 砌体和砖混结构抗震设计

7.1 引 言

2001规范将89规范中的第五章多层砌体房屋和第七章的底层框架和多层内框架砖房合并成新的第七章多层砌体房屋和底部框架、内框架砖房。拟修订的主要内容是：

1. 适用范围有所调整

增加了KP1型空心砖砌体，取消了内框架中的单排柱结构和中型砌块结构，重点补充了小型空心混凝土砌块结构的有关条文。

2. 对房屋层数和高度限制作了修订

（1）首先区别对待高度和层数问题，作为多层砌体房屋的重要抗震措施——高度限制，是根据大量实际震害调查统计的结果。但是宏观的震害统计资料，对层数比较准，而对高度不可能十分准确。为此新规范对层数限制要求为"应"，而对高度限制放松为"宜"。

（2）根据近10多年来国内的试验研究成果及工程实践经验，对KP1型空心砖在建筑中的应用已日渐增多，并有条件放宽到与普通实心粘土砖同样的层数和高度，仅对6度区仍维持降低一层的限制。此点主要考虑当墙体轴压较大时，空心砖砌体会有局部劈裂产生。

（3）混凝土空心小型砌块在全国已经推广应用，而且发展速度也是各类砌体中最快的。根据近十年来的研究成果和实践经验，将小砌块建筑的层数和高度提高到与砖砌体同一水平是有把握的。为此，在89规范条文基础上，重点补充了芯柱的设置要求及构造柱在小砌块建筑中的应用，从而保证此类结构有更好的抗震性能。

（4）放宽了底部框架-抗震墙结构的高度，并将底部为单层框架扩展为底部两层框架。

经过国内多家科研、高校的试验研究，对底部框架-剪力墙结构的抗震性能作了较深入的分析，在此基础上放宽89规范对底部框架承托上部砖房层数的限制，各相应烈度均放宽一层。同时，根据试验，将底部框架扩展为底部两层框架，以适应当前建设的需要。

3. 修改了水平配筋砖砌体的计算公式

根据已有配筋砖砌体的资料，考虑了高宽比的影响等。对89规范中的公式5.2.6作了局部修订，引进了钢筋参与工作系数。使计算结果更能反映砌体的实际抗剪能力。

4. 修订了框架柱各轴线地震倾覆力矩的分配

框架柱的轴力在考虑地震倾覆力矩引起附加轴力时，各轴线承受的地震倾覆力矩，可近似按底部抗震墙和框架的侧移刚度的比例分配，而不要求用89规范中的转动刚度比例分配。

5. 抗震构造措施作了修订和补充

（1）考虑到近年来工程设计的实际情况，取消6、7度区隔层设置抗震圈梁的规定，改为每层均设置。

（2）对于纵、横墙上设置的构造柱要求，补充相应的构造柱间距的限制。从而使构造柱在防止墙体突然倒塌中起更大的作用。

（3）对混凝土小型空心砌块的补充主要在芯柱的设置方面，由于允许建造层数和高度的提高，对小砌块承重墙体的要求亦有所提高，为此，对芯柱间距的限制是必不可少的。

芯柱作为提高小砌块墙体的抗震能力是十分重要的。但对于防止此类墙体的突然倒塌，以及芯柱的最小截面难以保证时，设置构造柱同样是十分有效的措施。为此，相应补充了这方面的内容。

6. 对底部框架-抗震墙结构中托墙梁的规定

这是以往规范中不够明确的。作为承托上部承重墙体的框架梁的设计计算，在理论上并未完全解决，尤其抗震设防地区，按允许"裂而不倒"的概念，承重墙体可以带有裂缝工作，因此就不是静力设计时的概念，托墙梁可以考虑"内拱"作用，从而对墙梁上的荷载可以折减。

此次修订中的原则是，承托四层和四层以下的墙梁在计算弯矩时，上部荷载不折减；当超过四层，且跨中1/2区段内墙体仅有一个洞口时，可仅取四层荷载。

（北京市建筑设计研究院　周炳章）

7.2 带构造柱墙体抗震承载力验算方法

一、多根构造柱的砖墙

1. 现有的抗震承载力计算方法

现行的构造柱砖房技术规程、地方规程和有关的资料，对计入构造柱承载力的计算方法可大致归纳为三种：

其一，换算截面法。根据混凝土和砌体的弹性模量比折算，刚度和承载力均按同一比例换算，并忽略钢筋的作用。

其二，并联叠加法。构造柱和砌体分别计算刚度和承载力，再将二者相加，构造柱的受剪承载力分别考虑了混凝土和钢筋的承载力，砌体的受剪承载力还考虑了小间距构造柱的约束提高作用。

其三，混合法。构造柱混凝土的承载力以换算截面并入砌体截面计算受剪承载力，钢筋的作用单独计算后再叠加。

在三种方法中，对承载力抗震调整系数 γ_{RE} 的取值各有不同。由于不同的方法均根据试验成果引入不同的经验修正系数，使计算结果彼此相差不大，但计算基本假定和概念在理论上不够理想。

本次建筑抗震设计规范修订，需要尽可能将各种计算公式统一起来。为此，根据修订小组所收集的、国内许多单位（中国建筑科学研究院、北京市建筑设计研究院、辽宁省建筑设计院、大连工学院、同济大学、中国建筑西北设计院、四川省建筑科学研究所、山东省建筑科学研究所等）所进行的累计百余个试验结果，包括两端设置构造柱、中间设置1～3根构造柱及开洞砖墙体，并有不同墙体和构造柱截面、不同配筋、不同材料强度的试验，分别对构造柱截面、配筋和材料强度等参数的影响进行统计分析，拟出了新的计算公式。

2. 初步建议的计算公式：

各墙段均按门窗洞口划分；侧向刚度计算时均考虑剪切和弯曲变形影响，端部和中部的所有构造柱均按换算截面计算剪切刚度。无水平配筋砖墙体的抗震承载力计算公式，建议统一采用下列表达式：

$$V_R = (\eta_c f_{vE} A_{eq} + 0.08 f_y A_s) / \gamma_{RE} \quad (7\text{-}2\text{-}1)$$
$$A_{eq} = A_{mn} + \zeta_c (E_c / E_m) A_c$$
$$f_{vE} = \zeta_N f_v$$

式中　V_R——墙体抗震承载力；

f_{vE}——砌体沿阶梯形截面破坏的抗震抗剪强度设计值；

f_v——非抗震设计的砌体抗剪强度设计值；

ζ_N——砌体强度的正应力影响系数，可按表 7-2-1 采用；表中的截面平均压应力 σ_0，一般情况可按换算横截面面积计算，当仅在墙段中部或端部设置单根构造柱且墙段尺寸不超过 1.5m 时，宜按弹性模量比（E_c/E_m）换算构造柱的横截面面积；

正应力影响系数　　　　　　　　　　表 7-2-1

σ_0/f_v	0.0	1.0	3.0	5.0	7.0	10.0	15.0
ζ_N	0.80	1.00	1.28	1.50	1.70	1.95	2.32

A_{eq}——墙体换算横截面面积；

A_{mn}——砖墙净横截面面积；

A_c——构造柱横截面面积；

（E_c/E_m）——混凝土与砌体的弹性模量比；

A_s——构造柱纵向钢筋的横截面面积；

f_y——钢筋抗拉强度设计值；

γ_{RE}——承载力抗震调整系数，两端的构造柱已经在公式中计入，故一般情况取 1.0；自承重墙取 0.75；

ζ_c——构造柱参与工作系数；位于墙段端部取 0.16；三根构造柱的中柱取 0.40；多于三根时，除两端外均取 0.32；仅在墙段中部单根设置的构造柱取 0.24；

η_c——墙体约束修正系数;仅一端或仅在中部设置时取 1.0;两端有构造柱时,根据层高与构造柱间距之比 λ ($=h/l$),取 $\eta_c=1+\lambda^2/6$ 或按表 7-2-2 取值:

墙体约束系数　　　　　　　　　　　　表 7-2-2

λ	≤0.35	0.50	0.70	1.0	1.2	≥1.4
η_c	1.02	1.04	1.08	1.15	1.24	1.32

3. 初步建议公式的可靠性

根据各试件的砂浆强度和混凝土强度,按砌体规范、混凝土规范条文说明中的砌体抗剪强度平均值、砌体和混凝土弹性模量的计算公式算出(E_c/E_m),得到承载力并与实心砖墙体的试验结果进行对比。结果如下(统计分布见附图 7-2-1。其中,1/2 比例模型的试验结果考虑尺寸效应 0.85,1/4 比例的模型考虑尺寸效应 0.75):

无洞口且仅两端有构造柱的试验试件共 33 个(附表 7-2-1),

计算与试验比值的平均值为 0.99,方差为 0.12。

无洞口且设有 3~5 根构造柱的试验试件共 44 个(附表 7-2-2),

计算与试验比值的平均值为 0.96,方差为 0.11。

开洞口且有 1~5 根构造柱的试验试件共 30 个(附表 7-2-3),

计算与试验比值的平均值为 0.99,方差为 0.13。

4. 与现有计算方法的某些比较

【例 1】 按 89 规范对墙段两端构造柱设置的最低要求,混凝土强度等级 C15,最小尺寸 0.24m×0.18m,配筋 4ϕ12,砌筑砂浆强度等级 M7.5,平均正应力 0.6MPa。于是

10m 的墙段,按 89 规范计算为 557kN,按本建议计算为 531kN,小 4.7%;

6m 的墙段,按 89 规范计算为 334kN,按本建议计算为 332kN,小 0.6%;

5m 的墙段,按 89 规范计算为 279kN,按本建议计算为 285kN,大 2.1%。

【例 2】 设置三根构造柱,截面为 0.24m×0.24m,配筋 4ϕ14,其余同例一。

10m 的墙段,按构造柱规程计算为 617kN,按本建议计算为 590kN,小 4%;

6m 的墙段,按构造柱规程计算为 394kN,按本建议计算为 404kN,大 2.5%;

5m 的墙段,按构造柱规程计算为 354kN,按本建议计算为 367kN,大 3.7%。

【例 3】 设置五根构造柱,截面为 0.24m×0.24m,配筋 4ϕ14,其余同例一。

10m 的墙段,按构造柱规程计算为 676kN,按本建议计算为 697kN,大 3%。

【例 4】 自承重外纵墙,3.6m 开间 1.8m 窗洞,构造柱截面为 0.24m×0.24m,配筋 4ϕ14,平均正应力 0.5MPa,墙厚、砂浆和砼强度等级同例一。

尽端墙段,按构造柱规程计算为 61.8kN,按本建议计算为 68.4kN,大 10%;

中部墙段,按构造柱规程计算为 123kN,按本建议计算为 122kN,小 1.3%。

【例 5】 自承重内纵墙,3.6m 开间设 0.9m 边门洞,构造柱截面为 0.24m×0.24m,配筋 4ϕ14,平均正应力 0.5MPa,墙厚、砂浆和砼强度等级同例一。

边墙段,按构造柱规程计算为 168kN,按本建议计算为 187kN,大 11%;

中部两个墙段，按构造柱规程计算为 348kN，按本建议计算为 350kN，相当。

5. 简化的计算公式

(1) 在楼层各墙段间进行地震剪力的分配和截面验算时，根据层间墙段的不同高宽比分别按剪切或弯剪变形同时考虑，并明确砌体的墙段按门窗洞口划分。

(2) 一般情况下，构造柱的约束作用仍采用 $\gamma_{RE}=0.9$ 体现，不以显式计入受剪承载力计算中，使抗震承载力验算的公式与 89 规范完全相同。

(3) 当构造柱的截面和配筋满足一定要求后，必要时可采用显式计入墙段中部的构造柱对抗震承载力的提高作用，抗震承载力简化计算公式如下：

$$V \leqslant \frac{1}{\gamma_{RE}}[\eta_c f_{vE}(A-A_c)+\zeta f_t A_c+0.08 f_y A_s] \tag{7-2-2}$$

此简化公式的主要特点是：

1) 墙段两端的构造柱对承载力的影响，仍按 89 规范仅考虑其约束作用，采用承载力抗震调整系数 γ_{RE} 反映，忽略构造柱对墙段刚度的影响，仍按门窗洞口划分墙段，使之与 89 规范的方法有延续性；

2) 引入中部构造柱参与工作的提高作用 ζ_c（居中一根取 0.5，多于一根取 0.4），及构造柱间距不大于 2.8m 的墙体约束修正系数 $\eta_c=1.1$，比初步建议的公式简化；

3) 中部构造柱的承载力分别考虑了混凝土和钢筋的抗剪作用，但不能随意加大混凝土的截面和钢筋的用量，依据试验的结果，要求中部构造柱的总截面一般不超过 15%，纵向钢筋配筋率不小于 0.6% 且不超过 1.4%；还根据修订中的混凝土规范，将混凝土受剪承载力公式中的抗压强度改用抗拉强度表示。

4) 该简化公式的计算结果与上述试验结果相比偏于保守（附表 7-2-2 的最后一栏给出了简化公式与试验结果的比较），在必要时可利用。

(4) 横墙较少房屋及外纵墙的墙段计入其中部构造柱参与工作，抗震验算问题有所改善。外纵墙仅中部有构造柱时，$\gamma_{RE}=1.0$，但建议构造柱截面不大于 25%。

试验数据与计算结果的比较见附表 7-2-1～7-2-3。试验与计算结果的比较分布见附图 7-2-1。

二、混凝土小砌块墙体

本节依据北京市建筑设计研究院 1/4 比例的墙片试验结果，验证 89 抗震设计规范关于混凝土小型空心砌块设置芯柱的计算方法是否适用于两端构造柱的砌块墙体。

1. 试验的基本结果

北京市建筑设计研究院的 1/4 比例墙片模型，小砌块尺寸为 97.5mm×47.5mm×47.5mm，模型墙片长 1.5m，高 0.675m。墙片两端各设 100mm×47.5mm 的构造柱和三个芯柱，中部设有 3～7 根芯柱，按墙片正应力、芯柱数量、芯柱和构造柱铅丝配置的不同，分为 6 种，每种三个，共有 18 个墙片（另有中部各孔均设置芯柱的 9 个墙片试验不包括在内）。墙片的主要设计参数和试验结果汇总于表 7-2-3。

铅丝的屈服强度，$\phi 3$ 为 505MPa，$\phi 3.5$ 为 414MPa，$\phi 4$ 为 400MPa；

混凝土强度等级：第一组 C20，第二组 C17，第三组 C12；

砂浆强度等级：第一组 M2.3，第二组 M6.5，第三组 M4.6。

7.2 带构造柱墙体抗震承载力验算方法

18个墙片的主要设计参数和试验结果　　　　　表 7-2-3

编号	正应力	中部芯柱数量	芯柱铅丝	构造柱铅丝	极限承载力		
					第一组	第二组	第三组
JW1	2.0	3	$\phi 4$	$4\phi 3.5$	52.57	47.29	36.40
JW2	2.0	7	$\phi 3$	$4\phi 3$	59.19	40.64	38.00
JW4	6.0	3	$\phi 3.5$	$4\phi 3$	64.23	52.10	37.20
JW5	6.0	7	$\phi 4$	$4\phi 4$	66.21	65.20	52.80
JW7	9.0	3ϕ	3	$4\phi 4$	66.58	61.50	43.00
JW8	9.0	7ϕ	3.5	$4\phi 3.5$	80.73	81.50	52.80

2. 承载力设计值计算公式：

按89规范公式5.2.7计算，但混凝土抗压强度改用抗拉强度表示

$$V \leqslant \frac{1}{\gamma_{\mathrm{RE}}}[f_{\mathrm{vE}}A + (0.3f_{\mathrm{t}}A_{\mathrm{c}} + 0.05f_{\mathrm{y}}A_{\mathrm{s}})\zeta_{\mathrm{c}}] = \frac{V_0}{\gamma_{\mathrm{RE}}} \tag{7-2-3}$$

式中　f_{t}——芯柱混凝土轴心抗拉强度设计值，取 $0.1f_{\mathrm{c}}$；

f_{y}——铅丝抗拉强度设计值，取屈服强度的92%；

A——墙片包括构造柱的横截面总面积，取 71250mm²；

A_{c}——芯柱截面总面积，包括构造柱截面；单根芯柱取 1219mm²；

A_{s}——芯柱和构造柱铅丝截面总面积，铅丝强度不同时分开计算；

ζ_{c}——芯柱参与工作系数，可按表 7-2-4（89规范表5.2.7）采用。

芯柱参与工作系数　　　　　表 7-2-4

填孔率 ρ	$\rho < 0.15$	$0.15 \leqslant \rho < 0.25$	$0.25 \leqslant \rho < 0.5$	$\rho \geqslant 0.5$
ζ_{c}	0.0	1.0	1.10	1.15

注：填孔率指芯柱根数（含构造柱和填实孔洞数量）与孔洞总数之比。

3. 计算与试验结果的比较：

利用北京市设计研究院对试验结果计算的相关原始数据，计算结果列于表 7-2-5。其中，计算设计值与试验值的比较，按整理89规范小砌块芯柱计算公式的方法，考虑砌体材料平均值、标准值、设计值的关系及尺寸效应，取 $V_{\mathrm{ud}} = V_{\mathrm{u}}/2.0$。

小砌块墙体承载力计算与试验结果的比较　　　　　表 7-2-5

编号	f_{vE}	A	f_{c}	A_{c}	$f_{\mathrm{y}1}$	$A_{\mathrm{s}1}$	$f_{\mathrm{y}2}$	$A_{\mathrm{s}2}$	ζ_{c}	V_0	比值
JW1	0.1595	71250	10	20471	368	9×12.57	381	8×9.62	1.1	24479	0.931
JW2	0.1595	71250	10	25347	464	13×6.16	464	8×6.16	1.15	26184	0.884
JW4	0.2563	71250	10	20471	381	9×9.62	464	8×6.16	1.1	31192	0.971
JW5	0.2563	71250	10	25347	368	13×12.57	368	8×12.57	1.15	36213	1.094
JW7	0.3080	71250	10	20471	464	9×6.16	368	8×12.57	1.1	31192	0.971
JW8	0.3080	71250	10	25347	381	13×9.62	381	8×9.62	1.15	39015	0.967

续表

编号	f_{vE}	A	f_c	A_c	f_{y1}	A_{s1}	f_{y2}	A_{s2}	ζ_c	V_0	比值
JW1A	0.1300	71250	7.5	20471	368	9×12.57	381	8×9.62	1.1	20242	0.856
JW2A	0.1300	71250	7.5	25347	464	13×6.16	464	8×6.16	1.15	21420	1.054
JW4A	0.2140	71250	7.5	20471	381	9×9.62	464	8×6.16	1.1	25972	0.997
JW5A	0.2140	71250	7.5	25347	368	13×12.57	368	8×12.57	1.15	30435	0.933
JW7A	0.2650	71250	7.5	20471	464	9×6.16	368	8×12.57	1.1	30430	0.990
JW8A	0.2650	71250	7.5	25347	381	13×9.62	381	8×9.62	1.15	33182	0.814
JW1B	0.1200	71250	5	20471	368	9×12.57	381	8×9.62	1.1	17579	0.965
JW2B	0.1200	71250	5	25347	464	13×6.16	464	8×6.16	1.15	18199	0.958
JW4B	0.2000	71250	5	20471	381	9×9.62	464	8×6.16	1.1	22992	1.236
JW5B	0.2000	71250	5	25347	368	13×12.57	368	8×12.57	1.15	26274	0.995
JW7B	0.2500	71250	5	20471	464	9×6.16	368	8×12.57	1.1	27371	1.263
JW8B	0.2500	71250	5	25347	381	13×9.62	381	8×9.62	1.15	29565	1.120

上述计算结果和试验结果比较的平均值为 1.00，方差为 0.11。其分布如图 7-2-1：

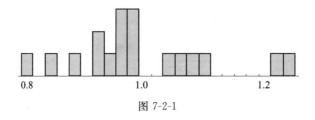

图 7-2-1

4. 小结

89 规范关于带芯柱小砌块墙体的抗震承载力计算公式，对两端芯柱改为构造柱的小砌块墙体，是完全适用的，只需将构造柱的截面计入芯柱的截面中，构造柱的钢筋计入芯柱的钢筋中。

参 考 文 献

[1] 设置钢筋混凝土构造柱多层砖房技术规程编制专题资料．1982
[2] 承重空心砖（KP1）规程编制专题资料．1988
[3] 首届全国砌体建筑结构学术交流会论文集．1991
[4] 沈阳市组合墙结构研究组等．足尺和 1/4 模型外纵墙片试验．1990

（中国建筑科学研究院　戴国莹）

7.2 带构造柱墙体抗震承载力验算方法

试验数据与计算结果比较之一（仅两端设置构造柱） 附表 7-2-1

试件编号	h, l	A_m	A_c	A_s	M/E_m	C/E_c	σ_0	F_u	V_u
FCW-1	h2.35,	.24x3.60	.24x.30	4-12	43/2.3	186/23	0.41	372	431
-2	l3.90				44/2.2			378	432
-3					57/2.46			416	437
G-1	h2.80,	.24x5.52	.24x.24	4-12	69/2.55	149/20	0.35	421	485
-2	l5.76				水泥砂浆	241/26		440	495
WⅣ-1	h2.80,	.24x4.76	.24x.24	4-12	15/1.55	110/16	0.35	383	396
-2	l5.24	.24x.38			19/1.6	127/18		427	428
-3		（工形）			13/1.5	106/16		365	381
WZ-Ⅰ-1	h2.65,	.24x4.02	.24x.24	4-12	25/2.1	166/23	0.20	389	326
-2	l4.26	(MU15)		(2740)	24/2.1	196/24		354	323
-3					25/2.1	230/27		356	332
WZ-Ⅱ-1	h2.65,	.24x4.02	.24x.24	4-12	23/1.8	195/24	0.35	408	372
-3	l4.26	MU10			24/1.8			438	377
-4					21/1.75	207/25		404	363
WZ-Ⅲ-1	h2.65,				24/1.8	190/23	0.50	390	418
-2	l4.26				22/1.75	228/27		388	411
-3					25/1.85	185/23		367	421
1/2MCW-1	h1.17,	.12x1.8	.12x.15	4-8	28/1.8	193/23	0.41	98	104
-2	l1.95				29/1.8			107	105
-3					33/1.85			94	109
WC-1 (1)	h1.20,	.24x2.26	.24x.12	4-8	4.3/2.43	15/22	0.35	272	230
(2)	l2.38				4.0/2.39	15/22		288	225
WC-2 (1)					8.7/3.47	20/25	0.50	309	314
(2)					9.8/3.60	20/25		279	326
WZ-3					13.1/3.80	264/27	0.50	328	361
-4					12.7/3.76	153/21		330	351
-7					3.6/2.3	228/26	0.35	203	221
-8					3.2/2.2			200	214
KH-4 (1)	h1.32,	.24x2.26	.24x.12	4-8	5.9/3.05	20/20	0.35	276	252
(2)	l2.38				6.0/3.05	(LC)		301	253
1/4QZ1-1	h0.68,	.12x2.68	.12x.06	4-4	9.5/2.9	255/27	0.35	186	157
-2	l2.74			(2700)	8.1/2.7	254/27		164	149
-3					8.7/2.8	135/19		182	151

33 个样本的计算值与试验值比例的平均值 $m=0.999$，均方差 $\sigma=0.116$

试验数据与计算结果比较之二（设置多根构造柱） 附表 7-2-2

试件编号	h/l	A_m	A_c	A_s	M/E_m	C/E_c	σ_0	F_u	$V_{u(1)}$	$V_{u(2)}$
FCW-4 -5 -6	h2.20 l1.90	.24x3.0	.24x.56x2 .24x.40	6-18 6-16	4.4/2.0 4.3/2.0 5.7/2.5	186/23	.619	732 772 700	736 734 746	
MCW-4 -5 -6	h1.10 l0.95	.121.5	.12x.28x2 .12x.20	6-14 6-14	2.8/1.8 3.3/1.9 2.9/1.8	193/23	.619	202 211 238	225 230 227	
MHC-1a -2a	h1.31 l1.17	.12x2.05	.12x.15x3	4-6	6.5/2.6	185/23	.50	201 193	189	197
MHC-1b -2b	h1.31 l1.17	.12x2.05	.12x.15x3	4-6	6.5/2.6	185/23	.90	250 228	228	238
HD-3a -3b	h1.31 l1.17	.12x2.05	.12x.15x3	4-6	7.0/2.65	190/23	.50 .90	209 239	195 231	202 241
HD-4 (a) (b)	h1.31 l1.16	.12x1.96	.12x.18x3	4-6	7.0/2.65		.50	219 214	200	200
HD-5 (a) (b)	h1.31 l1.17	.12x2.05	.12x.15x3	4-6	6.2/2.53	194/24	.50	198 213	189	195
HD-6 (a) (b)	h1.31 l1.17	.12x2.05	.12x.15x3	4-8	6.2/2.53	194/24	.50	218 215	199	197
HD-7 (a) (b)	h1.31 l1.17	.12x2.05	.12x.15x3	4-10	6.2/2.53	194/24	.50	228 229	213	199
HC-1 (a) (b) (c)	h1.25 l1.28	.12x2.15	.12x.20x3	2-8+ 2-6 5400	4.4/2.3 4.8/2.35 4.7/2.33	213/26	.45	259 293 276	212 217 216	198 202 201
HC-2 (a) (b) (c)	h1.25 l1.28	.12x2.23	.12x.20x2 .12x.12	边同上 中 2-8	4.8/2.35 4.6/2.33 5.2/2.4	192/24	.45	255 272 255	194 191 196	189 186 184
SKH-1 (a) (b)	h1.32 l1.15	.24x1.90	.24x.20x3	4-12 中 4-10	6.6/	180/22	.60	414 432	402	422
SKH-2 (a) (b)	h1.32 l1.15	.24x1.90	.24x.20x3	同上	6.8/	180/22	.90	475 443	456	481
SKH-2 (a) (b)	h1.32 l1.15	.24x1.90	.24x.20x3	同上	7.5/	180/22	1.2	544 576	508	545

7.2 带构造柱墙体抗震承载力验算方法

续表

试件编号	h/l	A_m	A_c	A_s	M/E_m	C/E_c	σ_0	F_u	$V_{u(1)}$	$V_{u(2)}$
KH-2 (a) (b)	h1.32 l1.15	.24x1.90	.24x.20x3	4-14 中 4-12	6.0/4.11 6.4/	149/20	.35	385 380	349 356	350 358
KH-3 (a) (b)	h1.32 l1.15	.24x1.90	.24x.20x3	4-12 中 4-10	7.0/3.76 7.5/	168/20 141	.35	374 360	371 375	371 372
MZQ1 (5柱)	h1.30 l1.25	.12x4.0	.12x.20x5	4-6	3.5/1.7	180/22	.80	342	391	381
MZQ-2A -2B	h.70 l.605	.12x1.94	.12x.10x2 .12x.12x3	4-6	0.9/1.2	180/22	.80	133 138	151	141
MZQ-1A -1B	h1.30 l.605	.06x1.94	.06x.10x2 .06x.12x3	4-6	3.5/1.7 3.6/1.7	180/22	.35	86 100	98 99	82 83
(4柱)WC-1 -2 -3	h1.27 l1.25	.24x3.22	.24x.18x2 .24x.21x2	4-6 4-12	3.4/1.7 3.4/1.7 4.5/1.95	250/28	.40	540 516 588	534 534 562	529 529 573

初步建议公式 $V_u^{(1)}$ 44个样本的计算值与试验值比例的平均值 $m=0.960$,均方差 $\sigma=0.109$

简化公式 $V_u^{(2)}$ 38个样本的计算值与试验值比例的平均值 $m=0.928$,均方差 $\sigma=0.107$

试验数据与计算结果比较之三（开洞加多根构造柱） 附表 7-2-3

试件编号	洞口简图	A_m	A_c	A_s	M/E_m	C/E_c	σ_0	F_u	V_u
SZ-1 (a) (b)		.37x.51x2 (4侧段)	.24x.40x3	4-16+ 2-12	7.1 5.7	21.8/2.0	0.30	565 526	567 540
ZKZ-1 (a) (b)		同上	同上	同上	6.2 6.5	20.2/1.9	0.30	585 610	558 550
SKZ-1 (a) (b)		.24x.51x2 (4侧段)	同上	同上	5.8 5.7	26.4/1.9	0.50	514 508	514 512
DZQ1-1 -2		.12x(.95 1.25x3+.48)	.12x.20x5	4-6	2.5	21.8/1.8	0.35	226 223	231 231
DZQ2-1 -2		.12x2x(.95+.48)	同上	同上	2.1	21.8/1.7	0.35	176 165	187 187
DZQ3-1 -2		.12x(.95x3 +.48)	同上	同上	2.1	同上	0.35	182 202	209 209

续表

试件编号	洞口简图	A_m	A_c	A_s	M/E_m	C/E_c	σ_0	F_u	V_u
DZQ4-1 -2		.12x.95x3 (大洞)	同上	同上	2.5 2.0	同上	0.35	226 161	211 197
1/4ZC-1a -1b -1c		.0925x1.375 (6侧段)	.06x.10x4	4-4 2-3	7.17 7.20 7.22	23/1.6	0.35	52.5 60.8 66.7	60.8 61.1 61.2
ZC-2a -2b -2c	同上	.0925x1.75 (6侧段)	.06x.10 x4	同上	6.59 7.18 7.02	22.6/1.5 /1.6	0.35	60.8 65 66	66.0 67.6 67.0
QZ2-1 -2		.12x2.45 (中洞)	.12x.06x2	4-4 2700	5.8 5.7	22.8/2.4 21.5/2.4	0.35	182 128	123 122
QZ3-1 -2		.12*2.22 (中双洞)	.12x.06x2	2700 4100	7.3 9.5	18/2.6 24/3.0	0.35	124 114	123 138
QZ4-1 -2		.12x2.45 (边洞)	.12x.06x2	2700 4100	8 4.1	27.4/2.8 21.2/1.9	0.35	146 149	138 112
QZ5-1 -2		.12x2.19	.12x.06x3	2700 4100	6.8 5.8	27.5/2.5 22.5/2.4	0.35	128 164	130 124
QZ6-1 -2		.12x1.03 x2	.12x.06x4	2700 4100	4.7 5.2	25.2/2.1 23.6/2.3	0.35	149 140	118 122

30个样本的计算值与试验值比例的平均值 $m=0.989$,均方差 $\sigma=0.127$

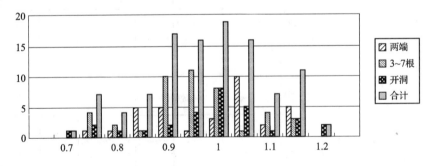

附图7-2-1 试验与计算结果比较统计分布图

7.3 砖组合墙结构的设计方法

一、综 述

经济、适用的砖砌体房屋,是深受人们欢迎的传统建筑结构形式,在我国建造量最大。但是,由于它存在自重大,抗拉、抗剪强度低,变形能力小,整体性差等弱点,因此抗震性能不好。历次震害的宏观调查资料表明,在强烈地震作用下,普通砖砌体房屋容易发生严重破坏,甚至倒塌,层数多的震害明显加重,所以砖砌体房屋的高度和层数受到了限制。我国 89 规范规定在 7 度(8 度、9 度)地震设防区,砖砌体房屋的高度限值为 21m(18m、12m),层数限值为七层(六层、四层),当横墙较少时,房屋高度还要降低 3m,层数相应减少一层。然而,随着土地有偿使用,住房商品化政策的落实和旧城改造工作的展开,要求砖砌体房屋向中高层,以至高层方向发展。如何改善砖砌体房屋的抗震性能,扩大它在房屋建筑中的应用范围,提高其建筑高度和层数,这是广大设计人员十分关心的问题,也是当前建筑业亟需解决的问题。

1986 年我们提出了钢筋混凝土—砖组合墙结构的设想,并进行了一系列的试验研究,以寻求一个既具有传统砖砌体房屋的优点,又能改善它的不足的结构形式,达到建造中高层房屋的目标。

二、组合墙结构特点

钢筋混凝土—砖组合墙结构是由砖砌体及嵌于其中的钢筋混凝土梁、柱组成的一个整体结构。它是在带构造柱的砖砌体结构和设砖填充墙的钢筋混凝土框架结构的研究基础上提出来的一种新结构。

组合墙结构既不同于带构造柱的普通砖砌体结构,也不同于设砖填充墙的钢筋混凝土框架结构。

带构造柱的砖砌体比素砖砌体的抗剪强度虽然有所提高,但在砖砌体端部设置钢筋混凝土构造柱的主导思想是利用它的变形能力来提高砌体的延性,利用它延缓或阻止砌体的开裂、散落、使墙体裂而不倒。换句话说,是从构造角度用它来改善墙体的抗震性能和加强纵、横墙的联结。构造柱不是主要的受力构件,其截面及配筋不需要计算确定。

设砖填充墙的钢筋混凝土框架结构,主要是考虑钢筋混凝土梁、柱受力,砖填充墙主要是起围护和隔断的作用,只有在满足一定构造要求条件下才考虑砖填充墙的影响。

组合墙结构是由砖砌体和根据计算配置的钢筋混凝土梁、柱组成的一个整体,能共同抗压、抗拉、抗弯和抗剪。而且由钢筋混凝土梁、柱形成骨架,对骨架内砖砌体的变形、开裂和散落均能起到约束作用。我们把这种钢筋混凝土梁、柱构件称之为约束梁、约束柱。

钢筋混凝土—砖组合墙结构主要是通过约束梁,以及在砖砌体中预留马牙槎和拉结筋,后浇约束柱混凝土等措施,保证钢筋混凝土柱与砖砌体有可靠的连接,从而在竖向荷载和水平荷载作用下,共同工作。它作为一个整体,和砖抗震墙、钢筋混凝土剪力墙一样也是一种抗震墙,即带钢筋混凝土框格的砖抗震墙。

三、试 验 研 究

为了弄清组合墙结构的受力性能、变形特征及抗震能力，为结构设计提供科学依据，使组合墙结构的设计做到技术先进、经济合理、安全适用。我们进行了全面系统的试验和深入细致的研究。

1. 结构试验：

(1) 组合墙模型墙片的抗侧力试验

1) 横墙模型墙片试验共六组十八片。其中，足尺墙片有两组（每组各三片）；1/2 比例模型墙片有四组（每组各三片）。

2) 外纵墙模型墙片试验有三组共八片。其中足尺两开间模型墙片一组（两片）；1/4 比例三开间模型墙片两组（每组各三片）。

(2) 一个开间、半个进深、1/4 比例的八层组合墙房屋空间模型抗侧力试验。

(3) 三开间 1/2 比例的八层组合墙房屋空间模型拟静力试验。

(4) 对已建成的、有代表性的十二幢八层组合墙房屋进行了现场动力特性实测。

2. 理论分析：

(1) 用有限元方法对组合墙进行了弹塑性分析。

(2) 对八层组合墙房屋进行了弹塑性动力反应分析。

(3) 对八层组合墙房屋的抗震可靠度进行了分析。

(4) 对分配梁在组合墙房屋中传递竖向荷载的作用及受力特征进行了分析。

(5) 八层组合墙房屋地基反力的分析。

以上工作于 1990 年业已完成，同年 7 月以建设部许溶烈总工程师为首的、由国家著名专家组成的鉴定委员会对研究成果进行了技术鉴定。鉴定委员会认为："钢筋混凝土—砖组合墙结构是一种新的抗震结构体系"。这一课题的研究"从技术上为砌体结构的进一步发展提供了一条新的途径"。"应用于 7 度区八层房屋是安全可靠的，此项研究工作试验规模大，难度较高，在砌体结构领域内达到国内领先地位，相当于国际同类研究水平"。先后获沈阳市科技进步二等奖，振兴奖，建设部科技进步二等奖。

3. 为了适应节能、省土的新形势，扩大组合墙结构的应用范围，从三个方面对承重空心砖组合墙开展了试验研究。

(1) 承重空心砖组合墙模型墙片抗侧力性能试验。

1) 横墙 1/2 比例模型墙片试验有两组（每组各两片），其中一组无中柱。

2) 带空心砖翼缘的实心砖组合墙模型片试验有一组两片。

3) 两开间外纵墙足尺模型墙片试验有一组两片。

(2) 为了解在垂直高压应力下，承重空心砖组合墙的抗震性能，做了三组（垂直压应力分别为 0.6MPa、0.9MPa、1.2MPa）每组各两片，缩尺为 1/2 的空心砖组合墙模型墙片抗侧力性能试验。

(3) 为了减轻、避免约束柱、约束梁处的"热桥"现象，防止墙面结露、发霉现象、应用热工性能好的火山渣混凝土取代普通混凝土，所以，进行了火山渣混凝土—承重空心砖组合墙的抗侧力性能试验。

1) 两开间外纵墙足尺模型墙片试验，有一组（两片）。

2) 1/2 比例横墙模型墙片试验,有一组(三片)。

此项工作于 1991 年顺利完成,同年 8 月通过专家鉴定,获辽宁省科技进步三等奖。

4. "规程"研编。为研编组合墙结构技术规程,我们又开展了四个方面的研究工作。

(1) 完成了 1/4 比例八层组合墙房屋模型的模拟地震振动台试验及相应的分析研究,以验证中高层组合墙房屋的整体抗震性能,了解地震作用沿房屋高度的分布规律。

(2) 对组合墙抗侧强度和刚度的各种影响因素进行了试验研究。

1) 材料强度等级(包括砖、砂浆及约束柱的混凝土);
2) 垂直压应力;
3) 约束柱的截面尺寸;
4) 约束柱的配筋率;
5) 墙体高度比;
6) 开孔影响。做了四组(每组各两片)开洞位置、大小不同的 1/2 比例模型墙片抗侧力试验;
7) 为了解弯矩对墙体抗侧强度的影响,做了两组(每组各两片)的 1/4 比例多层(七、九层)单片墙抗侧力试验。

《钢筋混凝土—砖组合墙结构技术规程》于 1994 年 12 月通过了技术审查,审查委员会认为:"本规程编制的依据充分可靠,内容具有特色,概念清晰,方法正确,所作规定符合安全、经济的要求。编写符合规定。在国内处于领先地位,达到国际水平"。并建议在此基础上,编制行业标准,以全面体现我国在约束砌体方面的技术水平。

四、主要研究成果

1. 在试验过程中,没有发现组合墙中的约束梁、柱与砖砌体脱开,因此证明用预留马槎、拉结钢筋以及后浇梁、柱混凝土的措施,能确保组合墙的各组成部分牢固联结,可以把组合墙作为一个整体构件进行内力分析。

2. 组合墙处在弹性阶段时,砖砌体与约束柱变形协调,能够共同分担竖向荷载和水平荷载。竖向荷载和水平荷载基本按它们各自的折算抗压刚度和折算抗侧刚度的比例进行分配。

3. 基本上弄清了组合墙及中高层组合墙房屋的受力特性、破坏形态、变形能力和抗震性能。验证了用组合墙修建中高层房屋不仅具有良好的抗震性能、变形能力和足够的可靠度,而且施工简便,造价较低,是一种符合我国国情、技术可靠的新型砌体结构。

4. 在水平地震作用下,8 层组合墙房屋呈剪切型破坏,它的基本振型近似于一条斜直线,地震作用沿房屋高度按倒三角形分布,可用底部剪力法进行计算。

5. 八层组合墙房屋,在水平地震作用下,呈剪弯型变位,即以剪切变形为主,略有弯曲影响。1~4 层弯曲变形约占 11%~23%,5~8 层约占 5%~10%。在进行抗震承载力验算时,必须考虑弯矩对抗剪强度的影响,不能用单层组合墙的试验结果直接作为实际结构抗震验算的依据。

6. 组合墙房屋各层的抗侧刚度从上到下应逐渐变化。只要相邻楼层的层间抗侧刚度相差不超过 30%,就不会出现变形集中现象。

7. 建立了进行组合墙截面抗震承载力验算的近似公式:

(1) 横向组合墙及内纵向组合墙

$$V \leqslant \frac{\beta}{\gamma_{RE}} \left[f_{vE} \left(k_1 A_{nm} + \sum \eta_c \frac{E_c}{E} \cdot A_c \right) + \sum \eta_y f_y \cdot A_{sc} \right] \quad (7\text{-}3\text{-}1)$$

横墙以一片独立墙体为计算单元，内纵墙以一个开间为计算单元。

式中 V——墙体剪力设计值；

β——考虑弯矩对组合墙抗剪强度的影响系数，按表 7-3-1 采用。

弯矩影响系数 β 值　　　　表 7-3-1

墙体的 H/B	β	墙体的 H/B	β
≤1.5	1.00	2.25	0.80
1.75	0.90	2.50	0.75
2.00	0.85		

注：H——自屋顶至计算墙体所在处的高度；
　　B——墙体宽度。

γ_{RE}——承载力抗震调整系数，承重墙时取 $\gamma_{RE}=1.0$，自承重墙时取 $\gamma_{RE}=0.75$；

f_{vE}——墙体沿阶梯形截面破坏的抗震抗剪强度设计值，$f_{vE}=f_v \zeta_N$；

f_v——非抗震设计的粘土砖砌体抗剪强度设计值，应按《砌体结构设计规范》GBJ 3—88 采用；

ζ_N——正应力影响系数，取 $\zeta_N = \frac{1}{1.2}\sqrt{1+0.45\sigma_0/f_v}$，或可按表 7-3-2 采用；

砌体抗剪强度的正应力影响系数 ζ_N　　　　表 7-3-2

砌体类型	σ_0/f_v						
	0.0	1.0	3.0	5.0	7.0	10.0	15.0
粘土实心砖或承重空心砖	0.80	1.00	1.28	1.50	1.70	1.95	2.32

σ_0——对应于重力荷载代表值的墙体截面平均压应力；

k_1——砖砌体受约束作用时抗剪强度提高系数：

　　当砂浆强度等级为 M10 时，$k_1=1.2$；

　　当砂浆强度等级为 M7.5 时，$k_1=1.1$；

　　当砂浆强度等级为 M5 时，$k_1=1.0$；

A_{nm}——砖砌体水平截面净面积；

η_c——约束柱的混凝土参加墙体工作系数。

不开洞口的组合墙，其约束柱混凝土参加墙体工作系数 η_c 按表 7-3-3 取值。

约束柱的混凝土参加墙体工作系数　　　　表 7-3-3

H_0/B \ 柱名称 η_c	边柱、角柱	边中柱	中柱
≥0.5	0.26	0.338	0.39
<0.5	0.24	0.312	0.36

注：H_0、β 及柱位置、名称见图 7-3-1。

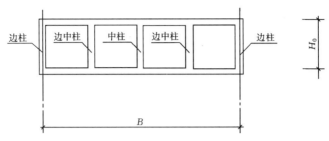

图 7-3-1 约束柱位置、名称示意图

开洞组合墙,其约束柱混凝土参加墙体工作系数 η_c 的取值,应根据下列情况考虑开洞影响:

1) 约束柱至洞口边的砌体宽度不小于 0.5m,且洞口高度不大于 $0.8H_0$ 时,η_c 值不受开洞影响;

2) 边约束柱至洞口边的砌体宽度小于 0.5m 时,$\eta_c=0.10$;

3) 当边中柱、中柱的一边有洞口,且至洞口边的砌体宽度小于 0.5m 时,按一般边柱考虑。

当边中柱、中柱的两边有洞口,且洞间墙的宽度小于 0.5m 时,$\eta_c=0.10$;

4) 约束柱至洞口边的砌体宽度不小于 0.5m,但洞口高度大于 $0.8H_0$ 时,相关约束柱的 η_c 值应乘以 0.7 的折减系数。

A_c——组合墙中约束柱的水平截面积;

A_{sc}——组合墙中约束柱的纵向钢筋截面面积,柱的配筋率一般不大于 2%;

η_y——组合墙中约束柱的纵向钢筋参加抗剪的工作系数;

当组合墙仅两端有柱或 $H_0/B \geqslant 0.9$ 时,$\eta_y=0.05$;

且 $H_0/B > 0.3$ $\eta_y=0.07$;

$H_0/B \leqslant 0.3$ $\eta_y=0.11$;

E_c、E——分别为约束柱混凝土及砖砌体的弹性模量;

f_y——钢筋抗拉强度设计值。

(2) 外纵向组合墙,约束柱间距小于或等于 3.9m,且窗洞口尺寸小于或等于 1.8m 时,其柱间墙体的截面抗震承载力,应按下式进行计算,并可取一个窗间墙(含一根约束柱)为计算单元。

$$V \leqslant \frac{\beta}{\gamma_{RE}} \left[f_{vE} \left(k_1 A_{nm} + 0.24 \frac{E_C}{E} \cdot A_c \right) + 0.11 \cdot f_y \cdot A_{sc} \right] \tag{7-3-2}$$

式中,A_c 及 A_{sc} 均为一根柱子的水平截面积及纵向钢筋面积,A_{nm} 为一个窗间墙砌体的净截面积。

(3) 当横向组合墙中配置水平钢筋时,其截面抗震承载力可按下式进行验算。

$$V \leqslant \frac{\beta}{\gamma_{RE}} \left[f_{vE} \left(k_1 A_{nm} + \sum \eta_c \frac{E_C}{E} \cdot A_c \right) + \sum \eta_y f_y \cdot A_{sc} \right] + 0.15 \cdot f_y \cdot A_s \tag{7-3-3}$$

式中 A_s——层间墙体竖向截面中水平钢筋截面积之和。

8. 提出了计算组合墙的弹性抗侧刚度的近似计算公式:

(1) 横向组合墙的层间弹性抗侧等效刚度

$$K_0 = \lambda_w \frac{E \cdot A_g}{3H_0} \tag{7-3-4}$$

式中 λ_w——考虑弯曲作用和开孔影响的刚度修正系数，

当 $H_0/B<1$ 时：

$$\lambda_w = \psi \frac{A_{cm}}{A_g}$$

A_{cm}——墙体折算水平截面面积

$$A_{cm} = A_{nm} + \eta_c \frac{E_c}{E} A_c$$

A_g——墙体水平截面毛面积

当 $1 \leqslant H_0/B \leqslant 4$ 时：

$$\lambda_w = \frac{\psi}{\left(1 + \dfrac{EA_{cm}}{3} \cdot \dfrac{H_0^2}{12EJ_{cm}}\right)}$$

J_{cm}——水平截面积 A_c 按 (E_c/E) 折算后与砖砌体净截面积 A_{nm} 一起按工字形截面计算的惯性矩；

ψ——开孔影响系数，按表 7-3-4 取值。

墙片开孔影响系数　　　　　表 7-3-4

ΔP	0.9	0.8	0.7	0.6	0.5	0.4
ψ	0.98	0.94	0.88	0.76	0.68	0.56

注：ΔP 为孔洞系数，$\Delta P = A/A_g$，A 为墙体水平截面积。

表 7-3-4 中开孔影响系数适用范围如下：

1) 门洞高度不超过墙片层间计算高度的 80%；
2) 门、窗洞边离约束柱边净距不小于 500mm；
3) 当窗洞高度大于墙片高的 50% 时，与开门洞同样处理，当小于墙片高 50% 时，ψ 值可乘 1.1；
4) 在同一墙片内开有两个洞口，且洞间距离小于 500mm 时，洞间墙亦作为开孔处理（图 7-3-2）。

注：
① 当 $L_2 \geqslant 500mm$，孔洞面积 $= (L_1+L)t$；
当 $L_2 < 500mm$，孔洞面积 $= (L_1+L_2+L_3)t$；
② 当 $d_1 \leqslant B/4$，不作偏孔洞处理；
当 $d_1 > B/4$，应作偏孔洞处理，ψ 值应乘以 0.9。

(2) 内、外纵向墙组合墙的弹性抗侧等效刚度按下式进行计算，以一个开间墙体为计算单元。

$$K_0 = \psi \frac{0.24E_c \cdot A_c + E \cdot A_{nm}}{3H_0}$$

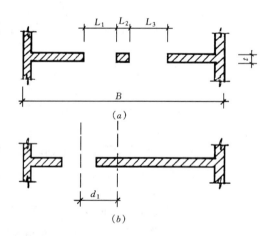

图 7-3-2 开孔计算示意图

9. 总结了设计与施工的经验教训，提出了组合墙房屋的构造措施及施工技术要求。

10. 研编了沈阳市建设标准《钢筋混凝土—混凝土组合墙结构技术规程》(SYJB 2—94)。

五、应用概况

为缓解沈阳市居民住房紧迫和旧城区改造动迁比例大的问题，根据规划和使用要求，设计、建造了 400 多万 m^2 不同使用性质的中高层组合墙房屋和多层大开间房屋，这些建筑大多为 7 层、8 层，也有少量的 6 层和 9 层。

其平面形状除矩形平面以外，还有点式、转角和 Y 型等，就其使用性质来说，有住宅（含底层有服务网点的住宅）、宿舍、技术楼、综合楼等。为保护土地资源，逐步减少粘土砖用量，节约能源，发展保温、隔热、轻质、高强的新型墙体材料，以适应墙体改革和建筑节能的要求，我们又设计、建造了一批外墙为承重空心砖、内墙为实心砖的组合墙体住宅；还设计、建造了一批承重内叶墙为 240mm 厚空心砖组合墙，外叶墙为 120mm 厚空心砖，空腔内填塞苯板（或膨胀珍珠岩芯板）的复合空腔墙体的节能住宅。根据近、远期经济条件、电能供应状况和使用要求，在部分建筑中预留了电梯井。根据已建成的中高层组合墙房屋与同层数的框架房屋相比，可降低造价 20%～25%，节省钢材 50%，节省木材 45%，经济效益十分明显。

(辽宁省建筑设计研究院　张前国　薛宏伟　张毅斌)

7.4　底部框架砖房托墙梁试验和分析

一、概　　述

底部框支组合墙结构是 90 年代初为适应我国当前的技术经济条件而开发研究的一种新的结构体系。托墙梁是指底部框支组合墙结构中框支层上部（托组合墙体）的框架托墙梁，是两种不同结构的结合部。它既不同于框架梁，也不同于现行砌体规范中定义的一般墙梁，具有以下特点：

1. 托墙梁的下部为钢筋混凝土框架-抗震墙结构，上部为组合墙结构。

2. 托墙梁上砌体中有约束柱，该柱与砌体共同受力，其上部的竖向荷载，一部分通过约束柱直接传给框架柱，一部分由砌体的内拱作用传给框架柱，减少了作用于托墙梁上的竖向力。

3. 在竖向荷载和水平地震荷载共同作用下，托墙梁内除产生弯矩和剪力外，还有轴力，且轴力沿梁长是变化的。

以往对该梁的计算是按一般梁对待，上部荷载取值主要有"全荷载法"、"弹性地基梁法"、"按过梁取荷载的方法"、"两墙三板法"等多种方法，这些方法的荷载取值不是大就是偏小，且没有考虑墙体与梁的共同工作，有很大的局限性。我国《砌体结构设计规范》(GBJ 3—88) 中列出了单跨墙梁的简化计算方法，这种方法不适用于二跨连续墙梁或墙体中有构造柱的墙梁，且不适合于地震区使用。

二、研究内容和成果

为弄清托墙梁的受力状态和破坏机理，得到设计托墙梁的近似计算公式，为正确设计托墙梁提供科学依据，自 1993 年开始进行了系统的试验和深入研究。

1. 结构试验

(1) 模型设计

共做了六榀 1/2 比例模型墙片，模型墙片仅取底部四层，但模拟原型为八层的框支组合墙墙片，它们分别为：底层框支无门洞横向组合墙（HDY-W），底层框支带门洞横向组合墙（HDY-Y），底两层框支无门洞横向组合墙（HDE-W），底两层框支带门洞横向组合墙（HDE-Y），底层框支四开间带窗洞纵向组合墙（ZDY-Y），底两层框支四开间带窗洞纵向组合墙（ZDE-Y）。六榀墙片的简图详见图 7-4-1。

(2) 试验内容与方法

主要研究托墙梁在竖向及竖向和水平荷载共同作用下托墙梁的受力状态及变形性能，研究墙体开裂后托墙梁受荷及内力变化，为有限元分析提供基本数据，并验证有限元分析的正确性，对原设计的安全性进行评价。

试验时，为模拟原型为 8 层的框支组合墙墙片的受荷情况，将上部 4 层包括自重在内的竖向荷载及下部 3 层的活荷载加在模型的第 4 层屋顶上。加到设计荷载后，保持稳定，然后施加水平荷载，将原型总的水平地震力沿高度方向近似按 1：2：3：4 比例施加，初裂前每级荷载增量取 1/5～1/10 极限荷载，且只循环一次。初裂后按顶层位移控制，位移增量取 1/2 初裂位移，且循环二次。当试件的墙体出现主斜裂缝后，卸去水平力，然后测试开裂后只有竖向荷载作用时应变及位移变化规律。

(3) 托墙梁破坏机理及受力分析

1) 托墙梁上砌体无洞口的横向模型试验

试验破坏过程：当竖向荷载加至 640kN 时（相当于原型八层总的竖向荷载），试件未出现异常现象。然后施加水平力，水平力加至 ±175kN 时，（相当于 8 度地震烈度的水平地震作用），试件仍没有出裂，为弹性阶段，加至 ±220kN 时，两侧托墙梁与砌体交界面上出现一条 1.25m 长水平道缝①：加至 ±230kN 时，墙体出现二条斜裂缝②，柱头出现交叉斜裂缝，柱脚出现水平弯曲裂缝，中柱节点附近托墙梁可见负弯剪裂缝③；加至 ±250kN 时，墙体出现斜裂缝，但没有发展至约束柱内，托墙梁两端出现二条弯曲裂缝，柱头已明显破坏，属于剪切型破坏，墙片破坏时典型裂缝图见图 7-4-2。

托墙梁顶面受荷分布：仅在竖向荷载作用下，梁顶面受荷分布规律为框架柱处最大（450～550$\mu\varepsilon$），边中柱及砌体上很小（最大为 100$\mu\varepsilon$ 左右，大部分小于 40$\mu\varepsilon$）。竖向荷载不再按抗压刚度分配，拱的作用相当明显。有水平力作用时，砌体上所占压力比例有所增加，将应变换算成压力，得到托墙梁受荷比例，在只有竖向荷载及相当于 7 度地震作用的水平力时（<100kN），其比例约为 24%，在高烈度区，其值约为 34% 左右，增大 10%。

托墙梁内钢筋应变情况：从实测的钢筋应变情况可见，钢筋应力很小，水平力对钢筋应变的影响也很小，上、下排钢筋应变在 −100$\mu\varepsilon$～500$\mu\varepsilon$ 之间变化，大部分为受拉，腰筋应变基本上为拉应变，最大不过 100$\mu\varepsilon$。框墙梁受力很小，截面中和轴很高，梁下部大部分处于受拉状态，与普通连续梁受力有很大不同。

7.4 底部框架砖房托墙梁试验和分析

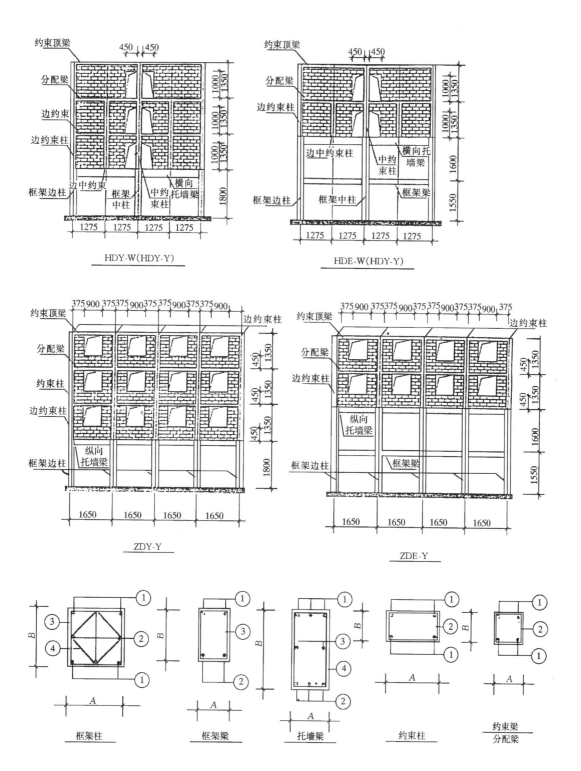

图 7-4-1

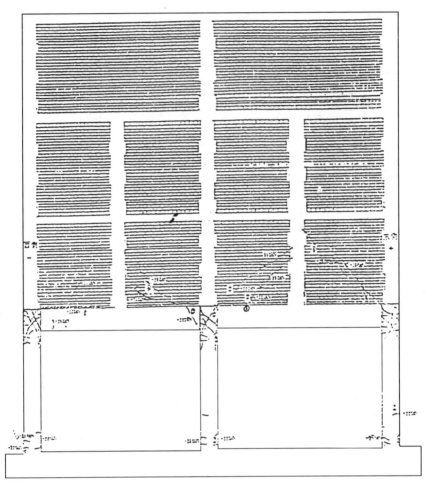

图 7-4-2

托墙梁挠度：在竖向力作用下，跨中挠度约为 0.5mm，在相当于 8 度强地震烈度的水平力作用下（此时墙体已开裂）挠度约为 0.8mm，仅增加 60%，可见梁与墙间共同工作性能仍然保持良好。

2）托墙梁上砌体有洞口的横向模型试验

试验破坏过程，仅在竖向荷载作用下（640kN）试件未出现异常现象；水平荷载加至 ±75kN 时（相当于 7 度地震烈度的水平地震作用），试件没有出裂，属弹性阶段；加至 ±100kN 时，门洞边至托墙梁底边与框架柱交点之间出现腹剪斜裂缝①、②，其他部位没有开裂；加至 ±150kN 时，梁跨中出现一条弯曲裂缝③，原有裂缝继续发展，墙体及柱中尚未见到裂缝；加至 ±200kN 时，（相当于 8 度强地震作用），墙体开裂，柱头出现多条交叉缝，柱脚出现水平缝，托墙梁出现多条裂缝。在 200kN 等级下再循环一次，柱头已破碎，原有裂缝发展得很宽、很长。墙片破坏时典型裂缝图见图 7-4-3。

托墙梁顶面受荷分析：其总的分布规律与无洞口托墙梁基本一致，水平力对应变的分布影响很小，托墙梁的受荷比例约为 0.3。但洞口边缘梁顶面局部压应力很大，在高烈度区为该梁的薄弱部位。

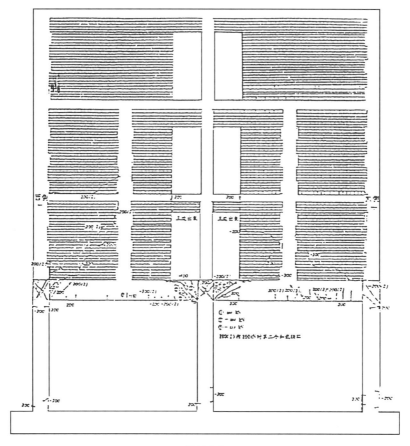

图 7-4-3

托墙梁内钢筋应变情况：随着水平力的增加，钢筋应变明显增大，在相当于 8 度强（200kN）地震烈度的水平地震作用下，洞口边缘截面腰筋已经屈服，上排纵筋接近屈服。钢筋应变大部分为拉应变，托墙梁偏心受拉明显。

托墙梁挠度：在竖向力作用下，梁跨中挠度为 0.6mm，在相当于 8 度强地震烈度的水平力作用下，挠度为 1.8mm，增加了 200%，可见在水平力较大的情况下，梁与墙体共同工作的性能明显减弱。

3）纵向托墙梁模型试验

试验破坏过程：在竖向荷载作用下（180kN），试件正常。水平荷载加至 ±40kN 时，（相当于 8 度地震烈度的水平地震作用）；试件没有开裂，处于弹性阶段；加至 ±80kN 时，东西柱头各出现一条 50mm 长水平裂缝①、②，窗边墙体有一条水平裂缝①，托墙梁出现弯曲裂缝②，在 ±80kN 等级下再循环一次，墙体仍然开裂很小，柱头已基本破坏，托墙梁上裂缝较多。墙片破坏时典型裂缝图见图 7-4-4。

托墙梁顶面受荷分布：其总的分布规律与横向框墙梁一致。窗台下通过砌体传递的竖向力很小，约占 20%，与按窗间墙和约束柱抗压刚度比分配的竖向力 26.6% 接近，稍小。大部分竖向力由约束柱直接传给框架柱，墙体拱的作用较小。水平力对托墙梁上荷载的分配比例基本没有影响。

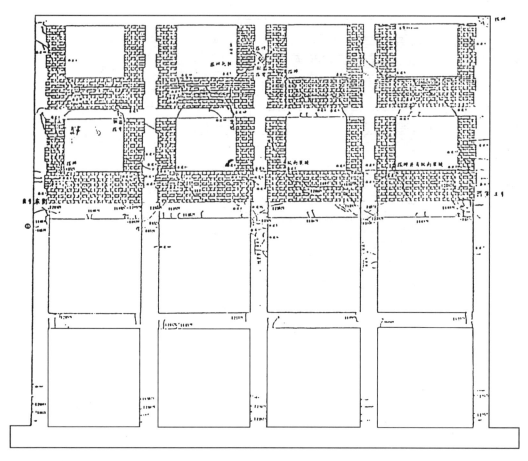

图 7-4-4

托墙梁内钢筋应变情况：临近破坏时，跨中截面附近，下排筋受拉（拉应变超过 $1000\mu\varepsilon$），上排筋受压，（压应变为 $100\mu\varepsilon$），腰筋受拉，（拉应变为 $20\mu\varepsilon$）。不同于横向框墙梁，近似于普通连续梁。托墙梁与上部墙体共同工作能力明显不如横向框墙梁。

托墙梁挠度：在水平地震力不超过 80kN 的情况下，托墙梁跨中挠度变化很小，不超过 10%，跨中挠度不超过 0.27m。

(4) 试验研究结论

1) 在抗震设防烈度为 7 度的地震区，原设计的横、纵向托墙梁有较大的安全储备。

2) 竖向荷载主要由位于框架柱上的约束柱及托墙梁上墙体的内拱作用传给框架柱，托墙梁受荷较小。地震设防烈度为 7 度的地区，横向托墙梁承担竖向荷载的比例≤0.3，纵向托墙梁承担的比例≤0.2，托墙梁上砌体的内拱作用，使托墙梁跨中截面存在一定的轴向拉力。

3) 边中约束柱的存在，当墙体开裂后，承担了很大一部分水平剪力，推迟墙体剪坏，使砌体与托墙梁更好地共同工作。

4) 在高烈度区，下列部位应予以加强：

a. 托墙梁与框梁柱相交处的框架节点，是抗震薄弱部位，设计时，应采取加强措施。

b. 托墙梁上砌体开有门洞时，其门洞边缘部位剪力较大，设计时，应局部加强。

c. 托墙梁上砌体开有门洞时，该门洞边宜用混凝土框加强。

2. 非线性有限元分析

(1) 托墙梁的受荷分析

1) 为分析托墙梁上竖向荷载的分配及传递过程,设计一片与试验墙片相同的四层框支墙片,分为托墙梁上不设约束柱,墙体两端各设一根约束柱,在墙体两端及中央位置各设一根约束柱(此时约束柱均位于框架柱之上)及在二、三层除边柱和中柱外再设两根边中柱等其四种情况,用同一有限元程序进行计算,所得计算结果为:在不设约束柱时,只有第二层墙体的墙梁内拱作用是明显的,约31%的竖向力传至支座;设两根边约束柱时,约64%的竖向力传至框架柱,比无约束柱的多传33%的竖向力给框架柱;当设有三根约束柱时,约75%的竖向力传给框架柱,较无约束柱的44%的竖向力给框架柱;设有五根约束柱的情形与设有三根的差不多。可见,组合墙对托墙梁的卸荷作用是很大的,大大改善了托墙梁的受荷状态。

2) 竖向和水平荷载共同作用下托墙梁承受竖向力的情况。

仍用上述墙片,除作用有相同的竖向荷载外,再分级作用沿墙高按倒三角形分布的水平力至破坏。计算结果表明,当地震作用较小时(烈度为7度、8度时),水平力对竖向力的传递和分配比例影响很小,随着水平力增大,砌体破坏加剧,使托墙梁受荷力加大。

3) 从托墙梁截面上各点的正应变和剪应变分布可见,托墙梁的受力状态较复杂,既有弯曲受力,也有偏心受拉,在竖向和水平荷载共同作用下,正应变和剪应变均有较大增长(约增长一倍)。因此,在抗震设计中应考虑水平地震作用。

(2) 影响托墙梁受荷的几个主要因素

1) 约束柱与砌体的刚度比愈大,托墙梁分配所得的竖向荷载愈小。

2) 托墙梁刚度愈小,托墙梁所受到的竖向荷载愈小。

3) 托架柱的刚度对托墙梁分配所得的竖向荷载影响很小,在计算中可以不考虑。

4) 托墙梁上墙体开洞率愈大,托墙梁所受到的竖向荷载愈小,就托墙梁上所分配到的总的竖向力而言,组合墙开洞情况对其影响很小,但对梁的局部(洞口边缘部位)内力影响较大。

5) 当墙加水平荷载后,由于水平力产生的倾覆作用,使受水平荷载一侧,作用梁上的竖向力减小,另一侧竖向力增大,但总的竖向力分配比例与无水平荷载时基本一致。

三、框支组合墙结构托墙梁承受竖向力的近似公式

按工程上常用的尺寸,开间:3.0~4.20m,进深5.1m×2~6.3m×2,约束柱占墙体的刚度比47%~66%,托墙梁截面尺寸:横向350mm×500~700mm,纵向300mm×350~500mm,且考虑影响框墙梁受荷的几个主要因素,得出托墙梁承受竖向力比例近似公式。

1. 横向托墙梁承受竖向力比例的近似公式

$$Q_{横梁} = 0.45 - 0.45 \cdot \frac{E_1 A_1}{\sum E_i A_i} + 0.21 \times 10^{-3} E_b I_b \tag{7-4-1}$$

2. 纵向托墙梁承受竖向力比例的近似公式:

$$Q_{纵梁} = 0.5 - 0.387 \cdot \frac{E_c A_c}{\sum E_i A_i} \tag{7-4-2}$$

式中 $E_1 A_1$——边约束柱和中约束柱抗压刚度;

E_cA_c——边约束柱抗压刚度；

ΣE_iA_i——砌体及约束柱抗压刚度之和，计算砌体抗压刚度时要扣除开洞面积；

E_bA_b——托墙梁抗弯刚度，E_b 单位为 MPa，I_b 单位为 m^4。

用上述公式与有限元计算与试验结果比较，最大误差小于 10%，平均误差小于 2%，均为偏于安全方面。

四、框支组合墙结构托墙梁简化计算方法

根据框支组合墙结构特点，经多次计算且与试验比较，建议两种简化计算方法。

1. 用 60% 的总竖向荷载，均匀地分布于托墙梁上，取一片底部框架进行内力分析，用由此算得的弯矩和剪力作为设计内力。

2. 取 40% 的总竖向力，均匀地分布于托墙梁上，再加上水平地震作用，取一片底部框架进行内力分析，用由此算得的弯矩和剪力作为设计内力。

上述两种简化方法的计算结果均能包络用有限元计算的各种工况下的最大内力，该简化计算是偏于安全的。

（辽宁省建筑设计研究院　李庆钢　张毅斌　张前国）

7.5 底层框架砖房抗震试验

一、前　言

89 规范将底层框架砖房的总层数限制为：6 度和 7 度区不宜超过 6 层，8 度区不宜超过 5 层，9 度区不宜超过 3 层；即在 6 度区比一般地区的多层砖房减少 2 层，7、8、9 度区均减少 1 层。为了正确评价这类房屋的抗震性能和如何增强这类房屋的抗震能力，我们进行了开竖缝带边框的钢筋混凝土抗震墙的试验研究[5]。研究结果表明：① 开竖缝墙的承载能力比整体抗震墙降低不多；② 开竖缝带边框的钢筋混凝土具有较大的初始刚度，比整体抗震墙降低不多；③ 开竖缝带边框的钢筋混凝土墙体的破坏形式已由 X 形的主裂缝变为子片墙的多条裂缝，且墙体的变形能力大为提高。然而，开竖缝钢筋混凝土抗震墙在实际底层框架抗震墙砖房中的性能如何，仍需通过模型试验来进一步验证。为了深入了解这类房屋的抗震性能，我们进行了总层数为七层的底层框架抗震墙砖房 1/2 比例模型的抗侧力试验研究。

二、模型设计

1. 模型设计概况

底层框架-抗震墙砖房的上部砖房部分一般为单元住宅，我们取四川省成都市的一个标准单元（一梯二户、四大开间）进行模型设计。为使试验结果能较好地反映这类房屋的实际受力状态，对模型的平、立面，钢筋混凝土墙和砖墙及梁柱截面尺寸等均取原型的 1/2 比例；在抗震构造措施方面也尽量做到与原型相一致。模型的平、立面尺寸见图 7-5-1。模型结构总高度（包括屋顶的女儿墙 0.25m）为 10.6m；模型底部设计了 0.7m 高的钢筋混凝土地梁，并用钢螺栓与试验台座固定于一起。

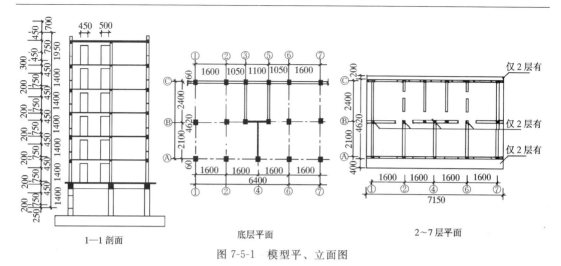

图 7-5-1　模型平、立面图

模型底层的横向在④轴线的 A、B 轴间设置一片钢筋混凝土抗震墙，在③和⑤轴的 B、C 轴间为楼梯间的砖填充墙；纵向考虑临街开大门、窗的状态，在 A 轴线的柱两侧设置了 125mm 宽的钢筋混凝土墙。

模型的砖墙体采用标准机制粘土砖分割成模型砖砌筑，墙厚度均为 120mm，横墙与纵墙交接处沿高度每隔 300mm 设置一道 $2\phi4$ 拉结钢筋，在设置构造柱处预留马牙槎；砖的强度等级为 MU7.5；砂浆强度等级：2~3 层为 M7.5，4~7 层为 M5，底层框架填充墙为 M5。

考虑到第 2 层为过渡楼层，其受力比较复杂，在钢筋混凝土构造柱的设置上给予了增强，其设置部位包括楼梯间四角、横墙（轴线）与外纵墙的交接处，还包括横墙（轴线）与内纵墙的交接处。第 3 层至第 7 层按照 7 度区总层数为 7 层的多层砖房的构造柱设置要求，其设置部位为楼梯间四角，横墙（轴线）与外纵墙的交接处。钢筋混凝土构造柱的截面尺寸（mm）为 120×120。主筋采用 $4\phi8$，箍筋采用 $\phi4@150$，混凝土强度等级采用 C20。为了增强上部砖房部分的整体抗震能力，每层均设置了钢筋混凝土圈梁。

底层横向的一片钢筋混凝土墙的厚度为 80mm，A 轴纵向伸出柱两侧的混凝土墙厚度为 120mm，B 轴线的③~⑤轴间的钢筋混凝土墙的厚度为 125mm；底层框架柱截面尺寸（mm）为 200×250，在④轴横向框架与 B 轴交接处设有暗柱，暗柱尺寸（mm）为 200×125；梁的截面尺寸（mm）：横向梁为 150×350，纵向梁为 150×300；底层框架梁、柱和混凝土抗震墙的混凝土强度等级采用 C25。模型制作过程中测定了砂浆、混凝土及各种钢筋的强度。

2. 原型和模型结构的抗震计算与验算

（1）模型施加的竖向荷载

由于模型采用的材料和原型一样，按照相似理论，要做到模型与原型各层各道横墙的 σ_0 相等和底层柱的轴压比相等，整个模型施加了 1469kN 铁块和砂石。

（2）原型与模型结构各层的地震作用

考虑到原型结构房屋总高度小于 40m，且质量和刚度沿楼层分布较为均匀，以及模型的抗侧力试验采用拟静力试验等因素，我们采用底部剪力法计算原型与模型结构各层的地震作用。原型和模型均按 7 度区建造的底层框架砖房计算，其计算结果列于表 7-5-1。

原型与模型结构各层地震剪力（kN）　　　　表 7-5-1

楼层	原型结构 $V(i)$			模型结构 $V(i)$		
	7度"小震"	7度	7度"大震"	7度"小震"	7度	7度"大震"
7	176.58	496.63	1103.63	44.15	124.17	275.94
6	378.68	1065.04	2366.75	94.67	266.26	591.69
5	549.16	1544.51	3432.25	132.29	386.13	858.06
4	688.03	1935.08	4300.19	172.01	483.78	1075.06
3	795.29	2236.75	4870.56	198.82	559.18	1242.23
2	870.94	2447.69	5443.38	217.77	612.48	1360.81
1	920.59	2589.16	5753.69	230.15	647.30	1438.44

（3）截面抗震验算和底层框架柱、抗震墙原型与模型配筋的比较

运用89规范对底层框架砖房的各类构件（包括原型和模型结构）进行了截面验算。对于底层框架-抗震墙构件，根据重力代表值与地震作用内力的最不利组合和抗震构造要求，选择了模型结构房屋框架抗震墙的截面配筋，原型及模型结构底层框架-抗震墙构件截面尺寸和配筋列于表 7-5-2。

原型及模型构件截面尺寸和配筋　　　　表 7-5-2

类别	框 架 柱		钢筋混凝土墙			
	截面尺寸 (mm²)	配筋	边框柱尺寸 (mm²)	边框柱配筋	墙板厚度 (mm)	板配筋
原型	400×500	8Φ25	400×500	8Φ25	160	2ϕ8-150
模型	200×250	6Φ14	200×250	6Φ14	80	2ϕ6-150

（4）原型与模型结构的极限承载力分析

底层框架砖房的极限承载力分析，按文献 [1] 给出的方法计算，即应对底层框架-抗震墙和上部砖房部分分别进行分析。计算时，其材料强度指标均采用混凝土结构、砌体结构设计规范给出的数值。其计算结果列于表 7-5-3、表 7-5-4。

底层框架砖房砌体墙的楼层极限承载力（kN）　　　　表 7-5-3

楼　层	1	2	3	4	5	6	7
原型结构 $V(i)$	745.5	5014.6	4728.9	3613.0	3467.5	3129.5	2748.5
模型 $V(i)$	186.3	1253.7	1182.2	903.3	866.9	782.4	687.2

底层框架和钢筋混凝土墙的受剪极限承载力（kN）　　　　表 7-5-4

底层构件	框　架	钢筋混凝土墙	底层构件	框　架	钢筋混凝土墙
原型	344.6	1438.0	模型	862.7	360.0

三、试验装置和试验内容

1. 加荷装置和加荷制度

水平加荷装置如图 7-5-2 所示。水平荷载按倒三角形分布比例，采用分层施加的方案。

六只双向液压千斤顶分别与②、⑥轴两道横墙对应安装，其中第 1 和第 3 层各安装两台 100t 液压千斤顶；第 5 层和第 7 层共用两台 50t 液压千斤顶，再由型钢分配梁分配至加荷处。荷载传感器设置在各层加荷处的右侧。

水平荷载沿高度各加载点的分配比例为：$P1:P3:P5:P7=1.0:2.0:3.0:3.0$。水平加载过程分为三个阶段：① 调试阶段；② 弹性阶段；③ 破坏阶段。各阶段根据不同的试验要求，确定加荷等级和荷载大小以及循环次数。

竖向活荷载的施加是根据模型与原型结构二层和以上多层砖房各层的墙体平均压应力相等和底层框架柱的轴压比相等，以及钢筋混凝土墙平均压应力相等的原则，在整个模型上施加了 1469kN 的铁块和砂石荷载。

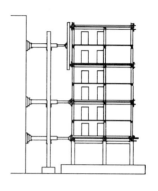

图 7-5-2　水平荷载加载图

2. 试验内容

本试验的目的主要是检验底层框架砖房在垂直和水平往复荷载作用下的破坏特点和规律，探讨这类房屋底层框架-抗震墙的受力特点和过渡楼层第 2 层的受力、变形特点，研究这类房屋的薄弱楼层部位等。

在试验过程中测量了结构的变形、底层框架柱和抗震墙重要部位混凝土和钢筋的应变。在水平荷载加载前和模型结构破坏试验后，测定了模型结构的动力特性。

四、模型试验的结果分析

1. 模型的破坏状态

底层框架砖房模型的破坏状态，可分为二层以上（不包括第 2 层）砖房部分、底层框架抗震墙和结构过渡楼层第 2 层三种类型。下面对这三种类型的破坏状态进行分析。

（1）二层以上砖房部分

底层框架抗震墙砖房的二层以上砖房部分的破坏状态和多层砖砌体房屋的破坏状态相同。在一定强度的地震作用下，首先在最薄弱楼层中的薄弱墙段率先开裂和破坏，随着地震作用强度的增大，在最薄弱楼层的薄弱墙段形成 X 形裂缝，其他墙段也先后破坏而形成破坏集中的楼层。试验说明，该模型除第 2 层外，第 3、4 层为相对薄弱的楼层，其破坏程度较第 5、6、7 层要重一些。

（2）底层框架-抗震墙

该模型的第 2 层与底层的横向侧移刚度比为 1.38。由于底层的侧移刚度较第 2 层侧移刚度小，且钢筋混凝土墙的开裂位移角为 1/800~1/1000 左右，所以在模型的拟静力试验中，底层钢筋混凝土抗震墙先于底层的砖填充墙和上部砖房部分出现裂缝，而该钢筋混凝土抗震墙的裂缝被竖缝分割为两片墙的各自裂缝，加之在竖缝两侧又增设了暗柱，使得带边框的开竖缝墙具有较好的承载能力和耗能能力。

带边框的钢筋混凝土墙开裂后，其刚度虽然有所降低，但是尚未达到其极限承载能力，加上底层的砖填充墙还没有开裂，所以刚度的降低也不太多；在继续加载的过程中，第 2 层和第 4 层先后达到砖墙的开裂位移而使砖墙开裂,第 2、3、4 层砖墙开裂后,其层间刚度降低到初始刚度的 20% 左右,以至在第 2、3、4 层砖墙开裂后的继续加载时,第 2、3、4 层的破坏较第 1 层严重,特别是第 2 层的破坏更严重一些,这表明带边框开竖缝的钢筋混凝土抗震墙的边框和暗柱具有阻止墙板裂缝开展的作用;由于在带边框的低矮混凝土墙中开了竖缝,使得竖缝两侧墙板的高宽比大于 1.5;对于在竖缝两侧设置暗柱的两块墙板来讲,虽然裂缝仍为斜裂缝,但因在每块板中形成多条裂缝而具有较好的抗震能力。

带边框开竖缝的钢筋混凝土抗震墙中边框柱的破坏为受拉破坏,柱底出现多道水平裂缝,随着混凝土墙板裂缝的开展而更为明显;从电阻片的应变来看,同一级加载中钢筋混凝土墙中边框柱的钢筋应变大于未设抗震墙的框架柱的应变。因此,在抗震设计中不能使钢筋混凝土墙中边框柱的配筋小于一般框架柱的配筋。

(3) 过渡楼层

底层框架砖房是由两种材料和承重体系组成的结构体系,其过渡楼层的受力复杂。底层框架砖房的第 2 层担负着传递上部的地震剪力,也担负着上部各层地震力对底层楼板的倾覆力矩引起楼层转角对第 2 层层间位移的增大。因此,在底层钢筋混凝土抗震墙出现裂缝之后的继续加载过程中,第 2 层砖墙的开裂先于其他楼层的砖墙(第 2 层砖墙的砂浆强度等级与第 3、4 层相比实际上还要好一些);而且形成破坏集中的楼层。在模型设计中已经考虑到第 2 层这个过渡楼层的特点,从抗震构造措施上给予了增强,即在内纵墙与横墙(轴线)的交接处增设了钢筋混凝土构造柱,有利于约束脆性墙体和增强该楼层的耗能能力。因此,在模型试验中第 2 层的层间位移角达到 1/120 时,第 2 层砖墙裂缝开展较快,但有构造柱的约束使得该层墙体裂缝并不宽,构造柱的柱端出现裂缝,尚未出现柱混凝土脱落的现象。

随着水平推(拉)力的加大,在第 2 层的纵墙上出现水平裂缝。虽然在第 3、4 层的①轴线处(东侧)也出现了水平裂缝,但是仅是局部的,并不分布在整个纵墙上,只有第 2 层的纵墙裂缝有较规律的分布,对于第 2 层纵墙的水平裂缝,有的是横墙剪切裂缝的延伸,而多数是由于上部各层地震力对底层楼板的倾覆力矩引起的。因此对底层框架砖房第 2 层纵墙出平面的抗弯能力应予增强。

2. 模型的极限承载力分析与实验结果的比较

模型的极限承载力是根据混凝土、砂浆和钢筋的实测强度指标算出的。这里还要指出的是关于多层砖房的尺寸影响问题。从大量的墙片试验的尺寸影响来看,1/2 比例模型墙片试验结果推算到原型墙片应考虑的尺寸效应系数为 0.83,即 1/2 比例模型墙体的极限承载力应为按足尺墙体计算公式算得极限承载力的基础上乘以 1.2 的系数。模型各层的受剪极限承载力与 $2\Delta u$ 级加载的比较列于表 7-5-5。

在模拟静力试验的 $2\Delta u$ 级加载过程中,模型的第 2 层达到该层的极限承载力,墙体出现 X 形裂缝,构造柱的柱端出现剪切裂缝,该层处于严重破坏状态;第 2、4 层的墙体裂缝较为明显,从破坏状态看也达到了该层的极限承载力;其他各层的破坏状态为轻微至中等破坏。模型第 2、3、4 层的计算极限承载力与实验结果的比较列于表 7-5-6。

7.5 底层框架砖房抗震试验

模型各层的受剪极限承载力与 $2\Delta u$ 级加载的比较　　　表 7-5-5

楼层	模型受剪极限承载力 (kN)	$2\Delta u$ 级加载时各层的剪力 (kN)	破 坏 描 述
7	742.9	427.0	个别墙体出现裂缝,处于轻微破坏状态
6	751.5	427.0	
5	911.5	854.0	墙体出现裂缝,处于轻微至中等破坏
4	914.9	854.0	
3	1077.8	1072.6	墙体出现 X 形裂缝,构造柱端出现剪切裂缝,处于严重破坏状态
2	1196.0	1072.6	墙体出现 X 形裂缝,构造柱柱端出现剪切裂缝,外纵墙出现水平裂缝,处于严重破坏状态
1	1263.77	1202.0	砖填充墙和开竖缝混凝土墙出现裂缝,处于中等破坏状态

模型第 2、3、4 层极限承载力的实验值与计算值的比较　　　表 7-5-6

层	计算值 (kN)	实验值 (kN)	计算/实验
4	914.9	854.0	1.071
3	1077.8	1072.6	1.005
2	1196.0	1072.6	1.115

3. 模型的变形

根据文献 [2] ~ [5] 中的方法,我们计算分析了试验模型结构的上部砖房及底层框架抗震墙的变形,并用直接动力法分析了 8 度、9 度地震作用下的最大位移。

计算结果表明,由于该试验模型的层间极限剪力系数分布上较为均匀,所以弹塑性变形集中的现象不十分明显。在 9 度地震作用下,第 1 层与第 2 层最大位移反应差不多,但因第 1 层层高为 1.95m,第 2 层层高为 1.4m,相应最大位移反应的层间位移角分别为:第 1 层 1/258,第 2 层 1/196(限于篇幅,本文未列出各种计算和试验的结果)。

4. 模型的动力特性

模型在弹性阶段和破坏阶段的实测周期如表 7-5-7。

模型的实测第 1 振型周期　　　表 7-5-7

试 验 阶 段	弹 性 阶 段		破 坏 阶 段	
	纵向	横向	纵向	横向
周期 (s)	0.158	0.199	0.217	0.246

由于模型材料与实际结构材料相同,按模型相似条件,原型的周期应是模型的 1.2 倍;再考虑脉动实测与实际地震的差异等因素,尚需乘以 1.2 的系数。因此,对应的实际结构的横向和纵向自振周期分别为 0.23s 和 0.29s。与模型结构类似的实际底层框架砖房的实测横向周期亦约为 0.3s。从实测的振型曲线看,这类房屋的层间刚度无明显差异,房屋整体属刚性结构。自振周期值与多层砖房差不多。

五、结 论

1. 模型试验的结果表明,总层数为七层的底层框架砖房具有一定的抗震能力,能满足 7 度区的抗震设防要求，即在遭遇比设防烈度高一度左右的 8 度地震作用下，其破坏状态可控制在中等破坏以内；

2. 底层框架砖房的第 2 层受力比较复杂，担负着传递上部的地震剪力和倾覆力矩等作用，应采取相应的抗震措施提高墙体的抗剪和出平面抗弯能力；

3. 底层框架砖房底层的钢筋混凝土墙，宜设置为开竖缝的带边框混凝土墙，使每块墙片的高宽比大于 1.5，有助于提高底层的变形和耗能能力；

4. 在底层框架砖房中，由于倾覆力矩的作用，致使多层砖房部分的侧移相对于同样层数（不计底层这一层）的多层砖房要大一些。因此，应对底层框架砖房中的上部砖房部分的抗震构造措施给予适当增强，对除过渡楼层外的上部砖房的钢筋混凝土构造柱的设置部位，应按底层框架砖房的总层数和所在地区的设防烈度，按多层砖房同样层数的要求设置；并建议即使在 6、7 度区也要每层均设钢筋混凝土圈梁；

5. 实测模型的动力特性结果表明，这类房屋类似多层砖房，房屋整体仍属刚性结构。

参 考 文 献

[1] 高小旺等．底层框架抗震墙砖房的抗震能力分析方法．中国建筑科学研究院工程抗震研究报告，1993
[2] 钟益村．钢筋混凝土框架房屋层间屈服剪力的实用计算方法．工程抗震，1986
[3] 童岳生等．填充墙框架房屋实用抗震计算方法．建筑结构学报，1987
[4] 夏敬谦．我国砖墙体抗震基本性能的几个问题．中国抗震防灾论文集，1986
[5] 高小旺等．带边框开竖缝钢筋混凝土低矮墙的试验研究．建筑科学，1995 年第 4 期

（中国建筑科学研究院　高小旺　孟俊义　廖兴祥　李荷　何江　王菁　肖伟　王金妹
　中国建筑西南设计研究院　汪颖富　四川省成都市抗震办公室　吴彧
　四川省房地产开发总公司　周培正　天津大学土木系　薄庭辉　宗志桓）

7.6 底部两层框架砖房的抗震试验

一、前　言

底部两层框架砖房结构体系的抗震设计，应在试验和分析研究的基础上，探讨其变形和受力特点，如抗震承载能力、变形能力和耗能能力，才能正确地提出这类房屋的抗震设计方法。

本文依据总层数为 8 层的底部两层框架砖房 1/3 比例模型抗震试验和对这类房屋的弹性、弹塑性分析研究的成果，概要地阐述了这类砖房的受力和变形特点、结构体系以及提高其整体抗震能力的要求等。

二、底部两层框架砖房的受力、变形特点

模型试验和分析研究结果表明，底部两层框架砖房的底部两层具有框架和抗震墙协同工作的特征。在模型试验中，底部两层框架填充墙的开裂次序为第二层先于第一层，而且第二层砖填充墙的裂缝开展速度和裂缝宽度均明显大于第一层[1]。这反映了底部两层钢筋

混凝土抗震墙与框架协同工作的特征；由于这种协同工作，使得钢筋混凝土框架和填充墙第二层分得的地震剪力大于第一层。

由于底部两层钢筋混凝土墙的高度比为1.5左右，已不是高宽比小于1.0的低矮墙，其破坏状态为弯剪破坏。模型试验的结果表明，底部两层钢筋混凝土墙的裂缝仅出现在底层1/3高度处，第二层则没有裂缝。

钢筋混凝土墙弯剪变形中的弯曲变形使第一层和第二层楼板处产生转角，使得上部砖房部分的侧移增大和第三层过渡楼层的受力更为复杂。

三、底部两层框架砖房的地震作用分析方法

模型试验结果表明[1]：底部两层框架、抗震墙具有协同工作的特征和剪弯变形的特点。这与底部一层框架砖房的底层框架和抗震墙仍以剪切变形为主有较大的差异。因此，底部两层框架抗震墙砖房的地震作用分析及其在底部两层框架和抗震墙中的分配，就不能再沿用底层框架砖房采用的方法，应分析研究适合于底部两层框架抗震墙砖房受力和变形特点的地震作用及其在底部两层框架、钢筋混凝土抗震墙分配的方法。

文献［2］对底部两层框架砖房的底部两层框架和钢筋混凝土墙的内力简化计算方法进行了研究。依据钢筋混凝土墙的高度比在2.0左右时，其剪切变形的影响较高宽比大于4.0时要大得多的特点，提出了考虑钢筋混凝土墙剪切变形特点的底部两层框架抗震墙内力简化分析方法，建立了考虑钢筋混凝土抗震墙剪切变形影响的框架抗震墙协同工作基本微分方程：

$$\frac{d^4 y}{d\xi^4} - \lambda^2 \frac{d^2 y}{d\xi^2} = \frac{1}{EI_d}\left(H^4 P - \beta^2 H^2 \frac{d^2 P}{d\xi^2}\right) \quad (7\text{-}6\text{-}1)$$

$$EI_d = EI_w\left(1 + \frac{\mu C_f}{GA_w}\right) \quad (7\text{-}6\text{-}2)$$

$$\beta = \sqrt{\mu EI_w/GA_w} \quad (7\text{-}6\text{-}3)$$

$$\xi = X/H \quad (7\text{-}6\text{-}4)$$

$$\lambda = H\sqrt{C_f/EI_d} \quad (7\text{-}6\text{-}5)$$

式中，EI_d 为考虑剪切变形的钢筋混凝土墙等效刚度；I_w 为钢筋混凝土墙的惯性矩；A_w 为无洞口钢筋混凝土墙的截面面积，小洞口整截面墙取折算面积；μ 为截面剪力不均匀系数；H 为钢筋混凝土墙的总高度；C_f 为钢筋混凝土框架和填充墙的总剪切刚度；G 为钢筋混凝土墙的剪变模量；P 为作用于结构上的荷载函数。

在求解微分方程时同时考虑弯曲和剪切变形的边界条件，得到了在不同外荷载作用下框架抗震墙的位移函数和钢筋混凝土墙的弯矩、剪力以及钢筋混凝土框架的剪力。文献［2］给出了倒三角形荷载、均布荷载和顶点集中荷载作用下的解答和相应的图表。文献［2］还运用考虑和不考虑钢筋混凝土墙剪切变形的两种方法，对实际的底部两层框架抗震墙砖房的地震作用内力进行了分析比较，结果表明，考虑钢筋混凝土墙的剪切变形后较不考虑的楼层钢筋混凝土墙和框架的剪力分布均有差异，其差值为20%左右。

四、底部两层框架砖房的结构体系

房屋结构体系是否合理将直接影响其抗震能力。依据模型试验和工程实例分析，提出

对底部两层框架砖房结构体系的主要要求。

1. 底部两层框架砖房的底部两层应为框架抗震墙体系

(1) 底部两层框架砖房的底部两层一般为中型商场,不太可能在横向与纵向设置较多的墙体。只能在底部两层的横向与纵向均设置一定数量的钢筋混凝土墙,形成钢筋混凝土框架抗震墙体系。

(2) 底部两层框架柱网布置宜与上部砖房部分的轴线相一致。当设置较大柱网时,应尽量仅抽掉框架榀中的中间柱,保留边柱。当柱网布置使一些横向或纵向框架不能形成通长框架榀时,应通过设置钢筋混凝土墙,并在钢筋混凝土墙与相对应的柱轴线交接处设置暗柱,使之形成一榀框架体系。暗柱范围为 2 倍的混凝土墙厚,并应设置构造钢筋。

(3) 底部两层钢筋混凝土墙的设置应均匀、对称,尽量使纵横墙相联,形成 L、T、U 形等,特别是纵向钢筋混凝土墙,应在沿街的轴线设置开窗洞的钢筋混凝土墙等,使纵抗震墙的布置较为对称。为了增强钢筋混凝土墙的变形和耗能能力,应把钢筋混凝土墙设计为带边框的钢筋混凝土墙。钢筋混凝土墙边框柱的截面和配筋不宜少于未设钢筋混凝土墙的框架柱。钢筋混凝土墙应沿竖向连续贯通第一、二层。

(4) 钢筋混凝土抗震墙的宽度,应使底部两层钢筋混凝土墙的高宽比不小于 1.5,应避免一道钢筋混凝土墙过宽。当钢筋混凝土墙的高宽比小于 1.0 时,则为低矮墙,其破坏形态为剪切破坏;钢筋混凝土墙过宽,按刚度分配的地震作用增大,一旦该道墙破坏,将对底部两层的框架等产生非常不利的影响。

(5) 底部两层钢筋混凝土横墙的最大间距,依据模型试验和分析结果,从提高底部两层的抗震能力和使底部两层框架更好地协同工作出发,建议底部两层抗震横墙间距不宜超过表 7-6-1 中的数值。

底部两层框架抗震墙砖房的底部两层抗震横墙最大间距 表 7-6-1

烈　　度	6	7	8	9
横墙最大间距（m）	21.0	21.0	18.0	15.0

2. 过渡楼层的抗震能力应给予增强

底部两层框架砖房是由底部框墙和上部砖房构成的结构体系。底部框墙具有较好的承载能力、变形能力和耗能能力;上部砖房具有一定的承载能力,其变形能力和耗能能力相对比较差。除过渡楼层的楼板(第二层顶板)设置为现浇钢筋混凝土板以增强平面内的刚度达到较好的传递地震作用外,第三层砖墙的构造柱和圈梁设置应较其他楼层给予增强;在第三层内纵墙与横墙(轴线)交接处应设置构造柱,使得第三层横向砖墙在 5m 左右就有二根构造柱约束;第三层圈梁应沿每个轴线设置,且圈梁高度不宜小于 240mm。

五、底部两层框架砖房的抗震能力分析及薄弱楼层的判别

大量的震害、模型试验和工程实例分析表明,钢筋混凝土结构总是从相对薄弱的楼层和部位率先屈服,形成弹塑性变形集中的楼层;砌体结构总是从薄弱楼层的薄弱墙段率先开裂,形成裂缝迅速开展和破坏严重的楼层。结构薄弱楼层的承载能力和变形、耗能性能如何将影响和决定该房屋的抗震能力。因此,对各类房屋的抗震能力分

析和薄弱楼层的判别以及对薄弱楼层采取增强变形能力等措施，是搞好房屋抗震设计的重要问题。

底部两层框架砖房若薄弱楼层处于上部砖房部分，其房屋的破坏将集中在砖房部分相应的薄弱楼层，不能较好地发挥底部两层钢筋混凝土框架和抗震墙具有较好变形和耗能能力的优点；若薄弱楼层处于底部两层而又相对太弱，会形成弹塑性变形集中的现象；当结构的层间最大弹塑性位移反应超过结构的极限变形能力时，则会产生严重破坏直至倒塌。因此，建立这类房屋薄弱楼层的判别方法和抗震能力评价方法，对于搞好这类房屋的抗震设计有着重要的意义。

文献[2]通过对钢筋混凝土框架房屋的震害和工程实例的分析，指出了钢筋混凝土框架房屋的层间屈服强度系数$\xi_y(i)$（$\xi_y(i)=V_y(i)/V_e(i)$，其中$V_y(i)$为第i层的层间屈服剪力，$V_e(i)$为罕遇地震作用下按弹性分析的第i层地震剪力），是一个既能表征结构楼层的承载能力，又能表征结构薄弱楼层弹塑性变形性状的参数。也就是说在某一强度地震作用下，不同钢筋混凝土框架结构之间的$\xi_y(i)$值越小，表明该结构的承载能力越低，反之则表明结构承载力越高；而薄弱楼层的$\xi_y(i)$值的大小及其与相邻楼层$\xi_y(i)$平均值的比值大小则表明结构不均匀性和变形集中的程度，当结构薄弱楼层与相邻楼层$\xi_y(i)$的平均值相比越小时，结构薄弱楼层变形集中的现象越明显。

文献[3]通过对多层砖砌体房屋工程实例和震害实例的分析，给出了以层间极限剪力系数$\xi_R(i)$（$\xi_R(i)=V_R(i)/V_e(i)$，其中$V_R(i)$为第i层横向或纵向砖墙的受剪极限承载力，$V_e(i)$为地震作用上按弹性分析的第i层横向或纵向的地震剪力）和沿楼层分布的均匀性以及考虑多层砌体房屋对整体抗震能力的有利和不利因素来判断多层砌体房屋的破坏状态的方法。

对于底部两层框架砖房的上部砖房可采用层间极限剪力系数$\xi_R(i)$来判断薄弱楼层和相应破坏状态的方法；对于底部两层框架-抗震墙中的钢筋混凝土框架与钢筋混凝土抗震墙的受力特点和极限承载力分析方法两者有所不同。这主要是在地震作用下底部两层框架-抗震墙的协同工作使得底部两层的钢筋混凝土抗震墙承受地震作用下的弯矩和剪力，这就需要分析确定底部两层的钢筋混凝土抗震墙的破坏状态是由受弯还是受剪破坏控制。也就是说，要分析底部两层钢筋混凝土墙的屈服弯矩系数和屈服剪力系数。对于底部两层钢筋混凝土框架部分则需要分析其层间屈服强度系数，并应和底部两层钢筋混凝土抗震墙的屈服剪力系数一起综合给出底部两层的层间极限剪力系数，再与上部多层砖房部分的层间极限剪力系数相比较，判断底部两层框架抗震墙砖房的均匀性和薄弱楼层的位置。

文献[4]对底部两层框架砖房的抗震能力分析方法进行了研究，给出了底部两层框架和抗震墙的屈服强度计算方法。限于篇幅，本文不再详述。

在强烈地震作用下，结构总是从最薄弱的部分开裂、破坏，并通过弹塑性内力重分布形成薄弱楼层，薄弱楼层的破坏将危及整个房屋的安全。因此，对底部两层框架砖房薄弱楼层的判别是个非常重要的问题。

底部两层框架砖房是由底部两层框架-抗震墙和3层以上砖房部分构成的，其薄弱楼层的判别应先分别对这两部分进行判别，然后再加以比较确定，对于上部砖房部分可采用下式判别：

一般层　　$\xi_R(i) < [\xi_R(i+1) + \xi_R(i-1)]/2$ 　　　　　　　　　(7-6-6)

顶　　层　　$\xi_R(n) < \xi_R(n-1)$ 　　　　　　　　　　　　　　　(7-6-7)

三　　层　　$\xi_R(3) < \xi_R(4)$ 　　　　　　　　　　　　　　　　(7-6-8)

对于底部两层框架-抗震墙，应先区分抗震墙和框架的极限弯矩（剪力）系数哪个相对较小，然后再判断较小者第1层和第2层的极限剪力（弯矩）系数的大小，其中相对较小的楼层为薄弱楼层。

对于底部两层框架砖房整个房屋薄弱楼层的确定更为复杂一些，因为底部两层框架-抗震墙的抗震性能较上部砖房部分好得多。根据底部两层框架砖房直接动力法弹塑性分析结果，建议采用下列原则处理：① 当底部两层框架-抗震墙相对较小的极限弯矩（剪力）系数小于3层以上多层砖房部分的0.8时，则薄弱楼层在底部两层框架抗震墙中；② 当底部两层框架-抗震墙砖房相对较小的极限弯矩（剪力）系数不小于3层以上砖房部分的0.90时，则薄弱楼层在3层以上多层砖房中；③ 当底部两层框架抗震墙砖房部分的相对较小的极限剪力系数之比在0.90～0.80之间时，为刚度较均匀的房屋。

六、结　束　语

模型试验和弹性、弹塑性分析研究表明，底部两层框架砖房具有一定的抗震能力，其抗震能力决定于过渡楼层、3层以上砖房和底部两层框架抗震墙的抗震能力及其相匹配的程度，也就是说不能存在相对很薄弱的楼层；当这类房屋不存在特别薄弱的楼层时，其抗震性能较同样层数的多层砌体房屋要好。虽然如此，但这类房屋的总层数限值应和多层砖房基本一致，即6度区不超过8层，7度区不超过7层，8度区不超过6层，9度区不超过4层。

搞好这类房屋的抗震设计，应重视结构体系，避免存在特别薄弱的楼层，增加过渡楼层的抗震能力。若底部两层钢筋混凝土墙过少，则底部两层中的一层为该房屋的薄弱楼层。若底部两层钢筋混凝土墙过多，则这类房屋的薄弱楼层会出现在上部砖房部分，使上部砖房部分的某一层为破坏严重的楼层。因此，判断底部两层框架抗震墙砖房的竖向规则性与均匀性的一个重要指标就是第3层与第2层侧移刚度比的合理取值。

1. 第3层与第2层的侧移刚度比与楼层极限承载力的关系和对弹塑性层间最大位移的影响

在底部两层框架砖房中，上部砖房的抗侧力刚度是由横向或纵向砖墙多少决定的，底部两层的抗侧力刚度则是由框架抗震墙的多少来决定。底部两层钢筋混凝土框架的侧移刚度相对比较小，为第2层纵、横向较密砖墙侧移刚度的1/8～1/12左右。可以说第3层与第2层的侧移刚度比的大小反映了底部两层设置抗震墙数量的多少。

我们以一个8度区的一幢底部两层框架抗震墙砖房为例，对底部两层的钢筋混凝土墙采用不同的数量，第3层与第2层的侧移刚度比列于表7-6-2。

底部两层设置不同数量钢筋混凝土墙时的 K_3/K_2 　　　　　表7-6-2

类　型	1	2	3	4	5	6	7	8
K_3/K_2	3.31	2.56	1.96	1.76	1.42	1.18	0.93	0.84

为了更进一步了解这8种底部两层设置不同数量的钢筋混凝土抗震墙房屋弹塑性变形的情况，输入 El Centro 波，加速度峰值调至0.4g，进行了弹塑性直接动力法分析，其分

析结果列于表 7-6-3。可以看出，当底部两层设置钢筋混凝土抗震墙非常少时，如类型 1，第 2 层的弹塑性变形集中的现象非常明显，其层间位移角为 1/77；底部两层设置钢筋混凝土墙较为合理时，其弹塑性变形集中的现象缓和得多；当为底部两层设置的钢筋混凝土墙较多、第 3 层与第 2 层的侧移刚度比小于 1.0 的第 7，8 种类型时，其薄弱楼层明显出现在上部砖房部分。

输入 El Centro 波、加速度峰值 0.4g 的弹塑性
位移反应（cm）和薄弱楼层层间位移角 表 7-6-3

类型\层	一	二	三	四	五	六
1	1.56	5.94 (1/77)	0.55	0.38	0.58	0.09
2	1.46	3.82 (1/120)	0.28	0.82	0.40	0.09
3	1.55	2.14 (1/215)	0.68	0.69	0.41	0.06
4	1.21	1.74 (1/264)	0.92	0.59	0.36	0.07
5	0.89	1.56 (1/294)	1.05 (1/266)	0.69	0.35	0.08
6	0.76	1.32 (1/348)	1.12 (1/250)	0.58	0.32	0.06
7	0.65	1.13	1.35 (1/207)	0.71	0.25	0.07
8	0.58	0.82	1.46 (1/192)	1.25 (1/224)	0.71	0.26

2. 第 3 层与第 2 层侧移刚度比的合理取值

从上述分析和结果可以看出，底部两层框架砖房的第 3 层与第 2 层的侧移刚度比不仅对地震作用下的层间弹性位移有影响（即当比值越大时，突出表现在底部两层弹性位移增大），而且也对层间极限剪力系数分布、薄弱楼层的位置和薄弱楼层的弹塑性变形集中有着重要的影响。

综合上述分析结果和对 7 度区总层数为 7 层、9 度区为 4 层的分析结果，底部两层框架砖房的第 3 层与第 2 层的侧移刚度比宜控制在 1.2~2.0 之间，8 度和 9 度区不应大于 1.5；7 度区不应大于 2.0；同时均不应小于等于 1.0。底层与第 2 层的侧移刚度比不应小于 0.7。

参 考 文 献

[1] 高小旺等. 总层数为八层的底部两层框架抗震墙砖房 1/3 比例模型抗震试验研究. 建筑科学，1994 (3)

[2] 肖伟. 底部两层框架抗震墙砖房抗震分析计算机技术. 中国建筑科学研究院工程抗震研究报告，1995

[3] 高小旺等. 底部两层框架抗震墙砖房地震作用的简化分析方法. 中国建筑科学研究院工程抗震研究报告，1995

[4] 高小旺等. 底部两层框架抗震墙砖房的抗震能力分析方法. 中国建筑科学研究院工程抗震研究报告，1995

(中国建筑科学研究院　高小旺　王菁　肖伟　孟钢　王金妹
辽宁省城乡建设规划设计院　杨树城　武力军　佟风云　曹英)

第八章 钢结构抗震设计

8.1 引 言

钢结构房屋抗震设计规定是这次规范修订中新增加的。内容包括高层钢结构民用建筑、单层钢结构厂房、多层钢结构厂房,其中单层钢结构厂房是在89规范第八章第三节单层钢结构厂房的基础上修订补充后列入本章的。本章不包括轻钢房屋的抗震规定,这部分内容由有关标准自行制订。

本章内容只包括钢结构的抗震规定,未列入与抗震无关的设计计算规定。

一、高层民用建筑

1. 结构体系和最大适用高度。本节给出了高层民用建筑钢结构不同结构体系在各设防烈度时的合理高度限值,与行业标准《高层民用建筑钢结构技术规程》(以下简称《高钢规程》)中的规定大体一致,但在筒体结构中列入了框筒、筒中筒、束筒和桁架筒等已在实际工程中采用的各种筒体形式;此外还补充了目前已在我国采用的巨型框架体系。钢框架-混凝土核心筒等混合结构则暂不列入。不同结构体系的最大适用高度如表8-1-1所示。

钢结构房屋最大适用高度 (m)　　　　表 8-1-1

结构体系	烈 度		
	6、7	8	9
钢框架	110	90	70
钢框架-支撑(剪力墙板)	220	200	140
筒体和巨形框架	300	260	180

注:适用高度指则结构的高度,为室外地坪至檐口的高度。

钢框架体系的经济高度是30层(这在很多文献中都有说明),若取高层建筑平均层高为3.6m,则总高度约为110m。考虑到框架体系抗震性能很好,本章规定对6、7度抗震设防区均规定不超过110m;8、9度设防时,高度适当减小。钢框架-支撑(剪力墙板)体系是高层钢结构的常用体系。参考我国已建成这种体系的建筑,如北京京城大厦(地上52层,高183.5m)、京广中心(地上53层,高208m),本章规定8度地区高度限制为200m,对6、7度抗震设防地区适当放宽,9度地区适当减小。各类筒体在超高层建筑中应用较多,世界上一批最高的建筑大多采用筒体结构,其中著名的如纽约世界贸易中心(框筒,110层,高411m/413m)、芝加哥标准石油公司(筒中筒,80层,346m)、芝加哥西尔斯大厦(束筒,110层,443m)、芝加哥约翰·汉考克大厦(桁架筒,100层,344m)。巨形框架适用于大开间要求,典型的如东京市政府大厦(地上48层,243m)。考虑到我国在超高层建筑方面经验不多,故本章规定筒体结构和巨型框架的最大适用高度为6、7度地区为300m,高烈度区适当递减。

关于钢框架-混凝土核心筒等混合结构,考虑到目前在技术上尚不成熟,这次修订暂不列入。美国文献认为[1],这种体系有过震害记录,只能用于非地震区,且认为从经济考虑高度不宜大于150m。日本考虑这种体系较省工,在1992年建造了两幢试验性建筑,高度分别为107m和78m[2]、[3],并开展了一些研究,但没有推广。现在将其划入特殊结构,并规定建造这种建筑要由日本建筑中心评定和建设部长批准[4],但是到现在日本还没有建筑第三幢。这种体系的特点,是它的地震力主要由混凝土核心筒承担,钢框架的水平力分担率很小,而混凝土核心筒抗震性能欠佳;另一方面,这种体系由于核心筒或剪力墙可用滑模建造,施工方便,特别是它的用钢量较低,造价便宜。正是因为这些优点,被认为是符合我国国情的结构形式,20世纪90年代在我国被大量采用,其高度也越来越高,如深圳地王大厦(地面以上69层,结构高325m)、金茂大厦(95层,结构高度383m,建筑高度420m)基本上都采用了这种体系,只是前者钢框架采用钢管混凝土箱形柱,后者在两个方向的每边各采用了两个大型钢骨混凝土组合柱,以便减小层间位移。目前正在施工中的,还有更高的建筑也采用了这种结构形式。我国对这种体系的抗震性能和适用高度都没有进行什么研究,对它的设计要求和适用设计高度还提不出建议,因此也无法在抗震规范中作出规定。现行行业标准《高层建筑钢结构技术规程》参考欧、澳等地区的使用情况,对其最大适用高度作了规定,即在7度地区允许建至180m,而8度及以上地区高度限制较严。目前可暂按此规定采用。

2. 高宽比限值。国外20世纪70年代及以前建造的高层钢结构,高宽比较大的如纽约世界贸易中心双塔为6.6,其它建筑很少有超过此值的。在现行国家行业标准《高层建筑钢结构技术规程》中,考虑到美国东部地震烈度很小,对6、7度抗震设防区,规定筒体结构的最大高宽比为6。鉴于目前国内20世纪90年代兴建的某些高层建筑的高度比较大,本规范参考国外经验,考虑目前市场经济的现实,在合理的前提下将高宽比限值适当放宽,规定对6、7度地区为6.5,8度为6,9度为5.5。由于经验不足,对不同结构体系目前暂采用相同值。

3. 高层钢结构在地下室设2~3层钢骨混凝土结构层,是借鉴日本的经验,可使内力传递平稳,保证柱脚的嵌固性,增加建筑底部刚性、整体性和抗倾覆稳定性,对抗震有利。6度区地震影响较小,故可不设。在结构布置上,支撑桁架竖向连续布置,可使层间刚度变化较均匀,支撑桁架应延伸至基础,不可因建筑需要在地下室变更位置。至于在地下室是否改变为剪力墙形式,这与是否采用钢骨混凝土结构层有关,一般说来,当采用钢骨混凝土结构层时,地下室采用混凝土剪力墙较协调。在做法上是否应在钢支撑外面包混凝土,这要由设计确定,若混凝土剪力墙有足够的侧向刚度,也不一定非要用钢支撑外包钢筋混凝土不可。

4. 本规范在《高钢规程》的基础上,对节点设计规定作了补充,进一步方便了应用。节点连接的最大承载力要大于构件的承载力,是抗震设计的基本要求之一。本规范考虑梁与柱的连接中,采用了弯矩仅由翼缘承受和剪力仅由腹板承受的常用方法,将梁翼缘和腹板的连接表达式写得更加明确。由于梁较高时,腹板要承受部分弯矩,因此补充规定了混合连接中腹板的连接螺栓不得少于2列,日本在1994年也提出类似建议,以保证腹板连接的承载力。对接焊缝的强度设计值与母材相同，因此其极限抗拉强度可取钢材的对应值，但角焊缝的极限抗剪强度如何取，是很多人关心的。本规范规定仍取母材极限抗拉强度的 $1/\sqrt{3}$，是参考了日本文献采用的[5]。腹板用螺栓连接时，应采用摩擦型高强度螺栓，但节点设计时要考虑螺栓连接的最大承载力，在罕遇地震时摩擦力被克服，螺栓受剪，故此时应按承压型高强度螺栓计算，同时验算被连接构件和节点板及其连接的各项有关承载力。

梁、柱、支撑等构件的拼接，也应考虑全截面屈服，并按抗震节点设计原则进行设计。对于支撑，此要求很明显；对梁、柱构件，除框筒结构常将梁拼接置于跨中外，在其余情况拼接位置都距梁-柱连接处不远，在大震时都将进入塑性区，故应按达到屈服状态考虑。

柱脚与基础的连接，考虑在高层钢结构建筑中均位于地下，地震作用较小，故可按多遇地震时的反力设计，但应符合抗震的构造要求。由于外包式柱脚在阪神地震中表现不佳，所以只列入了埋入式柱脚。

5. 美国 1994 年北岭地震和日本 1995 年阪神地震，都使钢框架节点受到大量破坏，向这种节点的传统设计方法提出了挑战。本规范在掌握大量文献的基础上，结合我国的施工技术水平，提出了适合我国情况的梁-柱节点构造形式。

6. 梁柱连接的节点域，对钢框架性能有重要影响，关系到钢架能否在地震时发挥耗能作用，同时也关系到框架的位移；节点域钢板既不能太厚，也不能太薄，本规范参考国外经验，取节点域的屈服弯矩为左右梁屈服弯矩之和的 0.7 倍；为了减小板域变厚的机率，7 度时采用 0.6 倍梁的屈服弯矩。

7. 强柱弱梁是框架结构抗震的基本要求之一。本规范参考美国规定，列入了强柱弱梁的条件式，使柱的屈服弯矩大于梁的屈服弯矩。但强柱弱梁在某些情况下，如高层钢结构的上部，可能使钢材用量增加。本规范根据现行国家标准《钢结构设计规范》中关于塑性设计时柱轴力的规定，并参考日本和美国规定，补充规定了不需验算强柱弱梁的条件。

8. 支撑长细比仍规定不大于 $120\times\sqrt{235/f_y}$，但不再按设防烈度分档，是考虑到随着设防烈度的提高，支撑内力也将增大，长细比将相应变小。据此，对于支撑的计算长度，仍规定按《钢结构设计规范》的规定采用。对支撑板件的宽厚比，则作了适当调整。

9. 框架梁、柱的板件宽厚比，是根据强柱弱梁拟定的，即大震时塑性铰应出现在梁上，要求梁在高烈度区应满足塑性设计的要求，而柱在此时只产生一定程度的屈服。

二、单层钢结构厂房

与 89 规范比较，这次主要修改如下：

1. 目前单层厂房采用轻型钢结构的越来越多，特别是新建的厂房。因此补充了采用压型钢板轻型屋盖结构的适用范围。对于无吊车厂房，参考最近公布的中国工程建设标准化协会标准《门式刚架轻型房屋钢结构技术规程》，提出轻型钢结构适用于无吊车及起重量不大于 20t 和 6m 柱距时不大于 30t 的中、轻级工作制厂房，但应根据吊车情况设置屋盖纵向水平支撑。无吊车轻型钢结构厂房，由于地震作用不控制，可不作抗震计算；但对大跨度结构和中间有很多摇摆柱的宽阔横向刚架、长度很大的纵向刚架、有夹层的厂房结构等,仍应进行抗震计算。当有起重量大于 20t 的吊车时,也应进行抗震计算。对于温度区间的长度,不再分轻盖和重盖,均按轻盖的要求规定。

2. 不再要求屋架或横梁与柱刚接,改为可用刚接或铰接。但当采用实腹梁时,应至少有两根主要柱与横梁刚接,这是考虑轻钢情况拟定的,取消单层钢结构厂房要求等高的限制。

3. 明确了屋盖支撑一般是按构造要求选用的,其与框架的连接不要求等强度连接。强调了柱间支撑要根据计算确定,屋盖垂直支撑应能承受屋盖地震作用,也要由计算确定,对原有条文进行了修改。

考虑到柱间支撑在不少情况下由长细比控制,按 1.2 倍承载力要求进行连接设计,使节点过大,有时甚至不好布置。现在改为按 1.05 倍支撑杆件的承载力设计,但不应小于设计内力的 1.2 倍。

4. 对单层厂房钢结构的横向刚架抗震计算,给出了按平面排架计算的条件。对厂房纵向的抗震计算,按屋盖类型和围护墙类型分别作了规定。

5. 对长细比限值,按照钢构件的习用方式,与轴压比无关,但与材料的屈服强度有关。修改后的表示方式与《钢结构设计规范》的表示方式一致。

6. 单层厂房构件的板件宽厚比,应较静力弹性设计为严。修订后的规定,考虑到梁可能出现塑性铰,按塑性要求控制,并列入了圆管的径厚比。

7. 在构件上,根据目前国内工程建设的实际情况,补充了当支撑长度大于供货长度不能用整根型钢时允许采用拼接,但拼接应采用全熔透对接焊缝;补充了在符合板件宽厚比和设计规定的情况下,允许通过加劲肋来减小板件厚度;规定了楼盖采用钢楼板时的有关要求,因为在厂房中采用钢楼板的情况较多。

8. 为了设计方便,给出了确定埋入式柱脚埋深的近似计算公式。

三、多层钢结构厂房

本节规定不适用于上层为钢结构下层为钢筋混凝土的混合结构。这里仅对其主要规定的内容作一简要介绍。

1. 对多层厂房中设备或料斗(包括下料的主要管道)穿过楼层时的支承要求,规定不应采用竖向分层支承,使结构受力明确。水平支承允许与竖向支承不在同一层,但构造上应确保其不能传递竖向荷载。设备总重心应接近楼层处,以便减小对支承结构的附加影响。

2. 多层厂房可采用框架体系、框架-支撑体系或其它体系。规定形状复杂、各部分高度差异大或楼层荷载相差悬殊时,应设防震缝或采取其它措施。

3. 规定了计算地震作用时厂房的重力荷载代表值和组合值系数,以及设备或料斗对支承构件及其连接的水平地震作用的确定方法。提出了当设备与厂房结构共同工作时,结构侧向刚度的确定方法。

4. 对楼层水平支撑的设置,提出了原则要求和具体规定;对厂房纵向支撑的布置、支撑长细比和板件宽厚比等,都作出了相应规定。

参 考 文 献

[1] Structural Design of Tall Steel Buildings, SB, 1979.
[2] 竹村宽恭等. 混凝土核心筒-外周钢框架混合结构. (暂称) 日本カーボン横滨工场再开发计划, ビルデンレタ, 1992
[3] 今井三雄等. 采用混凝土核心筒框架结构的高层办公楼的结构设计. (暂称) 海老名计划, ビルデンレタ, 1992
[4] Harnhito Gomi 等. Overview of Hybrid/Composite Structures in Japam. 第三届中日建筑结构技术交流会论文集, 深圳, 1997
[5] 吉田好孝, 小南忠义, 田中正明合著. 铁骨构造接合部の设计と施工. 昭和56年 (1981年), 理工图书刊

(中国建筑标准设计研究院　蔡益燕)

8.2 美日钢框架节点设计的改进

一、前　言

1994年1月17日发生在美国加州圣费南多谷地的北岭地震 (Northridge Earthquake) 和正好一年后1995年1月17日发生在日本兵库县南部地区的阪神地震 (Hyogoken-Nanbu Earthquake), 是20世纪末发生在现代化城市人口密集地区的两次陆域型强震。这两次强震事关高层建筑抗震, 很有代表性, 二者的峰值速度、加速度都很高, 成倍超过了两国原有设计规范确定所能接受的水平, 导致了焊接钢框架梁-柱刚性连接节点的广泛破坏。震后两国对此进行了大量的调查和研究, 揭示了强震作用下钢框架节点广泛破坏的原因, 在此基础上提出了改进节点设计的技术措施。同时两国学者和研究人员还发表了不少论文, 其中有许多内容开拓了人们的眼界, 提供了对钢框架节点设计的更多了解, 对我国钢框架节点设计有参考作用。因此本文对此进行了搜集、整理和归纳, 现将其主要内容在此作一综述。

二、美日两国钢框架节点的破坏情况

美日两国钢框架破坏情况的报导, 主要是集中在梁-柱混合连接的节点方面, 因此本文也以梁-柱混合连接为主要对象进行综述。混合连接是一种现场连接, 梁翼缘与柱子采用全熔透坡口对接焊缝连接, 梁腹板与柱子通过连接板采用高强度螺栓连接。美国惯常采用焊接工字形柱, 20世纪日本70年代以来则广泛采用箱形柱, 仅在一个方向组成刚架时采用工字形柱。在梁翼缘连接处, 工字形柱子腹板上要设置加劲板 (美国称为连续板), 在箱形柱子中则要设置隔板。图8-2-1给出的是美、日两国梁-柱混合连接节点的典型构造。

在节点传力方面, 两国都采用弯矩由翼缘连接承受, 剪力由腹板连接承受的设计方法, 但当梁截面形状 $Z_f/Z<0.7$ 时 (Z_f 为梁翼缘的塑性截面模量, Z 为梁全塑性截面模

8.2 美日钢框架节点设计的改进

量),美国还规定梁腹板与连接板上下拐角之间要增加角焊缝,并承担相当于20%的梁腹板弯矩。日本则规定腹板螺栓连接应按保有耐力(即框架达到塑性阶段时的承载力)设计,螺栓应设置2~3列,也是为了考虑腹板能承受弯矩。

1. 美国北岭地震后对刚框架节点破坏的调查

从20世纪70年代以来,美国采用图8-2-1a所示形式的钢框架已很普遍。北岭地震后从调查到的1000多幢不同时期、不同规模、不同形状的钢框架节点中,出现破坏的有100多幢[1](有的文献说是90多幢[2]、150多幢[3]或200多幢[4])。为了弄清楚破坏的原因,北岭地震后不久,在美国联邦应急管理局(FEMA)资助下,有加州结构工程师协会(SEAOC)、应用技术研究会(ATC)和加州一些大学的地震工程研究单位(CU)等组成

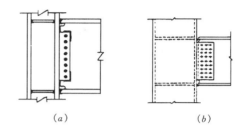

图8-2-1 美日两国梁-柱节点的典型连接形式
(a) 美国的一般构造;(b) 日本的典型构造

了被称为SAC的联合行动机构,对此开展了深入调查和研究,以便弄清破坏原因和提出改进措施。

美国的钢框架梁-柱连接,在20世纪50年代是采用铆钉连接,20世纪60年代出现了高强度螺栓以及焊接工艺后,逐步改用高强度螺栓或焊接连接。为了评估栓-焊混合连接的有效性,曾进行过一系列试验,图8-2-2就是其中部分试验的情况。这种由翼缘焊接抗弯和腹板螺栓连接抗剪的节点,美国以前规定其塑性转角应达到0.015rad(≈1/65),但通过震前大量试验表明,翼缘连接的坡口焊缝性能是个大变数,除会出现早期破坏外,大都不能可靠保持0.015rad的塑性转动。20世纪80年代末,一些学者开始对此种连接节点是否能承受强震因此引起了怀疑。

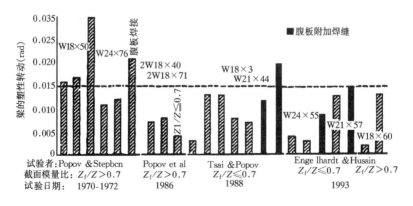

图8-2-2 北岭地震前的试验资料一览
Z—全截面塑性截面模量;Z_f—梁翼缘的截面模量

如德州大学Engelhardt教授在北岭地震前就曾对此种连接的性能提出疑问,指出在大震时需要密切注意,应当对其连接构造和设计方法进一步进行改进[2]。

北岭地震证实了这一疑虑,为此SAC通过柏克莱加州大学地震工程研究中心(EERC)等4个试验场地,进行了以了解震前节点的变形响应和修复性能为目的的足尺试验

和改进节点的试验。对北岭地震前通常做法的节点及破坏后重新修复节点的试验表明,全部试验都观察到了与现场裂缝类似的早期裂缝,试验的特性曲线亦与震前的试验结果相同,梁的塑性转动能力平均为 0.005rad,是 SAC 经过研究后确定的目标值 0.03rad 的 1/6,说明北岭地震前钢框架节点连接性能很差,这与地震中的连接破坏是吻合的。而且破坏前没有看到或很少看到有延性表现,与设想能发展很大延性的钢框架设计意图是相违背的。

焊接钢框架节点的破坏,主要表现在梁的下翼缘坡口焊缝处出现各种裂纹(见图 8-2-3),而且一般是由焊缝根部萌生的脆性破坏裂纹引起的。从图 8-2-3 可知裂纹扩展的途径是多样的,是由焊根进入母材或热影响区沿着一条与应力和材料韧性相关的线路发展,横穿柱子翼缘扩展至柱子腹板,有的还穿透柱子全宽。一旦翼缘破坏,由螺栓或焊缝连接的剪力连接板往往被拉开,沿连接线由下向上扩展。其中最具潜在危险的是由焊缝根部通过柱翼缘和腹板扩展的断裂裂缝。

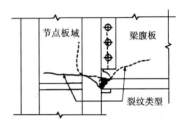

图 8-2-3 焊接钢框架节点的破坏模式

从破坏的程度看,可见裂缝约占 20%~30%,大量的不可见裂纹则要用超声波探伤等方法才能发现。裂纹在上翼缘和下翼缘之间出现的比例约为 1:5~1:20,在焊缝和母材上出现的比例约为 1:10~1:100。一般认为,混凝土楼板的组合作用减小了上翼缘的破坏,也有人认为上翼缘焊缝根部不象下翼缘那样位于梁的最外侧,因此焊根中引起的应力较低,减少了上翼缘破坏的概率[3]。

美国斯坦福大学 Krawinkler 教授对北岭地震中几种主要连接破坏形式作了归纳(图 8-2-4),由下翼缘焊缝根部开始出现的这样或那样的破坏,最多的如图 8-2-4 (a) 所示沿焊缝金属的边缘破坏,另有如图 8-2-4 (b) 所示沿柱翼缘表面附近裂开的剥离破坏,也有如图 8-2-4 (c) 所示沿腹板端部切角工艺孔开始的梁翼缘断裂破坏,或从柱翼缘穿透柱腹板的断裂破坏(图 8-2-4 (d))[2]。

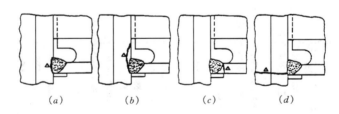

图 8-2-4 北岭地震中的连接破坏形式
△—裂缝出现位置

北岭地震虽然没有使钢框架房屋倒塌,也没有因钢框架节点破坏引起人身伤亡,但使业主和保险公司支付了大量的修复费用。仅就检查费用而言,不需挪动饰面层石棉时为每个节点 800~1000 美元,需挪动石棉时为每个节点 1000~2000 美元,对于有石膏抹灰和吊顶的高级住宅,其修复费用更高,每个节点达 2000~5000 美元[3]。更重要的是对过去长期沿用的节点在强震中的安全问题提出了疑问,因此钢框架节点问题必须认真研究解决。

2. 日本阪神地震后对钢框架节点破坏的调查

阪神地震后,日本建设省建筑研究所成立了地震对策本部,组织了各方面人士多次参加的建筑应急危险度和震害的调查,民间有关团体也开展了各类领域的震害调查,但因钢结构相对于其他结构的震害较少,除新发现了钢柱脆断或柱脚拔起外,钢框架节点的破坏主要表现在扇形切角(scallop)工艺孔部位。但因结构体被内外装修所隐蔽,一般业主、设计或施工人员对此震害调查不太积极,对钢框架系统震害的调查遇到一定困难。尽管如此,日本学者还是就发现的腹板切角工艺孔方面问题进行了探索,如日本建筑学会结构连接委员会和钢材俱乐部等单位,专就工艺孔破坏状态等问题作了系统的深入研究。

日本对于钢框架连接的研究,早在1978年的石油危机时期,就曾利用建筑处于低潮机会,结合自保护电弧焊的出现和应用,系统地开展过。

进入20世纪90年代后,由于高层、超高层和大跨度钢结构建筑的增多,梁柱截面的增大,若采用过去的悬臂梁段形式节点,由于运输尺寸上的限制,悬臂长度顶多在1m左右;然而,由于建筑梁柱截面增大,梁翼缘板厚亦跟着增大的结果,拼接螺栓增多了,为了保证梁端的塑性变形能力,梁端塑性区长度通常约等于梁高,这在1m左右悬臂梁端翼缘上布置许多螺栓,导致梁端至最近螺栓的距离只有500mm左右,截面受到很大削弱,对保证梁端塑性变形很不利。因此,在大型钢结构工程中,现在的钢框架节点较多地采用了梁与柱子的混合连接,亦即前面图8-2-1(b)中所示的混合连接,由梁翼缘与贯通箱形柱子的隔板直接焊接[2],梁翼缘与柱子就较少采用螺栓连接了。

此种混合连接形式,日本在美国北岭地震前不久曾对其进行过试验研究,研究表明,梁端翼缘焊缝处的破坏,几乎都是在梁下翼缘从扇形切角工艺孔端开始的,没有看到象在美国试验中和北岭地震中出现的沿焊缝金属及其边缘破坏的情况。通过试验与阪神地震观察到的梁端工艺孔处的裂缝发展情况,可参见图8-2-5所示。图8-2-5中A是焊接工艺孔下方母材断裂;B是梁一侧的热影响区开裂;C是焊缝开裂;D是由引弧板焊缝传至热影响区一侧的裂缝;E是由引弧板焊缝到达隔板内部的裂缝。日本钢材俱乐部研究了扇形切角工艺孔带衬板及底部有封底焊缝的两种节点试验,结果见图8-2-6[5](左边是切角工艺孔标准形式,中间及右边部位即是带衬板及底部封底焊的节点破坏情况)。

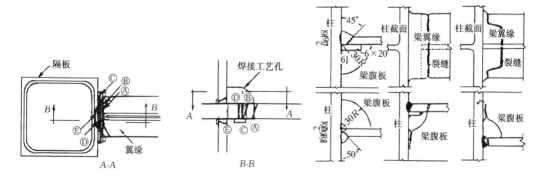

图8-2-5 阪神地震中节点出现的几种破坏形式
Ⓐ—从工艺孔下方的翼缘断裂;Ⓑ—焊接热影响区母材断裂;
Ⓒ—焊缝金属断裂;Ⓓ—由焊接引弧板传至热影响区隔板
一侧的开裂;Ⓔ—由引弧板到隔板内部的裂缝

图8-2-6 带扇形切角工艺孔节点的试验结果

从图 8-2-3～图 8-2-6 的破坏形式中可以明显地看到，美、日两国钢框架在地震中的梁柱节点破坏形式是有区别的，北岭地震中的裂缝多是向柱段范围扩展，而阪神地震中的裂缝则多是向梁段范围发展，这是很有特点的。两国节点破坏情况的这种差异是与其构造差异有关，这方面尚有待进一步探讨。

三、节点破坏原因与分析

北岭地震后，美日两国学者就节点破坏原因，进行了现场调查、室内试验和现场检验，并进行了结构响应分析、有限元分析、断裂力学分析等，还作了很多补充试验，结合震前研究，对节点破坏原因提出了一些看法。首先认为节点破坏与加劲板、补强板、腹板附加焊缝等设置，没有什么直接关系，也并不仅仅是由设计或施工不良所能说明问题，而是应从节点本身存在根本性缺陷方面进一步去找原因。有以下几方面因素，被认为是决定和影响节点性能而导致破坏的。

1. 焊缝金属冲击韧性低[1]

美国在北岭地震前，焊缝多采用 E70T-4 或 E70T-7 自保护药芯焊条施焊。这种焊条提供的最小抗拉强度为 480MPa，无最小切口韧性规定。从试验室试件和实际破坏的结构中取出的连接试件在室温下的试验表明，其恰帕 V 型冲击韧性值往往只有 10～15J。这样低的冲击韧性使得连接很容易产生脆性破坏，成为引发节点破坏的重要因素。这在北岭地震后不久所作的试验中亦已得到验证。需要指出一点的是，北岭地震后对破坏焊缝处补焊韧性好的焊条，即使做到确保焊接质量，进行了十分仔细的操作，如不对节点构造进行改进，此时节点仍是达不到补强目的的。

2. 焊缝存在的缺陷[1]

对破坏的连接所作调查表明，在很多情况下，是由于焊接质量差引起的。这可以从许多缺陷中看出，许多焊缝明显违背了规范规定的焊接质量要求，不但焊接操作有问题，焊缝检查也有问题。有很多缺陷说明，裂缝是萌生在与柱子连接的下翼缘焊缝中部，梁腹板通过焊条的工艺孔附近，在该处下翼缘焊缝中部焊缝施焊时往往在此处中断，使缺陷更为明显。该部位进行超声波检查也比较困难，因为梁腹板妨碍探头的探测。因此，主要的连接焊缝的破坏，就出现在由于施焊困难和探伤困难的下翼缘焊缝中部质量极差部位。而上翼缘的焊缝施焊和探伤不存在梁腹板妨碍的问题，因此上翼缘焊缝破坏较少，这一现象很可以说明问题。据美国 Engelhardt 教授北岭地震前的试验表明，梁-柱坡口焊连接性能的相关曲线，变化无常，非常离散，这从试验中也得到表现。有很多因焊缝不匀的焊接疵病，就成了裂纹的发展源。

3. 坡口焊缝处的衬板和引弧板造成了人工缝[6]

在焊接实际工程中，往往焊接后将焊接衬板与引弧板留在原部位，这种做法已经表明，对连接的破坏具有重要影响。在加州大学进行的试验表明，留在原部位的衬板与柱翼缘之间会形成一条未熔化的垂直界面，相当于一条人工缝（图 8-2-7），在梁翼缘的拉

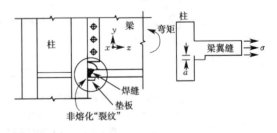

图 8-2-7 不熔接的衬板表面形成一条人工缝

力作用下会使该裂缝扩大,引起脆性破坏。其它人员的研究也得出了相同结果。

用有限元分析亦表明,衬板与柱翼缘之间的这个缺口效应是很大的,会引发脆性破坏。1995 年加州大学 Popov 等所作的试验,再现了这种节点的脆性破坏,其破裂的速度很高,事前并无延性表现,而且破坏是灾难性的。通过研究指出,由于切口部位受拉时的应力最大,破坏是三轴应力引起的,因此表现为脆性破坏,外观无屈服。按有限元模拟计算得出的最大应力集中系数,出现在梁翼缘焊接衬板连接处中部,破坏时裂缝从应力集中系数最大的地方开始,此一结论已为试验所证实。

图 8-2-8 给出了应力集中系数与 T 形试件悬臂梁端部施加荷载的关系曲线比较。

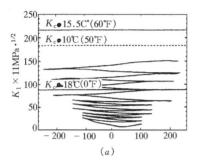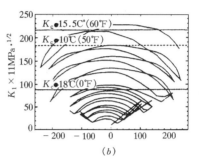

图 8-2-8 试件在上部衬板 (a) 和下部衬板 (b) 处的最大应力集中系数值比较

从该图中可以看出,在往复荷载作用下,下部衬板(图 8-2-8b)要比上部衬板(图 8-2-8a)的应力集中系数大好几倍,这就清楚地说明,为什么节点破坏大多数都起源于下部衬板处。

同样道理,包括引弧板在内的引弧焊缝也会同样引发裂缝。

4. 梁翼缘坡口焊缝出现的超应力[1]

北岭地震后对震前节点进行的分析表明,当梁发展到塑性弯矩时,梁下翼缘坡口焊缝处会出现超高应力。超应力的出现因素有:当螺栓连接的腹板不足以参加弯矩传递;因柱翼缘受弯导致梁翼缘中段存在着较大的集中应力;在供焊条通过的焊接工艺孔处,存在着附加集中应力;据观察,有一大部分剪力实际是由翼缘连接焊缝传递,而不是象通常设计中假设的那样由梁腹板的连接传递。由于梁翼缘坡口焊缝的应力很高,很可能对节点破坏起了不利影响。Popov[6]采用 8 节点块体单元有限元模拟分析发现,节点应力分布的最高应力点,是在梁的翼缘焊缝处和节点板域,节点板域的屈服从中心开始,然后向四周扩散(图 8-2-9)。北岭地震前进行的大量试验表明,当焊缝不出现裂纹时,节点受力情况就已常常不能满足坡口焊缝附近梁翼缘母材不出现超应力的要求。

日本利用震前带有工艺孔的节点,在试验荷载下由应变仪测得的工艺孔端点翼缘内外的应变分布发现,应变集中倾向出现在翼缘外侧端部,内侧则在工艺孔端点,最大应变发生在工艺孔端点位置上。应变集中的原因,不仅在于工艺孔几何形状造成的不连续性,还在于工艺孔部分梁腹板负担的一部分剪力由翼

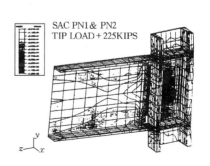

图 8-2-9 节点应力分布等强线

缘去承担了，使翼缘和柱子隔板上产生了二阶弯曲应力。这些试验与分析均指出，今后对节点性能的改进，不仅应改善焊缝，而且还应降低梁翼缘坡口焊缝处的应力水平。

5. 其他因素[1]

有很多其他因素也被认为对节点破坏产生潜在影响，包括：梁的屈服应力比规定的最小值高出很多，柱翼缘板在厚度方向的抗拉强度和延性不确定；柱节点板域过大的剪切屈服和变形产生的不利影响；组合楼板产生的负面影响，等等。这些影响因素可能还需要一定时间讨论后才能弄清楚。

此外，钢材轧制时三个互交方向的非弹性性能和塑性性能不相同，轧制方向的延性好，另外两个方向较低，节点在柱翼缘处被拉开，就与材料这种性能相关。还有，如今的钢材实际平均屈服强度，已比原先的标准屈服强度高很多，而设计人员设计时往往还采用原最低要求的标准设计，造成节点设计强度混乱不合理，影响了实际节点的性状，等等。也都值得引起关注。

四、改进节点设计的途径

1. 将塑性铰的位置外移[1][6][7]

在北岭地震之前，美国 UBC 和 NEHRP 两本法规对节点设计的规定，都是根据在柱面产生塑性铰或节点板域产生塑性铰的假定提出的。但是在北岭地震中梁在柱面处并没有发现塑性变形，却出现了裂缝。为此，通过加州大学研究对此作出了回答：出现这种原因，如同一根小直径圆棒，当侧向无约束按泊松比收缩时，钢棒会表现出良好的延性颈缩；若钢棒上存在切口，受拉时切口处出现高应力，而切口以外部分因受到约束的作用，就不会出现侧向收缩这样一个机理相类似。切口处的脆性破坏是由三轴应力引起的，外观就没有屈服表现。因此以往采用的焊接钢框架节点标准构造，也就不可能提供可靠的非弹性变形。

试验也表明，以往采用的标准节点构造的转动能力都未能超过 0.005rad，大大小于 SAC 建议的最小塑性转动能力 0.03rad。另一方面，从受力情况看，若塑性铰出现在柱面附近的梁上，还可能在柱翼缘的材料中引起很大的厚度方向应变，并对焊缝金属及其周围的热影响区提出较高的塑性变形要求，这些情况也有可能导致脆性破坏。因此，为了取得可靠的性能，最好的方法应将梁-柱连接在构造上使非弹性作用的塑性铰离开柱面（图 8-2-10）。

1995 年美国在 SAC 暂行指针中已明确提出了：钢框架设计应使通过梁跨内预定位置截面出现塑性铰，并能提供所要求的塑性变形（图 8-2-11）。梁-柱节点设计应具有足够的承载力，并迫使塑性铰离开柱面。

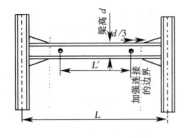

图 8-2-10 将塑性铰从柱面外移

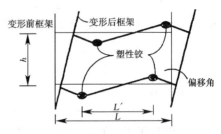

图 8-2-11 要求的塑性变形性状

将塑性铰位置从柱面外移有两种方法，一种是将节点部位局部加强，一种是在离开柱面一定距离处将梁截面局部削弱。钢梁中的塑性铰典型长度约为梁高的一半，当对节点局部加强时，可取塑性铰位置为距加强部分的边缘处梁高的1/3。节点局部加强固然也可使塑性铰外移，但应十分注意不要因此出现弱柱，否则有背强柱弱梁的设计原则。

也有一部分专业技术人员认为，在构造上采取某些措施仍可使塑性铰出现在柱面附近，这些措施包括限制构件的截面，控制梁柱钢材的有关强度，使母材和焊缝金属有足够的冲击韧性，在节点构件上消除缺口效应等。但是由于没有足够的研究来肯定这些建议，使得这种建议在美国迟迟未能落实。而将塑性铰自柱面外移的建议，试验已表明是可行的和行之有效的。目前，美国对节点局部加强及梁截面减弱，都已提出了若干构造方案。图8-2-12是节点局部加强方案，包括用盖板、竖加劲肋、加腋、侧板加强等[1][8][9]，图8-2-13则是梁截面减弱方案。

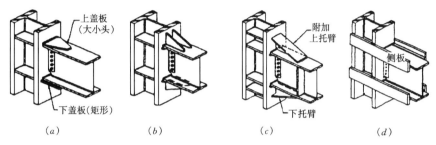

图 8-2-12 节点局部加强方案
(a) 盖板；(b) 竖肋板；(c) 托板（加腋板）；(d) 侧板

实际上，将梁截面减弱使塑性铰外移的方法，早在北岭地震以前即有学者提出过，北岭地震后又作了研究，在技术上已较成熟[6]，从近期在美国盐湖城建造的25层办公楼中采用的犬骨式（dog-bone）连接（图8-2-14），就可以看到它的构造细节。目前，美国虽未提出今后在抗震框架中推荐采用何种节点形式，但从实际情况看，上述犬骨式连接已成为主导形式[1]。因它制作方便、省工，由美国公司设计的我国天津国贸大厦钢框架中也已采用了这种节点形式。

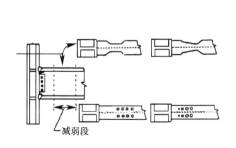

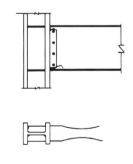

图 8-2-13 梁截面减弱的方案　　　　图 8-2-14 犬骨式连接

日本阪神地震后，没有象美国采用将塑性铰外移的方案。日本1996年发表的《钢结构工程技术指针》和1997年发表的《钢结构技术指针》JASS6等，仅提出了钢框架梁-柱连接节点的构造改进形式，对节点构造特别是扇形切角工艺孔作了不少规定，目的也是消除可能出现的裂缝,保证结构的非弹性变形。也就是说,日本与美国分别采用了不同的避免脆性破坏的途径。

2. 梁翼缘焊缝衬板缺口效应的处理[8][10]

在北岭地震前,美国钢框架节点施工中,通常将衬板和引弧板焊接后留在原处。这种做法,如前所述存在缺口效应,会导致开裂,现在则在焊后将下翼缘的衬板和引弧板割除,同时对焊缝进行检查[8]。正如前面曾指出的,在下翼缘的焊缝中部由于焊条通过切角困难,焊接和探伤操作都要被迫中断,通常存在缺陷,割除衬板后可以目视观察,从而减少在此部位不易查看裂纹。衬板和引弧板可用气刨割除后再清根补焊,但费用较高,操作不慎还可能伤及母材。研究表明,衬板也可以不去除,而将衬板底面边缘与柱焊接,保留衬板的缺点是无法象去除衬板后能对焊缝进行仔细检查。

但对上翼缘来说,由于上翼缘焊缝处衬板的缺口效应不严重,而且它对焊接和探伤也没有妨碍,出于费用上的考虑,割除上翼缘衬板可能不合算,如果将上翼缘衬板边缘用焊缝封闭,试验表明并无不利影响,因此美国现时做法是将上翼缘衬板仍然保留并用焊缝封口。

坡口焊缝的引弧板,在上下翼缘处通常都切除,因为引弧和灭弧处通常都有很多缺陷,用气割切除后还需打磨,才能消除潜在的裂缝源。

在消除衬板的缺口效应方面,日本是非常重视的。在阪神地震后发表的技术规定中,对采用H型钢梁、组合梁,以及采用组合梁时梁预先焊接或与衬板同时装配,不论是否开切角工艺孔,均采用了各种形式的衬板构造,还分别作了详细规定,也包括引弧板。

3. 扇形切角构造的改进[11][12]

在日本阪神大地震中,由于扇形切角工艺孔的端部起点存在产生裂缝的危险,是否设置扇形切角工艺孔以及如何设置,已成为关系到抗震安全的一项重要问题。日本在阪神地震后发表的技术规定中,对开扇形切角工艺孔和不开扇形切角工艺孔两大类,及扇形切角的设置提出了一系列规定,包括规定扇形切角可采用不同形状,对于柱子直通形和梁贯通形节点还分别规定了不同的构造形式。柱子直通型节点的扇形切角形式有两种(图8-2-15),其特点是将扇形切角端部与梁翼缘连接处的圆弧半径减小,以便减小应力集中。

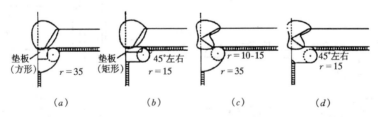

图 8-2-15 柱子直通型节点在梁端上翼缘处的扇形切角工艺孔形式

但从总的情况来看,不设扇形切角工艺孔已成为首选。因为根据当前焊接材料和焊接技术的发展,原先在腹板端部主要为避免焊缝交汇处过多热量输入导致材质恶化而考虑设置的工艺孔,现在已可以避免,即使焊缝交汇,现时也没有特别的问题。而且日本早就研究了不设扇形切角工艺孔以提高梁变形能力的方案,在最近公布的技术规定中,现已将此种方案付诸实施[11][12]。

4. 选用有较高冲击韧性的焊缝[7][10]

如前所述,焊缝冲击韧性不足会引起节点破坏。那么焊缝究竟要有多大的冲击韧性才能防止裂纹出现呢?从美国改进节点构造所作多项成功研究来看,焊缝的恰帕冲击韧性(CVN)最小值,取 $-29℃$ 时 27J（相当于 $-20℉$ 时 20ft-lbs）是合适的,这已经发展成为事实上的标准。在最近美国的实际工程中,采用 E71T-8 型和 E70TG-K2 型焊条的普通手工焊电弧焊,表明其焊缝最小冲击韧性可以满足上述要求,而采用 E7018 型药芯焊条的'贴紧焊'焊缝的冲击韧性值更高,但要强调一点,都必须按 AWS 规定的焊接和探伤方法进行操作。

5. 将梁腹板与柱子焊接[1]

美国 SAC 在采用犬骨式连接时建议:将以往的腹板栓接改为焊接,用全熔透坡口焊缝将梁腹板直接焊在柱上,或者通过较厚连接板焊接。在北岭地震前,就已有很多研究指出,腹板焊接要比栓接性能好,它能更好地传力,从而可减小梁翼缘和翼缘坡口焊缝的应力。

日本在阪神地震前的研究也已指出,梁端腹板用高强度螺栓连接时,与焊接连接相比,其抗弯能力变小,塑性变形能力有明显差异,但目前在日本新规定中,尚未看到有像美国提出的此类似的要求。

五、美、日节点构造的比较

根据美、日钢框架梁-柱节点构造及震后的改进情况,可以看到下列差异:

1. 美国为使梁端不产生塑性变形,采取了将塑性铰外移的基本对策,提出了将节点局部加强或将梁局部削弱的方法,虽然目前还未定论,但从实际发展情况看,因削弱梁截面的方法省工、效果好,因此这种方法已在某些工程中采用。但日本却没有采用将塑性铰外移的方法,而是在原构造的基础上采取消除裂缝的病灶的方法。

2. 两国都注意到了梁翼缘坡口焊缝的焊接衬板边缘存在缺口效应所带来的严重后果,在北岭地震和阪神地震后都采取了相应对策。美国 SAC 建议,下翼缘焊缝的衬板宜割除,然后清根补焊;考虑上翼缘的焊缝缺陷一般较少,受力条件较有利,以及费用等原因,而不割除,可对衬板边缘用焊缝封闭。而日本则对 H 型钢梁和焊接组合梁（包括梁先焊好和梁与衬板同时装配两种情况）,以及节点为柱子直通型或梁贯通型时衬板的设置,作了详细规定。

3. 美国在梁腹板端部衬板通过处采用矩形切角（端部呈半圆形,而不像日本采用圆弧形切角）,当腹板受弯矩较大时还将连接板与腹板焊接。从有关震害情况报导看,没有发现这种形式的切角引发多少裂缝。日本为消除梁端扇形切角端部的应力集中,作出了一系列规定,包括不作扇形切角,不设扇形切角时梁腹板用直线切割的方法,以及允许采用不同形式的切角等,如在与梁翼缘连接处将曲率半径变小和采用类似美国采用的切角形式。

4. 美日两国都规定,节点按翼缘连接受弯矩和腹板连接受剪力的要求设计。美国 SEAOC 于 1988 年附加规定了:当梁腹板的塑性截面模量超过了梁全塑性截面模量的 30% 时,应将梁腹板与连接板上下拐角之间增加附加角焊缝焊接,并承担相当于 20% 的梁腹板弯矩。连接板加附加焊缝是考虑用来增强腹板连接中弯矩量的传递的。当时考虑若要腹板承受相当大一部分弯矩，翼缘焊接-腹板栓接的标准节点，不能发展成很大的塑性转动，于是做了不同连接方法的试验，包括增加扭剪型螺栓、采用药芯焊条焊接或普通手工电弧焊的附加焊缝，结果增加扭剪型螺栓或腹板加 20% 附加焊缝者，能够显著改善梁在反复荷载下的非弹性性能，最大塑性转角可达 0.012～0.014rad。而当附加焊缝不足 20% 时，梁的最大塑性转角小于 0.01rad。

1993 年美国 Engelhardt 与 Husain 对腹板不同连接方法进行的试验中证实（见表 8-2-1，另可参见图 8-2-2），腹板加附加焊缝的，大大增大了梁的塑性转动能力（见表 8-2-1 试件 3、试件 7）。

日本过去在梁端混合连接中，采用弯矩由翼缘连接承受，剪力由腹板连接承受的设计方法时，螺栓一般配置一列。在 1994 年的文献 [6] 中指出，"现在该处的连接必需满足保有耐力连接的条件，考虑腹板高强度螺栓连接也要部分地承受弯矩，要求布置 2 列到 3 列，与以前的连接相比，抗弯承载力储备提高了，这是结构设计上的一个特点。"

这些都是北岭和阪神地震前的情况，震后基本上没有改变。只是北岭地震后，美国建议将梁腹板直接与柱子焊接或与连接板焊接，以便减小梁翼缘焊缝处的焊缝应力，日本则尚无此规定。

腹板不同连接方法的试验结果 表 8-2-1

试件号	1	2	3	4	5	6	7	8
梁尺寸	W24×55	W24×55	W24×55	W18×60	W18×60	W21×57	W21×57	W21×57
连接	B	B	B+SW	B	B	B	B+SW	B
Z_f/Z	0.61	0.61	0.61	0.75	0.75	0.67	0.67	0.67
θ_p (rad)	0.004	0.003	0.009	0.002	0.0013	0.0013	0.0015	0.0012

注：B—栓接；SW—附加焊缝；W—前焊接；Z_f—梁翼缘塑性截面模量；Z—梁全截面塑性模量；θ_p—梁的塑性转角。

5. 与梁翼缘对应位置的柱加劲板（美国叫做连续板），美国设置的截面较小，日本设置的截面较大。日本一贯规定应比对应的梁翼缘厚度大一级，认为这是关键部位，为此多用一点材料是值得的。美国过去是根据传递梁翼缘压力的需要来确定的，考虑一部分内力由柱子腹板直接传递，加劲板厚度显著小于梁翼缘厚度。而且曾有一些设计规定，例如可取厚度等于梁翼缘厚度的一半。有的文献认为，太厚了可能产生较大残余应力，最好用试验来确定。北岭地震中，有些加劲板屈曲了，有的学者已提出改为与梁翼缘等厚的建议。加州大学 Whittaker 等人通过试验后指出，起弹性作用的加劲板设计应当有新的设计公式来保证。

6. 美国强调焊缝冲击韧性的重要性，规定了节点翼缘焊缝的冲击韧性指标，严格焊接工艺的探伤要求。日本一贯重视焊接质量，至今还没有看到在这方面有什么新的规定。

7. 美国认为，钢材屈服点高出标准值较多是钢框架震害的重要原因之一，这可能在美国较突出。美国钢材屈服点超过标准值很多，过去就有报导，如低碳钢 A36 的屈服强度可高达 330MPa (48ksi)，抗拉强度可高达 480MPa (70ksi)，它使连接实际要求的承载力大大提高，当按设计不能满足时，就要出现破坏。根据美国型钢生产商研究会所作调查和建议，AISC 于 1997 年规定中将钢框架连接计算中的强度增大系数，由过去的 1.2 提高到 1.5（对 A36）和 1.3（对 A572），其他钢号仍保留 1.2。同时对强柱弱梁条件式中柱子的抗弯承载力也作了相应提高。

六、我国拟采取的对策

我国早期的高层建筑钢结构基本上都是国外设计的,我国的设计施工规程是在学习国外先进技术的基础上制订的。由于日本设计的我国高层钢结构建筑较多,我国的设计、制作和安装人员对日本的钢结构构造方法比较熟悉,设计规定特别是节点设计,大部分是参照日本规定适当考虑我国特点制订的,部分规定吸收了美国的经验。美国北岭地震和日本阪神地震后研究和报道的有关文献,对我们有很大启示,在我国抗震规范中对高层钢结构的节点设计,现拟提出如下建议:

1. 将梁截面局部削弱,可以确保塑性铰外移,这种构造具有优越的抗震性能。根据美国报导,梁翼缘削弱后可将受弯承载力降至 $0.8M_P$,但因日本过去在梁端混合连接中,采用弯矩由翼缘连接承受,剪力由腹板连接承受的设计方法时,螺栓一般配置一列。在 1994 年的文献 [5] 中指出,"现在该处的连接必需满足保有耐力连接的条件,考虑腹板高强度螺栓连接也要部分地承受弯矩,要求布置 2 列到 3 列,与以前的连接相比,抗弯承载力储备提高了,这是结构设计上的一个特点。"

这些都是北岭和阪神地震前的情况,震后基本上没有改变。只是北岭地震后,美国建议将梁腹板直接与柱子焊接或与连接板焊接,以便减小梁翼缘焊缝处的焊缝应力,日本则尚无此规定。

钢材用量要增多,结合我国情况作为主要形式推广可能将难以接受,为此,可将此方案列入条文说明,必要时可参考采用。

2. 参考日本新规定,将混合连接上端扇形切角的上部圆弧半径改为 10~15mm,与半径 35mm 的切角相接;同时,规定圆弧起点与衬板外侧焊缝间保持 10~15mm 的间隔,以减小焊接热影响区的相互影响。至于日本采用的不开切角以及直通式不设切角的构造,因为我们没有经验,不敢贸然采用,尚有待今后对其性能进行验证后再作考虑。

3. 在消除衬板的缺口效应方面,考虑割除衬板弄得不好会伤及母材,且费用较高,故采用角焊缝封闭衬板边缘的方法。上翼缘衬板影响较小,就暂不作处理。下翼缘衬板边缘建议用 6mm 角焊缝沿下翼缘全宽封闭。因仰焊施工不便,角焊缝最多只能做到 6mm;为了更好地消除缺口效应,应要求焊缝沿翼缘全宽满焊。

4. 在翼缘焊接腹板栓接的混合连接中,按照弯矩仅由翼缘连接承受和剪力仅由腹板连接承受的原则设计时,在某些情况下是不安全的,因为当腹板的截面模量较大时,腹板要承受一部分弯矩。抗震规范修订草案除规定腹板螺栓连接应能承受梁端屈服时的剪力外,还规定当梁翼缘塑性截面模量小于梁塑性截面模量 70% 时,腹板螺栓不得少于 2 列,每列的螺栓数不得少于采用一列时的数量。

5. 我国在梁翼缘对应位置设置的柱加劲板,从一开始就注意到了日本的经验,规定了与梁翼缘等厚,结合北岭地震情况来看,这样规定是合适的。

6. 翼缘焊缝的冲击韧性要满足 $-30°C$ 时 27J 的要求,这种试验我国过去没有做过,对于我国钢结构制作单位是否可以做到,需待调查后再确定是否列入。

这里要附带说明的是,美国 SAC 的有关规定仅适用于美国 3、4 类地震区,大体相当于我国高于 7 度以上 8、9 度地震区,我国 6 度地区可以适当放宽。

参 考 文 献

[1] M. D. Engelhardt and t. A. Sabot, Seismic-resistant steel moment connections: development since the 1994 Northridge earthquake, Construction Research Communications Limited, 1997 ISSN, 1365-0556
[2] 田中淳夫. 梁端混合连接. 建筑技术（日），1994
[3] W. E. Gates, M. Morden, Professional Structural Engineering Experience Related to Welded Steel Moment Frame Following the Northridge Earthquake. The Structural Design of Tall Building, vol. 5, 29-44 (1996)
[4] A. Whittaker, A. Gilani, V. Bertero, Evaluation of Pre-Northridge steel moment-resisting frame joints, The Structural design of tall Buildings, 7, 1998, 263~283
[5] 吴志超，框架梁刚性连接焊接节点，钢结构，1997, 3
[6] E. P. Popov, T. S. Yang, S. P. Chang, Design of steel MRF connections before and after 1994 Northridge earthquake.
[7] Interim guidelines: Evaluation, Repair, Modification and Design of Steel Moment Frames, Report No. SAC-95-02, SAC Joint Venture-
[8] B. S. Taranath, Steel, concrete, compostite Design of tall Buildings, second edition, McGraw-Hill, 965~975
[9] 蔡益燕. 美国钢框架节点抗震设计研究动向，高层建筑抗震技术交流会议文集，1997 P187~196，广东·珠海，中国抗震防灾研究会·高层建筑抗震专业委员会
[10] AISC Seismic Provisions for Structural steel buildings, April 15, 1997
[11] 日本建筑学会，铁骨构造技术指针（JASS 6），1996
[12] 日本建筑学会，铁骨工事技术指针——工场制作编，5.16 新技术·新工法介绍，1996

（中国建筑标准设计研究院　蔡益燕　《钢结构》编辑部张锡云）

8.3 美国钢框架设计的改进

8.3.1 北岭地震前后钢框架连接的试验

一、前　言

1994年1月17日发生在美国洛杉矶北岭的地震，引起了钢框架梁-柱连接节点的空前破坏。遍及洛杉矶区域的有关连接结构脆性破坏情况，已有许多报道（Youssef等人，1995；FEMA，1995）。图8-3-1为典型的梁与柱抗弯焊接连接，梁的上下翼缘与柱子直接用全熔透坡口焊缝焊接，梁腹板与剪力连接板用高强度螺栓连接或焊接，剪力连接板是焊连在柱子上的。最严重的连接破坏形式如图8-3-2所示，这种破坏形式是灾难性的，因为其破坏的速度很高，事前并无延性表现，这和延性框架（MRF）的前提要求是相背的。

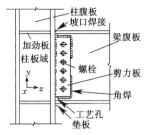

图 8-3-1　典型焊接梁-柱连接　　　　图 8-3-2　焊接梁-柱连接节点破坏的模式

二、钢结构的性能

虽然钢材一般被认为是延性材料，但通常只有当截面较小时的钢棒单轴受力时才如此。小直径而且截面匀质的钢棒，当侧向无约束，允许按泊松比收缩时，才会使试件产生颈缩，并在破坏时发展成层状 Lueders lines（吕德线——金属受拉后的表面线纹，译者注）剪切滑动。若圆柱形钢棒上有槽口或切口，拉伸应力—应变曲线将完全不同。受拉时，带槽口部分应力最大，由于槽口以外较大截面的约束作用，在槽口处不会出现横向收缩或发展成剪切流动。带槽口钢棒的破坏是由三轴应力引起的，它导致脆性破坏，但无外观屈服表现。由图 8-3-1 可以看到，焊接梁翼缘在 x 和 y 方向都不能变形，因为它是焊在带有连接板的较大柱翼缘上的。焊接的梁与柱连接节点除了形状不同外，基本上它也象是开槽口的钢棒。

有关钢材力学性能的另一个重要因素是，今天的 A36 钢的屈服强度不再是 250MPa（36ksi）了，A36 钢现在的平均屈服强度约为 330MPa（48ksi），其极限强度约为 480MPa（70ksi），由于没有确定最高强度，只有最低强度要求，造成了实用时的强度混乱，这种状况的流行，使得设计人员不了解而误解了 ASTM 的规定，而不能合理地进行设计。同时，又因为轧制钢材的非弹性和塑性性能在三个互交方向是不相同的，轧制方向延性最好，垂直于轧制方向的延性和强度都较低，节点在柱翼缘处拉开破坏与材料的这种侧向性能较低有关。

三、SAC 的 3 个震前试件试验

为了帮助弄清楚焊接钢框架抗弯节点的强度和延性，按 1994 年北岭地震前当时采用的标准，加工了 3 个试件，由柏克莱加州大学在 SAC 联合机构指导下作了试验，试件的尺寸和构造见图 8-3-3。由传动装置在梁端施加往复荷载，制造时由于试件 PN1 和 PN2 的梁，被错误地采用了 50 级的 A572 钢，仅 PN3 试件的钢材是正确的，3 个试件的材料性能见表 8-3-1 示出的出厂证。应当指出，它们屈服强度都比 ASTM 规定的最低强度高很多，其试验结果见表 8-3-2。

SAC 节点 PN 试件的材料特性　　　　　　　　　　　　　　表 8-3-1

试件号	材料尺寸规格	屈服点 f_y	极限强度 f_u
PN1、PN2 及 PN3 柱	W14×257　A572-Gr50	370 MPa (53.5ksi)	500MPa (72.5ksi)
PN1 及 PN2 梁	W35×150　A572-Gr50	430MPa (62.6ksi)	515MPa (74.7ksi)
PN3 梁	W36×150　A36	390MPa (56.8ksi)	470MPa (68.7ksi)

SAC 节点 PN 试件试验结果　　　　　表 8-3-2

试件号	荷载 kN	(kips)	总位移 (cm)	梁位移 (cm)	屈服后周期	日期 温度
PN1-P_y	685	(154)	3.33	2.92	4.25	1995.2.9
-P_{max}	1000	(225)	7.39	6.68		15.5℃
PN2-P_y	680	(153)	3.40	2.82	1.25	1995.2.16
-P_{max}	894	(201)	4.93	4.34		10.0℃
PN3-P_y	614	(138)	2.85	2.59	4.25	1995.2.28
-P_{max}	885	(199)	7.67	7.32		15.5℃

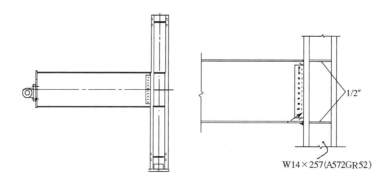

图 8-3-3　SAC PN 试件的细部构造

由于 3 个 SAC 试件的截面宽厚比都较小，又是用高强度材料，破坏模式都是很快破裂。PN1 和 PN2 试件的裂缝源起于梁的下翼缘与柱子连接处的中部，裂缝迅速通过柱翼缘扩展，并在柱腹板处分叉成 2 条，除 PN2 试件的屈后滞回圈较小（图 8-3-4），PN1 和 PN2 试件的破坏形式是类似的。PN3 的情况有些不同，裂缝是从下翼缘与柱子连接处的中点引发后，使梁的整个下翼缘裂开。3 个试件的性能都不好。而且都是突然断裂。

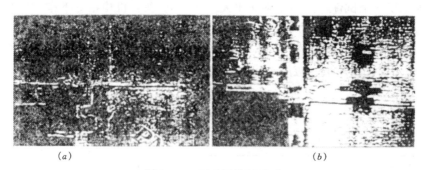

图 8-3-4　SAC 试件试验后
(a) PN1 照片；(b) PN2 照片

四、非线性有限元分析

对 SAC 试件应力分布采用 8 节点块件单元进行 ABAQUS 有限元分析模拟（HKS，1994），材料性能用与塑性流结合的冯·米塞斯屈服准则进行模拟。为了模拟试验荷载条件，同样利用有限元计算梁端位移，SAC 的 PN1 试验与分析滞回圈示于图 8-3-5；PN2 试件的分析结果与 PN1 试件设计一样相似，但 PN3 试件的滞回圈要稍微宽些，因为梁试件采用了 A36 钢。

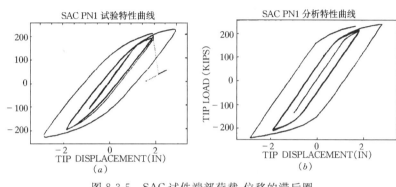

图 8-3-5 SAC 试件端部荷载-位移的滞后圈
(a) 试验；(b) 分析

节点应力分布的透视图见图 8-3-6，最高应力点是在梁的翼缘焊缝处和节点板域，节点板域的屈服是从中心开始，然后向四周扩散。试验中，节点板域的白色涂浆层相继脱落。

节点设计按 1994 年 UBC 的规定公式（ICBO 1994）：

$$V = 0.55 f_y d_c t \left[1 + 3 b_c t_{cf} / d_b d_c t\right] \quad (8\text{-}3\text{-}1)$$

式中 V——节点板域的受剪承载力；
  f_y——钢材屈服强度；
  b_c——柱翼缘宽度；
  d_b——梁截面的高度；
  d_c——柱截面的高度；
  t——节点板域(包括双面板)的厚度；
  t_{ef}——柱翼缘的厚度。

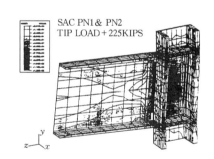

图 8-3-6 SAC 试件 PN1/PN2 端部荷载 1.55MN（225kip）作用下冯·米塞斯应力等强线

早先是利用冯·米塞斯屈服准则作为设计公式的：

$$V = 0.55 f_y d_c t \quad (8\text{-}3\text{-}2)$$

V 的计算值及试验值见表 8-3-3，分析和试验结果表明，现行的设计公式没有裕量，应予以修正。

节点板剪力强度比较   表 8-3-3

方法	方程 (1)	方程 (1)	PN1 试验	PN2 试验	PN3 试验
剪力 MN (kips)	3.2 (707)	2.51 (565)	2.82 (634)	2.52 (567)	2.5 (561)
节点板破裂			是	是	否

五、垫　板

若在焊接后不将垫板去掉，在垫板与柱翼缘之间将形成一条不熔化的垂直界面，其作用相当于一条微细裂缝（图 8-3-7）。裂缝附近的应力场分析理论现已被公认（Irwin，1956），对于 y 向的一行竖缝，（SIF）应力集度系数 k 是该点在柱坐标系中，相对于裂缝端点的 r 和 θ 的函数。当裂缝端点的系数 k 达到临界值 k_c 时，就会出现不稳定破裂。为了防止破裂的发生，k 值必须小于 SIF 的临界值 k_c 或裂纹韧性。不熔化垫板与柱翼缘之间的人工缝可用"边缘裂缝"来表征其性能，梁翼缘受弯拉力会使裂缝扩大。

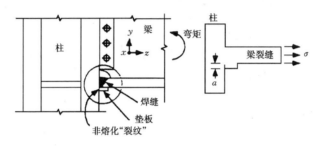

图 8-3-7　垫块不熔化表面形成一条人工边缘缝

为了计算连接处的应力集度系数 SIF，在有限元模拟计算中，事先考虑了焊接垫板连同人工缝一起（Yang & Popov，1995），按照 Rice 的公式，计算了沿上、下焊接垫板端点裂缝的 J 等值线（Rice，1968），采用了 38mm（1.5in）厚的 50 级 A572 钢板试件的 k_c 值，近似地表示模型中（Nvoak，1976）应用的 50 级 A572 钢材的 k_c 值，由试件 PN1 和 PN2 上、下焊接垫板的 J 值计算值，得出了近似的应力集度系数等效值 k_1 值。最大 k_1 值出现在梁翼缘焊接垫板连接处的中部，若连接破裂，它将从应力集度系数 SIF 最大的地方开始，试验证实了这种预测。最大 SIF 的 k_1 与端部外加荷载的曲线比较见图 8-3-8，从图 8-3-8 中可以看出在往复荷载下 k_1 的增大，最有趣的发现是，下部垫板要比上部垫板的 k_1 值大好几倍，这就清楚地说明，为什么北岭地震中大多数节点的破坏都起源于下部垫板处。

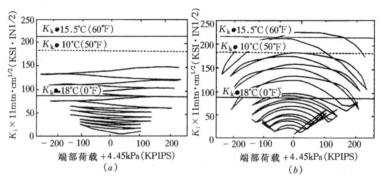

图 8-3-8　PN1、PN2 试件在上部（a）和下部
（b）垫板处的最大应力集度系数值 SIC 的比较

PN1 和 PN2 试件在理论上是相同的，但 PN1 试件承受的往复荷载次数比 PN2 多，其中之一的解释是，试验是在不同温度下进行的，PN2 是在较冷的日子里进行的，它说明为什么 PN2 出现破裂要早些。出现早期裂缝后，若节点板域较弱而且已屈服，就很有可能

向柱子扩展，否则，整个梁翼缘和部分剪力板将破裂。

减轻焊接垫板不利效应的方法有两个：一是直接用碳弧把它割除，然后加上一道角焊缝，焊接垫板一经去除，人工缝将不复存在，但此法较贵，还可能损伤主焊缝；另一方法是在焊缝处加焊一条连续角焊缝，来降低应力集度系数 SIF，因发生在远离边缘的中心裂纹的应力集度系数 SIF 会较小。

六、犬骨式连接

为了改善抗弯框架中梁-柱连接节点的性能，可以对准两条不同的途径开展工作，一条较方便的途径是提高节点的承载力，可以采用盖板、节点域补强板和加劲肋等来实现；另一条途径是减小靠近节点处梁的抗弯能力，后一种途径已由应用犬骨式连接设计实施成功（Plumier，1991；Chen and Yeh，1994）。在柏克莱大学的研究中，采用了光滑的圆形切割，较好地改善了这种犬骨式连接。

对这两种犬骨式连接设计进行了试验（图 8-3-9），试件 DB1 设计成梁与箱型柱子连接，在梁的上下翼缘两侧，作了半径很大的圆形切割，其余部分采用通常构造。试件 DB2 是改进型设计的，因为梁上翼缘处有楼板，所以仅对下翼缘作了圆形切割，为了补偿中和轴位移，只好在下翼缘加了一块水平板，在剪力板两侧各焊了一块竖向钢板，用以提高腹板的抗弯能力和减小梁翼缘的应力。

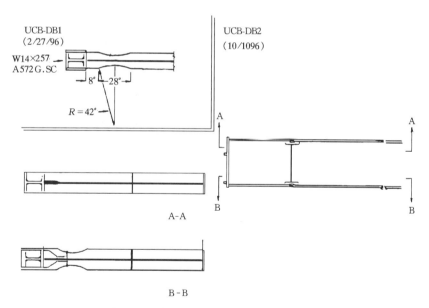

图 8-3-9 在柏克莱试验的两种犬骨式连接

这两个试件的试验都很成功，图 8-3-10 给出了试验结果。

两个节点都经受了多次往复的大变形，没有发现任何脆性破裂，两个试件都因梁端位移达到了液压千斤顶极限行程而终止。两个试件的塑性转动都很容易超过了 3%，作为 MRF 杆件要求在繁重使用期间超出塑性转动能力 3%，被认为是罕见的。试验已经表明，用减小构件承载能力的较小代价，可使这种连接取得极好的性能。

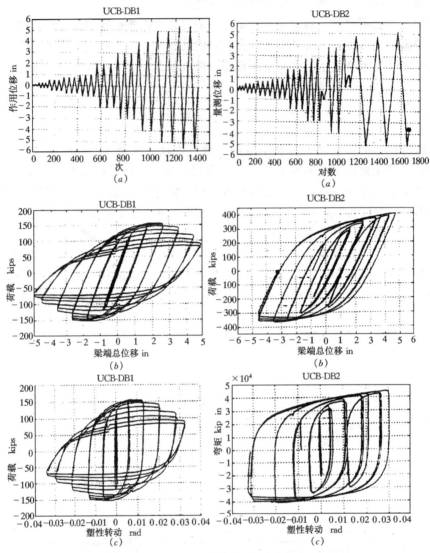

图 8-3-10 犬骨式连接试验结果
(a) 用在梁端变位；(b) 滞回圈；(c) 弯矩-塑性转动

七、结 论

狭窄型梁翼缘直接焊接到柱子上的连接，是不能实现梁的塑性弯矩的，三轴受力使在连接处的钢材破坏没有表现出延性屈服性能。这是由于应力状态而不是由于材性。延性的要求应以某些材料的屈服和连接附近梁的局部屈曲为基础。钢材的性能，如屈服强度和极限强度，应规定有一个较窄的应力范围，而不应当仅仅规定最小强度，否则设计人员是设计不出有允许响应范围的结构来的。焊接垫板与柱子之间的不熔化表面可表征为边缘裂缝，在反复荷载作用下，下垫板裂缝的应力集度系数 SIF 高于上垫板的，结果在地震时使下垫板焊缝引发早期裂缝的可能性较大。

对于连接破坏可行的修复，是利用节点附近削弱梁的截面来实现，如犬骨式的 2 个试验试件，表明了这种方法的优良特性。

（［美］加州大学 E. P. Popov, T. S. Vang, S. P. Chang　蔡益燕　张锡云等译）

8.3.2　SAC 暂行指针：钢框架设计评述与修改

一、概　　述

在特定刚性框架（SMRFs）抗震设计建筑法规的规定中，设想这种 SMRF 结构是极其延性的，在梁-柱连接或接近梁-柱连接处，能产生较大的塑性转动。但据有限元的分析和对北岭地震的震害观察发现，通常在梁-柱节点处形成弹性集中变形所设计的连接构件，是不能可靠地满足较大塑性转动要求的。随着节点尺寸的增大，其可靠性还会降低。影响其可靠性的因素，看来包括加工质量，节点构造，母材和焊缝金属的韧性，连接件的相对强度和这些构件的综合应力。可惜，这些因素与连接可靠性之间的定量关系，至今还未能很好研究。

为使框架能有可靠的延性性能，暂行指针建议将组成特定刚性框架（SMRF）连接的塑性铰，在确保有足够承载力条件下由柱面移向梁跨内。为发展这些塑性铰，框架各构件及其节点设计，均应有足够承载力，但由此构成的连接组合件将会稍微复杂一些，而且其约束性能因素并非是明显的。因此，建议节点设计要通过原型试验来检验其质量，或参考类似构造的试验结果进行。

该措施也可应用到位于地震烈度较高地区的普通框架中，或要求有较高抗震性能的框架中去，除非是该节点表明能够承受抗震设计并能保持弹性的实际要求，否则设计是否符合提供的这些条件，应由暂行指针确定。对于单层轻型框架结构，由于是风荷载起控制作用，在以往历次地震中表现性能亦佳，因而无论它们位于那个地震区，均可继续采用通常的方法设计。

材料和制作工艺对于框架性能是至关重要的，而且对这些因素进行详细说明和控制是必要的。在本报告的有关部分（第八、九、十、十一节）中，就提供了材料的技术要求和制作工艺的说明。

二、指针适用范围

本章介绍的暂行设计指针，是针对非弹性性能抗震的新建焊接钢框架结构（WSMFs）的。该标准适用于建筑统一标准（UBC）规定的第 3、4 类地震区［国家地震减灾大纲（NEHRP）第 6、7 测绘区］的所有焊接钢框架（SMRF），包括普通钢框架（OMRF）。但受风控制的单层轻型建筑设计，暂行指针未予考虑；螺栓连接的框架，无论是完全约束的（FR 型）还是部分约束的（PR 型），也不属于此指针范围。然而，其中节点验收标准可以用于完全约束的螺栓连接。

［说明］北岭地震中对焊接钢框架震害（WSMFs）的观测，和随后进行的大尺寸梁-柱构件的室内试验表明，以往一般采用的焊接钢框架节点标准构造，在后弹性阶段是提供不了可靠服务的。因此，指望结构能承受地震引起的较大后弹性要求的设计，或希望有较

高抗震性能的结构，只能按本暂行指针进行。

为了确定结构在设想地震中是否能表现出较大的非弹性性能，框架构件需要按恒载、活载，以及全部地震荷载的组合去进行强度校核。除了有特殊用途要求的结构外，凡位于已知地震断层附近（10km 以内）的区域，全部地震荷载可取建筑法规规定的最小设计地震荷载，但此时取侧向荷载折减系数（R_w 或 R）等于 1 计算。若结构的所有构件及其连接都有足够的承载力，且能承受或接近承受此荷载时，则可以认为该结构能弹性地承受设计地震荷载。

在地震力不折减（即取 R_w 或 R 为 1）情况下，使框架设计保持弹性，并非是一个过分强制的要求，特别是在中等以上的地震区。考虑到目前大多数框架设计受位移控制，因而，实际上的承载力具有比建筑法规规定的最小承载力还要高。作为 SAC 第一阶段的研究结果，对于许多采用较大侧力折减系数（$R_w=12$，即 $R=8$）设计的现代框架建筑，按建筑标准反应谱用未折减的地震力进行估算，其结果表明，尽管在原来的设计中采用了较大名义的侧力折减系数，动力分析得出的最大要求，仅仅是实际结构发生屈服时的 2～3 倍（Krawinkler, et. al, 1995；Uang, et. al, 1995；Engelhardt, et. al, 1995；hart, et. al, 1995；Kariotis & Eimani, 1995）。因此，普通刚性框架（其设计名义侧力折减系数 $R_w=6$，$R=4.5$）能以接近弹性状态承受设计地震力，并非没有根据。撇开这些考虑，按较大的而不是按较小的延性进行结构设计，就有可能得到较好的预期抗震性能，因此，并不鼓励工程师们用脆性的或不可靠的节点构造，去按弹性状态的要求进行结构设计。

对于有特殊性能目标要求的结构设计，以及位于主要活动断层区附近的建筑，按上述方法计算全部地震荷载可能是不适当的。对于这种结构，应该用场地特征地面运动特性和恰当的计算方法去确定全部地震荷载。1995 年 Heaton 等人的研究提出，用典型弹性反应谱技术求结构设计地震力，可能不能充分提供在大地震场地附近通常出现的大脉冲地面运动所产生的实际抗震要求。此外，该研究还表明，受到这种脉冲地面运动的框架结构，有可能能够经受住很大潜在的侧向位移和破坏。采用恰当的地震波进行直接的非线性时程分析，将是确定位于近震区域结构要求的一种较精确的方法。不过，关于此类效应还需另作研究。

作为暂行指针中包含的另一种可利用的标准是，在高烈度地震区（UBC 规定的 3、4 区和 NEHRP 规定的 6、7 区）的普通刚性框架结构，梁和柱子采用规范规定的标准侧力折减系数设计时，连接可按弹性（即取 R_w 或 R 为 1）进行设计。虽然这是一种可行的方法，但设计出的节点可能会比按暂行指针设计的大出很多。

采用局部约束连接是有吸引力的，可能会比全部约束连接的框架设计更为经济，然而，关于局部约束连接的框架设计，已超出了本文范围。不过，AISC 最近正在开发此局部约束连接框架的实用设计指针。

三、焊接钢框架设计标准

1. 标准

焊接钢框架（WSMF）最低限度应按建筑法规和本暂行指针设计。特定抗弯框架（SMRF）、普通抗弯框架（OMRF）当采用完全约束的（FR）螺栓连接时，还应按 1994 年 UBC（NEHRP—1994）应急标准进行补充设计。这些变更重申如下：

2211.7.1.1 要求的承载力（NEHRP—1994 5.2节并参照5.2c和5.3修改）梁与柱子的连接应提供足够的：

1. 主梁抗弯承载力；
2. 发挥节点板域抗剪强度相应的弯矩，可按公式（2211-1）确定。

2211.7.1.3.2 节点连接的承载力

采用焊接和高强度螺栓的连接节点，按反复荷载的试验结果计算表明，应能承受非弹性的转动，能发挥 2211.7.1.1 节中要求的承载力，包括考虑钢材的高强度和应变硬化效应。

[说明] 此时，除推荐的2211.7.2.2、7.2.3 和 7.2.4 节外，并不建议去改变对确定杆件尺寸和框架体系全部特性的最小抗侧力、偏移幅度或承载力的计算。2211.7.3 节讨论了节点连接设计。UBC 允许普通抗弯框架结构 OMRF 采用完全约束的（FR）螺栓连接，按不符合 2211.7.1 节设计要求的 3/8 倍地震力去设计。然而，指针对此并不作推荐。

2. 承载力

当确定框架构件的承载力时，本暂行指针要求按 UBC—94 中的 2211.4.2 节（NEHRP-91 10.2 节，除系数 ϕ 取 1 外）计算，并重申如下：

2211.4.1 构件承载力 本节要求构件应当发挥的承载力如下：

弯矩 $\qquad M_S = Z f_Y$

剪力 $\qquad V_S = 0.55 f_Y d t$

轴压力 $\qquad P_{SC} = 1.7 f_A A$

轴拉力 $\qquad P_{st} = f_Y A$

节点连接

全熔透焊 $\qquad f_y$

局部熔透焊 $\qquad$ 1.7 允许值（见说明）

螺栓、角焊缝 $\qquad$ 1.7 允许值

[说明] 在产生拉应力的标准抗震连接中，不推荐局部熔透焊。在高应变条件下，局部熔透焊会产生如同切口型几何性状，将萌生脆性裂缝。

3. 构造形式

为使通过梁跨内预定位置产生塑性铰、应适当调查框架比例，以便框架能提供所要求的塑性变形，见图 8-3-11 所示。梁-柱节点设计应具有足够的承载力（通过采用盖板、托臂、侧板等等），并迫使塑性铰离开柱面。这种情况也可通过在需要形成塑性铰的位置，采用局部削弱梁截面的方法来达到。

[说明] 框架结构的非线性变形可通过调节结构一些部位产生非弹性弯曲或剪应变来达到。在该部位出现较大非弹性应变时，这些部位将会产生塑性铰，它可以在荷载不变（或接近不变）的情况下，通过受拉纤维的屈服和受压纤维屈曲产生较大的集中变形转动。若框架中发展了足够数量的塑性铰，就会形成机构，此时框架在塑性状态下会产生侧向变形，

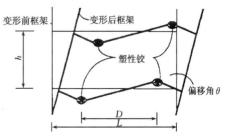

图 8-3-11 要求的塑性变形性状

特别是当许多构件出现塑性铰，就会伴随出现很大能量耗散，及高应变构件出现实质性的局部破坏。但不希望在与梁对接的柱上形成塑性铰，因为在此情况下，只有少数构件参加，会形成所谓层状机构，从而使能量耗散很低。此外，这种机构也会导致承受重力荷载的关键构件局部破坏。

在北岭地震之前 UBC 和 NEHRP 所提出的节点规定中，是按柱面产生塑性铰或节点板域产生塑性铰来实施的。若塑性铰在柱子节点板域产生，则会引起柱子变形，并导致在梁翼缘与柱翼缘连接处产生很大的次应力，从而为脆性破坏创造了条件。若塑性铰出现在柱面附近的梁上，柱子翼缘内可能会引起厚度方向很大的应变要求，及对焊缝金属及其周围热影响区提出很大的非弹性应变要求，这些情况也可能导致节点脆性破坏。为了使节点取得较可靠的性能，建议在构造上迫使梁与柱子连接处非弹性作用的塑性铰离开柱面。为此，可以将节点处局部加强，或者在离开一定距离的梁-柱连接处局部地减小梁的截面。钢梁中的塑性铰长度是有限的，典型长度约为梁高的一半，因此塑性铰的位置至少应从柱面离开约等于梁高一半的距离。当通过加强节点的办法实现时，在梁尺寸已定的情况下，也应提高柱子的抗弯要求。但应十分注意，不要因为对节点局部加强而出现了弱柱。

应当指出，有些专业人员和研究人员认为，在构造上使塑性铰在柱面附近出现，在某些条件下仍有可能提供可靠工作。这些条件包括：限制被连接构件的截面尺寸，母材和焊缝金属应有足够的冲击韧性，节点构造要减少缺口效应，以及相应地控制有关梁柱钢材的强度等。但还没有足够的研究来肯定这些建议，或者规定这些建议的有效条件。然而，研究已经表明，如果塑性铰自柱面移开，按上述建议，就有可能取得可靠的性能。因此，暂行方针一般建议：这种方法是可行的。至于其它方法是否可以采用，则还有待于进行更多的研究。

还应该指出，虽然上述类型加强节点（或减小梁截面）构造，有可能防止节点脆性破坏，但是还不能防止结构发生破坏。节点是不希望脆性破坏的，因为它会大大减小结构侧向承载力，在极端情况下还会引起结构失稳和倒塌。如暂行方针所述的节点构造，出现破裂的可能性就要比未作改进前的节点小得多；不过在梁跨内形成塑性铰，也并不是件那么美妙的事情。因为在梁上形成这样的铰之后，很可能表现出大屈曲和大屈服变形，对这种类型的破坏是必需进行修理的，其费用与北岭地震中修补裂缝的费用不相上下。只不过主要区别在于它大大提高了对人身安全的保障。因为大多数结构在出现这种塑性变形后，还可安全地继续住人，与此同时也可进行修复。

如果对某已知建筑来说破坏形式已不能容忍，那么就应考虑改用强震时能减小对结构塑性变形要求的另一类结构形式。实现此目的的相应方法有：设置附加支撑框架、耗能体系、底部隔震，以及类似的结构体系。局部约束节点的混合框架体系，在抵抗大地震引发变形中包括限制破坏在内亦能相当有效。

4. 塑性转动能力

节点组合件的塑性转动能力，应当大致反映出地震动导致框架发生总位移的（弹性的和塑性的）实际估算，以及框架结构的几何特征。对于典型构造的框架和建筑法规中预期的地震水平，建议最小的塑性转动能力为 0.03rad。

当框架结构 L/L' 的比值大于 1.25 时，对塑性转动的要求可按下式采用：

$$\theta = 0.25(1+(L-L')/L') \tag{8-3-3}$$

式中 L——柱跨间轴线距离；

L'——所考虑的柱间塑性铰间的距离。

当采取极积措施，例如，进行隔震和采用消能装置等来控制结构的反应时，这一转动要求可以减小。当采取这些措施时，还应进行非线性动力分析，节点的要求比分析计算的转动大 0.005rad 即可。非线性分析应符合 UBC—94 中 1655 节（NEHRP—94 2.6.4.2 节）规定的隔震结构非线性动力分析标准即可。这些非线性分析中采用的地运动时程，应满足 UBC—94 中 1655.4.2（NEHRP—94 2.6.4.4 节）规定的比例要求，未隔震的建筑除外。结构的自振周期 T 按 UBC—94 中 1628 节（NEHRP—94 2.3.3.1 节）规定代替计算。

[说明] 作为传统钢框架的做法是，工程师通过选择构件尺寸，利用规范使承载力（等效静力或折减的动力）和位移满足设计要求，然后"开发构件承载力"。自 1988 年至今，根据对钢框架节点试验的规定装置的观察，现已完成的"开发的承载力"，是假定设定的节点足够强，梁（主梁）受弯屈服，或节点板域受剪屈服，在接近完全塑性状态下，地震能耗产生所需的塑性转动。

根据对多数结构和多数地震时的层间位移的实际估算，按规范侧移允许值设计的焊接框架，其层间位移为层高的 0.015~0.025。在这种框架中，一部分位移出自框架的弹性变形，它应为梁塑性铰产生的非弹性转动或板域屈服或两者兼有所平衡。

在 1994 年北岭地震中，很多框架节点存在裂缝，它并不能证明梁产生了塑性铰或节点域屈服。从北岭地震前后钢框架节点的试验表明，此次地震前的翼缘焊接-腹板栓接的节点，在全部梁高范围是不能可靠地提供超过 0.005rad 的转动，而且往往低于此值。由于弹性位移可达层高的 0.01rad，因此在很多情况下，必要的非弹性位移将超过标准节点的变形能力。按规范荷载和规范规定进行位移设计的许多框架，预计必要的塑性转动要求约为 0.02rad 以上，此时新的节点构造可以满足此转动要求而不会脆性破坏。

提出的节点转动要求 0.03rad，在多数情况下实际是一个宽松界限的预计要求，在最近室内试验中，节点试件通过形成塑性铰表现出来的延性，是能够达到这一要求的。

当已知建筑设计和震害时，较准确地估算出框架节点的塑性转动要求是可能的，这要求采用非线性分析方法。目前，能进行这种计算的软件越来越多，很多设计单位都能进行这种分析，因而能对特定的结构设计较精确的估算出非弹性（转角）要求。但在作这种分析计算时，应注意建筑物对与地质特征相似的实际场地运动具有代表性的多个地震时程反应的评价。地震波相差一点，计算结果可能相差很多。因为对每一种地运动的估算中都有很多不确定的因素，因此建议不要应用这种分析来验证带有非延性节点的结构设计。除非是采用了能使结构提供可靠性能的隔震或耗能装置等措施。

前面已经指出，不仅总的塑性转动要求对节点和框架的性能很重要，而且节点的倒塌机构（例如，是节点域屈服还是梁翼缘屈服或屈曲等）和滞回性能也很重要。这些都是进一步继续研究节点性能所要考虑的问题。

5. 超静定

在框架设计中应使尽可能多的节点合理地作成刚接。

[说明] 早期的框架设计是具有高次超静定的，几乎每个柱子都设计成了抗侧力体系。为了设计得比较经济，近年来的做法常常是使一幢建筑物中仅以少数梁柱节点作成具有抗

侧向力，其他柱子不参加承受水平力，这一做法导致节点焊缝需要较大厚度，而且仅仅依靠少数节点用来支持建筑物的侧向稳定。由此引起了北岭地震前的大量框架构件和节点严重恶化，由于只有少数框架构件能够抗水平侧向力，少数节点的破坏，于是导致了框架的抗震能力大受损失。

超静定的重要性对建筑性能是不能过分强调的，即使按照本暂行方针设计和施工的节点，有时也会潜在有某些脆性破坏的可能。当一定数量的梁、柱构件合为一体增大了抗侧力时，结果单个节点破坏就会大大减少，同时由于更多的框架构件参加了地震响应，建筑有可能更多地吸能和耗能，也就提高了控制地震产生变形所容许的接受能力。

使较多的建筑框架一起参加抗侧力结构，将使构件的截面减小，并因此提高了各节点的可靠度。它肯定可以提高结构整体的可靠度。而且，近来由设计人员进行的某些研究表明，在某些情况下，超静定框架比静定结构要经济些。在这些研究中，较多赘余度的框架，虽然使现场焊接抗弯节点增加，并增加了一些费用，但在抗侧力体系中的总用钢量减小了，有时还减小了基础费用。

1994 年 UBC 要求限制框架体系中强梁弱柱节点的数目。但在结构工程师中，关于把所有的梁-柱节点都作成刚接，包括将一些梁连接到柱子的弱轴上是有分歧的。结构工程师用这种方法来满足暂行方针时应加倍加小心，因为过去的有限试验已经表明，与宽翼缘的柱弱轴连接同样会产生与强轴一样的破坏，而目前又还没有足够条件去提出研究与柱子弱轴的可靠连接方法。

6. 结构体系的性能

焊接钢框架节点的修改，应考虑所有节点构造的响应和框架性能的效应。

[说明] 迄今为改进梁-柱节点连接性能所提出的方法，包括通过加强节点（即加托臂、盖板等）或相对减小局部梁的强度，将塑性铰从柱面移开。这些修改将影响结构的整体刚度，因此也将影响到地震响应。事实上采用较小的梁截面和连接加托臂，其结果将表明框架的整体刚度与采用较大的梁未加强节点时一样。此外，梁加托臂或加强后，将增大柱面的弯矩和剪力，它反映在强柱弱梁计算、节点板域和腹板连接计算、以及对柱轴力要求的计算中。如果仅仅对梁顶（或梁底）加不对称托臂，也将相应改变该梁上、下部位柱子的刚度，导致在柱子上（或下）意外地形成塑性铰。此外，若塑性铰从柱面移到梁跨，还要考虑离开柱子的塑性铰处梁的侧向稳定。

7. 特殊体系

当焊接钢框架（WSMFs）被用作筒式建筑构件时，梁将剪切屈服而不是受弯屈服；或是采用双重体系时，应预先恰当考虑塑性铰转动与纯框架设计相比的不同要求，这些规定的运用见第十节论述。

[说明] 刚框架用于低层建筑或较高建筑的下部双重体系结构时，可能会明显地比纯框架建筑的转动要求低。对于此类框架或其中的部分框架，工程师们可能会认为节点设计或质量要求用不着那么保守是合理的。对于任何应用标准变换均应作具体恰当的计算。

梁剪切屈服的框筒结构，建议应作试验或鉴定。其设计和要求与本暂行方针会有所不同，因此对选用的标准仍应作相应的具体计算。

四、节点设计与鉴定方法——概述

1. 对连接性能的设想

对节点设计的设想,是迫使塑性铰从柱面移至事先确定的梁跨内,采用对节点局部加强(加盖板、托臂、侧板等)或将梁截面局部减弱(钻孔、切割翼缘等)的方法来实现。节点的全部构件均应有足够的承载力,及在预定部位能承受塑性铰出现所引起的内力与重力荷载所引起的内力。

2. 试验鉴定

除本文第 4.3 段所明示外,如第五所述的节点承载力和塑性转动能力,应通过反复试验验证。暂行指针推荐采用第五提供的试件试验预定方案。利用第六的计算方法对试验结果作出论断与归纳,可用于与试验节点相同的几何和材料规格构件相类似的节点。

[说明] 节点的反复试验应与用于实际设计中的那些主要特征相适应,这是保证能够获得节点预期性能的最可靠方法,本文第五阐述了试验方针的细节。

第六则给出了用计算推断的方法。

3. 设计计算

仅仅靠计算的节点设计,下述条件可予接受:

(1) 与原先的试验件或原型试验节点相匹配的设计计算;

(2) 详细计算的条件,包含构件特性曲线、材料性能、焊接材料、加工程序和施工顺序,尽可能准确地反映了这些试验细节。

(3) 合格的第三者鉴定,按第六实施。

[说明] 仅仅应用工程组成部分计算,或从已完成的试件试验归纳数据,而不能准确反映试件计算的情况时,则要求慎重判定。

影响接受上述方法的非客观要素有:

(1) 结构的重要性:在应用单一计算方法中,应高度注重运用更为重要的计算装置,特别是大地震后保持预定功能的装置。

(2) 侧向力计算的置信度:小心采用以扩大研究为基准的地震力,场地特有地震震害研究,以及导致采用低转动要求的设计计算,单单运用计算的节点设计的应用,置信度可能更有保证。与此相反,此类数据就用不上。大多数结构被设计成满足规范最小地震力,而采取强震要求(强度和刚度)的结构设计表明,在应用单一计算方法中,保证要比按标准设计有更大活动余地。

(3) 结构正常和潜在超承载力的超静定次数:在各向采用有限数量抗侧向力杆件或建筑几何形状不一的结构中,考虑应用单一计算方法时,应非常小心。采用高次超静定的结构可以说明,对关键节点性能的容许极限会更好。依赖弹性或接近弹性性能约束转动要求的框架设计,单一计算法亦可能会比那些取决于预期抵消地震要求大的塑性转动更为合适。然而,当承载力代替延性和过高强度时,它并不表明是抗震性能优越的结果,该指针并没有涉及无延性节点的框架结构。

(4) 有效误差范围:从最近地震地面运动的报告清楚表明,对位于靠近场地附近过度破坏的感受,要比通用范围设计规定的条款明确提供的地面运动更为激烈。当建筑物位于有效误差为 5km 范围内,关于节点的塑性转动可能超过暂行指针提出的要求,而且,要倍加小心保证设计方法的正确。

用稍微保守或超静定设计含带病材料为主的结构，着重建议节点由试验（既通过参考其他工程试验或节点的具体试验）来鉴定。迄今该建议可被考虑当作 SAC 或其他研究所提供的充分数据一样，允许作为解析设计指针一般应用的表述。

用适度超静定或高承载力和强调焊接要求与质量控制设计的非主要结构，则利用定量和先前完成的试验项目所相容的应力水平做上述计算，可以提供充分可靠的保证。

五、节点试验的鉴定方针

1. 试验草案——（略）
2. 验收标准——（略）

六、节点设计的计算方针（节译，下同）

1. 材料强度性能

[说明] 在北岭地震中看到的柱子 Z 向破坏，其原因尚未能很好弄清楚，有人认为是冶金方面的问题和钢材的纯度问题；荷载情况包括轴力以及荷载的作用速率；在焊接热影响区有局部硬化和脆化；三轴应力状态；以及由于板域屈服等，都可能引发翼缘应力和翼缘曲率变化。由于这类因素会影响柱子翼缘的 Z 向强度，应对设计采用的允许应力要求进行大量研究。

暂行建议 No.2（SEAOC—1995）包括 275MPa（40ksi）板厚方向的强度计算值，可用于梁翼缘投影面积上的连接，之所以选用此值，是根据奥斯汀德州大学进行的成功试验，但因上述多种因素的影响，此值只能看成是在特定情况下可能采用的值。

虽然德州大学在柱面较低应力条件下得出了认可的结果，成功的关键看来还是把塑性铰从柱面移开，它的作用超过降低板厚方向应力的作用。通过降低柱翼缘板厚方向的应力至很低水平，而采用较厚的盖板，不是好办法，因为这种盖板对柱子翼缘的作用力，将随板厚而增大。

尽管有上述情况，采用盖板和其它方法将塑性铰外移，还是继续在成功地进行。

2. 设计方法

选择一种连接构造，例如在第十节中提出的方法中的一种，将塑性铰由柱面移向跨间，当框架受重力荷载和侧向荷载时。下述方法可用来确定各种构件的尺寸。

(1) 确定塑性铰位置

梁在重力荷载作用下只反映了一小部分抗弯需要，可假设塑性铰出现在距加强节点边缘外的 1/3 梁高处（或从截面减小处算起），其他位置有专门试验表明较好者除外（图 8-3-12）。

[说明] 距加强截面的 1/3 梁高处定为塑性铰位置的建议，是根据重力荷载不很大时，对试件观察提出的。若重力荷载很大，可能使塑性铰位置挪动后，在极端情况下，甚至会改变形成倒塌

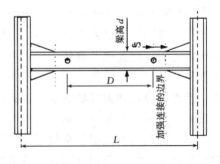

图 8-3-12 塑性铰位置

机构。若重力荷载引起的弯矩小于塑性受弯承载力的30%，此效应则可安全地忽略，塑性铰位置如图8-3-12所示。若重力荷载超过此值，则应进行梁的塑性分析，以确定适当的塑性铰位置。在高烈度区（UBC的3、4类）重力荷载对抗震结构的影响不大。

（2）确定塑性铰可能发生的弯矩

在塑性铰处

$$M_{pr} = \beta M_p = \beta W_{pd} f_y \tag{8-3-4}$$

式中 β——塑性弯矩名义值调整到按材料平均屈服应力和应变硬化估算的塑性铰弯矩时的系数。

仅靠计算进行设计时，建议采用考虑不确定因素的附加系数。无试验数据时，对50级和65级A572和A913钢可取1.4。有足够试验数据时可取1.2。

计算时可取 $f_{ye} = 0.95 f_{ym}$，因梁翼缘通常较厚，其屈服强度要低于腹板的值，此系数用来调整腹板的屈服应力，因为通常由腹板取样。

（3）确定塑性铰处的剪力

塑性铰处的剪力是考虑梁上重力荷载的作用，由静力方法确定，取塑性铰之间的一段梁为自由体进行计算，是一种在塑性铰处获得剪力的有效方法，在图8-3-13中提供了这样一个计算例示。为此计算中的重力荷载应按建筑规范进行荷载组合。

注：若 $2M_{pr}/L' \leqslant P/2 + WL/2$（自由体中重力荷载的剪力），则塑性铰位置将偏移，自由体长度 L' 就应作调整。

（4）确定临界截面承载力要求

每一单个连接构造形式，可能有不同的临界截面，通过梁翼缘与柱子之间的连接（如果有这样的连接出现）的竖直平面，至少会有一个这样的独特临界截面可限定，被用于柱与梁翼缘连接的设计，以及估算柱子节点板域的剪力值。另一个临界截面发生在柱子的中轴线处，该节点的弯矩计算，被用来校核强柱弱梁条件（见图8-3-14）。其他临界截面可用适当形式挑选。

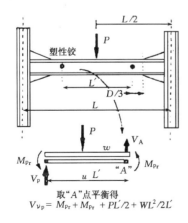

图8-3-13 塑性铰处剪力计算示例

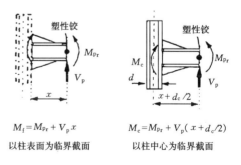

图8-3-14 临界截面计算值

（5）强柱弱梁校核——（略）

（6）节点板域校核——（略）

七、冶金与焊接——（略）

八、质量控制和保证——（略）

九、其他连接设计问题

1. 板域——（略）
2. 腹板与柱翼缘的连接

有些工程师认为，应使腹板尽可能多地承受一些弯矩。此外，从有些试验中看到的腹板被螺栓早期剪坏，使梁翼缘及其焊缝承受了较大的二阶弯曲应力。实践表明，若翼缘连接破坏，将剪力板与梁腹板焊接，会促使剪力板的连接焊缝或剪力板本身在钉孔处破坏。还有人建议在腹板上开水平椭圆孔，以限制剪力板承受的弯矩，从而保护它在抗重力荷载的能力。

3. 梁翼缘处的柱加劲肋

与现行法规的要求相反，建议加劲肋的厚度在任何情况下至少应等于梁翼缘的厚度（不包括盖板），或总有效厚度（翼缘加盖板）的一半。它与柱子的连接焊缝一起应能发挥该加劲肋的承载力作用。

4. 强梁弱柱设计

某些情况下当法规允许采用强梁弱柱设计时，对连接的要求，还存在一些问题。北岭地震之前的节点试验已经表明，要使梁在不破坏情况下产生很大屈服的能力是做不到的。应当承认，若梁比柱强，即使对柱承载力（包括应变强化）作偏于保守的估计，也可指望梁和它的连接处于破坏的槛值以下，这样就没有必要加强节点了。

当梁与柱子的弱轴腹板连接，而柱子比梁强时，节点的设计应与强轴时的情况一样，还要考虑弱轴方向的特点。此时柱子翼缘在厚度方向强度并不是个问题，但是带盖板的翼缘，可能通过柱子翼缘内侧的焊缝抗剪会有困难。除非这样连接的构件只占结构水平抗力的很小一部分，这种连接的试验只能视为强制性的。弱轴连接对强轴连接的影响，现在还没有试验过。

十、新型梁-柱节点

以前规范推荐的节点，本来是希望在紧靠梁-柱连接处的梁产生塑性铰的，但北岭地震和其后的试验表明。指望在此部位出现塑性铰是不现实的，因此，要想法将塑性铰外移。

下面提出的节点型式，能提供较为可靠的非弹性作用，这是参考了所作的试验。但应指出的是，这些试验都还不足以在目前不加鉴定就无条件地去采用。下面的介绍只是它们的一情况，若要按报告中的数据进行设计，则应对参考文献中的试件构造进行探讨，以确定未表示出的具体细节。

目前 SAC 对这些节点型式没有什么倾向性，只是为了向读者介绍不同单位所做的不同节点的代表性试验情况而已。

1. 盖板式节点

在梁端的上下翼缘上加短盖板，用角焊缝连接，把盖板上的力传递给梁翼缘。下翼缘的盖板是在工厂焊在柱翼缘上的,在现场与梁下翼缘焊接。上翼缘和上翼缘的盖板都在现场用普通焊缝与柱翼缘焊接,腹板可用焊接或高强度螺栓连接。Tsai & Popov(1988)以及 Egelhardt & Sabol(1994)进行过试验。1995年 Forel 等人对此稍加改变,让盖板承受全部翼缘处作用力,梁翼缘与柱不焊接,盖板在柱面处提供的截面面积约为梁缘面积的1.7倍,该构造已经过试验。剪力板是焊接的,能承受梁腹板相当部分塑性弯矩。

已经作过 8 个图 8-3-15 所示试件试验(1994)表明,只要梁柱翼缘的焊接正确,就具有塑性转动能力,柱翼缘的 z 向问题就可以避免。此种节点较经济,对建筑的冲击也小。

8 个试件中有 6 个是在奥斯汀德州大学做的,塑性转动至少可达 0.025rad 以上。在塑性转动最大限度条件下,承载力并不低于按最小规定屈服点求得的塑性受弯承载力。其中有 1 个试件在转动达到 0.015rad 以上时,焊缝出现了脆性裂缝(C2 级),类似的破坏在 Popov 做的试验中也发现过。

这种形式虽然比以前的较可靠,但还是出现了一些裂纹,另外,由于梁翼缘的有效厚度增大,坡口焊缝也较大,潜在变脆的热影响区问题,增大了柱子的层状撕裂危险。实际上,这种节点有很大一部分未能产生所必要的塑性转动。

2. 翼缘加肋型节点

翼缘加肋型节点(图 8-3-16)可减少对柱子翼缘焊缝的需要,并使塑性铰自柱面外移。和盖板式节点一样,对它进行试验的单位还不多。这表明只要主梁翼缘焊接正确,是可以达到满意的塑性转动的。

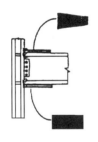
图 8-3-15 盖板式节点

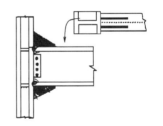
图 8-3-16 梁翼缘加肋型节点

定量结果如下:试件数量:2 个
主梁尺寸:W36×150
柱子尺寸:W14×455
塑性转动:>0.025rad

其性能取决于主梁翼缘焊接的好坏,这种节点可能引起柱翼缘在厚度方向的损坏,虽然它比用盖板时的情况要好些,因为焊缝尺寸要小些,这种试件对每个翼缘要求用两块竖着的肋板,因为多用了一块肋板,比只在中心线用一块肋板的费用要高。但 Tsai & Popov 所做的一块肋板试件表明,肋板与主梁的连接焊缝有提前破坏的可能。还应指出,Engelhardt & Sabol 所试验试件的柱子翼缘特别厚。这种肋板使柱子翼缘有可能引起很高的局部应力,而用于较薄截面时,性能又可能不会那样好。从制作和安装人员提供的初步报告来看,这种节点的费用相当高,且比其他形式的高。

3. 梁下加托臂的节点

图 8-3-17 给出了两种梁下加托臂的可能形式,它与用盖板的和带肋的构造相比,目的是想将塑性铰从柱面移开,并通过加高梁截面高度减小焊缝。但采用三角形加托臂的节点试验较少,其试验工作也尚未完成。

两种加托臂节点的性能都很成功,它是用同一试件加工成两种不同形式作成的。试验中在与柱靠近的主梁上翼缘用较厚的钢板代替,该试件在梁跨内出现了塑性铰,铰位于加托臂区之外,性能满意。另一试件的上翼缘没有加厚,且主梁下翼缘没有与柱焊接,在上翼缘与腹板相连接处出现了破坏,可能是由于翼缘屈曲和截面弯扭失稳。裂缝沿着主梁上部角焊缝慢慢发展,最终裂向翼缘本身。

设计中的问题:加托臂可在工厂中焊接在主梁上,因而可减少现场作业费用;焊缝尺寸比用盖板时小;上翼缘无障碍。

定量结果:试验数量:2 个

主梁尺寸:W30×99

柱子尺寸:W14×176

塑性转动:1 试件为 0.04rad(下翼缘无焊缝,上翼缘加强)

1 试件为 0.05rad(下翼缘有焊缝,上翼缘加强)

节点的性能取决于柱面全熔透焊缝的质量,在柱翼缘上可能出现厚度方向的裂缝,但此类节点对此并不是非常敏感,因为截面高度加大了。下部加托臂要作仰焊,加托臂的翼缘斜向坡口焊缝可能难于施焊。用加托臂的方法增加梁高度,会对建筑要求有所影响。若不能防止上翼缘在柱面处失稳,节点性能是有缺陷的。当采用直型托臂板时,托臂必然加长,以便能发挥加托臂的传力作用。对此种节点还需作进一步试验。

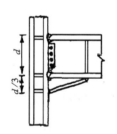 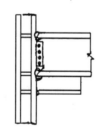 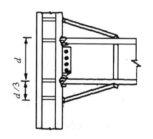

图 8-3-17 梁加托臂的节点   图 8-3-18 上下加托臂的节点

4. 上下加托臂的节点(图 8-3-18)

做了两个试验,都很成功。

设计问题:两次试验表明,节点的延性极好,塑性转动达 0.07rad。此外,塑性承载力也很高,节点有高度赘余度,若其中有一个托臂板的全熔透焊缝破坏,剩余承载力还是很高的,但它是较费钱的节点之一,若梁翼缘与柱间不焊,费用倒是可以降低一点,但这种节点的性能还没有鉴定过。梁上部的加托臂对建筑亦有防碍。

5. 侧板式节点

它可以将塑性铰移开柱面,也能消除柱翼缘在厚度方向受力的问题。梁翼缘的拉力或压力通过角焊缝传给柱子,在柱子节点域和梁翼缘间建立了直接的连接,困难在于梁的宽度要与柱翼缘宽度相等。

至少已试验了两种侧板式节点,一种如图 8-3-19 (a) 所示,在上下翼缘处用平板将翼缘力传给柱子 (Engelhardt & Sabol, 1994),用填板将主梁加宽至柱子宽度。试件转动达到 0.015rad,但梁翼缘与传力板之间的焊缝出现了裂缝,剪力板破坏,最后侧板也跟着出现了裂缝。该试件之所以不成功。据了解与将翼缘宽度增加到柱翼缘宽度有关,采用了焊接和填板。另一种方法是采用了全宽盖板,性能可能会好一些。

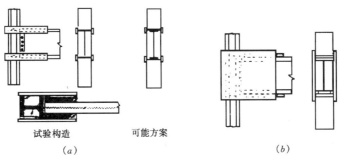

图 8-3-19 侧板式节点
(a) 翼缘侧板;(b) 全宽侧板

设计问题:这种节点避免了在柱翼缘处采用全熔透焊缝和可能出现的层状撕裂;另外,大量作业可在工厂完成。但此种节点没有表现出足够的塑性转动能力,修改后的节点构造还没有另做试验。

第二种构造是采用全宽侧板,如图 8-3-19 (b) 所示。做了 3 个足尺试件,塑性转动能力很大,在塑性转动最大时,其承载力的损失与其他形式的节点进行了比较。节点的提出者已经在美国和其他国家申请了专利。

需要说明的是,出于保密,给出该图是礼节性的,除著者授权外严禁用此资料,如有违反者将按美国和国外专利法予以追究。

设计问题:3 个足尺试验 (Uang & Lathan, 1995) 表明,这种节点能达到非常满意的塑性转动。梁柱间的焊缝不受影响,也不需要规定焊缝材料的冲击韧性;它消除了梁翼缘引发的层状撕裂的危险,使节点具有很高的可靠性。

但使用者要交专利费,节点的造价比以上介绍的其他节点的费用都高,不过其费用并不比上面介绍的双侧板式节点高多少,但双侧板式节点要求将向柱传力的焊缝数量翻翻,有可能增加板厚。这种节点与框架弱轴的连接较困难,特别是弱轴要作成刚性框架时,除非只能用此种节点时,公开报价的项目要提出性能说明书,以便考虑是否也可用其他形式的节点。

定量结果:塑性转动可达 0.042~0.06rad。

6. 割除梁翼缘截面的节点

将梁内一段的截面故意割弃一点,造成人为的塑性铰区或起保险丝作用,从而使塑性铰偏离柱面。提出了好几种减小截面的方法,其中一种是将翼缘与中心线对称的一部分割去，割成所谓犬骨式截面。但应注意切割面光滑，避免产生应力集中。也有人建议在翼缘上钻孔来代替切除。图 8-3-20 中给出了这两种方法。最成功的形式是割弃一部分截面，可通过非对称的切除或钻大小不等的孔平衡截面的受弯要求。

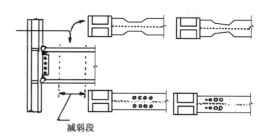

图 8-3-20　割除梁翼缘截面的节点

该方案的试验首先是在一家私营机构做的，申请了专利并得到许可，但这些专利现已大部分解除。在台湾（Chen & Yeh, 1995）曾进行过犬骨式的钻孔式试验，AISC 现在作了一些补充试验（Smith-Emery, 1995），但全部试验结果现在还无法得到。关于上翼缘有混凝土板产生的一些问题，特别是当荷载使上翼缘受压时，上翼缘割除截面的效应将起变化，在构造上对混凝土板加以适当处理有可能减轻这种效应。

设计问题：这种节点可能是提出过的所有节点中最经济的，其可靠性与梁-柱翼缘的全熔透焊缝及柱子的层状撕裂危险有关。若混凝土板在构造上能适当地处理，可能使梁的被减弱截面表现出保险丝的作用来。现在还不清楚，采用这种构造是否要用更大的梁，才能达到用其它节点时达到的整体承载力和刚度。在进行的有限的不对称犬骨式节点的试验中（Smith-Emery, 1995），在被减弱截面上出现塑性铰，与其它节点相比有使翼缘易于屈曲的倾向，这是因为被减弱的截面翼缘宽厚比太小了。

定量结果：试验数量：2 件
　　　　　主梁尺寸：W30×99
　　　　　柱子尺寸：W14×176
　　　　　塑性转动：≥0.03rad

7. 滑动摩擦耗能节点

这种节点采用高强度螺栓和长圆孔将翼缘力传给柱子。在剪力传递面加入了铜垫片来控制摩擦力。从概念上说，沿螺栓连接滑动能使传给柱子的力受到限制，使得在开始状态就能出现塑性变形。为了使梁翼缘与柱子相连，提出了两种不同的构造：一种是用 T 形钢，另一种是用焊接板。图 8-3-21 中给出的是用 T 形钢的连接。

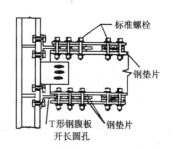

图 8-3-21　耗能节点

对用 T 形钢的螺栓连接进行了两次试验（Popov & Yang, 1995），结果效果极好，出现了很大的非弹性位移，承载力和刚度又不降低。

设计问题：在所作的有限试验中，这种节点能累积大量非弹性变形而不损伤节点或梁。这种连接在现场安装可不用焊接，并能在不使结构产生永久性损坏情况下，累积较大的塑性转动。

这种节点对组装情况，结合面是否清洁，及对高强度螺栓的拉力等，都表现出很敏感，因此现场作业的质量要特别注意。它和割弃翼缘截面的节点一样，对混凝土板的存在及其构造也很敏感，影响到能否达到预期转动。这种节点的承载力受螺栓数量的限制，可按实际情况布置。这种节点可能不适用于高承载力大截面构件的要求。铜垫片费用较高，金属部分长时间在压力下互相接触，可能会部分地粘连在一起，从而可能降低连接效能，对此应作进一步研究。

8. 树叉状柱节点

这种方案在日本被广泛应用，已取得了不同程度的成功。短梁段在工厂焊于柱子上，现场用螺栓连接。可以将短梁故意做得强一些，使屈服塑性铰由柱面外移，图8-3-22说明了其基本概眼念。

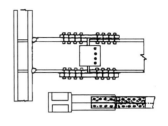

图 8-3-22 树叉状柱节点

这种节点在美国没有进行广泛试验，其中一些类似形式的性能，在日本阪神地震中表现很差（Watab—1995）。至少有一种与此类似的构造，是将短梁段连续通过节点（即梁贯通型——译注），然后将柱与短梁段的上下翼缘焊接。这种节点，不少是在梁段与柱子的工厂焊缝处破坏，但是可以有根据地认为，这种节点还是有可能成为有较好性能的节点的。

设计问题：这种形式的基本优点是关键性焊缝可以在工厂施工，从而可较好的地进行质量控制。此外，采用高强度螺栓连接可使现场安装费用降低。

按美国的施工方法制作的这种节点还没有试验过。其中一些构造在日本阪神地震中表现性能欠佳。它取决于梁翼缘与柱翼缘的焊接质量，以及柱翼缘的 Z 向性能。树状柱构件运输和搬动比一般柱子困难，费用也较高。

9. 腹板开缝的节点（图 8-3-23）

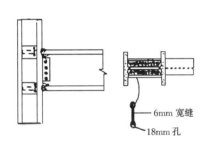

图 8-3-23 腹板开缝的节点

前面介绍的各种节点中，都是将梁翼缘直接焊在柱翼缘上的，梁的弯曲应力通过梁对柱翼缘的直接作用，由柱子翼缘传递。这种应力传递机制在梁翼缘中部会引起很大应力集中。最近的研究表明，(Alten, et al-, 1995)，虽然设置加劲肋可以减小这种应力集中，但还不完全，如在腹板上开一个槽口，则可使梁翼缘端部的应力分布均匀，图 8-3-23 所示的构造已进行了成功试验，其特点是在柱翼缘间加两块竖向板，加强柱的外伸翼缘，从而将应力从梁翼缘中部向两侧转移。在竖向板与柱腹板之间仍需设置水平加劲肋，以便将剪力传至节点域。由于在腹板上对着翼缘处的位置开了缝，使得结构刚度降低了。用高精度的有限元模型进行分析表明，梁翼缘端部的应力分布几乎是均匀的。

设计问题：这种构造有可能较经济，它将更多的作业都放到工厂里去做了，但现场安装工作量和以前的节点差不多。这种节点不能将塑性铰移开柱面，节点构造对焊接质量很敏感，包括梁与柱之间的焊缝和水平板、竖向板与柱子的连接焊缝等。有一个试件的梁翼缘与柱子的连接焊缝，在非正式的试验中破坏了。这种节点对平衡这些钢板和翼缘的刚度也很敏感，对于不同于所试验构造的类似节点，要了解其应力分布，还得进行仔细的有限元分析。这种节点的提出者阐明，对某些柱子截面，省去竖向板仍可达到翼缘应力均匀分布的目的。

这种节点对柱子腹板与翼缘间角焊缝处母材的韧性也较敏感，在轧制的重型截面中，该部位的韧性有较大降低,再加上由腹板开缝带来的局部应力集中,可能发生早期裂缝的危险。Popov 做了一个在腹板上局部使刚度降低的试验,但没有用水平和竖向加劲肋,其结果在柱翼缘处产生脆性破坏,裂缝扩展至腹板开孔处。应力分布也与原来的试件有很大的不同。

十一、其他形式的焊接节点

1. 偏心支撑

偏心支撑是耗能连梁的一种,这种连梁通常是按受剪屈服设计的,但也可按受弯屈服设计。在某些构造中,连梁与柱子相连,其情况与抗弯框架中的梁与柱子连接相似。支撑与梁的连接,也是连在梁的翼缘上,但这种连接是另外的设计要求。虽然连梁设计都使其长度小于 $1.6M_p/V_p$,使其受剪屈服,但是此时也接近于梁的受弯承载力,因此它与柱子的连接也有类似于框架中梁与柱子连接的问题。连梁的强度如果太高,也可能屈服不了,这就要影响到偏心支撑的非弹性性能。

2. 双重抗侧力体系

在双重抗侧力体系中,混凝土剪力墙、中心支撑,偏心支撑等是主要抗侧力构件。在 1967 年以前的 UBC 中,要求主要抗侧力体系承受 100% 的水平力,作为后备的框架应能承受不小于 25% 的水平力。这是假设。当主要抗侧力体系破坏时,钢框架能防止结构倒塌。1967 年 UBC 补充了规定,即主要抗侧力体系和框架按其弹性刚度分担总水平力。在 1988 年 UBC 中,又要求主要抗侧力结构承受 100% 的总水平力,实际上又回到以前的规定上去了。钢框架具有充分的延性,在重大事故时起到重要作用。一般说来,双重抗侧力体系还是有争议的体系,有人认为钢框架的后备作用是重要的,但也有人认为其后备作用较弱,且往往刚度较小,难以起到重大改善作用。对双重抗侧力体系的分析研究工作做得还很少,但是对于框架应具有多大的延性这种研究,对于提供设计原则是重要的。

(Interim guidelines:Evalution,Repair,Modification and Design of Steel Moment Frame,Report No,SAC-95-02,SAC joint,Veture 蔡益燕 张锡云等译)

8.4 日本钢框架设计的改进

8.4.1 钢结构梁端混合连接法

一、前 言

典型的混合连接实例是翼缘用全熔透焊缝连接,腹板用高强度螺栓连接的形式。另一种混合连接,是梁翼缘用摩擦型高强度螺栓拼接,而拼接板的周边用角焊缝,螺栓与焊缝分担同一内力。为示区别后者又称混合拼接。

图 8-4-1 表示了梁端采用混合连接的例子。它有以下优点:

(1) 由于工厂不需要加工牛腿,现场不需要拼接梁,外观干净利落。

(2) 钢结构安装仅仅对腹板用高强度螺栓的拧紧进行质量管理，翼缘焊接可在其后适当时候进行，作业方便，能缩短工期。

(3) 由于梁无拼接，进行楼面压型钢板铺设作业容易。

(4) 由于柱上无牛腿悬臂段，便于搬运。

另一方面，这种连接也存在下列问题：

(1) 地震作用时，受下翼缘受拉弯矩作用，在下翼缘焊接根部附近出现最大应力，而且由于此处安装有垫板，成了下翼缘焊接构造上的薄弱环节。

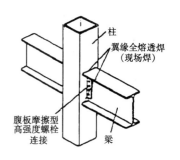

图 8-4-1 梁端混合连接

(2) 由于梁的连接是在现场焊接，相对比较费劲，因此焊接作业的质量管理很重要。

(3) 为了保证焊缝坡口处精度，要求提高构件的制作精度和安装精度。

(4) 为使焊接施工可靠，下翼缘的扇形切角工艺孔开得较大，会使梁端断面减弱较多。

(5) 由于梁焊接时会发生变形，有必要想办法在框架完工中确保精度。

(6) 腹板高强度螺栓的紧固作业复杂（为了避免翼缘连接螺栓受焊接变形的影响，螺栓最好在翼缘焊接后拧紧。但是，为保持梁的位置，在随后矫正梁的情况下，为了确保梁翼缘焊接坡口处的精度，在梁翼缘焊接前作某种程度的固定又是必要的。因此有必要在翼缘焊接前后各拧紧螺栓一次）。

下面介绍梁端混合连接的使用状况和力学性能。

二、在日本的使用情况

1. 以往的经验

此种连接方法，最初在大型结构物使用中的例子有 1970 年建成的日本帝国大厦主楼工程，图 8-4-2 是该建筑中采用的具有代表性的梁柱连接。从 1970 年到 1973 年期间，根据所谓列岛改造热潮，建筑工程的急剧增加，这时钢结构建筑物也急剧增加，为此采用了这样那样的省工连接方法，正好这时自保护电弧焊（这是当时对无气体保护的电弧焊的叫法）进入实用阶段，以此为契机，现场梁端混合连接在工程中的应用自保护电弧焊就多起来了。

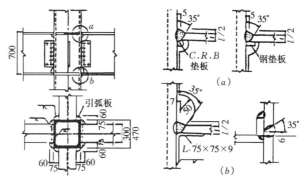

图 8-4-2 帝国大厦主楼工程中梁端混合连接

但是，由于 1974 年的石油危机冲击，建筑高潮告一段落，因而此时对此种连接方法出现了再研讨的动向，其后仅在相当限定的情况下使用。原由是前面提到的结构上和施工上存在的问题，特别是要确保梁构件的尺寸精度和有关焊缝坡口尺寸精度，确保焊工有良好的操作技术，焊后超声波探测的必要性等等，于是，周密实施焊接施工管理问题被着重提了出来，认为如果梁不做连接，反将会使造价提高，经济原因成了大问题。此外，当时使用的自保护电弧焊熔敷金属的力学性能，特别是冲击韧性值也多少作为一个问题被提了出来。

2. 现在的状况

这几年，高层建筑、超高层建筑和大跨度建筑等大型钢结构建筑不断增多，随之而来的是柱断面的增大和梁高的增大，翼缘采用厚板的情况也跟着多起来。

仅从日本建筑中心接受评定的建筑来看，柱断面一般情况为 600~700mm，梁高为 700~1000mm，少数情况梁高有用到 1200mm 的。可是，由于运输上的尺寸限制，柱-梁连接若采用过去的悬臂形式，悬臂长度顶多不能超过 1m。另一方面，梁翼缘板厚增大，梁连接的翼缘螺栓数增多，其结果梁端距最近的螺栓，离开柱表面只有 500mm 左右。

就梁端而言，为了确保框架的塑性变形能力，在地震力引起的极限状态下，就必需保证有充分塑性变形，通常认为梁端的塑性区长度约等于梁高，但如上法所述，在此范围内翼缘开了很多螺栓孔，断面受到很大削弱，绝不是所希望的。为了避免在梁端出现螺栓孔引起的削弱，保证梁的塑性变形，于是便提出终止采用伸出段的决定。转而采用了混合连接。图 8-4-3 是梁高较大时梁端混合连接的应用例子。

也就是说，在大型钢结构工程中梁端采用混合连接，是考虑了上述结构上的因素，以往没有

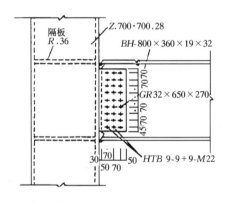

图 8-4-3 梁端混合连接的最近实例

采用是为了省工，现在采用则不是为了省工。大型结构物在地震时的内力很大，万一产生震害其影响也很大，因此对梁端节点的焊接施工管理应当有很严的要求。而且，此时考虑成为问题的因素，是焊接要在避风的前提下，要求采用二氧化碳气体保护焊，但要注意下翼缘焊接部分的扇形切角工艺孔加工形状，安装垫板用不着与柱侧面用定位焊缝等相连，这已成为一般要求，幸运的是，由于大型结构的设计者对施工监理要求很严，施工和制作均由大企业承担，对于构件都很认真仔细的制作和安装，因而有关焊接施工管理是不会有什么大问题的。

此外，在梁端采用混合连接进行设计时，由于作为各自按照弯矩由翼缘承受、剪力由腹板承受的设计，腹板的螺栓连接部分一般布置成一列螺栓，如图 8-4-2 所示。但是，现在的情况，该位置的连接要求应满足保有承载力的连接条件，因此，在考虑腹板的高强度螺栓连接承受某种程度的弯矩，将螺栓布置成 2 列至 3 列（图 8-4-3），与以前连接的构造相比，节点的抗弯能力较宽裕了，这已成了结构设计上的一大特点。

三、美国西海岸地区状况

进入 20 世纪 80 年代，在美国西海岸地区，在 H 形钢柱与梁刚性连接的钢结构中，一般构造就采用这种梁端混合连接方法，代表性节点见图 8-4-4 所示。腹板用高强度螺栓连接设计虽只承担剪力，但当梁截面形状 Z_f/Z（Z_f 仅为翼缘的塑性截面模量，Z 为整个截面的塑性截面模量）小于 0.7 时，还规定梁腹板连接板的上下拐角处要增加角焊缝，并承担弯矩，其弯矩应相当于梁腹板弯矩的 20%（见美国抗震标准规范）。据知采用这种连接的钢结构建筑现已超过 1000 幢。

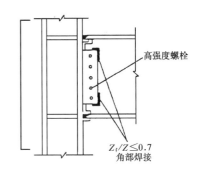

图 8-4-4 美国的标准梁端混合连接

但是，在 1994 年 1 月的北岭地震中，据报告，有 90 多幢建筑的梁端的混合节点出现了较大震害，并成了美国今日连接设计中的大问题。有关钢结构建筑整体震害情况，可参见中岛先生的另项报告，这里只对梁端混合连接的震害和与美国的有关研究，作一阐述。

此次梁端混合连接震害的特征，以下翼缘焊接部位为破坏起点的多，其状况如图 8-4-5 所示。该图是 1994 年 4 月在日本建筑学会召开的北岭地震震害调查报告会上，由美国斯坦福大学的 Krawinkler 教授提供的，美国发表的其他报告内容与此基本相同，即梁端混合连接的下翼缘发现了由焊缝根部开始的这样或那样的破坏，最多的如图 8-4-5（a）所示的沿焊缝金属的破坏，也包含如图 8-4-5（b）所示的柱翼缘表面附近剥离破坏。其次，如图 8-4-5（d）所示，从柱翼缘到腹板柱子材料的破坏。还可看到图 8-4-5（c）所示的从扇形切角工艺孔端部开始的梁翼缘破坏。同时，上翼缘焊接部位破坏虽然也有报告，但震害数量较少，多数破坏是从下翼缘焊缝根部开始，显然相当明显地可以认为是不熔等焊接缺陷引起的。

再有，与其说这些震害都没有引起建筑物的破坏，到不如说整个建筑物装修材料破坏很轻微，这是破坏的又一大特征。因此，震后几乎没有关于防火材料或装修材料及其复盖下的钢结构震害报告，仅仅偶尔在技术人员无意中察觉到建筑工程中的耐火层存在着裂纹，剥开防火后发现了钢结构震害，对其四周钢结构进一步调查，才逐渐搞清了震害状况。这方面，对此种连接进行过很多试验研究的日本学者是简直无法理解的。即在日本的试验中，这种节点是在梁出现较大塑性变形后，才普遍从梁翼缘扇形切角工艺孔出现破坏。虽然指出了破坏理由与地震力大有关，但此方面目前仍在调查中。德州大学的 Engelhardt 副教授作了试验研究，其论文仅说明了一个方面原因，现将该论文简述如下。

为弄清楚梁端混合连接的力学性能的目的。图 8-4-6 所示采用了 ⊢ 形试件，梁与柱均为 H 形截面。梁采用 SS400（相当于美国的 A36 钢材），试验时梁端施加逐渐增大的反复荷载，试件详细情况如表 8-4-1 所示。

试件 4 和试件 7 的节点构造见图 8-4-7，试件的上下翼缘焊接部分构造见图 8-4-8。

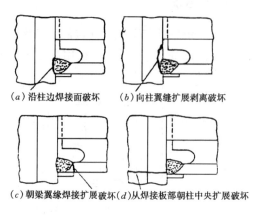

图 8-4-5 北岭地震中所见梁端混合连接震害状况

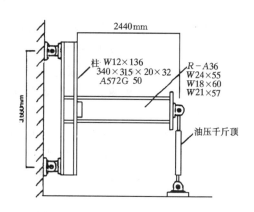

图 8-4-6 Engelhardt 副教授试验的试件形状尺寸与加荷状况

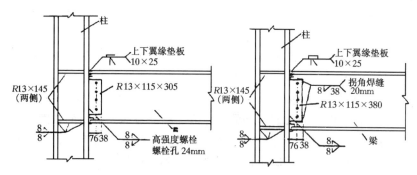

图 8-4-7 试件连接构造（mm）

试件 1 和试件 4 的扇形切角工艺孔按 AISC 规范的规定切割，根据前 4 个试件的制作经验，将后 4 个试件的扇形切角工艺孔扩大了一些。试件是在与实际工程相同条件下的一般钢结构厂，由合格的焊工施焊的，按美国焊接协会 AWS 规定检查了坡口，焊后还进行了超声波探伤。试验中全部试件在梁翼缘焊缝附近出现了断裂，3 个试件（试件 1、2、4）在梁差不多进入预期塑性区前，下翼缘焊缝处即突然断裂。其后对试件进行反方向加载，上翼缘也破坏。其他试件表现了充分的塑性变形。图 8-4-9 为性能最差的试件 4 和性能最好的试件 7 的弯矩与塑性转动（rad）关系。各试件的最大塑性转动和破坏情况见表 8-4-2。试验后，对试件 1～4 的下翼缘焊接部位进行了检查，中部下侧有被认定为不熔的现象，但超探未从其中发现焊接缺陷。

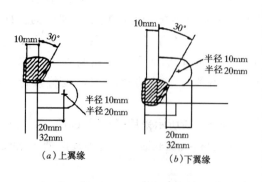

图 8-4-8 上下翼缘焊接细部

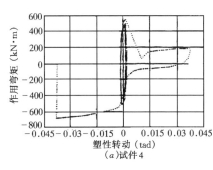
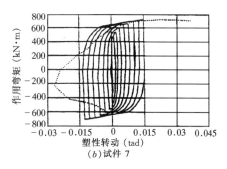

图 8-4-9 连接处的作用弯矩与塑性转动关系

Engelhardt 副教授的节点试件试验　　　　　　　　　　　　　　表 8-4-1

试件	梁材（A36）	Z_f/Z	腹板连接部分细部
1	W24×55	0.61	6—M22
2	(H—599×178×10×12.8)	0.61	6—M22（A490）
3		0.61	6—M22+节点板焊接
4	W18×60	0.75	4—M22
5	(H—463×195×10.5×1736)	0.75	4—M22
6	W21×57	0.67	5—M22
7	(H—535×166×10.3×16.5)	0.67	5—M22+节点板焊接
8		0.67	全部角焊缝

注：A36 相当于 [日] SS400，表中螺栓除 A490（相当于 [日] F10T）注明外，均为 A325（相当于 [日] F8T）。

塑性变形与破坏情况的归纳　　　　　　　　　　　　　　表 8-4-2

试件	塑性转动（rad）	连接部位的破坏
1	0.004	在下翼缘焊接部位的柱子界面处突然破坏
2	0.003	同上
3	0.009	在下翼缘焊接部位外徐徐进行破坏
4	0.002	同1、2
5	0.013	在下翼缘焊接部位的柱子界面处徐徐进行破坏
6	0.013	同上
7	0.015	在上翼缘焊接部位的柱子界面处徐徐进行破坏
8	0.012	同5、6

　　Engelhardt 的试验结果与此前美国所作的同类试验结果相同，图 8-4-10 归纳了此前美国所作的梁的塑性转动试验及其有关结果，其中，分开示出了梁的 Z_f/Z 超出和小于 0.7 的情况。还有图中虚线示出了塑性转动为 0.015rad（≈1/65）的程度，这是美国对这种节点规定的必需考虑满足的值。Engelhardt 多次将该结果阐述了下列的结论：

　　(1) 在 Engelhardt 试验中有关塑性变形测量就很分散，和其他地方试验结果相同，都非常离散。

　　(2) 该试验可以看到的焊接部位早期破坏，也能在其他场地的试验中看到。

　　(3) 因此，应当考虑和示出这种梁端混合连接，存在非常离散性能的特点。

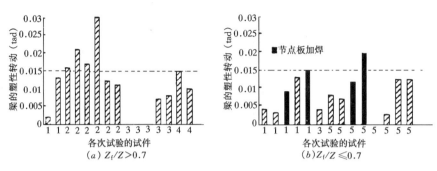

图 8-4-10 以往试验中含塑性转动归纳的结果

(4) 对于在大地震时的这种连接性能,应当予以严重关注,要重新评价连接的设计方法、连接的构造,认真进行焊接质量的管理。

Engelhardt 的论文尖锐地指出了美国这种节点存在的问题,它是在美国北岭地震前一个月发表的,几乎成了预告,无论怎么样说亦已成为了讽刺。

现在,美国钢结构协会以加州大学 Popov 教授为委员长,组织了有 Engelhardt 副教授参加的特别委员会,对北岭地震震害进行调查,一年内想必能够提出包含改进对策的报告,但是,现时从上述情况的判断,推测作为节点的设计构造、焊接管理等方面均肯定存在大量的问题。

四、在日本的试验研究

现将日本以前的有关梁端混合连接试验研究概要归纳于表 8-4-3,其中多数是 1992 年以来做的,最晚的是笔者的研究室 1993 年所做试验的归纳结果,1994 年计划在日本建筑学会大会上发表。在 1994 年的大会上,可能还有其他几篇研究要发表。在该研究中,节点力学性能是从节点本身的破坏状况与其相关的最大受弯承载力,以及连接处梁的塑性变形能力两个方面来进行评价的。

日本以前所做试验研究一览表　　　表 8-4-3

No	柱子试件	梁断面(梁材)	梁连接部位	主要特征	加工形式	试件形状
1	□300×300×19 (SM490　YR=0.66)	BH-504×150×8×12 -584　　-10	现场焊接型(下翼缘内侧根部)高强度螺栓2排	腹板宽厚比50、60、70、80加劲板补强	正负加载(各1次)	十字型(逆对称加载)
2	□275×275×19 (SM490　YR=0.66)	BH-478×150×6×14 -538　　-9	现场焊接型高强度螺栓2排	腹板宽厚比50、75、85加劲板补强	正负加载(各1次)	十字型(三点受弯)
3	□400×400×32 (SM490　YR=0.63~0.65)	BH500×200×16×25	同上	工艺孔有差别翼缘焊接处有缺陷	20次后$3\delta_p$(各2次)	十字型(三点受弯)
4	H400×400×28×28 (SM490　YR=0.63~0.65)	H700×300×13×24	同上	工艺孔有差别非加载型	R=0.01~0.02 各3次 渐进正负反复荷载	├字型

续表

No	柱子试件	梁断面（梁材）	梁连接部位	主要特征	加工形式	试件形状
5	梁端固定	H800×300×14×26 (SM490 YR=0.73)	同上	工艺孔有差别钢材 采用低冲击值	同 3	悬臂梁 (用引弧板)
6	□400×400×14 (SM490 YR=0.78)	BH500×250×9×19	同上	无工艺孔	同 4	├字型
7	H400×350×16×16 BH500×100×12×12 (SM400 YR=0.63 (R-16) 0.69 (R-12))	BH500×150×12×16 BH500×100×16×16	现场焊接型 高强度螺栓 1—3 排	腹板螺栓 梁断面	正负反复荷载 (各1次)	├字型

研究 1、研究 2 是探讨梁腹板宽厚比比较大（$d/t=70-85$）时，梁的塑性变形能力和分析加劲肋的补强效果。在这些试验中，梁端连接处腹板采用角焊缝，用现场焊接形式连接或采用混合连接，对其力学性能进行了比较，研究表明了下列几个主要特点：

（1）梁腹板宽厚比 $b/t \leqslant 70$ 时，梁的变形能力不见有明显降低。

（2）梁腹板宽厚比 $b/t = 80$ 时，在梁达到全塑性弯矩以前即发生局部屈曲，承载力发生降低，但用加劲肋适当加劲，可防止其承载力和塑性变形能力降低。

（3）梁端腹板用摩擦型高强度螺栓连接时，与其焊接连接时相比，抗弯能力变小，塑性变形能力产生了明显差异。

研究 3 至研究 6，全是探讨梁端采用混合连接处施工上的问题，如翼缘焊接部位有无工艺孔，及其孔的形状，柱上垫板的安装方法等对节点力学性能的影响，其中，还有在翼缘焊接部位设置人工缺陷的（研究 3）。这些研究采用的试件，由于腹板用摩擦型高强度螺栓连接，未考虑让腹板积极承担弯曲，而是按在梁端达到全塑性弯矩时出现剪力作用下，不发生滑移设计的。但是不管怎样，在每个试件中，由于梁的长度都比实际结构的短，而用的螺栓比实际结构的多（全都布置了两列），最终腹板连接部分都能承受某种程度的弯曲。还有，在该研究中，为了着眼于了解翼缘焊缝破坏情况，加载模式是在出现与全塑性弯矩相对应的梁端变形 $3\delta_p$ 左右的变位幅值情况下，基本按正负反复 $10 \sim 20$ 次进行的。从该研究中弄清楚了以下问题：

（1）梁端连接的力学性能，事先应考虑翼缘连接处受到扇形切角工艺孔形状的差异，腹板连接部位的抗弯曲能力的节点整体抗弯能力的影响。

（2）在承载力一定条件下，与扇形切角工艺孔形状无关，连接的弯曲承载力计算值越大，屈服后承载力的提高也越大。

（3）从变形能力方面看，不设扇形切角工艺孔形状的梁翼缘，采用直线切角的节点，随节点抗弯能力计算值的增大，变形能力也提高，但在设置了工艺孔时却看不出这种倾向。

研究 7 是在规划时就采用了与上述研究不相同的观点，为着探讨腹板连接抗弯能力的评估方法，及腹板承担抗弯能力的差异情况下，对节点整体力学性能影响关系这一目的，为此，作为试件除具有通常梁截面外，为平衡腹板抗弯能力，还采用了过大的梁截面（$Z_f/Z \approx 0.45$），分析了腹板连接部位的螺栓列数变化因素对其影响。试件是├字形的，采用的梁连接构造见图 8-4-11。钢材用 SS400，在弹性范围加载取 $2\delta_p$，$4\delta_p$，$6\delta_p$ 正负渐增的反复荷载，试验得出的梁转动和梁端作用弯矩的曲线关系，如图 8-4-12 所示。

从图 8-4-12 中可以明确以下几点：

（1）腹板连接处的最大抗弯承载力和塑性变形能力，随连接部位的螺栓列数的不同而不相同。

（2）具有通常断面的梁，最大抗弯能力不同，塑性变形能力也表现不同。

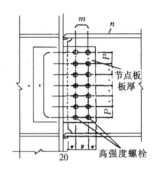

图 8-4-11　口 CJ2-2 节点构造实例

（3）承担腹板抗弯能力过大的梁截面，腹板连接部位的螺栓列数的不同，最大抗弯能力也明显表现不同。但当连接的抗弯能力计算值小于 $1.1M_p$ 时，由于翼缘的抗弯能力较小，看不出塑性变形能力的降低。

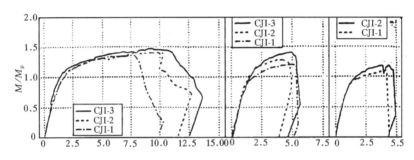

图 8-4-12　荷载—转动系列曲线

以上有关研究 1～7 全部试验，节点承载力和变形能力状况已在图 8-4-13、图 8-4-14 中归纳示出。图 8-4-13 中的竖轴是通过试验得出的节点承载力提高系数 $\alpha = M_{max}/M_p$，横轴是日本建筑学会刊出的《高强度螺栓连接设计指针》(1993 年版) 提示的求"τ"公式求得的节点最大抗弯承载力的计算值/梁端设计承载力，即 $_jM_u/_{Rj}M_u$，其中，$_{Rj}M_u = 1.1M_p$，图中示出了各试验件的试验值。图 8-4-14 中纵轴是从试验荷载-变形关系中，直接获得作为起点开始的加荷点测定的最大荷载时的变形 δ_{max}/δ_p 求得的最大塑性系数 μ_{max}。这些图示表明，试验结果相当分散，今后有必要进一步研究。

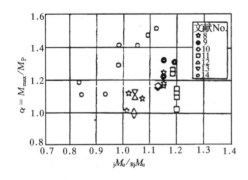

图 8-4-13　α—$_jM_u/_{Rj}M_u$ 关系

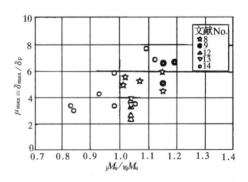

图 8-4-14　μ_{max}—$_jM_u$ 关系

作为整体，上述各研究可认定：腹板连接部分（包括梁端连接部位）的抗弯承载力计算值大者，其试验的最大承载力提高系数也增大，而且梁的塑性变形能力也随着被认定有增大的倾向。

五、结　束　语

从上述梁端混合连接部位的现状和根据有关该力学性能的试验研究的阐述中（这里可参见在日本的试验），梁端翼缘焊接部位的破坏，几乎都是从扇形切角工艺孔端部开始，使梁翼缘本身破坏，像美国试验和震害看到的沿焊缝金属及其边缘部分破坏的情况，没有看到。其结果是，采用这种连接方法时，梁的塑性变形能力明显地有差异，这一点估计与两国对该部位的设计构造、焊接施工方法和管理方法等存在着较大差异有关。但日本的研究结果表明，不管怎样，在严格的质量管理基础上制作的试验试件，在日本，当现场焊接施工有问题时，仍应对塑性变形能力可能较差的节点，予以充分必要的考虑。

此外，根据试验结果，腹板连接部分担负的抗弯能力较大时，节点整体的设计抗弯能力也越大，节点的最大承载力明显上升，梁的塑性变形能力增大。此外，在美国的震害调查报告中，认为提高腹板连接部分的抗弯能力是必要的。

综合上述情况，采用梁端混合连接要慎重进行，当不得已必需采用时，要记住以下各点：

（1）梁端混合连接在结构上是有弱点的，对此应有明确的认识；

（2）为弥补其弱点，在结构设计上要考虑腹板连接部分承担适当弯矩，下翼缘部分的扇形切角工艺孔形状，要便于焊接施工；

（3）关于梁翼缘的焊接施工，要对焊工的技术、坡口精度的确保、焊接法的选择、焊接后的检查方法等进行充分研究。应由设计人员、施工管理人员和焊接管理技术人员，共同确定管理体制的实施。

（［日］宇都官大学　田中溥夫　蔡益燕　张锡云等译）

8.4.2　《钢结构工程技术指针》的新工法

一、概　　述

梁与柱连接节点的梁端焊接处，当采用全熔透焊缝时，有开扇形切角工艺孔和不开扇形切角工艺孔的做法，现就此作一介绍。

在焊接技术和焊接材料还没有像今天这样进步的时代，焊缝交汇处很容易产生裂纹等缺陷，多道焊缝的热量输入也引起连接处的材质恶化，因此在梁端腹板与翼缘交汇处，采用扇形切角工艺孔使全熔透焊缝所需的垫板得以通过，这是通常的做法。但是随着建筑结构用钢材的开发和焊接材料、焊接技术的飞速发展，咬肉等焊接缺陷和焊接引起的材质恶化，已能避免；即使焊缝交汇，也没有特别的问题。根据近年来进行的很多足尺试验和断裂力学研究，不开工艺孔的构造已成为可能，从而可以大幅度提高节点的变形能力。此外，即使采用工艺孔，为避免工艺孔处绕焊和在垫板上作定位焊，变形能力也能有某种提高。由于不开工艺孔的变形能力大幅度提高,已获得肯定,因此有必要着重推广无工艺孔的连接方法。

日本阪神大地震的震害和在此之前进行的研究表明,以往的工艺孔构造,存在着以扇形切角端部为起点产生脆性破坏的危险。要不要开扇形切角工艺孔的问题及其构造,对建筑钢结构的抗震安全已成了非常重要的问题。该问题是应该由设计人员来判断,本文在此只作一专题说明,以供设计人员判断时参考。

二、扇形切角工艺孔以往存在的问题

在梁-柱连接处的梁端进行焊接时,梁端腹板一般要作成贝壳状扇形切角的工艺孔,如图 8-4-15 所示。因为在梁翼缘采用全熔透焊缝,腹板采用角焊缝连接时,有焊缝缺陷和焊缝不连续点产生,为了避免焊缝交汇处过多的热量输入,导致连接处材质恶化,因而,规定了要作切角工艺孔。

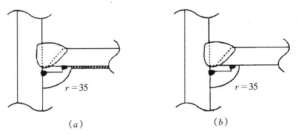

图 8-4-15 以往扇形切角工艺孔和梁端的构造
(a) 焊接组合 H 形钢;(b) 轧制 H 形钢

但是,这种切角工艺孔在地震时却成了应力最大的部位,而断面缺损也成为结构的缺陷,地震时,在反复弯矩作用下,这种切角引起的应力集中及其应变集中,导致在梁翼缘一侧的焊缝端部产生裂纹并扩展,使节点的承载力和变形能力大大降低,这已为试验所证明。而且在阪神大地震中,由于工艺孔引起的梁翼缘破坏,为数甚多。此外,设计中计算梁全塑性承载力时,由于梁开工艺孔引起了截面减弱,使梁腹板不能全截面地有效利用,在施工时还要注意工艺孔的加工精度。扇形切角的端部绕焊,不仅很麻烦,而且质量也难以保证。

三、新推荐的梁——柱连接节点构造

如前所述,现在提出了不开工艺孔的方法,以及改变工艺孔切角形状,缓和切角端部的应力集中或应变集中,已有很多方案。采用这些构造方法,与过去的扇形切角工艺孔相比,梁柱连接的力学性能有明显提高,通过足尺试验已得到证实。在工程中应用时,施工也很方便。下面就不开工艺孔和改进工艺孔切角形状的两种做法,及其在工厂焊接和现场焊接时的情况,分别作一介绍。

1. 在工厂焊接

在工厂焊接时,常见到翼缘用全熔透焊缝,腹板用角焊缝的悬臂梁段形式。这时,连接的精度容易保证,焊工可采用最方便的姿势操作。因此,在工厂焊接时,可采用无工艺孔的构造。

（1）不开工艺孔的做法

因为梁上不开扇形切角工艺孔，不需要进行切角的加工和切角的绕焊，使焊接作业省力，可以容易地使用焊接机器人。但另一方面，由于不开工艺孔，梁腹板和梁翼缘连接处的圆弧却带来了焊接麻烦，垫板不能贯通，为此，提出了避免圆弧问题，采用多种其他形式的垫板进行焊接的方法，如图 8-4-16 所示。

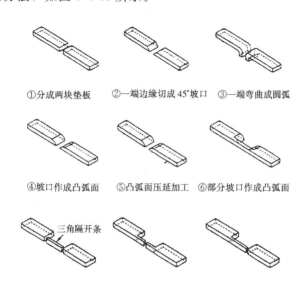

图 8-4-16 不开扇形切角工艺孔时采用的各种垫板

用于焊接组合工形梁或轧制 H 型钢梁的垫板，和用于与梁同时装配的那种工形梁的垫板是不同的。表 8-4-4 是图 8-4-16 中这些垫板的形式和应用。

梁构件和相应的垫板　　　　　　　　　　　　　表 8-4-4

梁构件	采用的垫板形式
同时装配的工形梁	①
先焊好的组合梁	②⑦⑧⑨
轧制梁	②③④⑤⑥⑦⑧⑨

不开扇形切角工艺孔的做法，在梁翼缘的全熔透焊缝腹板处的圆弧处容易产生不熔和欠熔等缺陷，但梁翼缘板以外的部分，焊缝的力学性能几乎不受影响，这已由足尺试验所证实。

1) 柱直通型（T 形接头）

图 8-4-17 表示采用内隔板加劲的箱形柱或工形柱，在柱直通型的梁-柱连接中，当梁为悬臂段在工厂焊接时，不开工艺孔的梁端加工方法和焊接顺序。

首先介绍梁端加工。对于和垫板同时组装的工形梁，先将梁的悬臂段焊好。图 8-4-17 表示梁翼缘坡口端部留出焊根宽度约 6mm。梁腹板与梁翼缘间的角焊缝，在焊接垫板附近不要焊接。当采用旋转胎架时，梁翼缘与梁腹板间以及梁腹板与柱翼缘的角焊缝可同时施焊。

对于采用预先焊好的工形梁和轧制梁，如图 8-4-17（b）～（d）中所示，梁的翼缘与柱翼缘间用坡口全熔透焊缝连接，梁翼缘坡口与柱翼缘间应确保有一定间隔，梁的圆弧处也应同时开坡口。

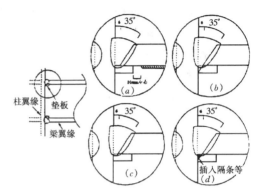

图 8-4-17　不开工翼孔的梁端控制

在这种不开工艺孔的做法中，梁端的焊接顺序如下：

a. 确定柱翼缘上梁端对接焊缝的位置，进行梁与柱装配定位。

b. 采用图 8-4-16①～⑨所示垫板，按图 8-4-18～图 8-4-21 所示，进行定位安装焊缝两端的引弧板。为了使垫板与梁翼缘相配，要选用合适的垫板。装配时，垫板应与梁翼缘面对面贴密相对进行焊接。在焊接过程中进行翻转时，装配好的板件不得散开，如图 8-4-22（a）所示的定位焊接不得过长（40～60mm），用高度 4～6mm 左右的角焊缝，以梁翼缘宽度的四分点为中心作定位焊。此时，从梁翼缘焊缝端部到梁翼缘宽（可见的）端部，在不少于 10mm 的长度内不要施焊。此外，引弧板的端面，宜按图 8-4-22 所示焊在垫板上，而梁翼缘处不要用焊缝定位。若在梁翼缘的坡口内作正规焊时，能将定位焊缝重新熔化，则引弧板与梁翼缘间也可用定位焊缝。此时，定位焊缝必须采用气体保护焊或采用低氢焊条隐弧焊施焊。

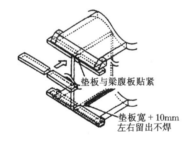

图 8-4-18　垫板用于焊接梁
不开工艺孔的做法

图 8-4-19　垫板用于轧制梁
不开工艺孔的做法

图 8-4-20　焊接梁不开工艺孔的做法

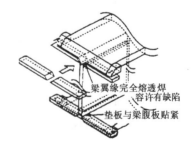

图 8-4-21　轧制梁不开工艺孔的做法

c. 进行梁翼缘全熔透正规焊缝的焊接，当采用预先焊好的工形梁或轧制梁时，在翼缘焊缝坡口内可先将圆弧处做成平台，在作第一道焊道时不要产生所谓无形裂纹，隔离条应事先埋入。

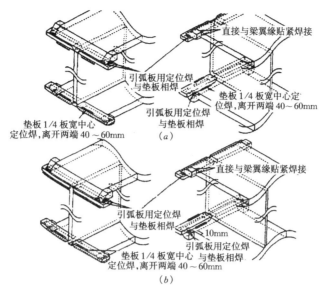

图 8-4-22　垫板和引弧板定位焊焊缝的位置
(a) 一般情况；(b) 与垫板同时组装的工形梁

d. 对梁腹板与柱翼缘间的角焊缝施焊。与垫板同时装配的工形梁，垫板应与梁翼缘顶紧，再将梁腹板与梁翼缘间未焊部分的角焊缝焊好。

2) 梁贯通型

图 8-4-23 和图 8-4-24 示出了箱形柱或圆管柱采用隔板的梁贯通型节点，其组合梁或轧制梁采用悬臂段形式在工厂焊接，梁端不开工艺孔时的加工方法和焊接顺序。

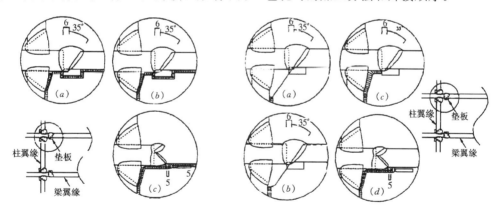

图 8-4-23　垫板与梁同时组装
不开工艺孔的梁端构造

图 8-4-24　组合梁与轧制梁
不开工艺孔的梁端构造

首先，在不开工艺孔的做法中，梁端加工与柱贯通型几乎完全相同，只是隔板的厚度应采用比梁翼缘板厚加厚 1 个等级。

此外，贯穿柱翼缘的隔板应伸出柱翼缘外 25mm 以上，其目的是为了防止隔板产生伞状折弯和裂缝，避免与梁翼缘的全熔透焊缝发生干扰，以便于考虑采用机器人等来进行焊接。但当柱翼缘板的厚度大于 28mm 时，柱翼缘采用全熔透焊缝的余高将较大，很容易对梁翼缘的全熔透焊缝产生干扰,此时隔板的伸出长度应取 30mm。

由于梁贯通型与柱直通型形式不同,因而还要进行以下处理:

当不采用垫板时,K 形焊缝成为主流。不开工艺孔时,为使在坡口与梁腹板相交处的焊缝完全焊透(见图 8-4-23(c)和图 8-4-24(d)所示),应有一定的间隔,这使加工复杂化,特别是对先焊好的工形梁或轧制梁,其加工将非常困难。焊接顺序是在梁翼缘全熔透焊缝焊好后,进行柱翼缘与梁腹板、隔板与梁翼缘、梁翼缘与梁腹板间角焊缝的焊接,同时对缺欠部分进行填补。

当采用垫板时,若垫板和梁同时装配,如图 8-4-23 所示,则梁腹板端部与隔板的伸出端焊缝,为了避开余高,要进行切割,此外,采用焊接工形梁和轧制梁时,如图 8-4-24 所示,要将梁腹板切去一点,避开钢管柱隔板焊缝处的余高。在此切割处,从力学性能考虑可不用焊缝填塞,但从外观和管理方面考虑则可以考虑用焊缝填塞。

梁端的焊接顺序,和柱直通型的情况几乎相同,但在安装垫板时,如图 8-4-25 所示,由于隔板外伸部分与梁翼缘有厚度差,垫板设置的位置需要改变。

梁贯通型的垫板焊接顺序与柱直通型一样,现将主要顺序说明如下:

a. 确定柱翼缘面与梁端面对面的全熔透焊缝的位置,进行梁、柱安装。

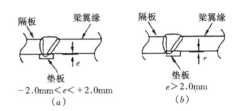

图 8-4-25 垫板的安装位置

b. 按图 8-4-16①~图 8-4-16⑨所示,安置翼缘全熔透焊处垫板;按图 8-4-18~图 8-4-21 所示,安装引弧板。

c. 正规焊接梁翼缘。

d. 进行梁腹板与柱翼缘间角焊缝的焊接。同时继续焊接 H 型钢装配的梁,梁腹板与垫板相关部位和梁腹板与梁翼缘间未焊部分作角焊缝焊接。

e. 图 8-4-24 所示的柱翼缘和直通隔板间的缺欠部分,可以不焊,若想焊接,则应采用热量输入小的药芯焊条进行焊接。

(2) 开工艺孔的做法

改进的扇形切角工艺孔如图 8-4-26、图 8-4-27 所示,这是使切角端部难以发生应

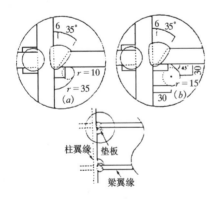

图 8-4-26 柱直通型梁端工艺孔的改进

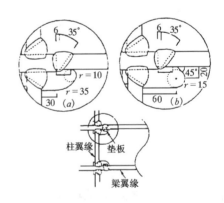

图 8-4-27 梁贯通型梁端工艺孔的改进

8.4 日本钢框架设计的改进

力集中和应变集中的形状。此时通常采用 25mm×9mm 的平板形垫板。在图 8-4-26(a) 所示的情况下，工艺孔端部与垫板发生干扰，应采用 16mm×16mm 左右的角形垫板。

此外，因在扇形切角端部要绕焊，使操作作业恶化，而且熔深较浅，焊珠容易骤热骤冷，引弧板等易出现焊接缺陷。同时在应力和应变集中处，受焊接热量输入的影响，使材质容易劣化，因此，如图 8-4-28 所示不可进行绕焊。

还有，安装垫板和引弧板时，如图 8-4-29 所示，垫板的定位焊缝在柱翼缘侧和梁翼缘侧，焊缝高度 4~6mm，长度 40~60mm 左右，以梁翼缘板宽的四分点位置为中心，在 4 个点进行焊接。引弧板应与梁翼缘和垫板面对面靠紧，在与梁翼缘接触处不得焊接。此时定位焊缝应采用气体保护焊或低氢焊条进行隐弧电焊。

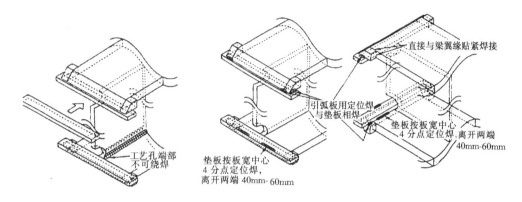

图 8-4-28 焊接 H 型钢梁和轧制 H 型钢梁工艺孔的改进

图 8-4-29 垫板和引弧板安装焊接的位置

再有，在采用 K 形焊缝时，应采用使端部难以应力集中和应变集中出现的切角形状。

（3）推荐的开工艺孔与不开工艺孔的形式

现将工厂焊接的梁柱节点上部构造，推荐的柱直通型与梁贯通型开工艺孔与不开工艺孔的做法，列于表 8-4-5、表 8-4-6。

柱直通型节点上端构造　　　　　　　　　　表 8-4-5

构件形式	垫板形式		K 形坡口形式
	开工艺孔	不开工艺孔	开工艺孔
垫板与组合梁同时装配		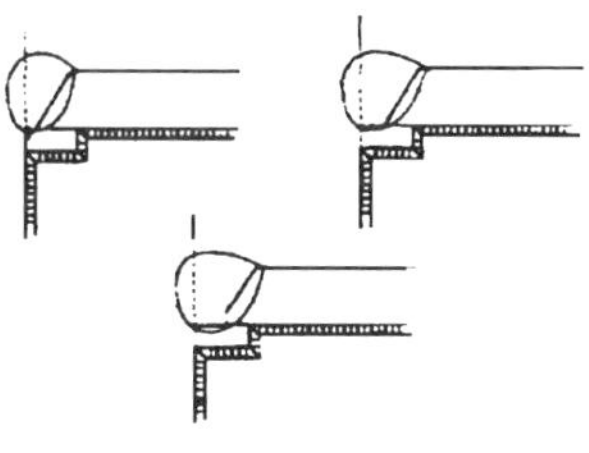	

续表

构件形式	垫板形式		K形坡口形式
	开工艺孔	不开工艺孔	开工艺孔
焊接组合梁	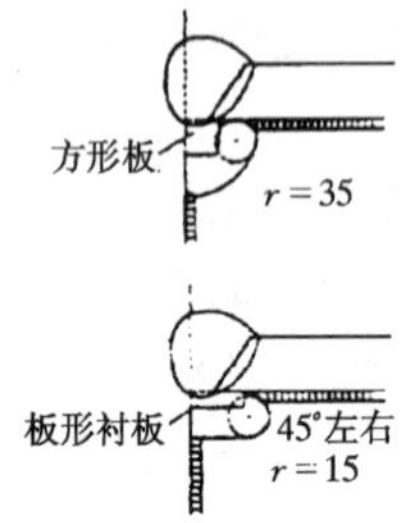 方形板 $r=35$ / 板形衬板 $45°$左右 $r=15$	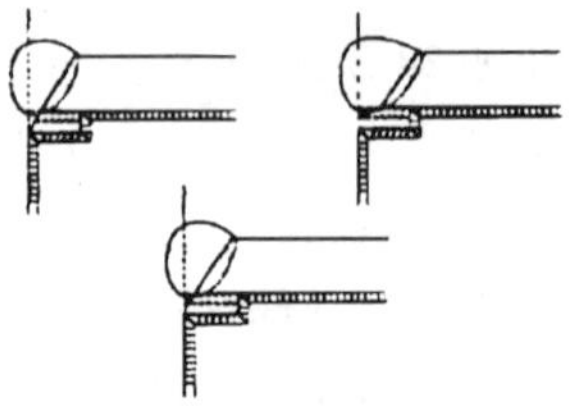	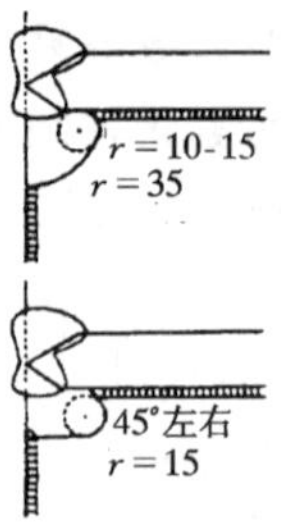 $r=10\text{-}15$ $r=35$ / $45°$左右 $r=15$
轧制梁	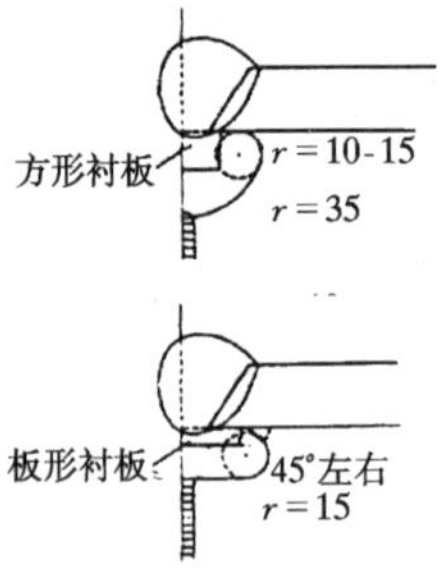 方形衬板 $r=10\text{-}15$ $r=35$ / 板形衬板 $45°$左右 $r=15$	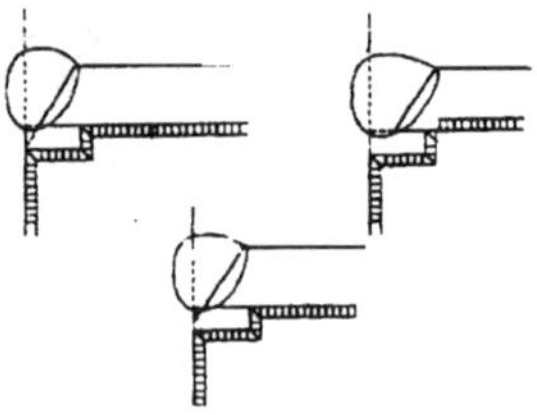	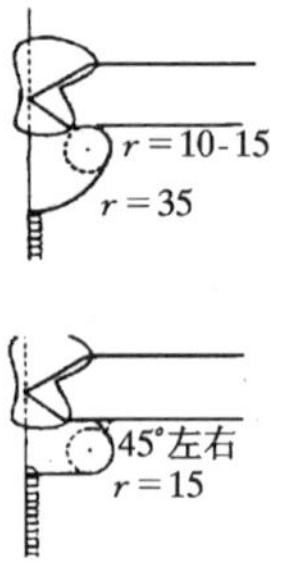 $r=10\text{-}15$ $r=35$ / $45°$左右 $r=15$

梁贯通型节点上端构造   表 8-4-6

构件形式	垫板形式		K形坡口形式	
	开工艺孔	不开工艺孔	开工艺孔	不开工艺孔
垫板与组合梁同时装配		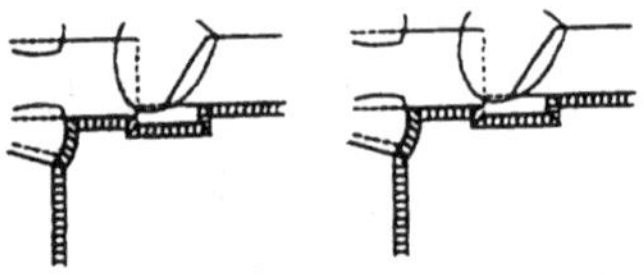		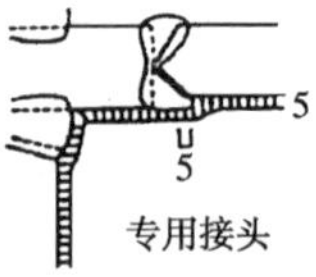 专用接头
焊接组合梁	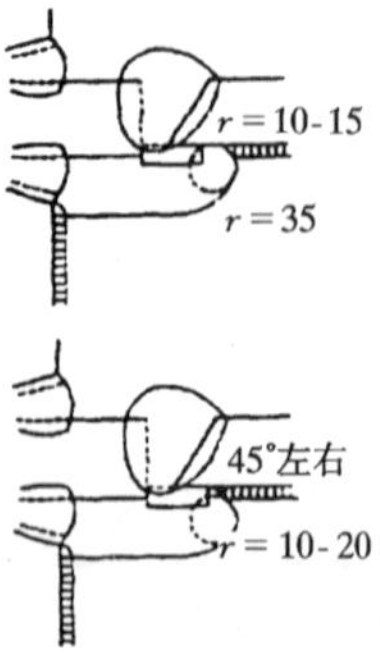 $r=10\text{-}15$ $r=35$ / $45°$左右 $r=10\text{-}20$	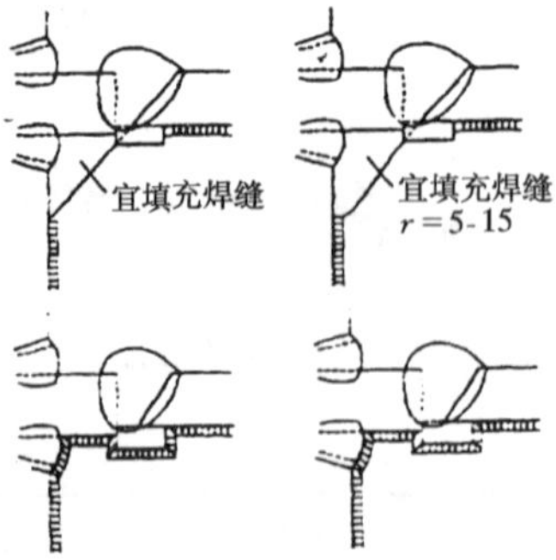 宜填充焊缝	宜填充焊缝 $r=5\text{-}15$	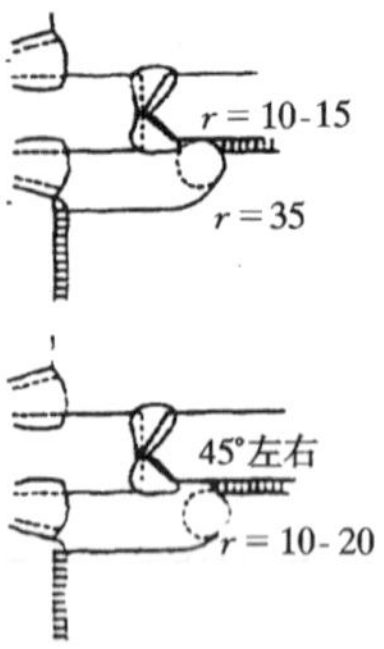 $r=10\text{-}15$ $r=35$ / $45°$左右 $r=10\text{-}20$	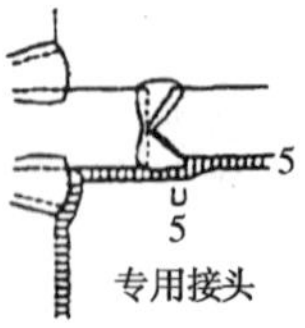 专用接头

续表

构件形式	垫板形式		K形坡口形式	
	开工艺孔	不开工艺孔	开工艺孔	不开工艺孔
轧制梁	$r=10\text{-}15$ $r=35$ $45°$左右 $r=10\text{-}20$	宜填充焊缝 宜填充焊缝 $r=5\text{-}15$	$r=10\text{-}15$ $r=35$ $45°$左右 $r=10\text{-}20$	5 5 专用接头

2. 在施工现场焊接

施工现场焊接时，由于连接构件的位置是固定的，必须采用便于操作的构造形式。通常，梁翼缘用全熔透焊缝，梁腹板用高强度螺栓连接。

为了俯焊，全熔透焊缝坡口朝上。因为要持焊条操作。梁下翼缘非开工艺孔不可。作为替代的方法，可如图 8-4-30 所示，此时柱翼缘与梁腹板之间的间隔要比常用的为大，取 50mm，柱腹板不开扇形切角工艺孔，而采用直线切割方法，在此情况下，梁端力学性能将得到改善，这已由足尺试验证明。也可如图 8-4-31 所示，在上端不开工艺孔，而在下端将扇形切角端部弄圆，可以避免应力集中和应变集中。

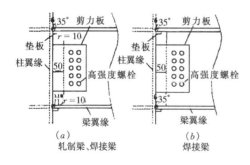

图 8-4-30 直线切割形成的梁端构造

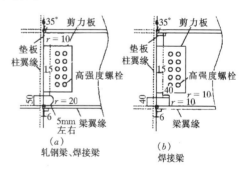

图 8-4-31 下端开切角的梁端构造

和工厂焊接一样，为避免成为脆性破坏的起点，扇形切角端部不得绕焊。此外，当采用垫板时，如图 8-4-32 所示，上翼缘的定位焊缝要避开角焊缝一定距离。为此，定位焊缝以翼缘全宽四分点为中心，作长度 40～60mm 的焊缝，高度 4～6mm。在下翼缘宽度范围内不作定位焊缝，在板宽范围外作定位焊缝，且不得咬肉。采用引弧板时，坡口内的梁翼缘不作定位焊缝。若在梁翼缘坡口

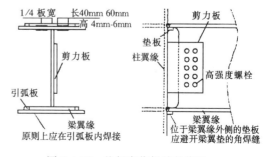

图 8-4-32 垫板定位焊缝的位置

内作定位焊缝，则在正规焊缝施焊时，必需将定位焊缝熔化。

若垫板在外侧，在现场焊接处梁下翼缘的外边缘，地震时将出现很高应力。因此，梁下翼缘全熔透焊缝中第一道焊缝施焊时，应充分注意不得出现熔深不良等缺陷。

四、梁端不开工艺孔的施工方法

在梁端两条焊缝交汇处，必须开扇形切角，这是过去习用的方法。图 8-4-33（a）是现在采用的梁腹板加劲肋切角的做法。为了防止焊缝交汇而作切角，在力学上并无积极意义，因为它将使截面减弱。另外。窄狭部位的绕焊，不但容易使材质恶化，而且端部易产生咬肉。图 8-4-33（b）是造船业中一般采用的做法。

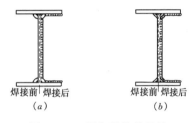

图 8-4-33 梁加劲肋的焊接

（蔡益燕　张锡云等译）

第九章 基于使用要求的结构抗震设计

9.1 引　　言

为减轻房屋建筑的地震破坏，最初的方法是建造有足够承载力的结构，但由于破坏性地震的作用力十分巨大，仅靠提高承载力远远不够；后来，发展了以承载力和变形能力相结合的综合抗震能力的思想，侧重于提高结构的变形能力，即以一定程度的损坏为代价来抵御地震。目前，基于性能的设计已开始引起工程界的注意，采用并发展基于性能要求的设计技术，有助于提高建筑工程抗震设计的可靠性、避免抗震安全隐患。

1. 建筑结构基于性能抗震设计的特点。

基于性能抗震设计与常规抗震设计从设计理念上的比较如表 9-1-1：

常规设计方法与性能设计方法的比较　　　　　　　　表 9-1-1

项　目	常规的抗震设计	基于性能的抗震设计
设防目标	小震不坏、中震可修、大震不倒；小震设计指标明确，大震有位移指标，其余是宏观的性能要求； 按使用功能重要性分甲、乙、丙、丁四类，防倒塌的宏观控制有所区别	按使用功能类别及遭遇地震影响的程度，提出多个预期的性能目标，包括结构的、非结构的、设施的各种具体性能指标 由业主选择具体工程的预期目标
实施方法	按指定的作用和细部构造进行设计； 通过结构布置的概念设计、小震弹性设计、经验性的构造和部分结构大震变形验算，即认为可实现预期的宏观的设防目标	除满足基本要求外，需提出符合预期性能要求的论证，包括结构体系、详尽的分析、抗震措施和必要的试验，并经过专门的评估予以确认
工程应用	目前广泛应用，设计人员已经熟悉。 对适用高度和规则性等有明确的限制，有时可能阻碍技术进步	目前很少采用，设计人员不熟悉，风险大。 为实现各种使用要求的结构设计提供了可能的方法，有利于技术进步和创新

作为一种性能要求，当房屋建筑使用上对损坏程度有特殊要求时，例如需要保护特殊珍贵文物、控制全行业运营的计算机、核工业设施等，依靠隔震和减震的手段，对房屋建筑采取各种隔离地震震动的措施，或在某些部位设置吸收地震能量的装置，可以保证整个建筑的使用功能；为使建筑构件和固定于结构上的附属设备能在强烈地震中不倒塌伤人或影响使用功能，也需要按相应的要求对非结构构件进行抗震设计。这样，隔震、消能减震设计和非结构抗震设计一起，构成了 2001 规范基于使用要求的结构抗震设计。

2. 隔震设计、消能减震设计的基本要求

隔震和消能减震设计与传统抗震设计思路的主要区别如表 9-1-2：

基础隔震设计、消能减震设计和传统抗震设计的对比　　　　表 9-1-2

项　目	传统抗震设计	基础隔震设计	消能减震设计
设防目标	小震不坏、中震可修、大震不倒	上部结构地震作用减少，可减轻损坏，如中震不坏	结构地震位移减少，相应的损坏减轻
结构体系特点	结构各部位可靠连接并与基础刚性连接	上部结构各部位可靠连接，但与基础柔性连接	结构的某些部位设置有阻尼器，其余部位同传统结构
防震手段	提高结构的承载力、整体性和延性，防止局部薄弱破坏	利用隔震层隔离地震能量向上部结构的传递	利用阻尼器吸收结构自身的变形能
地震作用	随结构总刚度而变	上部结构地震作用明显减少	结构总地震作用有所减少
地震变形	控制在中震可修和大震不倒的范围内	隔震层大变形，上部结构变形明显减少	结构的总体变形明显减少，可实现大震可修

隔震和消能减震的手段很多。唐山地震时某些低层建筑被油毛毡垫层所隔离，因上部产生滑移使震害减轻；20世纪70年代，我国学者就建造了圆粒砂层滑移隔震的试点建筑；日本在1987年福岛县地震和1995年阪神地震中均有夹层橡胶垫减少房屋地震反应的记录；在超高层建筑中设置各种阻尼装置减少风力振动也是公认的事实；一些研究还提出用石墨或聚四氟乙稀形成摩擦滑移隔震、钢滚珠隔震、悬吊隔震、水浮法隔震等方法。目前，较为成熟的技术是采用夹层橡胶垫基础隔震和各种粘滞阻尼器的消能减震方法。

适应工程设计的要求，2001规范专门增加了有关的章节，要求根据建筑抗震设防类别、抗震设防烈度、场地条件、建筑结构方案和使用要求，与采用抗震设计的设计方案进行技术、经济可行性的对比分析后，确定是否采用隔震和消能减震设计方案。规范从适用范围、设防目标、隔震和减震元件的选型和布置、建筑结构布置、隔震减震程度的确定，到隔震减震后结构地震作用计算和抗震构造措施均做了原则的规定，尤其对目前较成熟的橡胶垫隔震技术的关键问题提出了明确的要求。

(1) 橡胶垫隔震设计时，提供了分部设计法和水平向减震系数。在设计方法上建立起了一座联系抗震设计和隔震设计之间的桥梁，力图在隔震设计中运用人们已经熟悉的抗震设计知识和抗震技术：根据预期的"水平向减震系数"，确定隔震垫的数量、型号和平面布置，隔震层的位移控制及相关管线的处理，以及隔震层顶部梁板的设计；再根据"水平向减震系数"减少后的水平地震作用和不减少的竖向地震作用按常规方法进行上部结构的抗震计算并采取相应抗震构造措施；最后按隔震后上部结构底部在大震下的受力和位移对隔震层以下的基础或下部结构进行复核，确保大震下的安全和隔震效果的实现。

(2) 消能减震设计时，应根据罕遇地震下或设防烈度下预期的结构位移控制要求，在适当的位置双向或单向设置消能部件，如消能器（可采用速度相关型、位移相关型或其他类型）及斜撑、墙体、梁或节点等支承构件组成，通过增大整个结构的阻尼减少结构的地震反应，并对设置消能部件的相关构件进行细部构造设计。

3. 非结构构件的抗震设计不同于主体结构设计的某些特点

89规范主要对出屋面女儿墙、长悬臂附属构件（雨篷等）等附属于结构的构件抗震计算做了规定；并对围护墙、隔墙、装饰贴面、吊顶等建筑构件的构造做了具体规定。2001规范

明确要求建筑构件和附属机电设备等非结构构件均应进行抗震设计,主要内容是:

(1) 非结构构件抗震设防目标要与主体结构体系的三水准设防目标相协调:容许建筑非结构构件的损坏程度略大于主体结构,但不得危及生命。

(2) 地震作用应施加于非结构构件的重心处。一般用简化的等效侧力法计算;某些附属设备需考虑非结构构件与主体结构的相互作用,用"楼面谱"方法计算。

(3) 建筑非结构构件的抗震构造,应从材料、选型和布置等方面综合考虑,并加强与主体结构的连接。

(4) 附属机电设备的抗震构造,应综合考虑布置和连接形式的选择,其基础和连接件应能将地震作用全部传递到主体结构中,而相应的支承部位也应加强。

9.2 隔震与消能减震结构的设计

一、前 言

2001 规范中增加了"隔震与消能减震"一章。

一般来说,抗震主要着眼于提高结构自身的极限变形能力,达到减轻地震灾害、减少严重破坏、防止发生倒塌的目的。建筑抗震设计中"提高结构的延性"就属于这种情况。

隔震即隔离地震。在建筑物基础与上部结构之间设置一层隔震层,把房屋结构与基础隔离开来。隔离地面运动能量向建筑物的传递,以减小建筑物的地震反应,实现地震时建筑物只发生较轻微运动和变形,从而保证建筑物的安全。

消能减震则是通过在建筑物中设置消能部件(消能部件可由消能器及斜撑、填充墙、梁或节点等组成),使地震输入到建筑物的能量一部分被消能部件所消耗,一部分由结构的动能和变形能承担。以此来达到减少结构地震反应的目的。

隔震体系能够减小结构的水平地震作用,已被国外强震记录所证实。国内外的大量试验和工程经验表明,隔震一般可使结构的水平地震加速度反应降低 60% 左右,从而消除或有效地减轻结构和非结构的地震损坏,提高建筑物及其内部设施和人员的地震安全性,增加了震后建筑物继续使用的功能。采用消能方案不仅可以减少结构在风作用下的位移,对减少结构水平和竖向地震反应也是有效的。

为了适应我国经济发展的需要,有条件地利用隔震和消能减震来减轻建筑结构的地震灾害,是完全可能的。2001 规范主要吸收国内外研究成果中比较成熟的内容,目前仅列入橡胶隔震支座的隔震技术和关于消能减震设计的基本要求。

二、隔震、消能减震技术的使用范围

1. 隔震结构体系的使用范围

(1) 医院、银行、保险、通讯、警察、消防、电力等重要建筑;

(2) 首脑机关、指挥中心以及放置贵重设备、物品的房屋;

(3) 图书馆和纪念性建筑;

(4) 一般工业与民用建筑。

隔震结构体系除了用于首脑机关、医院等地震时不能中断使用的建筑外,一般建筑经

方案比较并按规定的权限批准后，也可采用。在方案比较时需注意：

（1）隔震对于低层和多层建筑比较合适。日本和美国的经验表明，不隔震时基本周期小于 1.0s 的建筑结构效果最好，对于高层建筑效果不大。《规范》对隔震建筑的层数、高度限值如表 9-2-1，抗震墙结构的 40m 限值，参考了日本《隔震结构设计技术标准（草案）》。

隔震建筑高度和层数限值   表 9-2-1

结构类型	高度（m）	层 数
砌体房屋	按比普通砌体结构降一度的限值采用	
钢筋混凝土框架结构	30	十
钢筋混凝土框架-抗震墙、抗震墙结构	40	十二

（2）根据剪切型结构和橡胶隔震支座抗拉性能差的特点，需限制房屋的高宽比（见表 9-2-2），并限制非地震作用的水平荷载，以利于结构的整体稳定性。

隔震建筑的最大高宽比   表 9-2-2

烈度	6	7	8	9
最大高宽比	2.5	2.5	2.5	2.0

（3）国外对隔震建筑工程的较多考察结果表明，硬土场地较适合于隔震建筑；软弱场地滤掉了地震波的中高频分量，延长结构的周期将增大而不是减小其地震反应。墨西哥地震就是一个典型的例子。日本的隔震标准草案规定，隔震建筑只适用于Ⅰ、Ⅱ类场地。我国Ⅰ、Ⅱ、Ⅲ类场地的反应谱周期均较小，故都可建造隔震建筑。

2. 消能减震技术的使用范围

消能减震结构体系宜用于钢、钢筋混凝土及其组合结构房屋。由于消能装置可同时减少结构的水平和竖向地震作用，适用范围较广，结构类型和高度均不必限制。

三、设 计 要 求

1. 隔震结构体系设计的基本要求

（1）隔震层位置宜布置在第一层以下。当位于第一层及以上时，结构体系的特点与普通隔震结构可有较大差异，隔震层以下的结构设计计算也更复杂，需作专门研究。

（2）为便于我国设计人员掌握隔震设计方法，《规范》提出了"水平向换算烈度"的概念，即结构隔震后在设防烈度下的水平地震作用，仅为该结构不隔震时在换算烈度下的水平地震作用的 70%。必须注意，结构所受的地震作用，既有水平向也有竖向，不可将换算烈度误为"等效烈度"。目前的橡胶隔震支座只具有隔离水平地震的功能，对竖向地震没有隔震效果，隔震后结构的竖向地震力可能大于水平地震力，应予以重视并做相应的验算。

（3）隔震建筑上部结构水平地震作用和抗震验算可采用水平向换算烈度，竖向地震作用和抗震验算宜仍按原设防烈度采用。

（4）隔震层的防火措施和穿越隔震层的配管、配线，均有与其特性相关的专门要求。

2. 设计消能结构体系时应注意的问题

（1）消能部件应使结构具有足够的附加阻尼，以满足预期的地震位移要求。附加阻尼比宜大于 10%；超过 20% 时，宜按 20% 计算。

（2）由于消能装置不改变结构的基本形式，因此除消能部件外的结构设计仍可按本《规范》对相应类型结构的要求执行。

四、计算要点

1. 橡胶隔震支座平均压应力限值和拉应力规定

这是隔震层设计的关键之一。《规范》规定,在永久荷载和可变荷载作用下组合的竖向平均压应力设计值,不应超过表9-2-3列出的限值;在罕遇地震作用下,不宜出现拉应力。

橡胶隔震支座平均压应力限值

表 9-2-3

建筑类别	甲类建筑	乙类建筑	其他建筑
平均压应力 (MPa)	10	12	15

根据 Haringx 弹性理论,按屈曲要求,以压缩荷载下使叠层橡胶的水平刚度为零的压应力作为屈曲应力 σ_{cr}。该屈曲应力取决于橡胶的硬度、钢板厚度与橡胶厚度的比值、第一形状系数 S_1 和第二形状系数 S_2 等。

通常,隔震支座中间钢板厚度是单层橡胶厚度之半,比值取为0.5。对硬度为30~60共七种橡胶,以及 $S_1=11$、13、15、17、19、20 和 $S_2=3$、4、5、6、7,累计120种组合进行了计算。其结果表明,满足 $S_1 \geq 15$、$S_2 \geq 5$ 且橡胶硬度不小于40时,最小的屈曲应力值为 34.0MPa。将橡胶支座在地震作用下发生剪切变形后上下钢板投影的重叠部分作为有效受压面积,以该有效受压面积的平均应力达到屈曲应力作为控制橡胶隔震支座稳定的条件,取容许剪切变形为 $0.55D$(D——支座有效直径),则可得规范规定的最大平均压应力

$$\sigma_{max}=0.45\sigma_{cr}=13.5\text{MPa}$$

对 $S_2<5$ 且橡胶硬度不小于40的支座,当 $S_2=4$ 时,$\sigma_{max}=12.1\text{MPa}$;$S_2=3$ 时,$\sigma_{max}=9.3\text{MPa}$。

规定隔震支座中不宜出现拉应力,主要考虑了下列三个因素:

(1) 橡胶受拉后内部出现损伤,降低了支座的弹性性能;
(2) 隔震支座出现拉应力,意味着上部结构存在倾覆危险;
(3) 橡胶隔震支座在拉伸应力下滞回特性的原型实验尚不充分。

2. 水平向换算烈度计算

结构的层间剪力代表了水平地震作用取值及其分布,可用来识别结构的水平向换算烈度。一般情况下,水平向换算烈度应通过结构在隔震和不隔震两种状态下各层最大层间剪力的分析、对比来确定。层间剪力对比计算时,宜采用多遇地震时程分析。当结构隔震后的各层最大层间剪力小于、等于结构不隔震但降低烈度后相应层最大层间剪力的70%时,可取降低后的烈度作为水平向换算烈度。

对多层砌体结构,其自振周期较短;多层砌体结构与其基本周期相当的结构,自振周期按不大于0.4s考虑。二者均可根据地震影响系数曲线来估计其水平地震作用。设结构隔震时的地震影响系数为 α,不隔震时的地震影响系数为 α',则

$$\alpha=\eta_1(T_g/T)^{\gamma}\alpha_{max} \tag{9-2-1}$$

式中 α_{max}——阻尼比0.05的不隔震结构的水平地震影响系数最大值;

η_1、γ——分别为与阻尼比有关的最大值调整系数和下降段指数(《规范》给出了它们的计算式);

T_g——场地反应谱特征周期;

T——隔震结构的基本周期,$T=2\pi\sqrt{G/k_h g}$。

G——上部结构的重力荷载代表值;

k_h——隔震层的水平刚度;

g——重力加速度。

当结构不隔震时的基本周期大于场地反应谱特征周期时

$$\alpha' = (T_g/0.4)^{0.9}\alpha_{max}$$

当结构不隔震时的基本周期小于、等于场地反应谱特征周期时

$$\alpha' = \alpha_{max}$$

为使隔震结构的总水平地震作用不大于烈度降低一度的对应不隔震结构总水平地震作用的70%,需有

$$\alpha \leqslant 0.35\alpha'$$

于是,当不隔震结构的基本周期大于场地反应谱特征周期时,有

$$T \geqslant T_{cr1} = [(2.86\eta_1)^{1/\gamma}(0.4/T_g)^{0.9/\gamma}]T_g \tag{9-2-2}$$

当不隔震结构的基本周期小于、等于场地反应谱特征周期时,有

$$(T/T_g) = (2.86\eta_1)^{1/\gamma} = \lambda_{min}$$

式中 T_{cr1}——隔震的第1临界周期;

λ_{min}——场地反应谱特征周期的最小倍数。

同理,可得降低二度的隔震第2临界周期和场地反应谱特征周期的最大倍数为:

$$T_{cr2} = [(5.71\eta_1)^{1/\gamma}(0.4/T_g)^{0.9/\gamma}]T_g \tag{9-2-3}$$

$$\lambda_{max} = (5.71\eta_1)^{1/\gamma} \tag{9-2-4}$$

当隔震后结构周期 $T = \lambda_{max}T_g$ 时,地震影响系数为 $0.2\alpha_{max}$,因此,确定水平换算烈度时的周期值不得大于该最大倍数值。

以上临界周期和特征周期数值列入表9-2-4。

临界周期和特征周期 表9-2-4

隔震层等效阻尼比	第1临界周期(s)	特征周期最小倍数	第2临界周期(s)	特征周期最小倍数
0.05	1.3	3.2	2.8	6.9
0.10	1.0	2.5	2.3	5.5
0.15	0.88	2.1	2.0	4.8
0.20	0.79	1.8	1.9	4.3
0.25	0.71	1.6	1.7	3.9
0.30	0.70	1.6	1.7	3.8

3. 隔震支座在罕遇地震作用下的水平位移

隔震支座在罕遇地震作用下的水平位移应符合下列要求:

$$u_i = [u_i] \tag{9-2-5}$$

$$u_i = \beta_i u_c \tag{9-2-6}$$

式中 u_i——罕遇地震作用下第 i 个隔震支座的水平位移;

$[u_i]$——第 i 个隔震支座水平位移限值;

u_c——隔震层质心处在罕遇地震下的水平位移;

β_i——隔震层扭转影响系数。

隔震层质心处的罕遇地震水平位移计算,一般宜采用时程分析法。对于砌体结构及与

其基本周期相当的结构可按下式计算：

$$u_c = \lambda_s \alpha_1 G / k_h \tag{9-2-7}$$

式中 λ_s——近场系数，距发震断层 5km 以内，取 1.5；5～10km，取 1.25；10km 以远，取 1.0；

α_1——罕遇地震下，根据等效阻尼比 ζ_{eq} 调整后的地震影响系数。

4. 关于隔震层水平刚度 k_h 和等效粘滞阻尼比 ζ_{eq} 的计算方法。系根据振动方程的复阻尼理论得到的。其实部为水平刚度，虚部为等效粘滞阻尼比。它们是：

$$k_h = \sum k_i \tag{9-2-8}$$

$$\zeta_{eq} = \sum k_i \zeta_i / k_h \tag{9-2-9}$$

式中 k_i——第 i 隔震支座的水平刚度；

ζ_i——第 i 隔震支座的等效阻尼比。

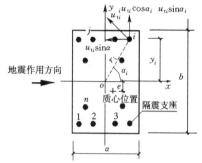

图 9-2-1 扭转示意图

5. 隔震层扭转影响系数 β_i 采用简化计算

仅考虑单向地震作用时，在隔震层顶板为刚性的假定下，由几何关系（图 9-2-1），第 i 支座的水平位移可写为：

$$u_i = \sqrt{(u_c + u_{ti}\sin\alpha_i)^2 + (u_{ti}\cos\alpha_i)^2} \tag{9-2-10}$$

$$= \sqrt{u_c^2 + 2u_c u_{ti}\sin\alpha_i + u_{ti}^2}$$

略去高阶微量，可得

$$u_i = \beta_i u_c$$

$$\beta_i = 1 + \frac{u_{ti}}{u_c}\sin\alpha_i \tag{9-2-11}$$

另一方面，在水平地震作用下第 i 支座的附加水平位移可根据楼层的扭转角与支座至隔震层刚度中心的距离得到；再将隔震层水平刚度与扭转刚度之比用其顶板的几何尺寸之间的关系替代，可得

$$\frac{u_{ti}}{u_c} = \frac{12}{a^2 + b^2} r_i e$$

$$\beta_i = 1 + 12er_i/(a^2 + b^2) \tag{9-2-12}$$

考虑到施工误差，地震剪力的偏心距 e 宜计入偶然偏心距 0.05 倍的边长。

考虑双向地震作用时，可按下列公式中较大值估计：

$$\beta_i = \sqrt{\beta_{ix}^2 + (0.85\beta_{iy})^2} \tag{9-2-13a}$$

或

$$\beta_i = \sqrt{\beta_{iy}^2 + (0.85\beta_{ix})^2} \tag{9-2-13b}$$

式中 β_{ix}——仅考虑 x 方向地震作用时的扭转影响系数；

β_{iy}——仅考虑 y 方向地震作用时的扭转影响系数。

6. 采用底部剪力法或振型分解反应谱法计算消能减震结构的地震作用时，消能减震结构的总刚度应为结构刚度与消能部件有效刚度之和。消能部件给结构附加的有效阻尼比可按下式估算：

$$\zeta_d = W_d / (4\pi W_s) \tag{9-2-14}$$

式中 ζ_d——消能减震结构的附加阻尼比；

W_d——结构中所有消能部件在地震作用下消耗的能量;

W_s——消能减震结构在地震作用下的总变能,$W_s = \frac{1}{2}\sum F_i X_i$;

F_i——质点 i 的水平地震作用标准值;

X_i——质点 i 的水平相对位移。

消能部件消耗的能量,按不同消能器类型采用不同的计算公式。

对于速度线性相关型消能器,有

$$W_d = \frac{2\pi^2}{T_1}\sum C_j \cos\theta_j \Delta u_j \qquad (9\text{-}2\text{-}15)$$

式中 T_1——消能减震结构的基本周期;

C_j——第 j 个消能器的线性阻尼系数;

θ_j——第 j 个消能器消能方向与水平线夹角;

Δu_j——第 j 个消能器两端的相对水平位移。

消能器的阻尼系数和有效刚度与振动周期有关时,可取相应于消能减震结构基本周期的值。

对于位移相关型、速度非线性相关型和其它类型消能器

$$W_d = \sum A_j(\Delta u_j) \qquad (9\text{-}2\text{-}16)$$

式中 $A_j(\Delta u_j)$ 为在相对水平位移 Δu_j 下,第 j 个消能器恢复力滞回环的面积。

消能器的有效刚度可取在相对水平位移 Δu_j 下,恢复力的割线刚度。

五、主要构造措施

1. 为了保证隔震层能够整体协调工作,隔震层顶部应设置平面内刚度足够大的梁板体系。当采用装配整体式钢筋混凝土板时,为使纵横梁体系能传递竖向荷载并协调横向剪力在每个隔震支座的分配,支座上方的纵横梁体系应为现浇。为增大隔震层顶部梁板的平面内刚度,需加大梁的截面尺寸和配筋。

隔震支座附近的梁、柱受力状态复杂,地震时还会受到冲切,因此应加密箍筋;必要时,可配置网状钢筋。

2. 考虑到隔震层对竖向地震作用没有隔震效果,上部结构的构造应比水平向换算烈度的要求有所加强。对砌体结构的局部尺寸、圈梁配筋和构造柱、芯柱的最大间距,以及钢筋混凝土结构的抗震等级划分,《规范》均作了相应的具体规定。

3. 上部结构的底部剪力通过隔震支座传给基础结构。因此,上部结构与隔震支座连接件、隔震支座与基础的连接件,都应具有传递上部结构最大底部剪力的能力。

4. 消能减震建筑中的消能部件应沿结构的两个主轴方向分别设置。消能构件宜设置在层间变形较大的位置。

5. 消能器与斜撑、填充墙、梁或节点的连接,应符合钢构件连接或钢与钢筋混凝土构件连接的构造要求。

(华中理工大学 唐家祥)

9.3 橡胶隔震支座力学性能试验

一、引 言

受《建筑抗震设计规范》编制领导小组的委托，对在《规范》征求意见中各地提出的两个重大问题：关于隔震层大震容许位移为 $0.55D$ 可否放宽？隔震支座水平性能试验的加载频率可否降低？进行试验研究。

二、试 验 内 容

1. $0.05D$ 条件下的极限承载力。
2. 平均竖向压应力 12MPa 时，极限水平位移。
3. 荷载频率对刚度、阻尼特性的影响。
4. $\gamma=0$ 时的竖向极限承载力。

本试验研究中第 4 项工作在中国建筑科学研究院工程抗震研究所进行，主要由曾德民、王崇民、樊水荣、马东辉、苏经宇负责完成。其余试验在华中理工大学土木建筑工程学院进行，主要由唐家祥、李黎、熊世树负责完成。

三、试 样

试验用试样共 18 个，试样有效直径均为 300mm，分有铅芯和无铅芯两类，每类各 9 个。同一类试样中，依橡胶总厚度不同又分成 4 组，各组的第一形状系数均为 18.75，第二形状系数分别为 3.0、4.0、5.0、5.8。试样详细参数列于表 9-3-1 中。

试样主要参数 表 9-3-1

型 号	有效直径(mm) D	支座高(mm) H	钢板厚度(mm) $n \times t_g$	橡胶厚度(mm) $n \times t_r$	铅芯直径(mm) d	第二形状系数 S_2
PXΦ320-Ⅰ	300	184	24×2.0	25×4.0	20	3.0
PXΦ320-Ⅱ	300	148	18×2.0	19×4.0	20	4.0
PXΦ320-Ⅲ	300	124	14×2.0	15×4.0	20	5.0
PXΦ320-Ⅳ	300	112	12×2.0	13×4.0	20	5.8
PΦ320-Ⅰ	300	184	24×2.0	25×4.0		3.0
PΦ320-Ⅱ	300	148	18×2.0	19×4.0		4.0
PΦ320-Ⅲ	300	124	14×2.0	15×4.0		5.0
PΦ320-Ⅳ	300	112	12×2.0	13×4.0		5.8

注：PXΦ——普通铅芯圆形橡胶隔震支座，PΦ——普通圆形橡胶隔震支座。

带铅芯试样由汕头宇泰减震科技有限公司提供，无铅芯试样由无锡圣丰减震器厂提供。

四、试 验 方 法

除第四项试验采用单试样纯压状态外，其余试验均采用双试样双剪状态进行试验，如图 9-3-1 所示。

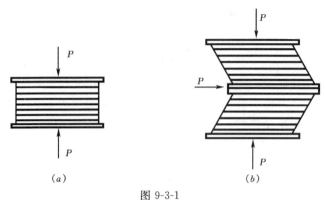

图 9-3-1
(a) 单试样纯压；(b) 双试样双剪

1. 0.55D 条件下的极限承载力
(1) 试样垂直就位；
(2) 加垂直力 1.0MPa（35.3kN）后，加水平力，推至 0.55D 位置；
(3) 解除水平推力加载系统中的受拉约束，使系统处于只能受压不能受拉的状态；
(4) 逐级缓慢施加垂直荷载，记录垂直荷载与水平推力曲线；
(5) 找水平力为零时对应的垂直荷载，即为屈曲荷载。

2. 平均竖向压应力 12MPa 时，极限水平位移
(1) 试样垂直就位；
(2) 加垂直力至 12.0MPa；
(3) 逐级缓慢施加水平力，记录水平力和水平位移曲线，至试样破坏；
破坏标准：试样出现裂纹；水平位移迅速增加；试样突发性被剪断。

3. 加载频率对刚度、阻尼特性的影响
(1) 试样垂直就位；
(2) 按给定频率、给定剪切变形施加水平力，记录水平力和水平位移曲线，确定试样刚度、阻尼比；
(3) 改变水平力加载频率，重复第（2）款试验。

4. $\gamma=0$ 时的竖向极限承载力
(1) 试样垂直就位；
(2) 分级缓慢施加竖向荷载，记录竖向荷载—竖向位移曲线；
(3) 确定竖向极限承载力。

五、试 验 结 果

1. 0.55D 条件下的极限承载力。

试验发现，在 $\gamma=0.55D$ 的状态下橡胶隔震支座具有较低的竖向屈曲应力。在此屈曲压应力下，支座的水平刚接近于零，支座失去抗剪能力，表现为在微小的水平力作用下，支座发生很大的水平位移。各试样屈曲压应力如表 9-3-2。试验记录参见附图 9-3-1 和图 9-3-2。

9.3 橡胶隔震支座力学性能试验

屈曲压应力试验值 表 9-3-2

试 样	S_2	屈曲压应力 σ_{Vcr}/MPa	试 样	S_2	屈曲压应力 σ_{Vcr}/MPa
PΦ320-Ⅰ	3.0	18.7	PΦ320-Ⅲ	5.0	38.9
PΦ320-Ⅱ	4.0	水平位移未推到 0.55D 支座破坏	PΦ320-Ⅳ	5.8	38.2
PXΦ320-Ⅱ	4.0	22.8			

2. 平均竖向压应力 12MPa 时，支座的极限水平位移。

试验结果列于表 9-3-3。试验记录参见附图 9-3-2。

极限水平位移试验值 表 9-3-3

试 样	S_2	支座直径/mm D	橡胶总厚度/mm nt_r	极限水平位移/mm
PXΦ320-Ⅰ	3.0	300	100	185.06 (相当于 $0.617D$, $1.86nt_r$)
PXΦ320-Ⅲ	5.0	300	60	183.69 (相当于 $0.612D$, $3.06nt_r$)
PXΦ320-Ⅳ	5.8	300	52	179.88 (相当于 $0.60D$, $3.46nt_r$)

3. 加载速率对支座刚度、阻尼特性的影响。

进行此项试验的试样是：PΦ320-Ⅲ 和 PXΦ320-Ⅲ，它们具有相同的 S_1，S_2 和橡胶总厚度 nt_r，其值分别为：$S_1=18.75$，$S_2=5.0$，$nt_r=60$mm。$\gamma=50\%$ 和 $\gamma=100\%$ 两种位移状态试验结果列于表 9-3-4、表 9-3-5。表中 f 是水平加载频率，量纲为 Hz。PΦ320-Ⅲ 的试验记录参见附图 9-3-3，PXΦ320-Ⅲ 的试验记录参见附图 9-3-4。

加载频率对刚度、阻尼的影响（PΦ320-Ⅲ） 表 9-3-4

试 样	水平刚度 k (kN/mm)						阻尼比 ζ (%)					
	$f=0.01$	$f=0.05$	$f=0.1$	$f=0.2$	$f=0.3$	$f=0.4$	$f=0.01$	$f=0.05$	$f=0.1$	$f=0.2$	$f=0.3$	$f=0.4$
$\gamma=50\%$	0.38		0.41	0.40	0.42	0.40	1		3	3	2	3
$\gamma=100\%$	0.37	0.38	0.39	0.38	0.39	0.40	2	2	3	3	3	4

加载频率对刚度、阻尼的影响（PXΦ320-Ⅲ） 表 9-3-5

试 样	水平刚度 k (kN/mm)						阻尼比 ζ (%)					
	$f=0.01$	$f=0.05$	$f=0.1$	$f=0.2$	$f=0.3$	$f=0.4$	$f=0.01$	$f=0.05$	$f=0.1$	$f=0.2$	$f=0.3$	$f=0.4$
$\gamma=50\%$	0.50	0.51	0.56	0.56	0.60	0.55	12	12	12	12	10	12
$\gamma=160\%$	0.51	0.49	0.49	0.47	0.49	0.50	9	10	10	10	9	8

4. $\gamma=0$ 时的竖向极限承载力。

本项试验的试件共八个，有效直径均为 300mm，有铅芯型 4 件，无铅芯型 4 件。型号分别为 PXΦ320-Ⅰ、PXΦ320-Ⅱ、PXΦ320-Ⅲ、PXΦ320-Ⅳ 和 PΦ320-Ⅰ、PΦ320-Ⅱ、PΦ320-Ⅲ、PΦ320-Ⅳ。

在加载过程中，从外观上看，都要大致经过下列几个阶段：出现变形、变形明显、出现扭曲变形、扭曲变形明显、扭曲变形非常严重、变形不稳定、丧失承载能力等。对于具有不同二次形状系数 S_2 的试件，各个阶段出现的早晚、荷载的大小、变形的大小等均有很大的不同。二次形状系数 S_2 越大，性能越好，并且卸载后残余变形越小。

典型的轴压试验结果见附图 9-3-5（图标中"99-5-20"和"99-7-5"表示日期，后接"-x"表示试件编号，"x"后接"-y"表示不同的百分表读数）。

各试件竖向承载力的试验结果见表 9-3-6。

$\gamma=0$ 时试件的竖向极限承载力　　　　　　　　　　　表 9-3-6

试　件	S_2	竖向弹性极限承载力（MPa）	竖向极限承载力（MPa）
PXΦ 320-Ⅰ	5.8	49.5	63.6
PXΦ 320-Ⅱ	5.0	49.5	63.6
PXΦ 320-Ⅲ	4.0	49.5	56.6
PXΦ 320-Ⅳ	3.0	35.4	49.5
PΦ 320-Ⅰ	5.8	63.6	92.0
PΦ 320-Ⅱ	5.0	63.6	84.9
PΦ 320-Ⅲ	4.0	63.6	77.8
PΦ 320-Ⅳ	3.0	49.5	63.6

六、初　步　结　论

1. 由表 9-3-2 看出：如果支座满足 $S_2 \geqslant 5.0$ 时，极限竖向压应力约为 38.0MPa，与规范规定的橡胶隔震支座压应力设计值 15.0MPa 的比值为 2.5，有足够的安全储备。但当 S_2 较小时，这一储备迅速降低，有：

S_2　　极限压应力/压应力设计值
4.0　　2.1
3.0　　1.2

规范指出：当 $S_2 < 5.0$ 时应适当降低设计压应力取值，是恰当的。

2. 关于罕遇地震验算时，橡胶隔震支座水平位移限值不宜超过该支座橡胶直径的 0.55 倍和支座橡胶总厚度的 3.0 倍二者的较小值问题。

从表 9-3-3 看出：S_2 在 3.0~5.8 间的变化，支座的极限水平位移都略高于 0.6 倍橡胶直径。但随着 S_2 的降低，极限位移与橡胶总厚度的比值迅速减小，甚至远低于橡胶直径的 3.0 倍。因此，《规范》征求意见稿的规定不应放宽。

3. 考察多遇地震（$\gamma=50\%$）情况。就无铅芯橡胶隔震支座而言，从表 9-3-4 可知，水平荷载频率对支座刚度的影响约为 10%；对阻尼的影响虽可达到 50%~100%，但其绝对值较小。表 9-3-5 列出的铅芯橡胶隔震支座情况看，荷载频率对支座刚度影响较大，可达 20%，但对阻尼的影响甚微。

（华中理工大学土木工程学院，中国建筑科学研究院抗震所）

9.3 橡胶隔震支座力学性能试验

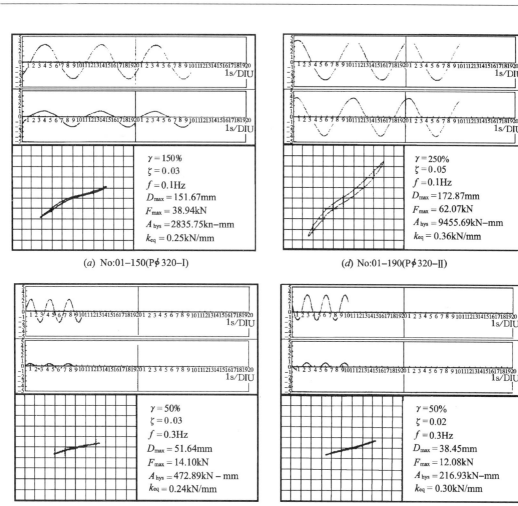

(a) No:01-150(Pϕ320-I)

(b) No:03-50(Pϕ320-I)

(c) 0.55D(Pϕ320-I)

(d) No:01-190(Pϕ320-II)

(e) No:03-38(Pϕ320-II)

试验失败。水平位移至170mm时，试样破坏。

(f) 0.55D状态(Pϕ320-II)

附图 9-3-1 无铅芯类试验记录

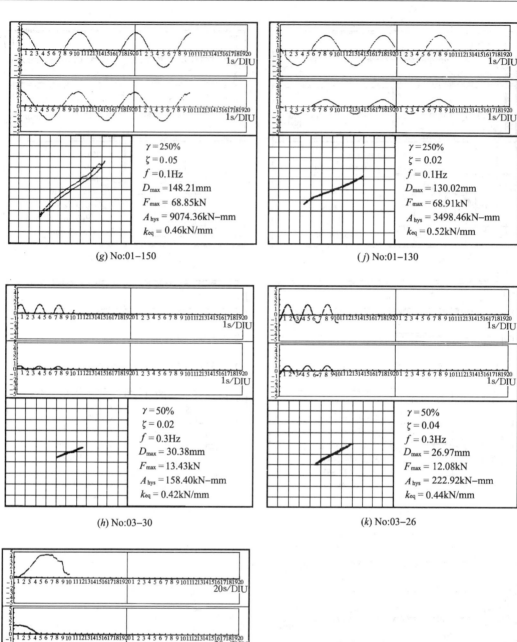
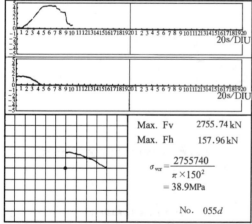

附图 9-3-1 无铅芯类试验记录（续）

9.3 橡胶隔震支座力学性能试验

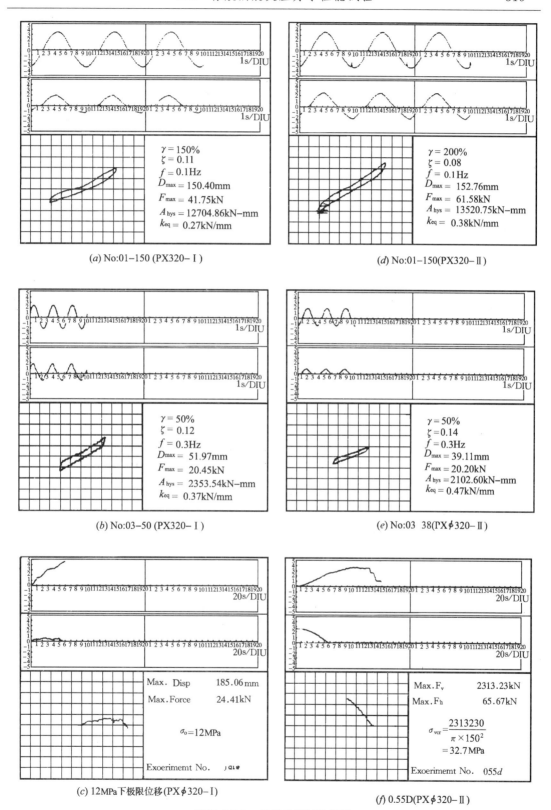

附图 9-3-2 有铅芯类试验记录

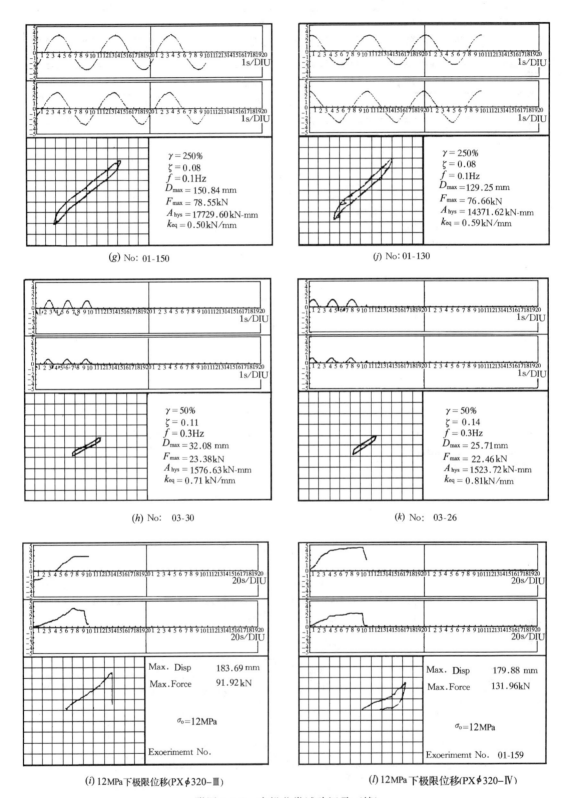

附图 9-3-2 有铅芯类试验记录（续）

9.3 橡胶隔震支座力学性能试验

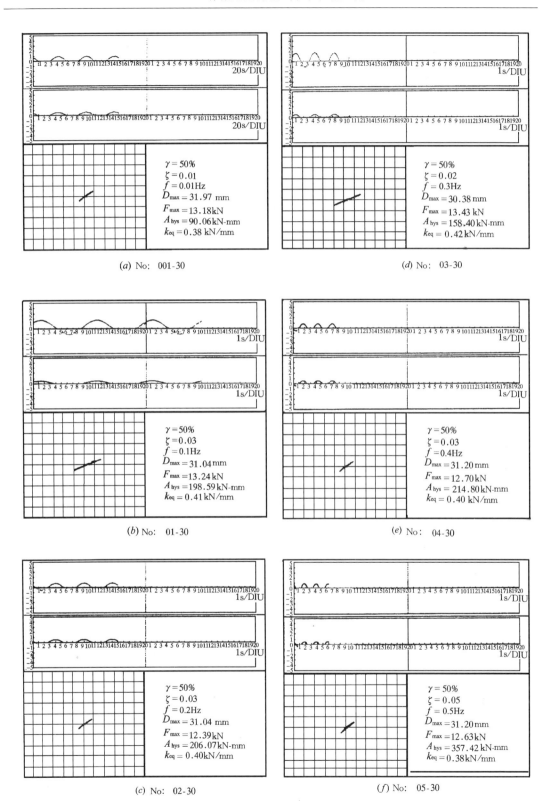

附图 9-3-3 荷载频率对刚度、阻尼的影响（Pφ320-Ⅲ）

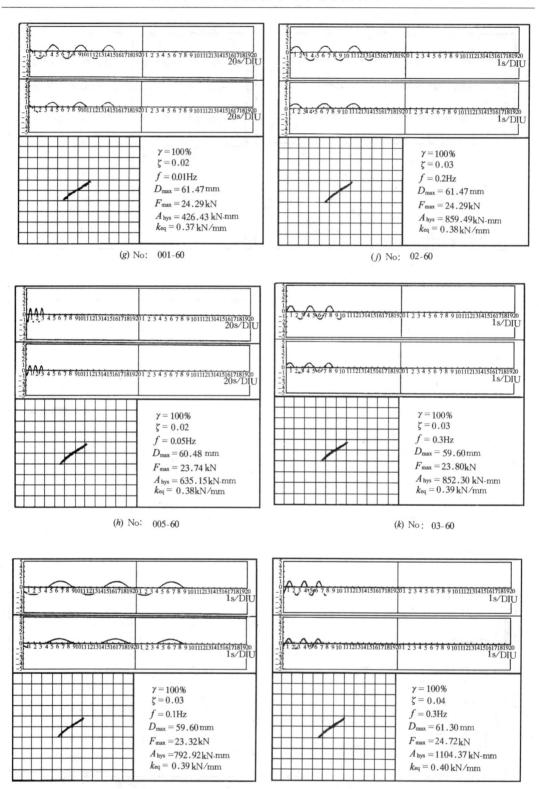

附图 9-3-3 荷载频率对刚度、阻尼的影响（Pφ320-Ⅲ）（续）

9.3 橡胶隔震支座力学性能试验

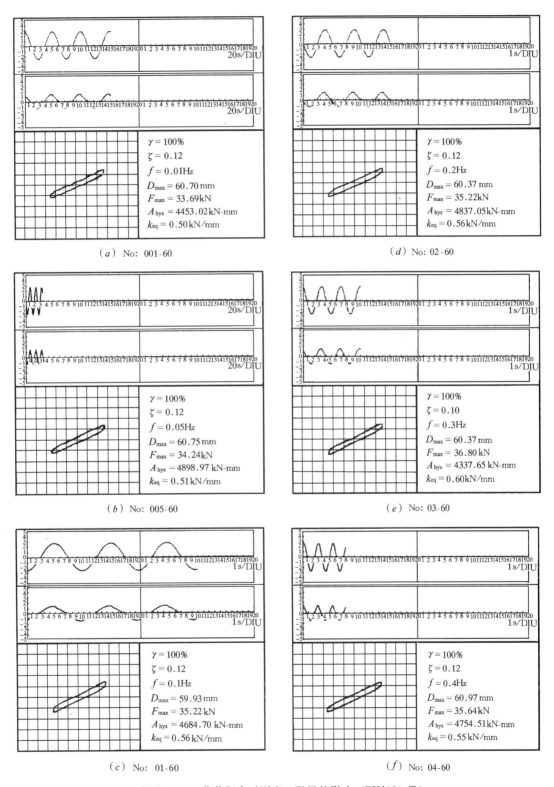

附图 9-3-4 荷载频率对刚度、阻尼的影响（PXφ320-Ⅲ）

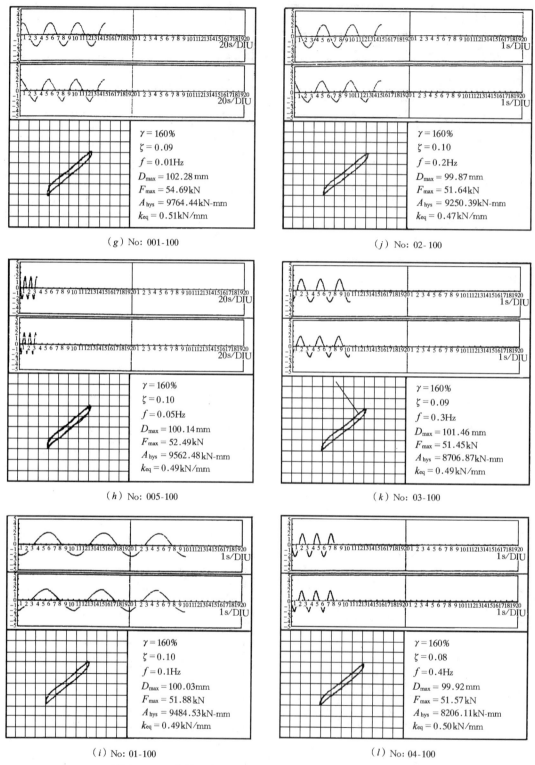

附图 9-3-4 荷载频率对刚度、阻尼的影响（PXφ320-Ⅲ）（续）

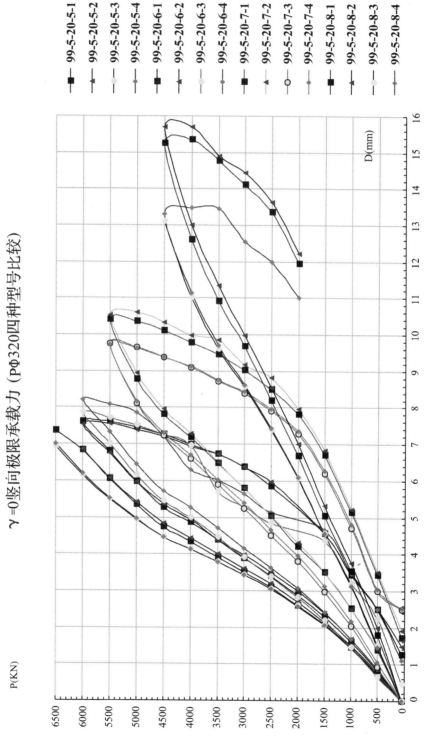

附图 9-3-5 典型轴压试验曲线

9.4 消能减震结构的设计

9.4.1 基本设计方法

一、前　言

消能减振结构主要指在结构中设置被动消能器或调谐阻尼器的结构。消能器具有消能能力强、低周疲劳性能好的特点；调谐阻尼器能耗散结构某个或某些振型振动的部分能量，没有突出的疲劳效应。地震时，消能器或调谐阻尼器耗散部分结构振动的能量，从而减轻结构的地震反应和损伤。近25年来研究和应用的消能器主要有粘滞、粘弹、金属屈服和摩擦等四种类型，其中前两类消能器的特性与速度有关，称为速度相关型，后两类的恢复力具有滞变特性，称为滞变型；调谐阻尼器主要包括调谐质量和调谐液体两类阻尼器[1]。

近年来，许多被动消能减振装置已经安装在世界多幢土木结构中，作为提高新建结构抗震能力或已有结构抗震加固的措施。许多国家已经制定或正在制定结构被动消能减振的设计指南或设计规范[1]，我国正在修订的建筑结构抗震设计规范也增加隔震和消能减振的内容。本文在国内外大量研究的基础上结合我国建筑结构设计规范，研究消能减振结构的抗震设计方法。

由于调谐质量阻尼器的减振效果与结构的振型频率密切相关，在罕遇地震作用下结构一般都将进入非线性状态、没有固有的振型频率，因此，本文研究的消能减振结构不包括设置调谐阻尼器的结构。

二、消能器的等效线性阻尼和刚度

1. 速度相关型线性消能器

速度相关型线性消能器的力与位移和加速度的关系一般可以表示为[1]

$$F_d = c_d \dot{X} + k_d X \quad (9\text{-}4\text{-}1)$$

式中 c_d 和 k_d 分别是消能器的阻尼系数和刚度；X 和 $\dot{X}$ 分别是消能器的相对位移和相对速度。

对于粘滞消能器，$c_d = c_{vs}$ 是消能器的粘滞阻尼系数、$k_d = 0$。粘滞消能器的阻尼系数 c_{vs} 由消能器产品型号给定或试验确定。

粘弹性消能器通常用夹层固体粘弹性材料的往复剪切变形来耗散能量。对于这类粘弹性消能器，$c_d = c_{vs}(\omega)$ 和 $k_d = k_{vs}(\omega)$，且

$$c_{vs}(\omega) = \frac{\eta(\omega)\ G(\omega)\ A}{\omega \delta} \qquad k_{vs}(\omega) = \frac{G(\omega)\ A}{\delta} \quad (9\text{-}4\text{-}2)$$

式中 $\eta(\omega)$ 和 $G(\omega)$ 分别是粘弹性材料的损失因子和剪切模量，一般与频率和温度有关，由实际出产的粘弹性材料特性曲线确定；A 和 δ 分别是粘弹材料层的受剪面积和厚度；ω 是结构振动的频率，对于多自由度结构，建议 ω 取结构弹性振动的基本固有频率。

速度相关型线性消能器与斜撑等串联使用时，为了充分发挥消能器的消能减振效果，串联斜撑构件在消能器往复变形方向的刚度宜符合下式要求[2]：

$$k_b \geqslant 10 c_v \left(1+\frac{1}{T_1}\right) \tag{9-4-3}$$

式中 T_1 是结构基本固有周期。消能器串联构件满足式（9-4-3）要求时，可以忽略串联构件刚度对消能器相对变形的影响。

2. 滞变形消能器

滞变型消能器的力与变形的关系一般可用折线型或光滑型滞变恢复力模型表示。当消能器与斜撑等串联使用时，消能器刚度应计及串联构件刚度的影响，这种影响可以将消能器与其串联构件合成一个单元建立总恢复力模型来考虑[2]。

1979 年 Iwan 等人比较了滞变恢复力的九种等效线性化方法的精度，认为基于割线刚度和消能的等概率幅值平均的等效线性化方法具有较好的精度[3]，在此基础上，考虑多自由度消能减振结构的特点，我们提出割线刚度和阻尼系数等概率幅值平均的等效线性化方法，即滞变消能器的等效线性阻尼和刚度可按下式计算：

$$c_{ks} = \frac{1}{X_m}\int_0^{X_m} c(a)\, da = \frac{1}{\pi \omega X_m}\int_0^{X_m} \frac{\Delta W(a)}{a^2}\, da \tag{9-4-4a}$$

$$k_{ks} = \frac{1}{X_m}\int_0^{X_m} k(a)\, da \tag{9-4-4b}$$

式中，$c(a)$、$k(a)$ 和 $\Delta W(a)$ 分别是消能器的滞变恢复力在位移幅值为 a 时的等效线性阻尼、割线刚度和恢复力曲线包围的面积[4]；X_m 是地震作用时消能器的最大相对位移；ω 与式（9-4-2）中的相同。

于是，滞变消能器的等效线性恢复力仍可表示为式（9-4-1）的形式，只是 $c_d = c_{ks}$ 和 $k_d = k_{ks}$。大多数滞变形消能器的恢复力都可近似地用双线性模型描述，于是，按式（9-4-4）可相应地得到消能器的等效阻尼和刚度如下：

$$c_{ks} = \begin{cases} 0 & X_m \leqslant x_{ky} \\ \dfrac{4(1-a)\, k_{k0} x_{ky}}{\pi \omega X_m}\left(\dfrac{x_{ky}}{X_m}+\ln\dfrac{X_m}{x_{ky}}-1\right) & X_m > x_{ky} \end{cases} \tag{9-4-5a}$$

$$k_{ks} = \begin{cases} k_{k0} & X_m \leqslant x_{ky} \\ a k_{k0} + (1-a)\, k_{k0}\dfrac{x_{ky}}{X_m}\left(1+\ln\dfrac{X_m}{x_{ky}}\right) & X_m > x_{ky} \end{cases} \tag{9-4-5b}$$

式中 k_{k0}、x_{ky} 和 a 分别是滞变型消能器的初始刚度、屈服位移和第二刚度系数。

由式（9-4-5）可以看出，当滞变消能器的最大地震位移小于或等于其屈服位移时，消能器只给结构附加刚度而不附加阻尼。

设置于结构层间、可简化为双线性恢复力的滞变型消能器宜按以下范围的参数值选型或设计[2]：

$$\left.\begin{array}{l} k_{k0} = [2, 5],\ \dfrac{x_{ky}}{x_y} \leqslant \dfrac{2}{3} \\[2mm] 且\ \dfrac{k_{k0}}{k_0} \cdot \dfrac{x_{ky}}{x_y} = [1.25, 1.5] \end{array}\right\} \tag{9-4-6}$$

式中 k_0 和 x_y 分别是消能器所在结构层的初始刚度和屈服位移。

3. 滞变型消能器恢复力等价线性化的精度

为了比较滞变型消能器等效线性化方法的精度，考虑设置滞变型消能器的单层剪切型框架结构。结构的质量 $m=80t$、层刚度 $k_0=16kN/cm$、阻尼比 $\zeta_0=1\%$。滞变消能器与斜撑串联，消能器的屈服位移 $x_{ky}=0.6cm$、第二刚度系数 $a_k=0$。输入地震波分别为 El Centro（SN）波、Taft（N21E）波和天津（EW）波。

图 9-4-1（a）、（b）分别给出了 El Centro（SN）波和天津（EW）波作用下 Iwan 等人提出的割线刚度和消能平均法、本文提出的割线刚度和阻尼平均法以及直接用消能器的滞变恢复力曲线进行时程分析的精确法计算的上述消能减振结构地震位移反应［Taft（N21E）波作用下有类似的情况］，计算结果的比较表明，本文提出的等效线性化方法比 Iwan 等人的方法具有更好的精度，适合用于滞变消能器的等效线性化。

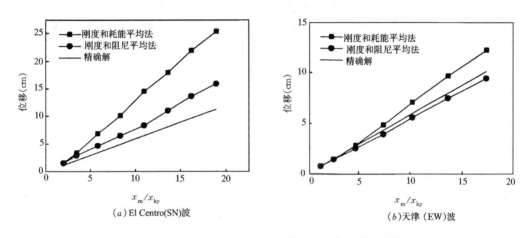

图 9-4-1 滞变型消能器恢复力等价线性化的精度比较

三、消能减振结构地震反应分析的振型分解法

1. 方法的提出

利用上节消能器的等效阻尼和刚度，消能减振结构在地震作用下弹性振动的运动方程总可以表示为

$$M_s\ddot{X}+(C_s+C_d)\dot{X}+(K_s+K_d)X=-M_sI\ddot{X}_g(t) \quad (9-4-7)$$

式中 M_s、C_s 和 K_s 分别是原结构的质量、刚度和阻尼矩阵；C_d 和 K_d 分别是消能器给结构附加的阻尼和刚度矩阵；X 是消能减振结构的位移向量，$\ddot{X}_g(t)$ 是地震地面运动加速度；I 是单位列向量。

由消能减振结构的质量阵 M_s 和总刚度阵 (K_s+K_d) 总可以求得其频率向量和振型矩阵：

$$\omega=\{\omega_1,\omega_2,\cdots,\omega_n\}$$
$$\Phi=\{\Phi_1,\Phi_2,\cdots,\Phi_n\}$$

原结构的阻尼矩阵 C_s 通常假定是正交的，即

$$\Phi_i^T C_s \Phi_j = \begin{cases} C_{si}^* & i=j \\ 0 & i\neq j \end{cases} \quad (9-4-8)$$

式中 C_{si}^* 称为结构第 i 振型广义阻尼。

消能器给结构附加的阻尼矩阵 C_i 通常不满足式（9-4-8）那样的正交性条件，但是，作为近似处理，我们忽略 C_d 的非正交项，则有

$$\Phi_i^T C_s \Phi_j \approx \begin{cases} C_{di}^* & i=j \\ 0 & i \neq j \end{cases} \quad (9\text{-}4\text{-}9)$$

于是，方程（9-4-7）可以写成以下形式的广义坐标运动方程：

$$\ddot{Y}_i + 2(\zeta_{ai} + \zeta_{di})\omega_i \dot{Y}_i + \omega_i^2 Y_i = \frac{1}{M_i^*} P_i^*(t) \quad (9\text{-}4\text{-}10)$$

式中 ζ_{ai} 和 ζ_{di} 分别是结构的第 i 振型阻尼比和消能器给结构附加的第 i 振型阻尼比，即

$$\zeta_{ai} = \frac{1}{2\omega_i M_i^*} \Phi_i^T C_a \Phi_i \quad (9\text{-}4\text{-}11)$$

$$\zeta_{di} = \frac{1}{2\omega_i M_i^*} \Phi_i^T C_d \Phi_i \quad (9\text{-}4\text{-}12)$$

M_i^* 是结构第 i 振型广义质量；$P_i^*(t)$ 是相应于式（9-4-7）右端的第 i 振型广义地震作用。我们把这样忽略非正交阻尼阵的非正交项的方法也称为非正交阻尼强行解耦法。

2. 适用性条件

在式（9-4-9）中忽略消能器给结构附加的阻尼矩阵 C_d 的非正交项将给计算结果带来一定误差。1977 年英国 Nottingham 大学 Warburton 和 Soni[5] 研究了非经典阻尼矩阵忽略非正交项的误差问题，提出了这种方法的以下适用条件：

$$\zeta_j \leqslant 0.05 \left| \frac{b_{jj}}{2b_{js}} \left(\frac{T_j^2}{T_s^2} - 1 \right) \right|_{\min_{i \neq j}} \quad (j=1, 2, \cdots, n) \quad (9\text{-}4\text{-}13)$$

式中 ζ_j 是类似式（9-4-9）忽略非正交项求得的阻尼比；b_{js}（$j, s=1, 2, \cdots, n$）是矩阵 $B = M^{*-1} C^*$ 的元素，其中 M^* 是结构的广义质量矩阵、C^* 是与结构非经典阻尼矩相应的广义阻尼矩阵。

大量计算表明，当式（9-4-13）满足时，忽略非经典阻尼矩阵非正交项的结构反应误差不超过 10%，大多数情况下误差不超过 5%，既使振型阻尼比 ζ_j 大于 20% 时仍能保持这样的精度[5]。

3. 消能减振结构振型分解法的精度

消能减振结构地震反应分析的振型分解法是对消能减振结构非正交阻尼矩阵强行解耦的方法。为了比较这种方法的精度，考虑图 9-4-2 所示消能器在十层杆系框架结构中四种不同设置方式的情况。结构层质量均为 64t、柱的刚度 EI 均为 $16.48 \times 10^7 \text{kN} \cdot \text{cm}^2$。梁的刚度 EI 均为 $8.24 \times 10^7 \text{kN} \cdot \text{cm}^2$，结构层高 4m、跨度 8m；结构第一振型阻尼比为 1%。消能器为粘滞消能器，每个消能器的粘滞阻尼系数 c_v 均为 $80 \text{kN} \cdot \text{s/cm}$。输入地震波分别为 El Centro（SN）波、Taft（N21E）波和天津（EW）波。

图 9-4-3（a）~（d）给出了 El Centro（SN）波作用于相应于消能器四种不同设置方式的结构地震反应的振型分解法和时程分析精确法计算的结果[Taft（N21E）波和天津（EW）波作用下有类似的情况]。基于消能器附加阻尼矩阵强行解耦的消能减振结构地震反应分析的振型分解法具有很高的精度。

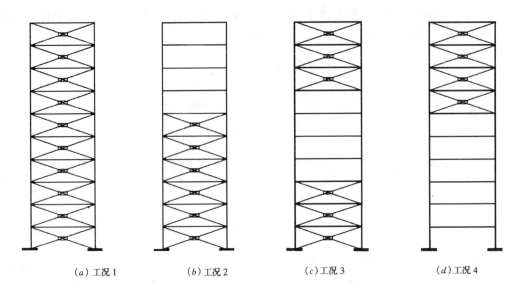

(a) 工况 1　　(b) 工况 2　　(c) 工况 3　　(d) 工况 4

图 9-4-2　十层框架结构中消能器的不同设置方式

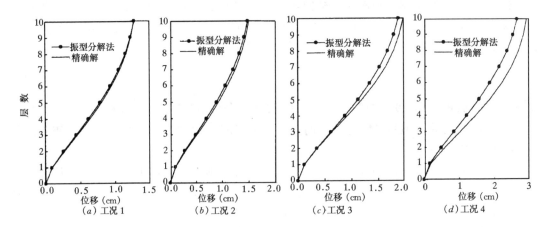

(a) 工况 1　　(b) 工况 2　　(c) 工况 3　　(d) 工况 4

图 9-4-3　消能减振结构振型分解法的精度比较 [El Centro (SN) 波]

十层消能减振结构的地震反应计算误差　　　　　表 9-4-1

工况号	ζ_1	D_1	最大误差（%）		
			El Centro	Taft	天津
1	0.309	0.498	8.39	8.04	9.40
2	0.246	0.322	10.01	3.92	5.49
3	0.146	0.710	6.83	2.60	2.75
4	0.073	0.053	10.59	10.59	12.08

注：表中最大误差 $= \left\{ \left| \dfrac{x_j^1 - x_j^0}{x_j^0} \right| \times 100 \right\}_{\max}$，$x_j^1$ 和 x_j^0 分别为第 j 层最大相对位移的强行解耦解和精确解；

$D_1 = 0.05 \left| \dfrac{b_{11}}{2b_{1s}} \left(\dfrac{T_1^2}{T_s^2} - 1 \right) \right|_{\substack{\min \\ s \neq j}}$

为了考察式（9-4-13）应用于消能减振结构中的可行性，我们把各种工况下第一振型阻尼比 ζ_1、D_1（见表 9-4-1 注）和强行解耦法的误差列入表 9-4-1 中。从表中计算结果可以看出，前三种工况的误差都在 10% 以内，且前三种工况都满足 $\zeta_1 \leqslant D_1$，而第四种工况则不满足，因而有较大误差。由此看来式（9-4-17）、式（9-4-18）所确定的强行解耦法的适用条件应用于消能减振结构也是可行的。当然，还需要作更广泛的计算研究，以考虑这个适用条件在各种不同结构参数、不同消能器参数、不同地震波作用下对计算误差的控制作用。

4. 粘弹性消能减振结构的振型阻尼比

对于设置粘弹性消能器的结构，附加阻尼矩阵 C_d 和 K_d 的元素分别由式（9-4-2）中的 $c_{vs}(\omega)$ 和 $k_{vs}(\omega)$ 组成，因此，C_d 和 K_d 总有以下关系：

$$C_d = \frac{\eta(\omega)}{\omega} K_d \tag{9-4-14}$$

相应的附加振型阻尼比则为

$$\zeta_{di} = \frac{1}{2\omega_i M_i^*} \cdot \frac{\eta(\omega)}{\omega} \Phi_i^T K_d \Phi_i \tag{9-4-15}$$

若在以计算附加的第 i 振型阻尼比时取 $\omega = \omega_i$，并注意到 $\omega_i^2 = K_i^* / M_i^*$，其中 K_i^* 是结构第 i 振型广义刚度，且 $K_i^* = \Phi_i^T (K_s + K_d) \Phi_i$，则上式变成

$$\zeta_{di} = \frac{\eta(\omega_i)}{2} \cdot \frac{\Phi_i^T K_d \Phi_i}{\Phi_i^T (K_s + K_d) \Phi_i} \tag{9-4-16}$$

式（9-4-16）与文献 [6] 中基于模态应变能导出的振型阻尼比计算式一致。这一结果表明，对于粘弹性消能减振结构，基于模态应变能的振形分解法[6]实质上与本文直接用粘弹性消能器的附加阻尼矩阵近似满足正交性条件的结果是一致的。

5. 强行解耦法在建筑抗震规范中的应用

美国应用技术协会（ATC）在正在组织制订的建筑加固规范（简称《美国加固规范》）[7]的第九章——隔震与消能减振（Seismc Isolation and Energy Dissipation）中，消能器给结构附加的振型阻尼比统一按下计算：

$$\zeta_{0j} = \frac{W_{0j}}{4\pi W_{pj}} \tag{9-4-17}$$

式中 W_{0j} 是消能器相应于第 j 振型位移的耗散能量；W_{pj} 是被加固建筑（包括消能体系）的第 j 振型模态应变能。

显然，式（9-4-17）也是非正交阻尼强行解耦的振型阻尼比计算公式。《美国加固规范》并未限制式（9-4-17）的适用条件，从而默认了非正交阻尼强行解耦法在消能减震结构中的一般适用性。

6. 强行解耦法在隔震中的应用

对于隔震体系，隔震层与结构层的刚度和阻尼都相差很大，所以隔震体系的阻尼非正交性比消能减震结构似乎更为显著。在上述《美国加固规范》中，对于隔震体系抗震设计反应谱法采用了简化且保守的阻尼比计算方法：第一振型阻尼比采用隔震层阻尼比，高阶振型阻尼比采用上部结构的振型阻尼比。

美国加州 Berkeley 大学 Kelley 在他的著作[8]中建议综合考虑隔震层和上部结构阻尼形成一个阻尼矩阵用式（9-4-4）那样的非正交阻尼强行解耦法计算隔震体系的阻尼比。

1997年台湾学者Hwang[9]等人用非正交阻尼强行解耦法研究了桥梁隔震体系的振型阻尼比问题，对于上部结构阻尼比为3%～10%及隔震层阻尼比为15%～30%的情况，按非正交阻尼强行解耦法得到桥梁隔震体系的基本振型阻尼比在12%～30%之间，强行解耦法的地震反应与精确法基本一致。

鉴于非正交阻尼强行解耦法的计算精度可被工程接受、方法上与国际认可的模态应变能法一致以及这种方法在发达国家中的应用，可以认为这种方法在我国消能减震结构抗震设计规范中的应用是实际可行。

四、消能减振结构的抗震设计方法与设计实例

消能减振结构应根据结构类型符合89规范相应结构的抗震设计和构造要求。例如，设置消能器的钢结构应符合89规范的钢结构抗震设计要求。89建筑结构抗震设计规范的地震作用计算和反应分析，视实际情况不同，可分别采用基底剪力法、振型分解反应谱法和时程分析法。消能减振结构的地震作用和反应分析，关键在于在结构模型中合理地考虑消能器的阻尼、刚度或恢复力模型。

1. 振型分解反应谱法

当采用底部剪力法或振型分解反应谱法计算消能减振结构的地震作用、效应和进行抗震验算时，应按以下方法和步骤进行：

(1) 消能减振结构的自振周期和振型按结构刚度和消能器刚度之和的总刚度计算：

$$T_i, \Phi_i \leftarrow K_s + K_d \tag{9-4-18}$$

(2) 消能减振结构总的振型阻尼比按下式计算：

$$\zeta_i = \zeta_{si} + \zeta_{di} \tag{9-4-19}$$

式中ζ_{si}和ζ_{di}分别是原结构的振型阻尼比和消能器附加的振型阻尼比；分别按式(9-4-11)和式(9-4-12)计算；

(3) 按现行规范确定消能减振结构各振型地震作用、效应及其组合；

(4) 对于粘弹性消能器或滞变型消能器，若满足迭代计算所要求的精度，则按现行规范进行截面抗震验算和抗震变形验算，否则，重复第(2)、(3)步；对于粘滞消能器，不需进行迭代计算，可直接进行抗震验算。

89规范的地震影响系数是按5%的单质点振子阻尼比确定的，为了适应消能减振结构的抗震设计，正在修订的建筑结构设计规范将明确给出阻尼比为1%～20%的单质点振子地震影响。为了下面设计实例应用的方便，本文暂时采用以下不同阻尼比的地震影响系数最大值的计算公式：

$$\alpha_{\max}(\zeta) = \alpha_{\max}(20\zeta)^{-\frac{1}{4}} \tag{9-4-20}$$

式中$\alpha_{\max}$是89规范给定的地震影响系数；ζ是消能减振结构总的振型阻尼比。

2. 时程分析法

当采用时程分析法计算消能减震结构的地震作用、效应和进行抗震验算时，设置速度相关型线性消能器的结构，消能器的计算模型可直接采用其线性阻尼和刚度；设置滞变型消能器的结构，在多遇地震烈度下的弹性地震反应分析，消能器的计算模型度下的弹塑性地震反应分析，消能器的计算模型应直接采用滞变恢复力模型。

3. 消能减振结构抗震设计实例

(1) 结构模型和参数

考虑十层剪切型钢框架结构,设计工况为Ⅱ类场地、抗震设防烈度8度、近震。结构层高 $h=4\text{m}$、层质量 $m=64\text{t}$、层刚度 $k_0=386\text{kN/cm}$、层屈服剪力 $Q_r=400\text{kN}$、结构各振型阻尼比 1%。

(2) 结构无控情况

结构不设置消能器时前三阶频率分别为 3.51、10.49、17.62rad/s。按89规范的振型分解反应谱法和式 (9-4-16) 计算得到多遇地震作用下最大层间弹性位移 $\Delta u_{em}=0.71\text{cm}$、顶点位移 $u_s=4.96\text{cm}$;罕遇地震作用下最大层间弹塑性位移 $\Delta u_{pm}=9.48\text{cm}$。根据高层钢结构规程,层间弹性和弹塑性位移角限值分别为 $[\theta_s]=\frac{1}{250}$ 和 $[\theta_p]=\frac{1}{70}$。经验算,该结构满足层间弹性位移要求,但不满足层间弹塑性位移要求。

(3) 结构设置粘弹性消能器的情况

选用中国常州兰陵橡胶厂生产的 ZN22 型粘弹性材料,设计温度 25℃,粘弹性材料受剪面积与厚度比 $A/\delta=1000\text{cm}$。经迭代计算,粘弹材料剪切模量 $G(\omega_1)=0.3\text{kN/cm}^2$、消能因子 $\beta(\omega_1)=0.71$;该消能减振结构的前三阶频率分别为 4.77、14.25、23.68 rad/s,前三阶振型附加阻尼比分别为 17.08%、49.25%、79.70%。按规范的振型分解反应谱法和式 (9-4-16) 计算得到多遇地震作用下最大层间弹性位移 $\Delta u_{am}=0.26\text{cm}$、顶点位移 $u_s=1.75\text{cm}$;罕遇地震作用下最大层间弹塑性位移 $\Delta u_{pm}=2.88\text{cm}$。按钢结构抗震变形验算,该结构设置粘弹性消能器后完全满足要求。

(4) 结构设置滞变型消能器的情况

采用消能器与斜撑串联、在各结构层间均设置的方式。消能器初始刚度(计及了斜撑刚度的影响)$k_{k0}=1000\text{kN/cm}$、第二刚度系数 $a_k=0$、屈服位移 $x_{ky}=0.5\text{cm}$。消能器初始刚度与结构层刚度比 $k_{k0}/k_0=2.6$,消能器屈服位移与结构层屈服位移比 $x_{ky}/x_r=\frac{1}{2.08}$,且 $\frac{k_{ky}}{k_0}\cdot\frac{x_{ky}}{x_y}=1.25$,满足式 (9-4-6) 的参数要求。按89规范的振型分解反应谱法和式 (9-4-16),经迭代计算,得到多遇地震作用下结构各层消能器的等效阻尼和刚度列于表 9-4-2 中,结构前三阶频率分别为 6.87、20.48、33.83rad/s、前三阶振型附加阻尼比均为0,最大层间弹性位移 $\Delta u_{am}=0.35\text{cm}$、顶点位移 $u_s=2.33\text{cm}$;罕遇地震作用下结构各层消能器的等效阻尼和刚度列于表 9-4-3 中,结构前三阶频率分别为 6.21、19.28、31.78rad/s、前三阶振型附加阻尼比分别为 6.28%、12.45%、20.66%,最大层间弹塑性位移 $\Delta u_{pm}=3.45\text{cm}$。按钢结构抗震变形验算,该结构设置滞变型消能器后完全满足要求。

多遇地震作用下结构中滞变型消能器的等效阻尼和刚度　　　表 9-4-2

结构层	1	2	3	4	5	6	7	8	9	10
等效阻尼 c_{ka} (kN·s/cm)	0	0	0	0	0	0	0	0	0	0
等效刚度 k_{ks} (kN/cm)	1000	1000	1000	1000	1000	1000	1000	1000	1000	1000

罕遇地震作用下结构中滞变型消能器的等效阻尼和刚度　　　　表 9-4-3

结构层	1	2	3	4	5	6	7	8	9	10
等效阻尼 c_{ks} (kN·s/cm)	24.38	24.45	24.43	23.95	22.46	18.97	11.97	1.79	0	0
等效刚度 k_{ks} (kN/cm)	671.72	682.37	710.94	750.01	798.80	859.05	929.19	991.89	1000	1000

五、结　论

本文结合我国正在修订的建筑结构抗震设计规范，提出了消能减振结构的统一设计方法，得到以下几点结论：

（1）结构中设置的速度相关型线性消能器和滞变型消能器在弹性地震反应分析中均可用等效阻尼和等效刚度的计算模型；文中对于滞变型消能器提出的基于割线刚度和阻尼系数平均的等效线性化法具有很好的精度。

（2）消能减振结构非正交阻尼阵强行解耦的地震反应分析振型分解法具有很高的精度，在这种方法中，消能器可统一归结为结构的附加振型阻尼比；对于粘弹性消能减振结构，该振型分解法与模态应变能方法是一致的。

（3）消能减振结构抗震设计的振型分解反应谱法可以采用消能器的等效阻尼和等效刚度，并对阻尼矩阵强行解耦得到结构附加振型阻尼比；抗震设计的时程分析法，对于速度相关型线性消能器可以采用其线性阻尼和刚度；对于滞变型消能器宜直接采用其滞变恢复力模型。

参 考 文 献

[1] Ou J. P. （欧进萍），Wu Bo（吴波）and Soong, T. T.. Recent Advances in Research on and Application of Pasgive Energy Dissipation Systems. 地震工程与工程振动，Vol. 16，No. 3，1996，72～96

[2] 欧进萍，吴斌，龙旭. 结构被动消能减振效果的参数影响. 地震工程与工程振动，Vol. 18，No. 1，1998

[3] Iwan, W. D. and Gates, N. C., The Effective Period and Damping of a Class of Hysteretic Structures, Earthquake Engineerlng and Structural Dynamics, Vol. 7，1979，199～211

[4] 欧进萍，王光远. 结构随机振动. 北京：高等教育出版社，1998

[5] Warburton, G. B. and Soni, S. R., "Errors in Response Calculations for Non-classically Damped Structures", Earthquake Engineering and Structural Dynamics, Vol. 5，pp. 365～376，1977

[6] Chang, K. C., Lai, M. L. and Soong, T. T. et al, Seismic Behavior and Design Guidelines for Steel Frame Structures with Added Viscoelastic Dampers, NCEER Report 93-0009, State University of New York at Butfalo

[7] Applied Technology Council, USA, "Guidinges and Commentary for the Seismic Rehabilitation of Buidings—C9 Seismic Isolation and Energy Dissipation", Project ATC-33, pp. 9.1～9.42，1995

[8] Kelly, J. M., "Earthquake-resistant Design with Rubber", Springer-Verlag, London, 1993

[9] Hwang, T. S., Chang, K. C. and Tsai, M. H., "Composite Damping Ratio of Seismically lsolated Regular Bridges", Engineering Structures, Vol. 19，No. 1, pp. 52～62，1997

（哈尔滨建筑大学　欧进萍　吴　斌　龙　旭）

9.4.2 粘滞阻尼消能减震体系

一、概述

传统的抗震结构设计中，工程师根据规范要求，设计结构具有足够的承载力、刚度和延性。按照这种方法设计的结构在地震作用下的抗侧力体系能够以稳定的状态吸收及消耗地震能量，体现在规范中就是在罕遇地震作用结构不倒塌。此时结构构件将出现程度不同的破坏或出现严重的塑性变形，结构进入塑性状态，如梁柱端出现塑性铰，以结构的局部破坏来消耗地震能量。震后需花较高的修复费用来恢复原有的结构性能，若破坏太严重，将只能推倒重建。

消能减震技术借助于安装在结构的消能装置，将结构的振动能量转化为热能消散掉，从而起到降低结构反应的目的，如式（9-4-21）所示：

$$E = E_k + E_s + E_h + E_d \tag{9-4-21}$$

式中 E——地震或风输入的能量；

E_k——结构动能；

E_s——结构变形能；

E_h——结构自身阻尼消耗的能量；

E_d——结构中附加消能装置消耗的能量。

某结构由地震作用输入的总能量 E 是确定的，结构自身阻尼消耗的能量 E_h 也是确定的，如混凝土结构阻尼比为 5%，钢结构阻尼比为 2%，此时消能器消耗的能量 E_d 越大，结构的动能 E_s 和势能 E_k 就越小，即结构反应越小。

消能减振是利用结构变形，产生相对位移和相对速度，使消能装置做功消耗结构振动能量。因此消能减震主要用于柔性结构，如混凝土框架结构，钢结构，高层及超高层结构，隔震建筑，等等。

消能减振技术对超高层建筑的抗风振也是一种非常有效的手段，美国的世界贸易中心大厦利用粘弹性阻尼器解决风振问题的。

二、粘滞消能系统的技术特点

消能减震器分为三种类型：速度相关型，位移相关型和其他。粘滞消能器属速度相关型消能器，它产生的阻尼力与速度有关。当消能器被快速拉伸或压缩时，产生较大的作用反力，而当缓慢拉压时，所需的作用力很小。根据消能器所用阻尼材料的不同，又分为粘滞型消能器和粘弹型消能器。

粘滞型消能器见图 9-4-4，采用液体阻尼材料，自身无刚度。当活塞杆向左推时，左侧腔体内的液体阻尼材料（硅油）通过活塞头中的孔和活塞与缸壁间的缝隙流向右侧腔体，并产生作用力此作用力与液体的流动速度有关，流速越快，产生的力越大。计算表达式如下：

$$F = CV^\alpha \tag{9-4-22}$$

式中 F——消能器阻尼力；

C——消能器阻尼系数；

α——速度变量指数；
V——消能器拉压速度。

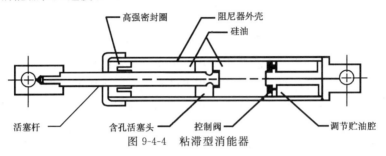

图 9-4-4　粘滞型消能器

图 9-4-5 为粘滞型消能器力—速度关系曲线。当 $\alpha=1$ 时称线性粘滞阻尼，是今后计算分析的基础。$\alpha<1$ 时称非线性阻尼，速度较小时消能器就可以建立足够大的阻尼力，而当速度较大时，阻尼力增加很小。$\alpha>1$ 时称为锁阻尼，情况与 $\alpha<1$ 时的情况相反，速度较小时消能器阻尼力很小，而当速度较大时，阻尼力增加很快。

图 9-4-6 为正弦荷载作用下，消能器力—位移的关系曲线。图 9-4-6a 为理论曲线，图 9-4-6b 为试验获得的曲线。粘滞型消能器工作特点是：在最大位移时，速度为零，阻尼力为零；位移为零时，速度最大，阻尼力也为最大。

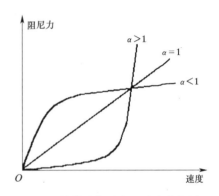

图 9-4-5　粘滞消能器力—速度曲线图

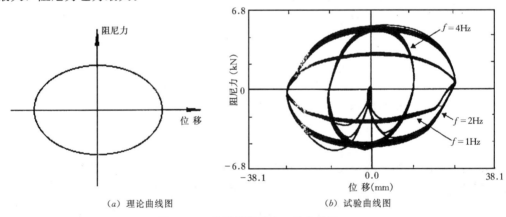

(a) 理论曲线图　　　(b) 试验曲线图

图 9-4-6　粘滞消能器力—位曲线图

粘弹型消能器见图 9-4-7，以固体阻尼材为主，具有一定的刚度。钢板 1 和钢板 2 间填充的是固体粘弹性材料，当消能器受到拉压作用时，阻尼材料产生剪切变形，并随变形速率产生阻尼力。同样拉压速度越快，产生的阻尼力越大。其计算表达式如下：

$$F = Kx + CV^\alpha \tag{9-4-23}$$

式中　K——消能器刚度；
　　　x——消能器位移。

图 9-4-8 为正弦荷载作用下,粘弹消能器力-位移的理论关系曲线。

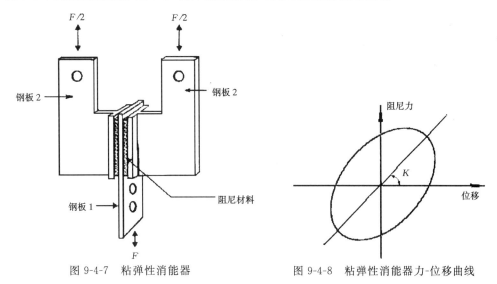

图 9-4-7 粘弹性消能器　　　图 9-4-8 粘弹性消能器力-位移曲线

三、含粘滞阻尼器的结构时程反应分析

不含粘滞阻尼器的结构运动方程为:

$$[M]\{\ddot{x}\}+[C]\{\dot{x}\}+[K]\{x\}=-[M]\{\ddot{x}_g\}+\{P\} \quad (9\text{-}4\text{-}24)$$

则含粘滞阻尼器的结构运动方程为:

$$[M]\{\ddot{x}\}+[C]\{\dot{x}\}+[K]\{x\}+[\Gamma]\{x\}=-([M]+[\overline{M}])\{\ddot{x}_g\}+\{P\} \quad (9\text{-}4\text{-}25)$$

假定:

$$[\Gamma]\{x\}=[\overline{M}]\{\ddot{x}\}+[\overline{C}]\{\dot{x}\}+[\overline{K}]\{x\} \quad (9\text{-}4\text{-}26)$$

式中 $[M]$、$[C]$ 和 $[K]$ 分别为相应于原结构的质量矩阵、阻尼矩阵和刚度矩阵;

$[\overline{M}]$、$[\overline{C}]$ 和 $[\overline{K}]$ 分别为相应于阻尼器的质量矩阵、阻尼矩阵和刚度矩阵(对于含上述的粘滞阻尼器的结构进行时程分析时,该阻尼器的质量和刚度矩阵均可以忽略不计);

$[\Gamma]$ 为对应于阻尼的算子矩阵,$[\Gamma]\{x\}$ 为阻尼器所提供的阻尼出力向量;

$\{P\}$ 为风荷载向量。

则该运动方程可被改写为:

$$[\hat{M}]\{\ddot{x}\}+[\hat{C}]\{\dot{x}\}+[\hat{K}]\{x\}=-[\hat{M}]\{\ddot{x}_g\}+\{P\} \quad (9\text{-}4\text{-}27)$$

$$\left.\begin{array}{l}[\hat{M}]=[M]+[\overline{M}]\\ [\hat{C}]=[C]+[\overline{C}]\\ [\hat{K}]=[K]+[\overline{K}]\end{array}\right\} \quad (9\text{-}4\text{-}28)$$

采用步步积分法求解上式,在 t 时刻的运动方程为:

$$g(\{x\}^t)=[\hat{M}]\{\ddot{x}\}^t+[\hat{C}]^t\{\dot{x}\}^t+[\hat{K}]^t\{x\}^t+[\hat{M}]\{\ddot{x}_g\}^t-\{P\}^t=0 \quad (9\text{-}4\text{-}29)$$

在 $t+\Delta t$ 时刻的方程为:

$$g(\{x\}^{t+\Delta t})=[\hat{M}]\{\ddot{x}\}^{t+\Delta t}+[\hat{C}]^{t+\Delta t}\{\dot{x}\}^{t+\Delta t}+[\hat{K}]^{t+\Delta t}\{x\}^{t+\Delta t}$$
$$+[\hat{M}]\{\ddot{x}_g\}^{t+\Delta t}-\{P\}^{t+\Delta t}=0 \quad (9\text{-}4\text{-}30)$$

由隐式 Newmark 迭代法知，$t+\Delta t$ 时刻的位移和速度可以用 t 时刻的位移、速度和加速度表达为：

$$\left.\begin{array}{l} \{x\}^{t+\Delta t} = \{x\}^t + \dfrac{\Delta t}{2}(\{\dot{x}\}^t + \{\dot{x}\}^{t+\Delta t}) \\ \{\dot{x}\}^{t+\Delta t} = \{\dot{x}\}^t + \dfrac{\Delta t}{2}(\{\ddot{x}\}^t + \{\ddot{x}\}^{t+\Delta t}) \end{array}\right\} \quad (9\text{-}4\text{-}31)$$

将（9-4-31）式代入（9-4-30）式得：

$$g(\{x\}^{t+\Delta t}) = [\widetilde{K}]^{t+\Delta t}\{x\}^{t+\Delta t} - \{\widetilde{f}\}^{t+\Delta t} = 0 \quad (9\text{-}4\text{-}32)$$

这里：

$$[\widehat{K}]^{t+\Delta t} = [\hat{K}]^{t+\Delta t} + \frac{2}{\Delta t}[\hat{C}]^{t+\Delta t} + \frac{4}{(\Delta t)^2}[\hat{M}] \quad (9\text{-}4\text{-}33a)$$

$$\{\widetilde{f}\}^{t+\Delta t} = [\hat{M}]\{\ddot{x}\}^t + \left[\frac{4}{(\Delta t)^2}[\hat{M}] + \frac{2}{\Delta t}[\hat{C}]^{t+\Delta t}\right]\{x\}^t \quad (9\text{-}4\text{-}33b)$$

$$+ \left[\frac{4}{\Delta t}[\hat{M}] + [\hat{C}]^{t+\Delta t}\right]\{\dot{x}\}^t + \{P\}^{t+\Delta t}$$

式（9-4-32）中只有 $\{x\}^{t+\Delta t}$ 为未知量，可以采用迭代的方式求解式（9-4-27），从而获得结构整个时程的反应。

四、粘滞消能减振设计计算方法

1. 结构阻尼比计算方法

粘滞消能系统包括了粘弹性固体消能器、粘弹性液体消能器和液体粘滞消能器，其特点取决于频率、温度和应变，常常表现为非线性特征，这样就大大增加了分析的难度。为此国内外学者进行了大量研究工作，提出了多种等效线性化方法，将非线性问题化为线性问题解决。振型分解反应谱法仍可适用于粘弹性消能减振结构的计算分析。

2. 线性粘弹性消能减振计算分析

最近美国制订的建筑抗震加固指南中，采用了形式非常简单的等效线性化方法。消能器的数学计算式取：

$$F = K(\omega)x + C(\omega)\dot{x} \quad (9\text{-}4\text{-}34)$$

式中 K 和 C 为消能器的刚度和阻尼系数。这些量通常是频率的函数。式（9-4-34）也被称为 Kelvin 模型。对不同的频率下消能器提供的 K 和 C 值进行研究表明，这种简化结构与精确分析结果是吻合的。

确定消能结构的自振周期，振型和阻尼比是计算的关键，这里采用近似方法——能量法。假定结构的频率和振型与原结构（未加消能器的结构）相同，结构刚度包含消能器提供的刚度。这样就可以按经典特征值问题求解消能装置的结构的运动方程。各振型由消能器提供的附加阻尼比按能量法计算：

$$\zeta_{cj} = \frac{W_{cj}}{4\pi L_j} \quad (9\text{-}4\text{-}35)$$

式中 ζ_{cj}——为第 j 振型的阻尼比；

W_{cj}——为第 j 振型振动一周消耗的能量；

L_j——为第 j 振型的最大变形能。

为确定 W_j 和 L_j，假定结构第 j 振型的频率为 ω_j，振型为 Φ，由粘滞消能器消耗的能量 W_{cj} 可表示为：

$$W_{cj} = \pi \omega_j \sum_i C_i \cos^2\theta_i \Delta_{ij}^2 \tag{9-4-36}$$

式中 C_i——第 i 层消能器的阻尼系数；

θ_i——第 i 层阻尼器安装角度；

Δ_{ij}——第 i 层 j 振型层间振型位移差。

振型能量 L_k 既可以表达为最大变形能，也可以是最大动能：

$$L_j = \frac{1}{2}\Phi^T K \Phi = \frac{1}{2}\omega_j^2 \sum_i m_i x_{ij}^2 \tag{9-4-37}$$

式中 K——结构的刚度矩阵，包括消能装置提供的刚度；

m_i——第 i 层集中质量；

x_{ij}——j 振型第 i 层振型位移。

由式（9-4-35），振型阻尼比按下式计算：

$$\zeta_{cj} = \frac{1}{2} \frac{\pi \sum C_i \cos^2\theta_i \Delta_{ij}^2}{\omega_j \sum m_i x_{ij}^2} \tag{9-4-38}$$

当消能系统为液体粘滞阻尼器时，阻尼器刚度 $K=0$，阻尼系数 C 与频率无关，按式（9-4-38）可直接计算振型阻尼比。

当消能系统为粘弹性固体阻尼器时，消能器刚度 K 与消能器阻尼系数 C 相关，见式（9-4-39）：

$$C = \frac{\eta K}{\omega} \tag{9-4-39}$$

式中 η——损失因子。

由此，式（9-4-38）可表示为：

$$\zeta_{cj} = \frac{\eta}{2} \frac{\sum K_i \cos^2\theta_i \Delta_{ij}^2}{\Phi^T K \Phi} \tag{9-4-40}$$

安装粘弹性消能器的结构刚度受到消能器刚度的影响，而消能器刚度又受振型阻尼的影响，因此确定振型阻尼需要进行迭代处理。迭代过程如下：

① 消能器的刚度按假定频率确定；

② 结构按考虑消能器的附加刚度后的刚度进行特征分析；

③ 比较计算值和假定值后，重复①、②计算，直至两者接近；

④ 按式（9-4-40）计算振型的阻尼比。

上述迭代过程对每个计算振型进行。

第 j 振型结构振型阻尼比为：

$$\zeta_j = \zeta_{sj} + \zeta_{cj} \tag{9-4-41}$$

式中 ζ_j——第 j 振型结构阻尼比；

ζ_{sj}——第 j 振型结构自身阻尼比，混凝土结构为 5%；钢结构为 2%；

ζ_{cj}——第 j 振型消能器产生的附加阻尼比，按式（7）或式（9）计算。

3. 高阻尼反应谱

通常结构的阻尼比：混凝土结构为 5%；钢结构为 2%。89 抗震设计规范反应谱以 5%

的阻尼比给出了设计计算反应谱。当结构安装消能器后，结构的阻尼比大大提高，这时，低阻尼的反应谱就应进行修正。图 9-4-9 为不同阻尼下，十条地震波加速反应谱的平均值。由反应谱可见，阻尼的增加，对降低结构地震作用，减小结构位移反应，效果明显。图中 5% 阻尼比的最大反应谱值为 1.1，而 20% 阻尼比时的谱值仅为 0.65，地震作用减少近一半。

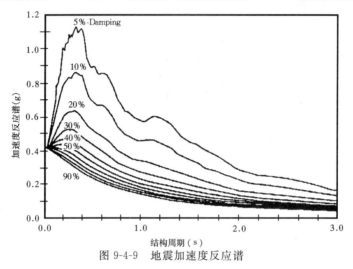

图 9-4-9 地震加速度反应谱

正在修订的抗震规范根据 5% 的反应谱给出了高阻尼比反应谱修正值。图 9-4-10 为修订中的规范反应谱。

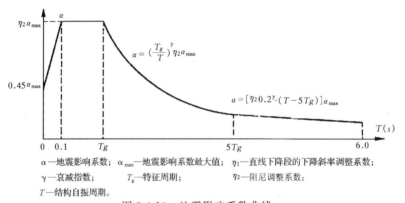

α—地震影响系数； α_{max}—地震影响系数最大值； η_1—直线下降段的下降斜率调整系数；
γ—衰减指数； T_g—特征周期； η_2—阻尼调整系数；
T—结构自振周期。

图 9-4-10 地震影响系数曲线

图 9-4-10 中，α_{max}——水平地震影响系数最大值，阻尼比为 5% 的地震影响系数最大值见表 9-4-4。阻尼比不等于 5% 时，表中的数值应乘以下列调整系数 η_2：

$$\eta_2 = 1 + \frac{0.05 - \zeta}{0.06 + 1.7\zeta} \tag{9-4-42}$$

T_g——场地特征周期，根据场地类别取值；

T——结构自振周期；

γ——下降段衰减指数，按下式计算：

$$\gamma = 0.9 + \frac{0.05 - \zeta}{0.05 + 5\zeta} \tag{9-4-43}$$

η_1——直线下降段的下降斜率调整系数，按下式确定：

$$\eta_1 = 0.02 + (0.05 - \zeta)/8 \tag{9-4-44}$$

水平地震影响系数最大值　　　　　　　　　　　　表 9-4-4

地震影响	6 度	7 度	8 度	9 度
多遇地震	0.04	0.08	0.16	0.32
罕遇地震	—	0.50	0.90	1.40

4. 地震作用计算

按抗震设计规范，采用振型分解反应谱法，不考虑扭转影响，可按下列规定计算结构的地震作用和作用效应：

(1) 结构 j 振型 i 层质点的水平地震作用标准值，按下列公式确定：

$$F_{ij} = \alpha_j \gamma_j X_{ji} G_i \tag{9-4-45a}$$

$$\gamma_j = \sum_{i=1}^{n} X_{ji} G_i / \sum_{i=1}^{n} X_{ji}^2 G_i \tag{9-4-45b}$$

式中　F_{ij}——j 振型 i 层质点的水平地震作用标值；

α_j——相应于 j 振型周期的地震影响系数，按上述高阻尼反应谱取值；

X_{ji}——j 振型 i 层质点的水平相对位移；

γ_j——j 振型的参与系数。

(2) 水平地震作用效应组合

结构杆件的弯矩、剪力、轴向力和阻尼器产生的阻尼力可按 SQSS 法组合。

$$S = \sqrt{\sum S_j^2} \tag{9-4-46}$$

式中　S——水平地震作用效应；

S_j——j 振型水平地震作用产生的作用效应，可取前 3 个振型，当基本自振周期大于 1.5s 或房屋高宽比大于 5 时，振型个数可适当增加。

五、计 算 实 例

某 10 层框架结构，3 跨，跨度 6m，层高 3.6m，柱 600mm×600mm，梁 300mm×500mm，混凝土强度等级 C40，各层重量 1200kN。场地为 II 类，抗震设防烈度 8 度。

结构各层安装粘滞消能器，安装角 30 度。消能器阻尼系数 C：9217kN·s/m，线性阻尼。计算结构各振型周期及其地震影响系数见表 9-4-5。

结 构 周 期　　　　　　　　　　　　　　表 9-4-5

序　号	1	2	3	4	5	6
周　期	1.780	0.569	0.316	0.207	0.147	0.109
振型阻尼	0.200	0.472	0.675	0.807	0.874	0.892
地震影响系数 α	0.023	0.055	0.086	0.089	0.089	0.089
比值 $\alpha/\alpha_{0.05}$	0.721	0.612	0.563	0.559	0.559	0.559

注：1. 周期未打折；
　　2. 地震影响系数为多遇地震影响系数；
　　3. $\alpha_{0.05}$ 为阻尼比为 0.05 时的地震影响系数。

设计消能器在第1振型产生的附加结构阻尼比15%,加上结构自身5%阻尼比,结构总阻尼比为20%,各振型地震作用影响系数见表9-4-5。高振型消能器产生的附加阻尼大于15%,振型阻尼也大于20%,但规范中只给出了20%阻尼的地震作用影响系数,因此只能按20%阻尼比取地震作用影响系数。结构增加消能后第1振型地震影响系数较5%阻尼的减少28%,相应地震作用也减少28%,高振型则减少更多。

表9-4-6列出了8度罕地震作用下,结构的各层位移,层间位移,层间速度和阻尼器产生的阻尼。

图9-4-11为El-Centro地震波输入下,结构顶点位移时程。不加阻尼器结构的顶层最大位移为220mm,加阻尼器结构的顶层最大位移144mm,减少35%。

计 算 参 数　　　　　　　　　表9-4-6

层	层位移	层间位移	层间速度	阻尼力
1	0.010	0.010	0.061	432.238
2	0.029	0.018	0.085	601.782
3	0.048	0.019	0.083	589.565
4	0.066	0.019	0.083	586.450
5	0.083	0.017	0.084	592.993
6	0.098	0.016	0.082	579.701
7	0.111	0.014	0.080	562.244
8	0.121	0.012	0.080	566.578
9	0.128	0.009	0.080	565.049
10	0.133	0.006	0.076	534.967

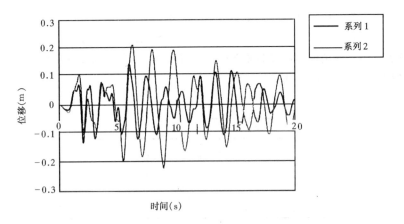

图9-4-11　El-Centro地震作用下结构顶点位移

六、结　语

粘滞消能减震技术通过附加的粘滞消能器，消耗结构的振动能量，有效地降低结构地震反应，提高了结构的抗震能力。

设计中，工程师根据降低地震作用目标值，如要求低降地震作用20%，确定适合的阻尼比，按结构振型反应谱法，计算所需要的阻尼力，设计相应的阻尼器；按高阻尼反应谱取地震作用影响系数，计算地震作用，设计结构构件。

参 考 文 献

[1] T. T. Soong and G. F. Dargush, Passive Energy Dissipation System in Structural Engineering, State University of New York at Buffalo, 1997

[2] A. M. Reinhorn, C. li and M. C, Constantinou. Experimental and Analytical Investigation of Seismic Retrofit of Structures with Supplemental Damping: Part I-Fluid Viscous Damping Devices, Technical Report NCEER-95-0001, National Center for Earthquake Engineering Research, Buffalo, NY. January 3, 1995

[3] Nicos Makris and M. C. Constantinou, Fractional-Derivative Maxwell Model for Viscous Dampers, Journal of Structural Engineering, Vol. 117, No. 9, 2708～2724, Sept. 1991

[4] Masaaki Tsuki and Tsuneyoshi Nakamura, Optimum Viscous Dampers for Stiffness Design of Shear Buildings, the Structural Design of Tall Buildings, Vol. 5, 217～234, 1996

[5] M. C. Constantinou, Passive Energy Dissipation Development in U. S., Passive and Active Structural Vibration Control in Civil Engineering, 255～269, 1994

[6] Yaomin Fu and Kazuhiko Kasai, Comparative Study of Frames Using Visco-elastic and Viscous Dampers, Journal of Structural Engineering, 513～522, May 1998

[7] G. W. Housner, L. A. Bergman, T. K. Caughey, A. G. Chassiakos, R. O. Claus, S. F. Masri, R. E. Skelton, T. T. Soong, B. F. Spencer and J. T. Yao, Structural Control: Past, Present, and Future, Journal of Structural Mechanics, 897～943, Sept. 1997

[8] M. C. Constantinou, M. D. Symans and D. P. Taylor, Fluid Viscous Damper for Improving the Earthquake Resistance of Buildings, Structural Engineering in Natural Hazards Mitigation, Proceedings of Papers Presented at the Structure Congress'93 Edited by A. H-S. Ang and R. Villaverda, Vol. 1

[9] F. Sadek, B. Mohraz, A. W. Taylor, R. M. Chung, Passive Energy Dissipation Devices for Seismic Application, 33～36, Nov. 1996

[10] [日] 武田寿一主编. 纪晓惠，陈良，鄢宁译，王松涛校. 建筑物隔震、防振与控振. 北京：中国建筑工业出版社, 1997. 4

[11] Dougas P. Taylor, M. C. Constantinou, Fluid Dampers for Application of Seismic Energy Dissipation and Seismic Isolation, Taylor Devices Inc

[12] Here's How It works, Bridge Builder, June-July, 1998

[13] 刘伟庆，薛彦涛，钢筋混凝土结构抗震加固技术的研究. 工程抗震, 10～14, 1996 年第三期, 1996. 9

（中国建筑科学研究院　薛彦涛　韦承基　宋智斌）

9.5 消能减震在抗震加固工程的应用

一、前　言

1998年启动的首都圈防震减灾示范区中，北京的一些标志性建筑如北京饭店、北京火车站、中国革命历史博物馆、北京展览馆等，开始进行全面的抗震鉴定、加固和改造。其中，北京饭店西楼为钢筋混凝土框架结构，建于20世纪50年代。整个结构分为东西两部分，由沉降缝和伸缩缝分开，总建筑面积为19340m²，结构高37m，总共8层，局部9层，含一个夹层。

结构柱的截面变化较大，从一层的600mm×600mm到顶层的300mm×300mm，层层收缩。横向框架梁为300mm×700mm，纵向框架梁为250mm×400mm。梁柱的抽样检测结果为：柱混凝土强度等级为C13，梁混凝土强度等级为C11。

北京地区的地震基本烈度为8度，北京饭店西楼的场地类别为Ⅱ类，原结构未考虑抗震，在1976年的唐山地震中有所损坏，震后结构第7层进行了加固处理。

消能减振技术能有效地减轻结构的变形和损伤，改善结构的抗震性能。近年来，此项技术已在国内外工程中得到应用。经论证，对北京饭店西楼主体结构采用消能减振进行抗震加固是最佳方案。本文根据建筑抗震设计规范（GBJ 11—89，GB 50011送审稿）[1][2]规定的振型分解反应谱法和时程分析法对结构进行计算分析。

二、原结构的抗震验算

1. 结构动力特性分析

结构 X 向、Y 向计算自振周期分别为2.06s、1.75s。周期较大，说明结构整体刚度较小，在地震作用下易发生较大变形，导致非结构构件的破坏。

2. 多遇地震作用下强度和变形验算

通过对原结构在多遇地震（小震）作用下的计算，可得结构的 X 向、Y 向最大层间位移角分别为1/340、1/277。结构小震作用下层间位移较大，多处层间位移超过规范规定的1/450。这表明在多遇地震作用下，结构构件将进入弹塑性变形阶段，非结构构件也将产生破坏。1976年唐山地震时，北京地区的影响烈度为6度，建筑物的填充墙出现裂缝，个别梁柱出现破坏，震害与分析计算结果吻合。

小震下结构的计算配筋和实际配筋对比表明，结构5~8层柱大部分配筋不足，多根柱配筋严重不足。

在抗震构造措施方面，柱的箍筋间距较大，分为300mm、250mm和200mm三种，下部各层多为300mm，中间各层多为250mm，上部各层多为200mm。柱箍筋未设加密区，柱的延性较差，难以保证罕遇地震作用下的变形要求。

3. 罕遇地震作用验算

按照规范规定，对于不超过12层且层刚度无突变的钢筋混凝土框架结构，可以采用层间剪切模型，用简化方法进行罕遇地震（大震）下的变形验算，楼层屈服强度系数$\xi_y(i)$定义如下

$$\xi_y(i) = V_{yk}/V_e \tag{9-5-1}$$

式中，V_{yk} 为楼层受剪承载力标准值，取材料强度标准值和构件实际配筋计算；V_e 为按罕遇地震作用标准值计算的楼层弹性地震剪力，可由反应谱方法求得。对于剪切型结构，楼层柱受剪承载力标准值 V_{yk} 与柱截面屈服弯矩标准值 M_{yk} 有如下关系

$$V_{yk} = 2M_{yk}/H \tag{9-5-2}$$

式中，H 为结构计算层高；柱截面屈服弯矩标准值 M_{yk} 按屈服定义和平截面假定求得[3]。根据楼层屈服强度系数和弹性层间位移角，可确定结构薄弱层。最大层间位移角为 1/25，大大超过规范规定的位移角限值 1/50。

三、结构消能减振加固体系

1. 消能减振加固方案

结构抗震验算结构表明，原结构多数梁柱不满足抗震要求，如果逐个构件采用外包钢筋混凝土套进行加固，将带来很大的施工量和较长的施工工期。同时，外柱的加固将影响建筑外立面，而且现场进行混凝土作业也有一定难度。为此，提出采用消能减振和普通钢支撑组合体系对原结构进行抗震加固的方案。

根据结构平面特点，每层在纵向（X 向）布置 13 道支撑，其中 7 道为消能支撑，6 道为普通钢支撑；横向（Y 向）布置 15 道支撑，其中 8 道为消能支撑，7 道为普通钢支撑；支撑布置平面如图 9-5-1 所示。消能器采用了法国 JARRET 公司生产的粘滞-弹簧阻尼器。

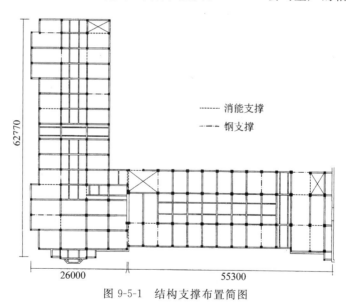

图 9-5-1 结构支撑布置简图

2. 支撑形式

为适应改造后建筑功能的需要，安装消能器的支撑采用了三种形式：（1）直接作用在梁柱节点上的对角支撑；（2）"人"字形支撑；（3）作用在梁跨 1/3 处的单向支掌，如图 9-5-2 所示。与消能支撑及钢支撑相关的柱均进行了包钢加固，以提高其强度和延性。图 9-5-3 为施工完成后，钢支撑和安装消能器的支撑立面照片。

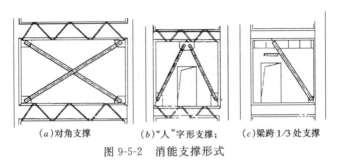

(a) 对角支撑　　(b) "人"字形支撑；　　(c) 梁跨1/3处支撑

图 9-5-2　消能支撑形式

图 9-5-3　支撑立面

四、消能器的性能

1. JARRET 消能器简介

本项目采用的消能器核心部分为法国 JARRET 公司生产的阻尼器。阻尼器的阻尼材料是一种硅基橡胶合成物，这种材料既有可压缩性又有粘滞特性，因此也称为粘滞-弹簧阻尼器[4]。这种阻尼器只能在受压状态下工作，为了使其在拉压外荷载作用下都能工作，专门设计了一种机械外套装置，使消能器的核心部分在拉压荷载下都处于受压状态。

2. JARRET 消能器性能试验

为了保证消能器的质量和取得计算所用的参数，对消能器进行抽样性能试验。消能器试验在哈尔滨工业大学力学-结构试验中心进行，试验加载设备为德国 SHENCK 公司的 63t 作动筒。

消能器的性能试验分三个方面：(1) 静载试验；(2) 匀速试验；(3) 正弦激振。位移输入波形分别为三角波、梯形波和正弦波，循环圈数分别为 1、1 和 10 圈。正弦波（1Hz）下的试验结果如图 9-5-4 所示。从试

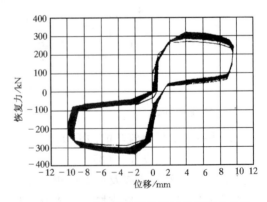

图 9-5-4　JARRET 消能器性能试验恢复力曲线

验曲线可以看出，JARRET 消能器仅在 Ⅰ、Ⅲ 象限消耗能量，这一点与 JARRET 消能器的构造特点和工作原理是相吻合的。美国地震工程研究中心采用该类阻尼器进行的 RC 框架加固试验，获得了良好的加固效果[4]。

3. JARRET 消能器计算模型

根据消能器的工作原理和滞回环特性，消能器的恢复力可以表示为

$$F_d = \frac{\text{sgn}(\dot{x}) + \text{sgn}(\dot{x})}{2} F_0 + k_d x + \frac{\text{sgn}(x) + \text{sgn}(\dot{x})}{2} c |\dot{x}|^\alpha \tag{9-5-3}$$

式中，x 为位移，$\dot{x}$ 为速度，F_0 为消能器的预紧力，k_d 为消能器的刚度，c 为阻尼系数，α 为速度指数。式（9-5-3）中右边第二项为弹性力，不消能。第一项为摩擦力，第三项为粘滞阻尼力，这两项力消能。

消能器设置在 1~6 层（7 层已加固，此次不再加固；8 层为局部突出塔楼，采用普通钢支撑加固），阻尼器阻尼力按基本烈度 8 度地震作用的结构最大地震反应速度确定。

采用时程分析法计算得到结构最大层间位移角为 1/123，对应层间位移为 32.5mm。消能支撑安装的角度为 30°，对应的轴向位移为 28.5mm，消能器最大行程 30mm，可以满足最大位移要求。

五、加固结构的抗震验算

1. 消能减振结构地震反应计算方法

对于加固后的结构，考虑到钢支撑与消能支撑均为杆模型，而且消能器阻尼力的非线性特性，使结构体系的运动方程变得十分复杂。为了简化计算，必须对消能器的恢复力作等效线性化处理，求得对结构的附加阻尼，与原结构阻尼组合得到消能减振结构的总阻尼比。国内外学者对等效线性化方法进行了广泛的研究工作，提出了多种等效线性化方法[5][6]。最近美国制订的建筑抗震加固指南[7]中，采用了形式非常简单的等效线性化方法，即等效刚度 k_e 采用割线刚度，等效阻尼比 ζ_e 采用能量方法计算

$$\zeta_e = \frac{W_d}{4\pi W_e} \tag{9-5-4}$$

式中，W_d 为结构中各消能器以所在层的最大位移为幅值、以结构基频为频率的正弦振动一周所消耗的能量总和，W_e 为结构体系相应的最大应变能，即

$$W_d = \sum_{i=1}^{N} \sum_{j=1}^{n_i} \int_0^T F_{dij}(x_i \sin\omega t \cos\alpha_{ij}, \omega x_i \cos\omega t \cos\alpha_{ij}) \times \cos\alpha_{ij} \, dt \tag{9-5-5}$$

$$W_e = \frac{1}{2} \sum_{i=1}^{N} \sum_{j=1}^{n_i} (k_{si} + k_{eij}) x_i^2 \tag{9-5-6}$$

$$k_{eij} = \begin{cases} k_{ij} & \text{普通支撑} \\ (F_{0ij}/x_i + k_{dij}) \cos^2\alpha_{ij} & \text{耗能支撑} \end{cases} \tag{9-5-7}$$

式中，F_{dij} 为第 i 层第 j 个消能器的恢复力，α_{ij} 为第 i 层第 j 个支撑与水平线的夹角，x_i 为结构层间最大位移，k_{si} 为原结构层刚度，F_{eij} 为第 i 层第 j 个普通支撑刚度或消能支撑等效

刚度，F_{dij}为第i层第j个消能器的刚度，n_i是第i层消能支撑和普通支撑的总个数，N为结构层数，ω为结构的基频，T为结构基本周期。

于是，消能减振结构总的阻尼比为

$$\zeta = \zeta_e + \zeta_0 \tag{9-5-8}$$

式中，ζ_0为原结构阻尼比，对于钢筋混凝土结构ζ_0取0.05，ζ_e为消能支撑给结构附加的阻尼比。

为了进行消能减振结构的抗震计算，除了需要5％阻尼比的标准反应谱外，还需要高阻尼比反应谱，本文采用了修订的建筑抗震设计规范给出的高阻尼比反应谱[2]。

从式（9-5-4）～式（9-5-8）可以看出，消能器的附加阻尼比和附加刚度与结构反应（位移和速度）有关，因此，结构的地震反应计算是一个迭代过程，迭代过程的初始值可取采用普通钢支撑加固后的结构的反应值。

2. 结构动力特性分析

设置消能支撑和普通钢支撑后，结构的X向、Y向自振周期分别为1.39s、1.20s，结构刚度明显提高。

3. 常遇地震（小震）作用下的强度和变形验算

承载力验算结果表明，设置消能支撑后，结构配筋满足要求。JARRET消能器不仅给结构提供刚度，而且也给结构提供了附加阻尼。根据式（9-5-4）计算，消能器给结构X向、Y向附加的阻尼比分别为6.2％、6.3％。

通过对消能减振结构小震下的验算，可得结构的X向、Y向最大层间位移角分别为1/845、1/812。可见设置消能支撑后结构层间位移明显减少，满足规范限值1/450的要求。消能减振结构和原结构各层间位移角计算结果对比示于图9-5-5中。

4. 罕遇地震（大震）作用下的变形验算

根据新修订的建筑抗震规范的规定，对采用消能减振技术的结构，应进行罕遇地震作用下的弹塑性变形验算。本文采用时程分析法

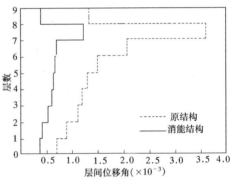

图9-5-5 小震下结构层间位移角

（直接动力法）进行计算。计算时选用了与北京饭店西楼所处场地（Ⅱ类）设计反应谱特征相近的三条天然地震波，分别是Figueroa（S38W，1971）、San Jose（N31W，1955）和Taft（N21E，1952）波，并按8度大震将原地震记录的加速度峰值调整为400cm/s²。

通过计算可知，消能支撑结构对顶部几层位移的控制效果好于底部几层，顶层位移的控制效果在30％～45％左右。消能支撑结构层位移如图9-5-6所示。

结构的薄弱层层间位移角全部控制在规范规定的1/50之内，如表9-5-1所示。大震下结构层间位移角平均值如图9-5-7所示。

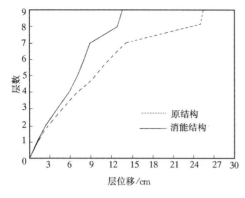

图 9-5-6 大震下结构层位移

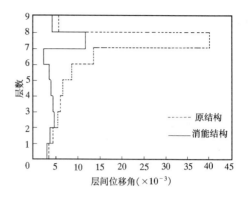

图 9-5-7 大震下结构层间位移角

大震下结构薄弱层层间位移角　　　　表 9-5-1

	结　　构			结　　构	
	X	Y		X	Y
原结构	1/46（6层）	1/25（7层）	消能结构	1/146	1/84

注：括号内为薄弱楼层所在层号。

六、消能支撑验算

为了使变形和变形速率集中在消能器上，保证消能器充分发挥作用，还需要验算支撑刚度是否足够大。为了使粘弹性消能器充分发挥作用，支撑刚度须满足下式[8]

$$\gamma = \frac{k_b}{\eta k_v} \geqslant 3 \tag{9-5-9}$$

式中，k_b 为支撑刚度，k_v 为粘弹性消能器刚度，η 为粘弹性消能器的损失因子。

从等效线性化的角度来看，JARRET 消能器给结构提供了附加阻尼和附加刚度，因此，JARRET 消能器可以等效为粘弹性消能器。计算结果表明，经计算消能支撑刚度基本满足要求。限于篇幅，本文未给出计算过程。

七、结　论

本文对北京饭店西楼原结构及采用消能减振技术加固后的结构，采用振型分解反应谱法和时程分析法进行了抗震验算和分析，得到以下几点结论。

1. 原结构在小震作用下，多数柱配筋不足；层间位移角超过规定的 1/450；非结构构件将产生较大损坏。承载力不足和变形过大使结构不能满足"小震不坏"的要求。原结构在大震作用下，最大层间位移角达 1/18，是规范规定的限值 1/50 近三倍，明显不能满足"大震不倒"的要求。

2. 结构在采用消能减振技术加固后，小震下层间位移显著减小，减小幅度达 50%～60% 左右，各层层间位移角均控制在规范规定的限值 1/450 之内；结构柱的应力得到有效控制，绝大部分柱的配筋满足强度要求。在大震作用下，结构薄弱层位移显著减小，减小幅度达 50% 左右，薄弱层位移角控制在规范规定的限值 1/50 以内。

3. 消能减振器不仅给结构附加刚度，而且给结构附加阻尼。本项目采用的 JARRET

消能器给结构附加的阻尼比为 6% 左右。

4. 消能支撑的强度和刚度基本满足要求。

参 考 文 献

[1] 建筑抗震设计规范 GBJ 11—89
[2] 建筑抗震设计规范 GBJ 50011—2001
[3] 何广乾等. 论地震作用下多层剪切型结构的弹塑性变形计算 [J]. 土木工程学报, 1982, 15 (3)
[4] Rekcan G, Mander J B and Chen S S. Experimental Performance and Analytical Study of a Non-ductile Reinforced Concrete Frame Structure Retrofitted with Elastomeric Spring Dampers [R]. NCEER Report 95. 0010. State University of New York at Buffalo, USA, 1995
[5] Iwan W D and Gates N C. Estimating Earthquake Response of Simple Hysteretic Structures [J]. Journal of the Engineering Mechanics Division, ASCE, 1979, 105 (EM3): 391-405
[6] 欧进萍等. 消能减振结构的抗震设计方法 [J]. 地震工程与工程振动, 1998, 18 (2)
[7] FEMA 273 and 274. NEHRP Guidelines for the Seismic Rehabilitation of Buildings [R]. Federal Emergency Management Agency (FEMA), Washington, D. C., USA, 1996
[8] 欧进萍等. 结构被动消能减振效果的参数影响 [J]. 地震工程与工程振动, 1998, 18 (1)

(中国建筑科学研究院　王亚勇　薛彦涛　哈尔滨工业大学　欧进萍
吴　斌　龙　旭　北京市建筑设计研究院　程懋堃　王志刚)

9.6　非结构构件的抗震设计

一、前　言

非结构构件指建筑中除承重骨架体系以外的固定构件和部件,即由于自身强度很弱,或与结构连接很弱,在整体结构抗震设计中不作为受力构件的建筑装饰、机械或电气元件。通常包括建筑非结构构件和固定于建筑结构的建筑附属机电设备的支架。建筑非结构构件指主要包括非承重墙体,附着于楼面和屋面结构的构件、装饰构件和部件、固定于楼面的大型储物架等;建筑附属机电设备指与建筑使用功能有关的附属机械、电气构件、部件和系统,主要包括电梯、照明和应急电源、通信设备、管道系统、空气调节系统、烟火监测和消防系统、公用天线等。

非结构构件的抗震设计容易被忽略,但从地震灾害看,有不可忽视的影响。非结构构件如处理不好,往往地震时倒塌伤人,砸坏财产设备,破坏主体结构。特别是现代建筑,装修的造价占很大的比例,非结构构件的破坏,影响更大。因此,非结构构件的抗震问题,近年来引起更大的重视。

非结构构件抗震设计所涉及的设计领域较多,一般由相应的建筑设计、室内装修设计、建筑设备专业等有关工种的设计人员分别完成。目前已有玻璃幕墙、电梯等的设计规程,一些相关专业的设计标准也将陆续编制和发布。因此,在建筑抗震设计规范中,拟主要规定主体结构体系设计中与非结构有关的要求。

二、抗震设防目标

非结构构件抗震设计时,其抗震设防目标要与主体结构体系的三水准设防目标相协调,容许非结构构件的损坏程度略大于主体结构,但不得危及生命。其抗震设防分类,各国的抗震规范、标准有不同的规定。修订中的抗震规范将采用不同的计算系数和抗震措施来表征,把非结构构件的抗震设防目标,大致分为高、中、低三个层次:

高要求时,外观可能损坏而不影响使用功能和防火能力,安全玻璃可能裂缝;

中等要求时,使用功能基本正常或可很快恢复,耐火时间减少 1/4,强化玻璃破碎,其他玻璃无下落;

一般要求,多数构件基本处于原位,但系统可能损坏,需修理才能恢复功能,耐火时间明显降低,容许玻璃破碎下落。

三、非结构构件的震害

1. 预制幕墙在大地震下的破坏特征有如下几种:
(1) 与主体结构刚性连接的幕墙,因连接处应力集中,墙板或连接件破坏导致脱落;
(2) 与主体结构弹性连接的幕墙,因分缝构造不合理而相互碰撞,导致局部破坏;
(3) 幕墙连接件的构造或施工有误,使连接件破坏或埋件脱落。
2. 玻璃的震害特点是:
(1) 柔性结构上玻璃破碎程度明显大于刚性结构,体型复杂的建筑,玻璃的破碎程度约为规则建筑的 2 倍;
(2) 面积大的玻璃破碎程度高,同样面积的玻璃,竖向窄条形比横向窄条形破碎程度高 2 倍;
(3) 金属框架的玻璃比刚性框架的玻璃,破碎程度大 2 倍;只要玻璃与金属支架框格间有足够的间隙,则强烈地震下仍完好。例如,墨西哥抗震规范规定,玻璃在框格内的间隙,至少为框格上下端的相对位移除以 $2(1+H/B)$,H/B 为框格竖向与横向尺寸之比。
3. 储物柜的震害特征是:

刚性且规则建筑物内的震害明显低于柔性且不规则结构;室内设备的倾倒是主要震害;房间门口处的立柜倾倒可能产生次生灾害,细心选择安放位置是必要的;博物馆、艺术馆内的陈列物,应有特殊的防倒措施;机房内设备移动、倾倒,可能使导线和电缆拉裂损坏。

4. 电梯的震害特征是:

最主要的震害是配重脱离导轨。低烈度时电梯的损坏很轻;结构刚度大变形小时,震害也较轻。例如,钢框架结构内的电梯震害,明显重于钢筋混凝土框架结构。

5. 机电设备地震破坏的原因主要是:
(1) 后浇基础与主体结构连接不牢引起移动或基础开裂;
(2) 固定螺栓强度不足造成设备移位或从支架上脱落;
(3) 不必要的隔振装置,加大了设备的振动或发生共振,反而降低了抗震性能;
(4) 悬挂构件强度不足导致设备坠落等。
6. 地震时各种管道的破坏特征是:

主要是其支架之间或支架与设备相对移动造成接头损坏。采取增加接头变形能力的措施是有效的。

某些大的管道因布置不合理,削弱了主体结构构件的抗震能力,造成主体结构损坏。

四、国外规范的情况

世界各国的抗震规范、规定1996年版的汇编中,有60%规定了要对非结构构件的地震作用进行计算,而仅有28%对非结构的构造措施做出规定。

表9-6-1是部分国家抗震设计规范、规定的有关要求。

关于计算方法的规定,大致分为六类:① 将非结构的重力乘以规定的与烈度无关的系数;② 将非结构的重力乘以规定的与烈度有关的系数;③ 将非结构的重力乘以规定的与烈度、位置有关的系数;④ 将非结构的重力乘以规定的与烈度、位置、动力特性有关的系数;⑤ 考虑非结构、结构动力相互作用的计算;⑥ 采用楼面谱方法确定。

关于构造措施的规定,大致有四类:(1) 仅有一般性的连接、锚固规定;(2) 考虑结构与非结构变形的协调规定;(3) 根据非结构构件的种类规定不同的措施;(4) 要求采用隔离措施。

国外对非结构构件抗震设计的部分规定 表9-6-1

名 称	种类	计算方法	构造措施
阿尔及利亚建筑条例	1	②	(1)
阿根廷抗震结构标准	4	②	—
澳大利亚地震荷载 AS1170.4	2	③	—
奥地利标准 B4015	1	②	—
保加利亚地震区建筑设计规范	2	②	(1)
加拿大国家建筑规范	3	②③④⑤	(1) (3)
智利建筑抗震设计规范	3	②③④	(1) (2)
哥伦比亚建筑抗震规范 1400	1	②	(1) (2)
克罗地亚(前南斯拉夫)地震区技术规定	1	②④	(1) (3)
古巴抗震规范新建议	1	②	(1)
埃及建筑抗震设计规则	3	③	(1)
法国抗震建筑规范修订建议	1	②④⑤⑥	—
德意志地震区标准 DIN 4149-1	1	②	—
希腊建筑结构抗震规定	3	③	(1) (3)
印度建筑抗震设计标准	2	③⑤	(1) (3)
印尼建筑抗震规范	3	③④⑤	(1) (2) (3) (4)
伊朗建筑抗震设计规范	3	②④	(1)
以色列建筑荷载:地震 SI 413	1	①②	—
日本建筑抗震设计新法	3	①	(1) (2) (3)
罗马尼亚抗震规定 P100	4	②④⑤	(1) (2) (3)
马其顿地震区建筑规定	1	②⑤	(1) (3)
墨西哥抗震设计技术规定	1	④	(4)

9.6 非结构构件的抗震设计　　　　　　　　　　　　　　　　　　　　　　　　349

续表

名　　称	种类	计算方法	构造措施
新西兰荷载标准 NZS 4203	3	③④⑤	(1)(3)(4)
秘鲁国家建筑抗震标准	3	①	(1)
菲律宾国家结构规范 NSCPI	1	②④	(1)(2)(3)
俄罗斯地震区建筑规范	1	③	(1)(3)
瑞士结构的作用 SIA160	1	③	(1)(3)
土耳其灾区结构规定	4	②③	(1)
美国统一建筑规范 UBC（1997）	2	②③④	(1)(2)(3)
委内瑞拉抗震建筑标准	1	②⑤	(1)(3)

五、基本计算要求

我国 89 规范主要对出屋面女儿墙、长悬臂附属构件（雨篷等）的抗震计算做了规定。修订后规范对非结构抗震计算方面规定的内容较多，尽可能全面地反映各种必需的计算，包括：结构体系计算时如何计入非结构的影响，非结构构件地震作用的基本计算方法、非结构构件地震作用效应组合和抗震验算。

1. 在结构体系抗震计算时，非结构对结构整体计算的影响是：

（1）结构体系计算地震作用时，应计入支承于结构构件的建筑构件和建筑附属机电设备的重力。

（2）对柔性连接的建筑构件，可不计入其刚度对结构体系的影响；对嵌入抗侧力构件平面内的刚性建筑构件，可采用周期调整系数等简化方法计入其刚度影响；当有专门的构造措施时，尚可按规定计入其抗震承载力。

（3）对需要采用楼面谱计算的建筑附属机电设备，应采用合适的简化计算模型计入设备与结构体系的相互作用。

（4）结构体系中，支承非结构构件的部位，应计入非结构构件地震作用效应所产生的附加作用。

2. 非结构自身的计算要求是：

（1）非结构构件自身的地震力应施加于其重心，水平地震力应沿任一水平方向。

（2）非结构构件自身重力产生的地震作用，一般只考虑水平方向，采用等效侧力法；当建筑附属机电设备（含支架）的体系自振周期大于 0.1s，且其重力超过所在楼层重力的 1%，或建筑附属机电设备的重力超过所在楼层重力的 10% 时，如巨大的高位水箱、出屋面的大型塔架等，则采用楼面反应谱方法。

（3）非结构构件的地震作用，除了自身质量产生的惯性力外，还有地震时支座间相对位移产生的附加作用，二者需同时组合计算。

（4）非结构构件抗震验算时，摩擦力不得作为抵抗地震作用的抗力；承载力抗震调整系数，连接件可采用 1.0，其余可按相关标准的规定采用。

（5）建筑装修的非结构构件，其变形能力相差较大。验算要求也不同：

砌体材料制成的非结构构件，由于变形能力较差而限制其在要求高的场所使用，国外的规范也只有构造要求而不要求进行抗震计算；

金属幕墙和高级装修材料具有较大的变形能力，国外通常由生产厂家按结构体系设计的变形要求提供相应的材料，而不是由非结构的材料决定结构体系的变形要求；

对玻璃幕墙，《建筑幕墙》标准中已规定其平面内变形分为五个等级，最大为 1/100，最小为 1/400。

3. 关于等效侧力法计算

当采用等效侧力法时，非结构的水平地震作用标准值按下列公式计算：

$$F = \gamma \eta \zeta_1 \zeta_2 \alpha_{\max} G \tag{9-6-1}$$

式中 F——沿最不利方向施加于非结构构件重心处的水平地震作用标准值；

γ——非结构构件功能系数，取决于建筑抗震设防类别和使用要求，可根据建筑设防类别和使用要求等确定；一般分为 1.4、1.0、0.6 三档；

η——非结构构件类别系数，取决于构件材料性能等因素，可根据构件材料性能等因素确定；一般在 0.6~1.2 范围内取值；

ζ_1——状态系数；对预制建筑构件、悬臂类构件、支承点低于质心的任何设备和柔性体系宜取 2.0，其余情况可取 1.0；

ζ_2——位置系数，建筑的顶点宜取 2.0，底部宜取 1.0，沿高度线性分布；对规范要求采用时程分析法补充计算的结构，应按其计算结果调整；

$\alpha_{\max}$——地震影响系数最大值；可按多遇地震的规定采用；

G——非结构构件的重力，应包括运行时有关的人员、容器和管道中的介质及储物柜中物品的重力。

4. 关于楼面谱计算

"楼面谱"对应于结构设计所用"地面反应谱"，即反映支承非结构构件的结构自身动力特性、非结构构件所在楼层位置，以及结构和非结构阻尼特性对地面地震运动的放大作用。对不同的结构、或同一结构的不同楼层，其楼面谱均不相同。在高层建筑的楼面谱中可以看到，在与结构体系主要振动周期相近的若干周期段，均有明显的放大效果。

当采用楼面反应谱法时，非结构通常采用单质点模型，其水平地震作用标准值按下列公式计算：

$$F = \gamma \eta \beta_s G \tag{9-6-2}$$

式中 β_s——非结构构件的楼面反应谱值，取决于设防烈度、场地条件、非结构构件与结构体系之间的周期比、质量比和阻尼，以及非结构构件在结构的支承位置、数量和连接性质。

对支座间有相对位移的非结构构件则采用多支点体系计算。

计算楼面谱的基本方法是随机振动法和时程分析法，需有专门的计算软件。

六、建筑非结构构件的基本抗震措施

本次修订，对建筑非结构构件的布置和选型做了基本规定，并拟将 89 规范各章中有关建筑非结构构件的构造要求汇总在一起，包括：

1. 非承重墙体的材料、选型和布置，应根据设防烈度、房屋高度、建筑体型、结构

层间变形、墙体抗侧力性能的利用等因素，经综合分析后确定。应优先采用轻质墙体材料，采用刚性非承重墙体时，其布置应避免使结构形成刚度和强度分布上的突变。

2. 设置连接建筑构件的预埋件、锚固件的部位，应采取加强措施，以承受建筑构件传给结构体系的地震作用。

3. 附属构件，如女儿墙、厂房高低跨封墙、雨篷等。这类构件的抗震问题是防止倒塌，采取的抗震措施是加强非结构构件本身的整体性，并与主体结构加强锚固。

4. 装饰物，如建筑贴面、装饰，顶棚和悬吊重物等。这类构件的抗震问题是防止脱落和装修的破坏，采取的抗震措施是同主体结构可靠连接，对重要的贴面和装饰，要采用柔性连接，使主体结构变形不致影响贴面和装饰的损坏。

5. 非结构的墙体，如围护墙、内隔墙、框架填充墙等。这类构件的抗震问题比较复杂，根据材料的不同（砌体、钢筋混凝土构件，金属材料和砌体以外的非金属材料）和同主体结构的关系（影响主体结构的强度、刚度、变形和吸能能力），可能对结构产生不同程度的影响，如：① 减小主体结构的自振周期，增大设计地震作用；② 改变主体结构侧向刚度的分布，从而改变各结构构件之间地震内力的分布状态；③ 对主体结构的地震分析带来困难，不易选取合适的结构抗震分析计算模型，不易正确估计地震反应；④ 处理不好，往往引起主体结构的破坏，如由于形成短柱而发生破坏。

采取的抗震措施，可能有以下的几种：

（1）作好细部构造，使非结构构件成为抗震结构的一部分，在计算分析时，充分考虑非结构构件的质量、刚度、承载力和变形能力；

（2）防止非结构构件参与工作，避免非结构构件对主体结构的变形限制，分析计算时可以只考虑非结构构件的质量、不考虑其刚度和承载力；

（3）构造上采取措施避免出平面倒塌；

（4）选用合适的抗震结构，加强主体结构的刚度，以减小主体结构的变形量，防止装饰要求高的建筑的非结构破坏。

（5）墙体应能适应不同方向的层间位移；8、9度时结构体系有较大的变形，墙体的拉结应具有可适应层间变位的变形能力或适应结构构件转动变形的能力。

（6）楼梯间和公共建筑的人流通道，其墙体的饰面材料要有限制，避免地震时塌落堵塞通道。天然的或人造的石料和石板，仅当嵌砌于墙体或用钢锚件固定于墙体，才可作为外墙体的饰面。

七、建筑附属机电设备支架的基本抗震措施

机电设备和设施的抗震措施，应根据抗震设防烈度、建筑使用功能、房屋的高度、结构类型和变形特征、附属设备所处的位置和运转要求等，经综合分析后确定。基本要求是：

1. 参照美国统一建筑规范 UBC 的规定，下列小型附属机电设备的支架可无抗震设防要求：

（1）重力不超过 1.5kN 的设备；

（2）内径小于 25mm 的煤气管道和内径小于 60mm 的电气配管；

（3）矩形截面面积小于 $0.38m^2$ 和圆形直径小于 0.70m 的风管；

(4) 吊杆计算长度不超过300mm的吊杆悬挂管道。

2. 建筑附属设备不应设置在可能导致使用功能发生障碍等二次灾害的部位。

3. 建筑附属机电设备的机座和连接件是保证设备和结构安全的重要部件，其基本要求是：

(1) 支架应具有足够的刚度和承载力，其与结构体系应有可靠的连接和锚固；

(2) 设备的基座或连接件应能将设备承受的地震作用全部传递到结构上；

(3) 结构体系中，用以固定设备预埋件、锚固件的部位，应采取加强措施，以承受设备传给结构体系的地震作用。

4. 合理设计各种支架、支座及其连接，包括采取增加接头变形能力的措施，如：

(1) 管道和设备与结构体系的连接，应能允许二者间有一定的相对变位。

(2) 管道、电缆、通风管和设备的大洞口布置不合理，将削弱主要承重结构构件的抗震能力，必须予以防止；一般的洞口，其边缘应有补强措施。

5. 高位水箱重力一般超过楼层重力的10%，水箱中的液体还可能出现液体和容器的相互作用，对整个结构体系的地震反应有明显的反作用。通常要求：

(1) 水箱与结构体系连成整体，作为结构体系的一部分参与结构分析。

(2) 当水箱通过机座与结构体系相连时，应与所在结构可靠连接。

(3) 高烈度时尚应考虑其对结构体系产生的附加地震作用效应。

6. 在设防烈度地震下需要连续工作的重要建筑附属设备，包括烟火监测和消防系统，其支架应能保证在设防烈度地震时正常工作，重量较大的宜设置在结构地震反应较小的部位；相关部位的结构构件应采取相应的加强措施。

参 考 文 献

[1] Regulations for seismic design A world list. 1996
[2] 叶耀先等. 非结构构件抗震设计，北京：地震出版社，1991
[3] 日本. 建筑设备抗震设计指南同解说. 1991

（中国建筑科学研究院　戴国莹）

9.7 建筑附属设备抗震设计的楼面谱

建筑非结构件和设备（以下统称设备）的震害早已为人们所重视。现代建筑中设备价格往往是结构本身的许多倍。人们在研究建筑自身抗震的同时，也开始研究建筑中设备的抗震。目前建筑抗震已有较成熟的规范，这可保证设备不被脱落的结构件砸毁，于是设备抗震问题就更为突出。已有一些国家的建筑抗震规范给出了设备抗震的楼面谱，以确定设备上的地震力。理论上应当求解设备加结构这一联合系统的方程，但为设计设备支架而去反复求解复杂的联合系统是很不经济的，加之小的设备质量会导致联合系统方程的系数矩阵病态，难以求解。楼面谱提供了解耦的方法，它直接给出设备受到的加速度。美国的锅炉与压力容器设计规范[1]，统一建筑规范[2]以及日本、新西兰、澳大利亚等国有关规范都给出了简化的楼面谱。

第一代楼面谱只考虑结构的反应，虽然实现了解耦，但给出的楼面谱比实际震害大许多倍。20 世纪 80 年代研究发现[3,4]，合理的楼面谱应考虑设备的反作用。反作用含四个因素：① 设备与所在楼层的质量比，比值大于 0.1％时反作用明显。② 设备与结构自振周期接近（"调谐"）时，反作用明显增大，设备可能与结构的不同频率调谐。③ 设备与结构的阻尼一般不同，使得联合系统具有非经典阻尼，调谐时非经典阻尼的影响明显不同于经典阻尼，因此需解复特征方程。④ 许多设备有几个支座安装在不同楼层，地震时设备还受到支座间相对位移引起的伪静力（"多支座激励"问题），楼面谱应当包括这种伪静力。

用时程法建立楼面谱，需选择一系列地面加速度时程，计算不同频率设备对它们的最大反应加速度，然后再统计确定楼面谱。这方法计算量过大。随机振动法直接利用地面反应谱建立设备的楼面谱，理论上虽然困难，但效率高，本文用随机振动法建立了楼面谱分析程序 FSAP。进一步选择 6 栋典型高层建筑，建立了 600 余条单支座设备的楼面谱，通过统计整理，建立于单支座设备的设计楼面谱。

一、用随机振动法建立楼面谱

考虑 n 个自由度的结构，有 n_a 个支点支持有 m 个自由度的设备（图 9-7-1）。记结构质量、阻尼和刚度阵为 M、C 和 K。结构总位移 $[U_a^T, U_{\bar a}^T]^T$，式中 U_a 为支座点位移。记设备非支座点质量、阻尼和刚度为 m、c 和 k。设备内点总位移 $u_{\bar a}$，则结构总位移满足

$$M\begin{Bmatrix}\ddot U_a\\ \ddot U_{\bar a}\end{Bmatrix}+M\begin{Bmatrix}\dot U_a\\ \dot U_{\bar a}\end{Bmatrix}+K\begin{Bmatrix}U_a\\ U_{\bar a}\end{Bmatrix}=CR\dot u_g+KRu_g+\begin{Bmatrix}f\\0\end{Bmatrix} \quad (9\text{-}7\text{-}1)$$

式中 R 为刚性地面运动影响系数矩阵；$\dot u_g$，u_g 分别为刚性地面位移和速度历史；f 为设备在支座处对结构的反作用。

设备各点总位移满足

$$m\ddot u_{\bar a}+c\dot u_{\bar a}+ku_{\bar a}=k_c U_a \quad (9\text{-}7\text{-}2)$$

式中，k_c 为设备支座点与非支座点间刚度影响系数。式中忽略了设备支座点与非支座点间阻尼系数。如令式（9-7-1）中的 $f=0$，解出的 $\ddot U_a$ 即是第一代楼面谱。

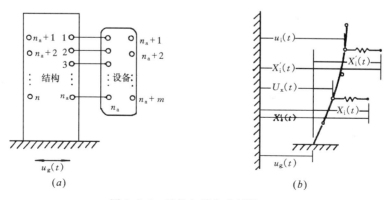

图 9-7-1 结构加设备分析模型
(a) 主-附属系统模型；(b) 坐标示意

用随机振动法解式 (9-7-2),可得设备内点 r 的最大相对位移均值

$$E[v_{\max}] = \sqrt{\sum_{i=1}^{\dot{n}}\sum_{j=1}^{\dot{n}}a_i a_j \sum_{k=1}^{n}\sum_{l=1}^{n}b_{ik}b_{jl}S_{kl}(\omega_i,\zeta_{ij},\omega_j,\zeta_j)} \tag{9-7-3}$$

式中,S_{kl} 为文献 [3] 定义的支座点互振子互楼面谱,a_i 和 b_{ik} 分别为与设备频率振型有关的常数。

记结构频率、振型阻尼比、振型和广义质量分别为 Ω_i、Z_i、Φ_i 和 M_i ($i=1,\cdots,\dot{n}$);记设备各自振特性为 ω_i、ζ_i、φ_i 和 m_i ($i=1,\cdots,\dot{m}$)。若式 (9-7-3) 中的 S_{kl} 能反映 f 的影响,式 (9-7-3) 给出第二代楼面谱。为此,建立一系列"基本联合系统 ik",它们每个是由结构与其支座 k 处的单质点振子 i(频率 ω_i,质量 m_i,阻尼 ζ_i)组成。共 $n_a \times \dot{m}$ 个基本联合系统。用各振子对结构的反作用来组合设备对结构的反作用。当 m_i/M_h 不很大时,可用摄动法解析地求解 $\omega_i = \Omega_h$ 时的反应。

以 $\beta_{ih} = (\Omega_h^2 - \omega_i^2)/\omega_i^2$ 最小来定义调谐频率。调谐时 Ω_h 出现了漂移量 $\Delta\Omega_h$,下式给出具有平滑过渡的联合系统 ik 的修正频率

$$\Omega_h^{ik} = \Omega_h \sqrt{\left(1 - \frac{1}{\alpha_{ikh}}\right)/(1+\beta_{ih})}, \quad h=1,2,\cdots,\dot{n} \tag{9-7-4}$$

$$\Omega_{n+1}^{ik} = \omega_i \sqrt{1 + \sum_n \alpha_{ikh}\gamma_{ikh}} \tag{9-7-5}$$

式中

$$\begin{cases} \gamma_{ikh} = \dfrac{m_{ik}}{M_h}\Phi_h^2(k), \quad h=1,\cdots,\dot{n} \\ \alpha_{ikh} = -1/\left[\dfrac{\beta_{ih}+\gamma_{ikh}}{2} + \mathrm{sgn}(\beta_{ih}) \times \sqrt{\left(1+\dfrac{\beta_{ih}+\gamma_{ikh}}{2}\right)^2 - (1+\beta_{ih})}\right] \end{cases} \tag{9-7-6}$$

不调谐时 ($\omega_i \neq \Omega_h$) 的振型为

$$\begin{cases} \Phi_h^{ik} = \begin{cases} \Phi_h \\ \alpha_{ikh}\Phi_h(k), \end{cases} h=1,\cdots,\dot{n} \\ \Phi_{n+1}^{ik} = \begin{cases} -\sum_n \dfrac{\alpha_{ikh}\gamma_{ikh}}{\Phi_h(k)}\Phi_h \\ 1 \end{cases} \end{cases} \tag{9-7-7}$$

调谐时 ($\omega_i = \Omega_h$) 的振型

$$\Phi_i^{ik} = \begin{cases} \dfrac{-1}{\alpha_{ikh}}\dfrac{\Phi_i}{\Phi_h(k)} + \sum_{j \neq t}\dfrac{\alpha_{ikj}\gamma_{ikj}}{\Phi_j(k)}\Phi_h \\ -1 \end{cases} \tag{9-7-8}$$

系统 ik 的阻尼比,当不调谐时为 $Z_h^{ik} = Z_h$,$h=1,\cdots,\dot{n}$,$Z_{n+1}^{ik} = \zeta_i$,可按经典阻尼处理。调谐 ($\omega_i = \Omega_h$) 时,具有光滑过渡的阻尼比[5]

$$\begin{cases} Z_t^{ik} = \dfrac{\sqrt{Z_t \zeta_i} + Z_t}{2} + \dfrac{\sqrt{Z_t \zeta_i} - Z_t}{2}\cos\pi\left|\dfrac{\beta_{it}}{\beta_0}\right|, \quad t=1,\cdots,\dot{n} \\ Z_{n+1}^{ik} = \dfrac{\sqrt{Z+\zeta_i}+\zeta_t}{2} + \dfrac{\sqrt{Z+\zeta_i}-\zeta_i}{2}\cos\pi\left|\dfrac{\beta_{it}}{\beta_0}\right| \end{cases} \tag{9-7-9}$$

式中

$$\beta_0^2 = \frac{(Z_t+\zeta_i)^2(\Omega_t+\omega_i)^2}{2\omega_i^4}\left(1+\frac{\gamma_{ikt}}{4Z_t\zeta_i}\right)$$

若 $\beta_0^2 \geqslant \beta_{it}^2$ 则为调谐。上式避免了解复特征根。

于是,含反作用的互互楼面谱 S_{kl} 则为

$$S_{kl}(\omega_i,\zeta_{ij},\omega_j,\zeta_j) = \sum_{h=1}^{n+1}\sum_{s=1}^{n+1}\Psi_{n+1,h}^{jt} \times \Psi_{n+1,s}^{jt}\rho_{hs}S_d(\Omega_h^{ik},Z_h^{ik})S_d(\Omega_s^{jt},Z_s^{jt}) \quad (9\text{-}7\text{-}10)$$

式中,S_d 为通常的地面反应谱,但参数是修正后的结构频率和阻尼 $\Psi_{n+1,h}^{ik}$ 为联合系统 ik 中振子 i 相对位移反应的有效振形参与系数,它可用平常的振形参与系数 Γ_h^{ik} 表示:$\Psi_{n+1,h}^{ik} = \Phi_h^{ik}(n+1)\Gamma_h^{ik}$,$\rho_{rs}$ 联合系统 ik 第 h 振型与第 S 振型的相关系数,可由滤波白噪声地面输入求得。

式 (9-7-10) 代入式 (9-7-3) 即得设备相对位移,从而求得设备内力。此方法比时程法效率高,在此基础上编制的 FSAP 还与 SAP 有接口,并可在 PC 机上运行。

二、地面反应谱

式 (9-7-10) 中的 S_d 用修正的阻尼比,但抗震规范只给 5% 和 2% 两种阻尼下的反应谱。为此,作者用文献 [6] 统计出的不同阻尼下的地面反应谱再参照 Newmark-Blume-Kapur 的修正给出一般阻尼比下的反应谱

$$S_a(T,Z) = \begin{cases} 0.45\alpha_{\max}(0.05)+5.57\alpha_{\max}(Z) & 0 \leqslant T \leqslant 0.1 \\ \alpha_{\max}(Z) & 0.1 < T \leqslant T_g \\ \max\left[\left(\frac{T_g}{T}\right)^{0.9} \cdot \alpha_{\max}(Z) \cdot 0.2\alpha_{\max}(Z)\right] & T_g < T \leqslant 3.0 \\ \left(1+\frac{3.6}{T^2}\right)1.597 \cdot S_a(3 \cdot Z) \end{cases}$$

(9-7-11)

式中 T_g,$\alpha_{\max}$ 都是普通地面反应谱中的量,而 $\alpha_{\max}(Z)$ 则按表 9-7-1 插值,谱曲线见图 9-7-2。

$\alpha_{\max}(Z)$ 表 9-7-1

烈度	结构阻尼比 Z			
	0.005	0.1	0.2	0.5
6	0.076	0.0292	0.0235	0.0181
7	0.152	0.0584	0.0471	0.0362
8	0.304	0.117	0.0942	0.0725
9	0.608	0.234	0.188	0.145

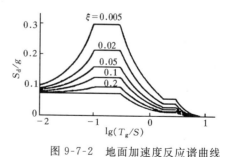

图 9-7-2 地面加速度反应谱曲线

三、FSAP 的验证

用不同算例验证 FSAP,而且用日本 NTT 的实测结果进行对比。

【例 1】 对图 9-7-3 中的结构及设备验证 FSAP 对调谐、不调谐、经典阻尼与非经典

阻尼的结果。结构：层刚度 $K = 20\text{MN/m}$，层质量 $M = 100\text{t}$，阻尼比 $Z = 0.05$。设备：$\zeta = 0.02$、0.05，不调谐时 $\frac{m}{M} = 0.0002$、0.002、0.02，$\frac{k}{m} = 500\text{s}^{-2}$；调谐时 $\frac{m}{M} = 0.00032$、0.0032、0.032，$\frac{k}{m} = 31.22\text{s}^{-2}$。地面加速度反应谱 $S_g = \sqrt{\pi\Omega/(2000Z)}$。调谐时设备与结构第一频率重合，为 4.025rad/s，设备第 5 频率与结构第二频率接近（只差 2.9%）。

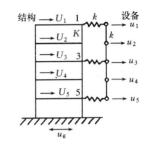

图 9-7-3 例 1 的结构与设备

FSAP 的结果与文献 [3] 的精确解相比如下：不调谐时不管是否经典阻尼，FSAP 的解均很满意。设备加速度最大误差 +5.6%，位移最大误差 -1.2%。调谐时，两种阻尼 FSAP 结果也很满意：经典阻尼时 FSAP 给出加速度最大误差 3.6%，位移最大误差 2.5%，非经典阻尼时加速度最大误差 +16%，位移最大误差也是 16%。调谐时楼面谱值随质量比增大而减小了 45%，位移减小了 42%。反映设备反作用的重要。而第一代楼面谱比 FSAP 的结果大 34%。

【例 2】 日本 NTT 在大量建筑物内安装了 107 套强震仪，记录了 1000 个楼面加速度反应，由此对不同阻尼计算出大量楼面谱，除不同楼层的谱与 FSAP 建立的楼面谱的规律十分相近外，对不同设备阻尼（0.01，0.02，0.03 和 0.05）时的谱值与阻尼 0.10 时谱值之比，NTT 为 4.2，3.0，2.3 和 1.7，FSAP 结果为 4.5，2.9，2.2 和 1.6。

四、典型结构物的选择

为建立设计用楼面谱，选择不同材料、不同体系和不同高度的 6 座对称高层建筑，并分析了它们的自振特性，前 8 阶自振频率列于表 9-7-2。

6 座建筑的自振周期　　　　　　　　　　　　表 9-7-2

建筑	层数	材料+结构	自振周期 T/s							
			1	2	3	4	5	6	7	8
电表厂	地上 8 层	钢筋混凝土框架	1.410	0.466	0.272	0.193	0.156	0.153	0.147	0.124
长富宫中心	地上 25 层	钢框架	3.448	1.151	0.658	0.475	0.464	0.352	0.288	0.230
北图	地上 19 层	钢筋混凝土框架	(x) 0.757	0.146	0.055	0.027	0.017	0.011	0.008	0.006
		剪力墙	(y) 0.465	0.078	0.029	0.015	0.009	0.006	0.004	0.003
长安大厦	地上 19 层	钢筋混凝土框支剪力墙	0.910	0.160	0.058	0.017	0.011	0.008	0.006	0.005
京城大厦	地上 50 层	钢框架+钢筋混凝土剪力墙	5.749	1.680	0.824	0.514	0.475	0.393	0.323	0.317
国贸中心	地上 50 层	钢筋混凝土筒中筒	3.299	1.143	0.528	0.424	0.310	0.269	0.209	0.193

五、单支点设备的楼面反应谱

考虑四类不同场地，4 种烈度的场面输入，本文用 FSAP 计算了不同阻尼（$\zeta = 0.001$ 至 0.20）不同质量比（0.001 至 0.05）的单支座设备在上述 6 座楼不同层的反应谱曲线 600 余条。图 9-7-4 给出长富宫楼顶的楼面谱。

这些楼面谱有以下规律:

(1) 刚性设备不会与结构调谐;对柔性结构,当设备周期 $T_e \leqslant 0.1s$ 时已不会调谐;对刚性结构,当 $T_e \leqslant 0.06s$ 时也不会调谐,这与文献[2]规定刚性设备为 $T_e \leqslant 0.06s$,有最低楼面谱值一致。当 $T_e > 0.06s$ 时,设备可能与结构前几个周期调谐(最多5个),峰值处楼面谱值加大到8倍。对特别柔的设备 ($T_e > 1.25T_1$) 楼面谱值也取最低值。

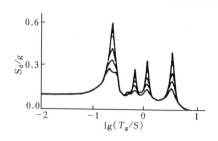

图 9-7-4 长富宫楼盖处的楼面谱

(2) 在调谐的峰值点,设备质量越大,楼面谱值越小,但设备质量不影响非峰值点。质量由 0.001 增至 0.05,峰值减小 3.8 倍。设备反作用明显。

(3) 设备阻尼越大,楼面谱值就越小,0.2 阻尼的峰值比 0.005 阻尼的峰值小 10 倍。但设备阻尼时非峰处的谱值影响不大。以强震时设备阻尼为 0.05 计,上述楼面谱(阻尼 0.05)几乎都小于 0.89g,基本符合文献[2]中关于楼面谱上限为 0.8g 的论断。

(4) 顶层楼面谱值最大,底层最小。上述规律表明,设计设备支座时首先应避免与结构调谐,使设备周期在 $[0.06s, 1.25T_1]$ 区域之外。否则应设法增大设备系统的阻尼,可用 FSAP 分析。

(5) 单支座设备的设计楼面谱。为进一步简化设备抗震设计,本文对上述 600 余条楼面谱进行分析,发现:

1) 非调谐区可不考虑设备的反作用。

2) 地震特性与结构特性的影响相互独立,即楼面谱 S_a 可表为

$$S_a = \beta_a S_g \tag{9-7-12}$$

式中,S_g 为地面反应谱,β_a 反映结构特性的影响。

$$\beta_a = \beta \beta_h R \tag{9-7-13}$$

式中,β 为质量比是 0.1% 时的楼面谱,反映调谐及阻尼的影响;R 反映质量比,设备阻尼的影响,值见表 9-7-3;$\beta_h = \Phi_i(h)/\Phi_i(H)$ 为设备位置修正系数;h 为设备实际所在楼层高度;H 为楼顶高度;i 为与设备调谐的结构自振模态。

设备质量修正系数 R 表 9-7-3

等效质量比 $(m \cdot M^{-1})_h \times 100$	设备阻尼比 ζ					
	0.005	0.01	0.02	0.05	0.10	0.20
0.1	1.00	1.00	1.00	1.00	1.00	1.00
0.5	0.81	0.87	0.92	0.96	0.98	0.99
1	0.65	0.74	0.84	0.92	0.96	0.98
2	0.50	0.59	0.73	0.85	0.92	0.96
3	0.36	0.45	0.57	0.74	0.84	0.91

其中 β 可按图 9-7-5 的梯形近似。图 9-7-5 中的纵坐标值 β_0,β_1 和 β_2 可按表 9-7-4 插值。

设计谱调谐峰的参数 β_0、β_1 和 β_2 表 9-7-4

参数	T_i/s	设备阻尼 ζ					
		0.005	0.01	0.02	0.05	0.1	0.2
β_0	T_1 (钢结构)	46.3	30.8	19.7	10.0	6.5	4.0
	T_1 (RC 结构)	53.5	36.1	23.7	13.3	8.4	5.2
	T_2	51.5	14.3	9.0	4.9	2.9	1.9
	T_3	10.3	6.7	4.4	2.6	1.9	1.6
	T_4、T_5	$1.6\times T_3$ 时的值					
β_1	T_1	4.8	4.3	3.8	3.3	2.8	2.5
	T_2	2.4	2.2	2.0	1.8	1.6	1.4
	T_3	1.7	1.6	1.5	1.4	1.3	1.3
	T_4	$0.75\times T_3$ 时的值					
	T_5	$0.65\times T_3$ 时的值					
β_2	T_1	2.6	2.3	2.0	1.7	1.4	1.2
	T_2	2.0	1.8	1.6	1.4	1.2	1.0
	T_3	1.5	1.4	1.3	1.2	1.1	1.0
	T_4	$0.75\times T_3$ 时的值					
	T_5	$0.65\times T_3$ 时的值					

按上述方式给出的单支点设备抗震设计用楼面谱比第一代楼面谱更接近实际震害调查得到的值。考虑三座基本周期分别为 0.4s、1.1s 和 2.0s 的结构,它们的第二、第三周期为各自基本周期的 0.33 和 0.2 倍。它们的顶层上设有阻尼为 0.05,质量比为 0.02 的设备,相应三条由 FSAP 计算的楼面谱与其他国家规范等给出的楼面谱的比较示于图 9-7-6,图中示出了与结构三个周期调谐的情况。

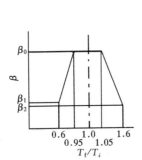

图 9-7-5 设计用楼面谱的调谐峰

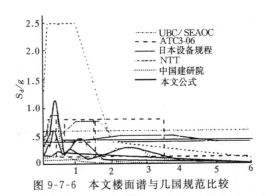

图 9-7-6 本文楼面谱与几国规范比较

由于多支座设备影响因素远为复杂,难以建立单支座设备的设计用楼面谱,但可用 FSAP 进行计算。

参 考 文 献

[1] ASME. Boiler and Pressure Vessel Code, Section Ⅲ. Division 1, Article N, 1989
[2] International Conference of Building Officials, Uniform Building Code, 1991
[3] Asfura A, Der Kiureghian A. Floor response spectrum method for seismic analysis of multiply supported secondary systems. Earthquake Engineering and Structural Dynamics, 1996, 14: 245~265

[4] Burdisso R A, Singh M P. Multiply supported secondary systems. Part I and II. Earthquake Engineering and Structural Dynamics, 1987, 15: 53~73
[5] Asfura A, Der Kiureghian A. A new floor spectrum method for seismic analysis of multiply supported secondary systems. Report no. UCB/EERC-84/04, 1989
[6] Singh M P. Seismic analysis of structure-equipment system with non-structural classical damping effects. Earthquake Engineering and Structural Dynamics, 1987, 15: 871~890

(清华大学 秦 权 李 瑛)

第十章 有待进一步研究的建议

10.1 抗震设计规范增补优化条款的建议

一、问题的提出

结构的优化设计是结构设计理论的重大发展。因为同一个设计任务,可以有多种不同的可用的设计方案,从所有可用方案中选用最满意的方案自然是理所当然的追求。目前结构优化设计在一些重要的工程中已经得到成功的应用,但在土木和建筑工程界应用得还不普遍。这是由于三个方面的原因:

(1) 设计人员不熟悉结构优化的理论和方法,而且优化目标不符合工程需要;

(2) 现行设计规范和规程中还没有明确规定采用优化设计的方法和要求;

(3) 目前土木建筑的管理体制和习惯作法缺乏使人们追求优化设计方案的动力。但这些因素都是暂时的,任何情况下"择优而用"是人们无法回避的要求。

只要在设计规范中列入有关结构优化的条款,上述(2)、(3)二个原因自然消失。所以关键是要提出合理、简化、实用并符合规范的原则、方法和规定的、与规范接轨的优化设计方法。

目前,国际上已提出在工程结构设计规范中采用优化设计方法的建议,而我们所开发的抗震结构的优化设计方法已成熟并简化到可以进入设计规范的程度。在本建议所提的"精确法"中,只包括一些简单的结构最小造价设计;而我们所建议的"近似法"竟然不要求设计者具有任何结构优化的知识,只要按条款进行一些常规设计即可取得主要优化效果。

二、优化的策略和方法

在工程结构的建筑方案、结构拓扑和材料已决定后,优化其主要承载结构的截面尺寸的阶段的目标函数应包括结构的造价 $C(\overline{x})$ 和长远的经济和社会效益,后者主要表现为结构遇灾失效带来的损失的期望值(损失期望)$L(\overline{x})$。这时的优化目标就是使目标函数

$$W(\overline{x}) = C(\overline{x}) + L(\overline{x}) \to \min \qquad (10\text{-}1\text{-}1)$$

这就是早在1972年华裔科学家刘师琦等人提出的概念[1]。但迄今在国际上未能实现,主要困难是无法把遇灾的损失期望值表示为设计方案 $\overline{x}$ 的函数 $L(\overline{x})$。

为此,我们把抗灾结构的优化设计分解为二个阶段[1]。

1. 决策抗灾结构的最优设防水平

抗灾结构的设防水平可以有二种表达方式,即设防可靠度与设防荷载参数。经多年的反复比较[2,3],我们采用了后者。对抗震结构而言,按现有规范,设防荷载参数即设计烈度;按"全国地震动参数区划图"(草案),它是设计地震加速度(特征周期 T_g 在结构优化中为常数)。本建议及其附件仍以设计烈度 L_d 作为设防荷载参数的代表,所提方法同样

适合于采用地震加速度的情况。

在结构变量设计阶段,结构的设计方案(设计向量 $\overline{x}$)可以表示为设计烈度 I_d 的函数 $\overline{x}(I_d)$。这时,式(10-1-1)转化为使目标函数

$$W[\overline{x}(I_d)] = C[\overline{x}(I_d)] + L[\overline{x}(I_d)] \to \min \quad (10\text{-}1\text{-}2)$$

但是按同一设计烈度 I_d 可以得出多种可用的设计方案 $\overline{x}_i(I_d)(i=1,2,3,\cdots)$,相应地有多种造价。换言之,结构造价 $C[\overline{x}(I_d)]$ 是设计烈度 I_d 的多值函数,因而严格说来不能直接代入式(10-1-2)中使用。这也是应用式(10-1-1)所示目标函数时在理论上存在的一个问题。我们认为函数 $C[\overline{x}(I_d)]$ 应该用其最小值 $C_{\min}[\overline{x}(I_d)]$ 来代替,后者是一个单值函数。

这样,我们便提出了一个更为科学的优化目标函数[3]:

$$W[\overline{x}(I_d)] = C_{\min}[\overline{x}(I_d)] + \theta L[\overline{x}(I_d)] \to \min \quad (10\text{-}1\text{-}3)$$

式中的 $\overline{x}(I_d)$ 代表在设计烈度为 I_d 时结构的最小造价设计方案,$C_{\min}[\overline{x}(I_d)]$ 为其造价;式中的调整参数 θ 为考虑对近期投资 C 和损失期望 L 的不同重视程度而设的系数。对政治上或经济上特别重要的结构,可取 $\theta > 1$。利用这个系数也可以粗略地考虑近期投资和长远效益间利息的因素,只考虑利息因素时 θ 应小于1。无特殊要求时,为了简便也可令 $\theta=1$。

由于针对每个设计烈度 I_d,结构的最小造价设计方案 $\overline{x}(I_d)$ 是唯一的,因而目标函数(10-1-3)可简写为

$$W(I_d) = C_{\min}(I_d) + \theta L(I_d) \to \min \quad (10\text{-}1\text{-}4)$$

在目标函数中造价 $C_{\min}[\overline{x}(I_d)]$ 是设防烈度 I_d 的增函数,而损失期望 $L[\overline{x}(I_d)]$ 是 I_d 的减函数,因而它们二者之和 $W[\overline{x}(I_d)]$ 的曲线必有一个最低点。与该点相应的设防烈度 I_d 就是所要决策的最优设防烈度 I_d^*(参阅图10-1-1)。

2. 按最优设防烈度进行优化设计

在求得最优设防烈度 I_d^* 后,即可进行设计烈度为 I_d^* 时的最小造价设计:求设计方案 $\overline{x}(I_d^*)$,使结构造价

$$C[\overline{x}(I_d^*)] \to \min \quad (10\text{-}1\text{-}5)$$

并满足规范的一切条件和要求。

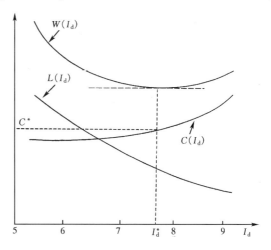

图 10-1-1 最优设防烈度决策图

这样得到的就是考虑了损失期望 $L(\overline{x})$ 的抗震结构最优设计方案,因为在决策 I_d^* 时已考虑了损失期望,这里只需要以最小造价的设计方案使结构具有抗御所决策出来的最优设防烈度 I_d^* 的抗力即可。

简化方法 对于完全没有结构优化知识的设计者,或者为了简化计算,可以把上述最小造价设计全部改为按规范进行的常规设计。这样得到的最优设防烈度虽在理论上有一定的近似性,但也可以起到很大的优化作用。此外,在第三节还要谈到,这样作在实际上也有其更为合理之处。

三、造价曲线 C—I_d 的计算

对被优化的抗震结构,给出若干不同的 I_{di}($i=1, 2, \cdots$),分别求出相应的最小造价 $C_{\min}(I_{di})$[其计算模型类似式(5)],即可得出函数 $C_{\min}[\overline{x}(I_d)]$ 或 $C_{\min}(I_d)$ 曲线上的若干点。这就是目标函数[式(2)~(4)]中的第一项。图 10-1-1 中给出了这种曲线的示意图。

在实际工作中,同一个设计小组,针对同一个设计对象和不同的设计烈度 I_{di}($i=1, 2, \cdots$),可以分别各得出一个设计方案 $\overline{x}(I_{di})$ 和相应的造价 $C[\overline{x}(I_{di})]$。为了减小工作量,也可用 C—I_d 曲线近似地代替 $C_{\min}$—I_d 曲线。实际上这种简化方法也有它更为合理之处。因为在求 $C_{\min}[\overline{x}(I_d)]$ 时必须把结构的造价表示为设计向量的函数 $C(\overline{x})$ 才能进行迭代运算,这个函数 $C(\overline{x})$ 很难全面体现结构真正的造价。而简化方法得出设计方案 $\overline{x}$ 后,即可按常规办法计算结构真正的造价 $C(I_d)$,更符合实际情况。所以我们建议在规范中采用这种简化方法。

四、损失期望曲线 L—I_d 的计算

灾害荷载都具有"强度大的发生频率低,强度小的发生频率高"这个特点。所以抗灾结构在服役期间能经常遇到小强度的灾害,而遇到强度很大的灾害的概率就较小。因而,对不同等级的灾害不能同等对待,应该有不同的设防标准。这就是抗灾结构多级设防的概念。根据海城、唐山地震经验、并参考国外抗震设计思想,我国规范[4]明确提出抗震设防三个水准的要求,即"小震不坏、中震可修、大震不倒"。三个水准烈度的相对关系可归纳如表 10-1-1 所示。

三个水准烈度　　　　　　　　　　　表 10-1-1

目标地震			多遇地震(小震)	偶遇地震(中震)	罕遇地震(大震)
设防水准			众值烈度	基本烈度	大震烈度
50年超越概率			0.632	0.10	0.02~0.03
与基本烈度关系			低 1.55 度	基本烈度	约高一度
地震影响系数 $\alpha_{\max}$	设防烈度	7 度	0.08	0.23	0.50
		8 度	0.16	0.45	0.90
		9 度	0.32	0.90	1.40
	相对比值		1/3	1	2~1.5
设计要求	破坏程度		不坏(B_1)	可修(B_3)	不倒(B_4)
	层间侧移角		小于 1/600	小于 1/200	小于 1/50

我国规范还规定了五个破坏等级和对其相应破坏状态的定性描述。若以 B_i 代表第 i 级破坏,则有

$$[B_1, B_2, B_3, B_4, B_5] =$$
$$[基本完好,轻微破坏,中等破坏,严重破坏,倒塌]$$

与"不坏,可修,不倒"三个等级相比,五个等级分级较细,应用和评估比较容易,所以我们在计算中采用五级的划分,它们与三级划分之间的关系大致如表 10-1-1 所示:不坏相当于基本完好(B_1);可修相当于中等破坏(B_3);不倒相当于严重破坏(B_4)。

采用以下符号:

$\overline{x}(I_d)$——按 I_d 烈度设防(满足规范的一切要求)的设计方案;

$P_f[B_i, \bar{x}(I_d)]$ —— $\bar{x}(I_d)$ 发生 B_i 级破坏的概率;

$P_f[B_i^*, \bar{x}(I_d)]$ —— $\bar{x}(I_d)$ 发生大于 B_i 级破坏的概率;

$P_f[B_i^*, \bar{x}(I_d)|s]$ —— $\bar{x}(I_d)$ 在遇到烈度 s 地震时发生大于 B_i 级破坏的概率。

我们称 $P_f[B_i^*, \bar{x}(I_d)|s]$ 为地震烈度为 s 时的条件失效概率。按照表 10-1-1 设计准则的规定,可得图 10-1-2 所示的条件失效概率曲线。图中 I^L、I_d、I^U 分别代表小震、中震(设防烈度)和大震。

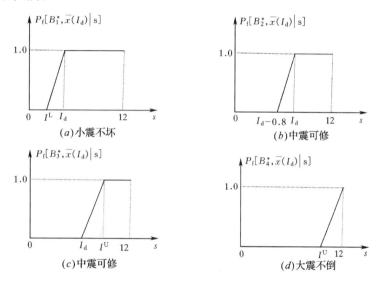

图 10-1-2 条件失效概率曲线

有了这些条件失效概率函数以后,再利用地震危险性分析的研究成果,给出该场地在设计基准期 T 年内可能遭到的最大地震烈度 S 的概率密度曲线 $f_s(s)$,即可求出失效概率

$$P_f[B_i^*, \bar{x}(I_d)] = \int_0^{12} f_s(s) P_f[B_i^*, \bar{x}(I_d) \mid s] ds \tag{10-1-6}$$

然后,即可根据下式求得遭受 B_i 级破坏的概率

$$\left.\begin{aligned} P_f[B_1, \bar{x}(I_d)] &= 1 - P_f[B_1^*, \bar{x}(I_d)] \\ P_f[B_i, \bar{x}(I_d)] &= P_f[B_{i-1}^*, \bar{x}(I_d)] - P[B_i^*, \bar{x}(I_d)] (i=2,3,4) \\ P_f[B_5, \bar{x}(I_d)] &= P_f[B_4^*, \bar{x}(I_d)] \end{aligned}\right\} \tag{10-1-7}$$

这种概率只与 I_d 和 B_i 二个参数有关。这是完全合理的,因为场地确定后就意味着未来的环境干扰的程度已被确定,因而各种等级 B_i 的失效概率将只取决于 B_i 和结构设计方案 $\bar{x}(I_d)$ 的抗力,即其设防烈度 I_d。

作为例子,在文献 [3] 中,我们利用文献 [6] 对全国华北、西北和西南地区 45 个城镇地震危险性分析的结果,分别算出了场地基本烈度为 6 度~9 度时各种设防烈度 I_d 所对应的各级破坏概率 $P_f(B_i, I_d)$,即 $P_f[B_i, \bar{x}(I_d)]$。计算结果可以用图表的形式供工程师直接使用,是很方便的。

至此即可得出按烈度 I_d 设防并按规范设计的结构方案 $\bar{x}(I_d)$ 的总的损失期望值

$$L[\bar{x}(I_d)] = \sum_{i=1}^5 P_f[B_i, \bar{x}(I_d)] D_i \tag{10-1-8}$$

式中，D_i 为结构受到 B_i 级破坏时的损失值，包括结构破坏本身的直接损失和由于结构破坏而引发的间接损失。式 (10-1-8) 的特点是考虑了抗震结构设计规范所规定的多级失效准则。

这样，即可针对具体问题求得图 1 所示 $L[\overline{x}(I_d)] - I_d$ 曲线。

有了图 10-1-1 中的二条曲线，即可按图示方法求得结构的最优设防烈度 I_d^*，并按此烈度进行结构的最小造价设计或常规设计。

五、优化条款的模式

[条款编号] 结构最优设防烈度的决策：

按如下步骤求出结构的最优设防烈度 I_d^*，然后按烈度 I_d^* 进行结构抗震的最小造价（或常规）设计。

(1) 按设防烈度 $I_d = 6$，7，8，9 度（或其他地震动参数）和规范的条例分别进行结构的最小造价（或常规）设计，求出 $C_{\min} - I_d$（或 $C - I_d$）曲线。

(2) 利用第四节所述方法计算出建筑场地的各级破坏概率 $P_f[B_i,\overline{x}(I_d)]$，为此只需要知道建筑场地（或某种公用的）在设计基准期内可能遭到的最大烈度的概率密度曲线 $f_s(s)$ 即可。如果有标准的 $f_s(s)$，亦可直接计算出各种破坏概率的图表，备工程师直接引用。这项结果对于该场地所有结构的优化设计都是通用的。

(3) 估计结构受到 B_i 级破坏时的损失值 D_i，然后按下式计算设计方案 $\overline{x}(I_d)$ 总的损失期望值

$$L[\overline{x}(I_d)] = \sum_{i=1}^{5} P_f[B_i,\overline{x}(I_d)]D_i$$

从而得出损失期望 $L - I_d$ 曲线。

(4) 用图 10-1-1 的图解法求出最优设防烈度 I_d^*，并按此烈度进行结构的最小造价（或常规）设计。

若在上述步骤中采用常规设计近似地代替最小造价设计，也有其更为合理之处，而且设计者不需要任何优化设计的知识，就能取得很好的优化效果。因为这里近似地决策了最优设防烈度。

参 考 文 献

[1] S. C. Liu and F. Neghabat, "A Cost Optimization Model for Seismic Design of Structures", Bell System Technical Journal, Vol. 51, No. 10, 1972
[2] 王光远. 工程软设计理论. 北京：科学出版社，1992
[3] 王光远，吕大刚，顾平. 抗灾结构最优设防荷载的决策. 国家自然科学基金"八五"重大项目 201 课题成果报告. 哈尔滨建筑大学印，1997
[4] 中华人民共和国国家标准. 建筑抗震设计规范 (GBJ11—89). 北京：中国建筑工业出版社，1990
[5] 王光远. 抗灾结构的最优设防荷载与最优可靠度. 土木工程学报，第 5 期，1997
[6] 高小旺，鲍霭斌. 用概率方法确定抗震设防标准. 建筑结构学报，No. 2，1986
[7] 王光远，顾平，吕大刚. 基于规范和最优设防烈度的抗震结构优化设计（本建议书附件）

（哈尔滨工业大学　王光远）

10.2 场地条件对地面运动峰值加速度的影响

一、问题的由来

场地条件对设计地震动参数的影响是抗震设计规范历次修订中都必须面对的问题。我国自1964年地震区建筑设计规范（草案）以来一直不考虑场地条件对地面运动峰值加速度的影响，其主要原因是缺乏不同类型的场地土加速度在0.1g以上的强震记录。尽管从宏观震害，特别是关于烈度异常的考察资料一再表明软土地层上一般民用建筑的破坏较基岩和坚硬土层重。从地震学家对弱震和远场地震的观测记录来看，软土地基对地震动有放大作用。在刚性地基上刚性建筑的震害较重的情况，在有些震例中虽然也有报导，但相对来讲是比较少的。长期以来地震工程界对这个问题的看法一直有分歧，因此在规范中只考虑场地条件对谱形状或加速度反应谱特征周期的影响，而不考虑其对峰值加速度与谱加速度（以下简称PGA与α_{max}）的影响，也就是说α_{max}只决定于设计地震动强度（烈度或PGA），与场地类型无关，T_g值决定于场地类别。这就是所谓的场地相关设计反应谱——国际上通用的抗震设计标准。但是进入20世纪90年代以来，由于1985年墨西哥、1989年美国Loma Prieta地震中得到了许多强震记录，表明软土层上PGA明显放大[1]~[3]。在1988年亚美尼亚地震中也出现同样的情况，只是没有得到可以供直接对比的强震记录，但是已从震害和地震动反演和正演计算加以证实[4][5]。在1995年日本阪神淡路地震中在一个近距离台阵上首次取得了钻孔下和地表面的强震记录，这不仅为研究场地中的土层分布对地震动的影响提供了很好的机会，同时也为研究波在土层中的传播规律提供了第一手资料[6]。在1999年土耳其地震中又得到了相距很近的土和基岩上的强震加速度记录。从这些基岩和土层上的强震记录来看，软土层在中等强度的地震作用下对PGA有明显的放大作用[7]。

进入20世纪90年代以后，美国又取得了一批新的强震加速度记录。Boore等人将地表以下30m以内的折算剪切波速V_{se}作为场地参数列入地震动衰减公式，对美国西部的强震加速度记录和反应谱的回归分析表明，PGA是随V_{se}减小而增大的，加速度反应谱在长周期段的值也是随V_{se}减小而增加的，而且比PGA增加更多，这说明α_{max}和T_g都随V_{se}减小而增大[8]。这些新的资料说明有必要考虑场地条件对PGA的影响，并对抗震设计规范中的有关条款作相应的修订。

二、有关的强震观测数据和分析结果的综合评价

如上所述，自1985年墨西哥地震和1989年美国Loma Prieta地震以来获得了许多典型的基岩和土层上的强震观测资料。在图10-2-1中集中展示了若干典型的结果[7][9]。图中横坐标代表基岩上的水平向PGA，纵坐标代表土层上的相应值。如果基岩和土层上的PGA无明显差异，记录的数据点将沿对角线分布。图中的两个灰色矩形图框分别代表1985年墨西哥地震和1989年美国Loma Prieta地震中基岩和土层上测得的PGA值的分布区域。由于观测的数据比较多，因此只画出了一个范围而没有给出具体的数据点[9]，图中的菱形符号是1999土耳其（Marmara或Izmor）地震中软土、硬土上观测到的PGA与附

近基岩上相应值的对比资料[7]，小圆圈所表示的是 1999 年哥伦比亚中部地震中 5 个台站的岩石和土层上 PGA 的对比资料[10]。在图 10-2-2 中展示了 1989 年 Loma Prieta 地震中奥克兰和旧金山基岩上的反应谱的对比情况。在这个例子中基岩地震动的主要周期也偏长。但毕竟是一次地震中记录到的值，并不反映美国强震地面运动基岩谱的一般特性。关于基岩和土层上加速度反应谱形状（β 谱）的差异可以从下一节中展示的不同剪切波速的地层上谱加速度的比值中看到。

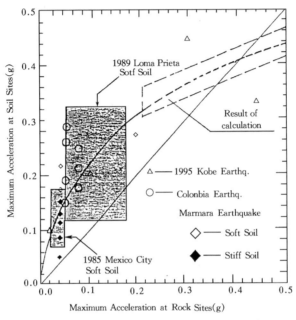

图 10-2-1　土层和基岩上峰值加速度的变化趋势

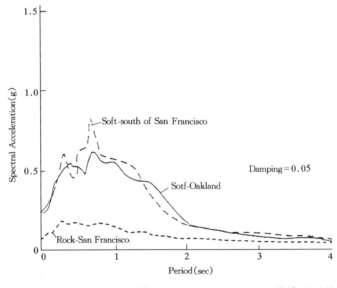

图 10-2-2　Loma Prieta 地震中旧金山（San Francisco）海弯地区基岩和土层的谱加速度

三、地震动衰减规律中的场地土剪切波速影响

在美国，Boore 等人利用截止到 1992 年的美国西部的强震加速度记录提出了反应谱衰减规律，其中引入以地表 30m 范围内的折算剪切波速作为参数的场地调整。在他们的调整中未能考虑当震级和距离不同时，场地条件对反应谱影响的差异，因此不能反映大震级近场地震动对土层造成的非线性影响。按照他们提出的衰减规律，在同样震级和距离条件下，给定周期为 T 和折算剪切波速为 V_s 的谱加速度 $SA(T, V_s)$ 与当 $V_s = 500 \text{m/s}$ 时的相应比值可表示为

$$\frac{\mathrm{SA}(T,V_\mathrm{s})}{\mathrm{SA}(T,500)} = \left(\frac{V_\mathrm{s}}{500}\right)^{b_\mathrm{v}(T)} \tag{10-2-1}$$

式中，$b_v(T)$ 是 Boore 等人提出的加速度反应谱场地土剪切波速调整系数，与周期 T 有关。$b_v(T)$ 值和按 (10-2-1) 式计算得到的谱加速比值一并列于表 10-2-1 中。由于 $T=0$ 时的谱加速度就是 PGA，因此表中的 $b_v(0)$ 值即是峰值加速度值的场地调整系数。利用表 10-2-1 的数值可得到图 10-2-3 所示的曲线图。

不同 T 与 V_s 下谱加速度的比值　　　　　表 10-2-1

T	$b_v(T)$	$SA(T,V_s)/SA(T,500)$ $V_s=1000\text{m/s}$	$SA(T,V_s)/SA(T,500)$ $V_s=300\text{m/s}$	$SA(T,V_s)/SA(T,500)$ $V_s=175\text{m/s}$
0	0.371	0.77325	1.20956	1.47677
0.1	0.212	0.86334	1.11485	1.24954
0.11	0.211	0.86394	1.11428	1.24823
0.12	0.205	0.86754	1.11085	1.24038
0.13	0.221	0.85797	1.12001	1.26141
0.14	0.228	0.85382	1.12403	1.27072
0.15	0.238	0.84792	1.12981	1.28415
0.16	0.248	0.84206	1.13562	1.29771
0.17	0.258	0.83625	1.14146	1.31142
0.18	0.27	0.82932	1.14851	1.32806
0.19	0.281	0.82302	1.155	1.3435
0.2	0.292	0.81677	1.16154	1.35912
0.22	0.315	0.80385	1.17532	1.39237
0.24	0.338	0.79114	1.18926	1.42643
0.26	0.36	0.77916	1.20276	1.45979
0.28	0.381	0.76791	1.21578	1.49237

续表

T	$b_v(T)$	$SA(T,V_s)/SA(T,500)$ $V_s=1000$m/s	$SA(T,V_s)/SA(T,500)$ $V_s=300$m/s	$SA(T,V_s)/SA(T,500)$ $V_s=175$m/s
0.3	0.401	0.75733	1.22831	1.52406
0.32	0.42	0.74742	1.24034	1.5548
0.34	0.438	0.73816	1.25184	1.58449
0.36	0.456	0.729	1.26345	1.61474
0.38	0.472	0.72096	1.27386	1.64212
0.4	0.487	0.71351	1.2837	1.66821
0.42	0.502	0.70613	1.29361	1.69471
0.44	0.516	0.69931	1.30293	1.71983
0.46	0.529	0.69303	1.31165	1.74348
0.48	0.541	0.68729	1.31974	1.76561
0.5	0.553	0.6816	1.32789	1.78801
0.55	0.579	0.66943	1.34571	1.83754
0.6	0.602	0.65884	1.36168	1.88249
0.65	0.622	0.64977	1.37572	1.92247
0.7	0.639	0.64216	1.38776	1.95712
0.75	0.653	0.63596	1.39776	1.98613
0.8	0.666	0.63025	1.40711	2.01345
0.85	0.676	0.6259	1.41435	2.03471
0.9	0.685	0.62201	1.42089	2.05405
0.95	0.692	0.619	1.426	2.06921
1	0.698	0.61643	1.4304	2.0823
1.1	0.706	0.61302	1.43628	2.09988
1.2	0.71	0.61132	1.43923	2.10872
1.3	0.711	0.6109	1.43996	2.11094
1.4	0.709	0.61174	1.43849	2.10651
1.5	0.704	0.61387	1.4348	2.09547
1.6	0.697	0.61685	1.42966	2.08011
1.7	0.689	0.62028	1.42381	2.0627

续表

T	$b_v(T)$	$SA(T,V_s)/SA(T,500)$ $V_s=1000\text{m/s}$	$SA(T,V_s)/SA(T,500)$ $V_s=300\text{m/s}$	$SA(T,V_s)/SA(T,500)$ $V_s=175\text{m/s}$
1.8	0.679	0.6246	1.41653	2.04114
1.9	0.667	0.62981	1.40784	2.01556
2	0.655	0.63508	1.3992	1.99031

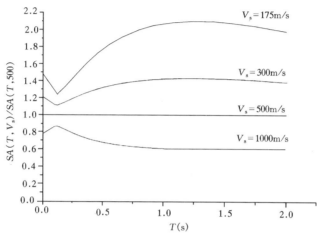

图 10-2-3 不同周期与折算剪切波速下谱加速度的比值

从图 10-2-3 可以看到随着 V_s 值的变小，PGA [即 $SA(0,V_s)$] 增加，加速度反应谱的长周期分量增加更大，这意味着在同样震级和距离的条件下随着场地土折算剪切波速的减小，加速度反应谱的 α_{max} 和 T_g 值均有所增加。由于以上结果是从美国具有代表性的许多记录中经回归分析得到的结果，因此比图 10-2-2 中的结果更能反映岩石和土层上的加速度反应谱形状和 T_g 值的差异。在图 10-2-3 的对比中我们以 $V_s=500\text{m/s}$ 作为标准，其原因是抗震规范将 $V_s \geqslant 500\text{m/s}$ 的地层作为基岩，不过这只是坚硬土层或软基岩。图 10-2-3 中的结果表明，在硬基岩上 PGA 和谱加速度均比软基岩小。

四、1995 年日本阪神地震

在 1995 年日本阪神地震得到了许多软土层上的强震观测资料，取得了 PGA＞800 m/s² 的两个发震断层附近的台站记录和 PGA＞500m/s² 的 10 个距断层破裂区的距离在 20km 范围以内的近场台站记录。其中约 60％ 的仪器位于全新世软土地层上，其剪切波速大多在 100～350m/s 之间。软土地层对地面运动的放大系数约为 1.75，标准差为 1.5，略低于美国在 1989 年 Loma Prieta 地震中测到的平均放大系数 2.0[6]。更值得注意的是在 1995 年阪神地震中，大阪湾周边的 4 个位于钻孔中的观测台站记录到了地震动沿钻孔深度变化的宝贵资料（见图 10-2-4），这 4 个台站的名称分别为 PL，SGK，TKS 和 KNK。在文献 [6] 中给出了每个测点的土层柱状，P 波、S 波速度沿深度的分布，测点沿竖孔的分布情况以及加速度时程。在这 4 个台站上记录到的地面运动加速度（包括两个水平分量和一个竖向分量）沿深度的变化示于图 10-2-5 中。

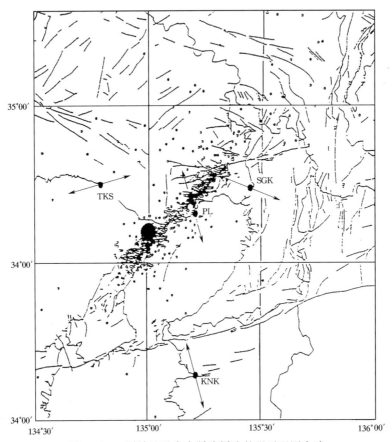

图 10-2-4　阪神地震中大阪湾周边的强震观测台阵

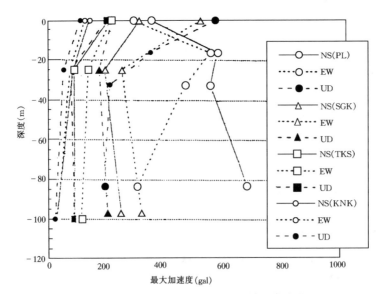

图 10-2-5　4 个观测台站的加速度随深度变化

从图 10-2-5 可以看到，在 4 个台站的钻孔最深测点上记录到的加速度在 26gal（KNK）和 679gal（PL）之间。在各钻孔测点上加速度沿深度变化情况也可以清楚的从图 10-2-5 中看到。如果把最深测点上的记录看作是输入界面的基盘震动，除 PL 以外的 3 个台站的地表水平加速度放大系数如下：KNK（输入加速度为 26gal）为 4～5 倍，TKS（输入加速度约 100gal）约为 2 倍，SGK（输入加速度约 300gal）为 1～2 倍。而在水平向输入加速度为 650gal（NS 方向）～300gal（EW 方向）的 PL 台站上，NS 方向地表加速度与输入界面上的相应值减小为 1/2，在 EW 方向上埋深为 20m 左右的测点的加速度最大，这个台站的加速度沿深度的分布情况明显不同于其他台站。其原因就是 PL 位于人工岛上，埋置的砂层发生了液化，从而阻止了地震波往上传播。此外 TSK 台站的表层砂也发现有轻微液化的迹象。对于竖向加速度在各个台站沿土层的变化情况为：KNK 为 4.5 倍放大；TKS 为 2 倍放大；SGK 为 1 倍放大或稍有降低。PL 也有 3 倍放大，这与水平向形成了鲜明的对比，其原因是液化土层对 P 波传播速度没有多少影响。这 4 个软土上的孔下观测点的记录表明软土地层对地震动的放大作用是随输入地震动水平增加而递减的。这也许是迄今为止最有说服力的观测数据。

图 10-2-6 表示的是在阪神地震中位于基岩上的海洋气象台加速度记录的富氏谱和位于硬土层上的神户大学加速度记录的富氏谱。这两个台站均位于市内震害最严重的地区。从图中可以看到基岩上的高频分量明显多于硬土上。为了研究场地条件对地震动强度和特性的影响，在这次地震的主震之后在神户大学附近布设了 5 个台站，台站间距离为 500m 左右，其中 KMC 位于六甲山基岩上，KOB 位于硬土上，FKI 位于重灾区内的冲积层上，

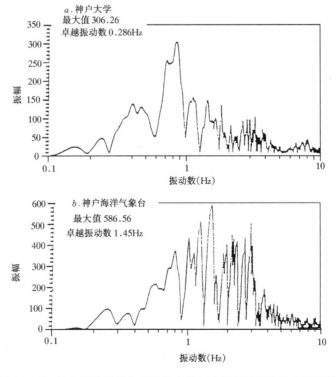

图 10-2-6　神户海洋气象台和神户大学加速度记录的富里叶振幅谱

FKE 位于滨海冲积层上。各台站在一次余震中的加速度记录示于图 10-2-7 中（图中 ASY 台站由于距离太远不在比较之列）。图 10-2-8 所示为土层上的三个土层台站与基岩台站在几次余震中的加速度富氏谱的比值。从这些图中可以看到在硬土上主要放大短周期分量，软土上主要放大中、长周期分量。各次地震放大倍数的差异在一定程度上反映了震源和传播特性的差异。

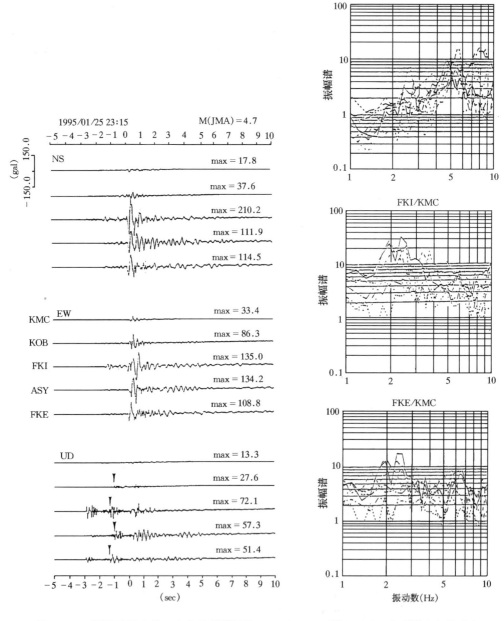

图 10-2-7 阪神地震中的一次余震观测记录

图 10-2-8 各观测点与基准点 KMC 的付氏振幅谱的比值

五、1999 年土耳其地震中基岩和土层上 PGA 的差异

在 1999 年 8 月 17 日土耳其伊兹米特 7.4 级地震中，在距离断层破裂带 200km 范围内得到 23 个地面运动记录，其中 6 个记录位于距断层破裂带 20km 的范围以内。关于这次地震的地面运动和场地影响，研究得出如下结论[7]：

土层上的 PGA 大于基岩上的值，软土上的值大于硬土上的值。软土上和硬土上 PGA 的比值见图 10-2-1。在这次地震中，最大的破坏集中在沿 lzmit 海湾的全新世新近代冲积层上。

在土耳其 1993 年 3 月 13 日埃辛格 7.0 地震中位于冲积盆地边缘的埃辛格市，由于盆地中深厚的覆盖层的影响，地震动强度得到明显的放大，市内的强震加速度记录的两个水平分量中包含明显的长周期脉冲。

六、1999 年哥伦比亚地震中岩、土地层上 PGA 和加速度反应谱

在 1999 年 1 月 25 日南美洲哥伦比亚西部 6.2 级地震中，距离震中 48km 的基岩上记录到的 PGA，水平方向约为 0.08g，垂直方向为 0.03g 同样震中距的土层和基岩上的两个台站 CMAZP 和 CPERI 加速度记录和反应谱示于图 10-2-9、10-2-10 中。从图中可以看到土层上的峰值加速度和周期都较基岩上大。值得注意的是在同样距离的不同地点共有 5 个台站同时记录到加速度时程，其中有四个位于软土层上，其 PGA 都较同样距离的基岩有明显放大，由此看来这一现象绝非偶然（见表 10-2-2）。表中土层和基岩上的水平加速度对比点已在图 10-2-1 中用小圆圈中表示出来。遗憾的是，到目前为止还搜集不到详细的台站地质资料。

1999 哥伦比亚地震中土和基岩上的 PGA　　　　表 10-2-2

台　站	场地土	台站坐标		震中距 km	PGA (cm/sec^2)		
		纬度	经度		E-W	竖向	N-S
CLROS	土层	4.84	75.68	48	180.6	73.6	188.5
CMA2P	土层	4.81	75.69	48	253.2	99.1	290.7
CSTRC	土层	4.88	75.63	48	181.3	63.3	259.3
CPER2	土层	4.84	75.75	48	210.3	97.4	145.8
CPER1	基岩	4.78	75.64	48	77.7	25.5	49.8

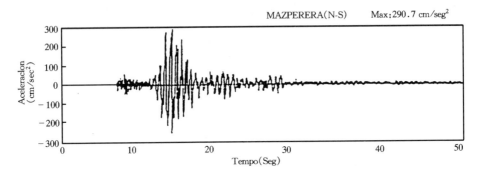
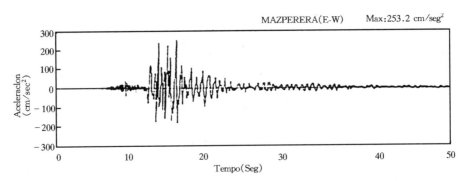
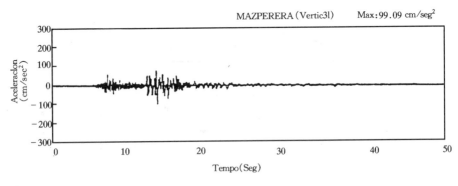

(a) 土层上

10.2 场地条件对地面运动峰值加速度的影响

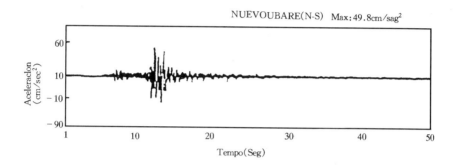

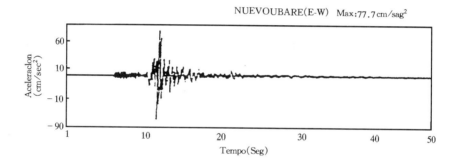

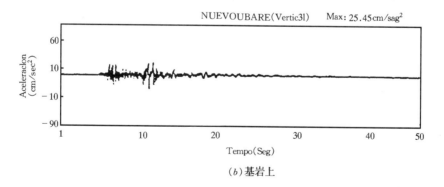

(b) 基岩上

图 10-2-9 1999 年哥伦比亚地震中强震地面运动加速度记录

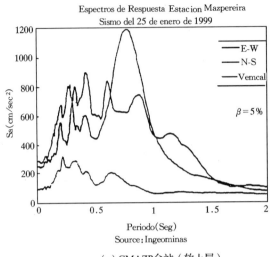

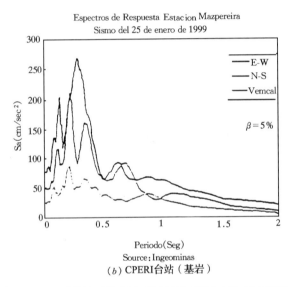

图 10-2-10　哥伦比亚地震中 CMAZP（软土层）和 CPERI
（基岩）台站上的加速度反应谱 S_a

七、结论和建议

1. 给定场地在一定时间内可能遭受的最大地震作用取决于该地区的地震活动水平，震源特性，传播途径和当地工程地质条件。对于接近水平层状分布的地层，场地土对地面运动峰值加速度（PGA）和谱形状（或 T_g）具有重要影响。这一影响取决于地层构成（包括土层刚度和厚度的分布规律）。美国规范目前主要用 30m 范围内的折算剪切波速 V_{se} 作为场地分类的标准，目前已有人提出异议，认为土层厚度的影响不容忽视[14]，不过在场地分类中考虑土层构成对 PGA 和 T_g 的影响是很困难的。一般来讲，在 0~3.0s 的周期范围内，用剪切波在上部土层中的传播理论一般可以解释层状土对输入地震动强度和频谱特性的影响。对 3s 以上的长周期波动需要考虑表面波影响，采用更复杂的二维和三维模型进行分析。

2. 剪切波在水平层状土中传播的一般规律是：层状土的特性对输入地震动的短周期成分有较大影响，深厚的土层对长周期成分有较大的影响。由于单一周期的剪切波的波长 λ 等于波速 V_{se} 与周期 T 的乘积，而共振周期 $T=HV_{se}/4$，因此对于周期为 T 的地震动分量，其考虑深度至少应达到 $\lambda/4$。由于受到钻孔深度的限制，抗震规范中采用 20m 深度以内的折算剪切波速和 80m 以内的覆盖层厚度来划分场地类型，同样不能全面反映土层对地震动强度和特性的影响。另外还有一个很重要的因素在场地分类中基本没有考虑，那就是每个土层界面上下的波速比，这是决定土层是否具有较强共振特性的重要指标，它对地表的 PGA 和 T_g 值均有较大影响。因此目前的场地分类方法只能作到相对合理和反映某种基本趋势。

3. 近几十年来的强震地面运动观测资料表明在多数场合下，在浅层的硬土和软土地层上的地震动与基岩运动相比，PGA 具有一定的放大作用。这里所说的多数场合一般是指剪切波速随深度具有阶梯状增加的总趋势的情况。但是对 PGA 的放大作用一般只限于土层的剪应变不太大或基盘输入加速度较小（例如 0.35g）的情况。

4. 水平层状土中较厚的软夹层（包括液化土层）对短周期地震动分量具有抑制作用，从而导致地表的 PGA 值明显减小。这方面的问题在美国新规范中要求做专门研究，在我国现行的抗震设计规范中则还没有考虑。因此建议在条文说明中增加了以下内容：第 4.1.5 条中规定的场地分类方法主要适用于剪切波速具有随深度递增趋势的一般场地，对于有较厚软夹层的场地土层，由于其对短周期地震动具有抑制作用，可以根据分析结果适当调整场地类型和设计地震动参数。

5. 根据本文提供的资料和综合分析，建议在抗震规范第 4 章增加一条规定，内容为："当烈度为 6、7、8 度（不包括加速度 0.3g）时，表 3.2.2 中所列设计基本地震加速度值对 I 场地可采用 0.7 的调整系数，III、IV 类场地应采用 1.3 的调整系数。"以上建议的调整幅度要比实际记录到的数值小一些，原因是多数记录台站都没有关于场地土层情况的详细描述和剪切波速度随深度变化的数据，很难判断每个台站所对应的场地类别。在这种情况下，我们认为在规范中反映 PGA 随场地类别改变的基本趋势是必要的，但调整幅度不宜过大。在高烈度区不考虑场地条件对 PGA 的影响，其原因除了表 10-2-1 中的结果以外，还考虑了 1999 年 9 月 21 日台湾集集地震中的近场强震记录。在这次地震中，发震断层下盘距断层破裂带 3~20km 以内冲积层上有 30 个观测台站，记录到的 PGA 值都比按已有衰减规律估计的值小[13]，甚至还低于规范中的规定的值，由此看来，在高烈度区提高土层上的 PGA 值，尚缺乏根据。

参 考 文 献

[1] J. E. Schneider, W. J. Silva and C. Stark, Ground Motion Model for 1989 LomaPrieta Earthquake Including Effects of Source, Path and Site, Earthquake Spectra, Vol. 9, No. 2, 1993

[2] W. D. Liam Finn, C. E. Ventura and G. Wu, Analysis of Ground Motions at Treasures Island Site During the 1989 Loma Prieta Earthquake SDEE, Vol. 12, No. 2, 1993

[3] Lee Bdnuka (Editor), Loma Prieta Earthquake Reconnaissance Report, Earthquake Spectra, Supple-

ment to Vol. 6, May 1989

[4] P. K. Wood, J. B. Berrill, N. R. Gillon and D. J. North, Earthquake of 7 Dec. 1988, Spitak, Armenia, Report of the NZNSEE team, Bulletin of the New Zealand National Society for Earthquake Engineering, Vol. 26, No. 3, Sep. 1993

[5] Yehian and V. G. Ghahraman, The Armenia Earthquake of Dec. 1988, Northeastern University, Boston, Massachusetts, Oct. 1992

[6] 片山恒雄（主編）．阪神·淡路大震災調査報告，土木構造の被害原因分析，地盤·土構造物，港湾·海岸構造物等．地盤工学会，土木学会等，1996

[7] Charles Scawthron (Editor), The Marmara Turkey Earthquake of August 17, 1999：Reconnaissance Report, MCEER Technical Report MCEER-00-0001

[8] D. M. Boore, W. B. Joyner and T. E. Fumal, Equations for Estimating Horizontal Response Spectra and Peak Acceleration from Western North American Earthquake：A Summary of Recent Work, Seismological Research Letters, Vol. 68, No. 1 January/February 1997

[9] R. Dobry et al, New Site Coefficients and Site Classification System Used in Recent Building Seismic Code Provisions, Earthquake Spectra, Vol. 16, No, 1, 2000

[10] Alejandro P. Asfura and Paul J. Flores, The Quindio, Colombia Earthquake of January 25, 1999：Reconnaissance Report, Technical Report MCEER-99-0017, Oct. 4, 1999

[11] Reconnaissance Report and EERI Learning from Earthquake Project, EI Quindio, Colombia Earthquake, January 25, 1999, Earthquake Engineering Research Institute

[12] Kobe Earthquake Investigation Team, Seismologial and Engineering Aspects of the 1995 Hyogoken-Nanbu (Kobe) Earthquake, EERI Report, UCB/EERI-95/10.

[13] 王国权，周锡元，马宗晋，马东辉．921台湾近断层强地面运动反应谱与中美规范的对比研究．工程抗震2000增刊，2000年7月

[14] A. Rodriguez-Marek et al, Characterization of Site Response General Site Categories, Pacific Earthquake Engineering Research Center Technical Report PEERC 1999/03, Feb, 1999

（中国建筑科学研究院　周锡元）

10.3　多高层钢结构弹塑性位移的实用计算

一、前　言

钢结构由于其自重小、性能好、工厂制作程度高和施工速度快等优点，在我国高层建筑中得到了越来越普遍的应用。我国属地震多发国家，抗震是地震区高层钢结构设计所必须考虑的问题，国外已有不少钢结构建筑在地震中发生破坏的事例。我国的抗震规范（GBJ 11—89）采用二阶段的结构设计方法，即小震作用下的截面承载力验算和大震作用下的弹塑性变形验算。在进行大震下的弹塑性层间位移验算时，规范对于12层以下的混凝土框架提出了一种简化计算方法，而对于超过12层的建筑和甲类建筑建议采用时程分析法。但对于钢结构框架并无实际可用的弹塑性变形简化验算方法。而高层钢结构的层数一般较多，在计算时采用的构件恢复力模型虽更为精细，但进行弹塑性时程分析的难度也较大。因此，如何进行高层建筑钢结构常用的钢框架的弹塑性变形验算成为高层钢结构抗震设计中一个迫切需要解决的问题。

10.3 多高层钢结构弹塑性位移的实用计算

本文通过选取合适的构件恢复力模型,将综合离散法应用于平面钢框架的弹塑性地震反应分析[1],通过与 Drain-2D 程序的算例对比,证明使用该方法可在取得满意的计算精度的前提下极大地节省计算时间,是进行高层钢结构弹塑性地震反应分析的一种实用简化计算方法。利用综合离散法,通过合理选取大量丰富的地震记录,对 5 层、10 层、15 层、20 层纯框架和支撑框架的典型结构进行弹塑性地震反应分析,统计得出钢框架弹塑性层间位移增大系数与屈服强度系数、场地类别、结构形式之间的近似规律,以此给出高层钢结构弹塑性位移简便计算建议。

二、结构分析模型

为便于统计分析,本文构造典型结构时跨数均取为三跨(如图 10-3-1 所示),跨度均为 6m,层高均为 3.6m。若有支撑,则设在中跨。各楼层质量取为 $6.21 \times 10^4 \text{kg}$,纯框架结构周期控制在 $0.1N$ 左右,而支撑框架结构周期控制在 $0.09N$ 左右,其中 N 为结构总层数。

本文中钢梁柱采用双线性恢复力模型,如图 10-3-2 所示。所采用的支撑恢复力模型如图 10-3-3 所示,该模型考虑了支撑在压屈后的强度退化和刚度收缩,能较好地模拟实际的受载变形情况。

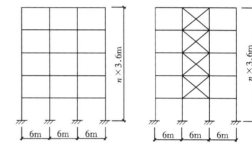

图 10-3-1 结构分析模型

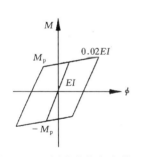

图 10-3-2 梁柱的恢复力模型

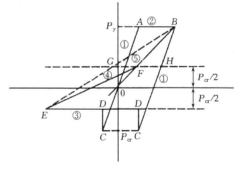

图 10-3-3 支撑的恢复力模型

三、统 计 分 析

本文通过选取合适的地震记录,对构造的典型结构作了大量而系统的参数分析,以求得出钢框架结构在强震作用下层间弹塑性位移增大系数的近似变化规律,为抗震设计进行层间极限变形验算提供参考。所选取的统计参数如下:

(1) 楼层屈服强度系数 由大量算例知道,一般当楼层屈服强度系数达 0.3 时钢框架结构薄弱层的最大层间转角已大于规范规定的极限值 1/70。因此在统计中取以下五种屈服强度系数:0.7、0.6、0.5、0.4、0.3。

(2) 支撑强度与纯框架强度的比值 除纯框架外,对于支撑框架分别取以下四种支撑与纯框架强度的比值(记为 R_s):1.0、2.0、3.0、4.0。对于纯框架 $R_s=0$。

(3) 结构层数 分别取 5 层、10 层、15 层、20 层作统计。表 10-3-1～表 10-3-5 列出了 $R_s=0$~4.0 的 10 层典型结构的构件截面参数及楼层屈服剪力。

10 层 $R_s=0$ 结构构件截面参数及屈服剪力 表 10-3-1

构件类别	宽度/mm	高度/mm	翼缘厚度/mm	腹板厚度/mm
中柱	575	725	20	16
边柱	500	650	20	16
所有梁	325	700	20	16
屈服剪力	底层 3527kN		一般层 2414kN	

10 层 $R_s=1.0$ 结构构件截面参数及屈服剪力 表 10-3-2

构件类别	宽度/mm	高度/mm	翼缘厚度/mm	腹板厚度/mm
中柱	450	550	20	16
边柱	400	475	20	16
所有梁	220	550	20	16
支撑	面积 $4.37\times10^{-3}\mathrm{m}^2$		失稳轴力 513kN	
屈服剪力	底层 3314kN		一般层 2642kN	

10 层 $R_s=2.0$ 结构构件截面参数及屈服剪力 表 10-3-3

构件类别	宽度/mm	高度/mm	翼缘厚度/mm	腹板厚度/mm
中柱	400	475	20	16
边柱	360	420	20	16
所有梁	200	500	20	14
支撑	面积 $6.90\times10^{-3}\mathrm{m}^2$		失稳轴力 811kN	
屈服剪力	底层 3631kN		一般层 3126kN	

10 层 $R_s=3.0$ 结构构件截面参数及屈服剪力 表 10-3-4

构件类别	宽度/mm	高度/mm	翼缘厚度/mm	腹板厚度/mm
中柱	400	475	20	14
边柱	350	425	20	14
所有梁	200	475	20	16
支撑	面积 $1.00\times10^{-2}\mathrm{m}^2$		失稳轴力 1178kN	
屈服剪力	底层 4532kN		一般层 4037kN	

10 层 $R_s=4.0$ 结构构件截面参数及屈服剪力 表 10-3-5

构件类别	宽度/mm	高度/mm	翼缘厚度/mm	腹板厚度/mm
中柱	390	470	20	14
边柱	340	420	20	14
所有梁	200	475	20	14
支撑	面积 $1.29\times10^{-2}\mathrm{m}^2$		失稳轴力 1512kN	
屈服剪力	底层 5339kN		一般层 4861kN	

（4）地震记录 本文所采用的地震记录均取自美国各地震观测台站的记录，考虑到不同场地类别地震记录之间的差异，将地震记录按反应谱特征周期的不同分为两类：$T_g \leqslant 0.5s$ 为 A 类，$T_g > 0.5s$ 为 B 类。A 类和 B 类的地震记录各取 40 条作统计。

四、统 计 结 果

为便于统计分析且便于设计运用，将框架结构弹塑性最大层间地震位移反应与相应弹性反应的比值定义为弹塑性位移增大系数，则图 10-3-4 分别给出了 5 层、10 层、15 层和 20 层典型钢框架结构弹塑性位移增大系数与楼层屈服强度系数之间的统计关系，其中不分类地震记录的统计数据是将 A 类和 B 类地震记录综合在一起统计分析得到的。

从图 10-3-4 中可以看出以下规律：

（1）纯框架结构的弹塑性位移增大系数随屈服强度系数、结构层数及场地类别变化不大，其数值约为 1.0。

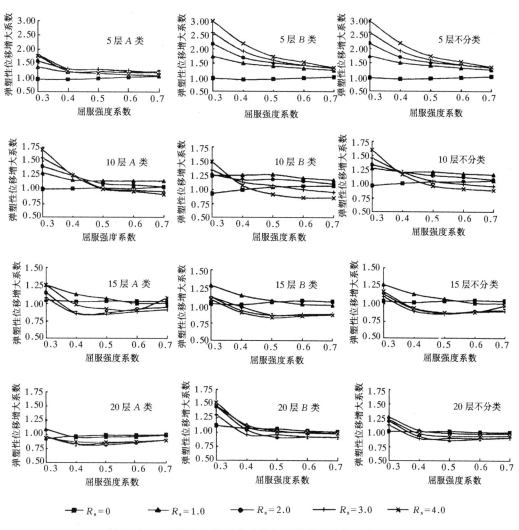

图 10-3-4 弹塑性位移增大系数与屈服强度系数的统计曲线

(2) 对于支撑框架，弹塑性位移增大系数随屈服强度系数的减小有增大趋势，但随结构层数的增加和支撑与框架抗侧移承载力比值的降低，这种趋势渐趋减弱。

(3) 对于支撑框架，弹塑性位移增大系数随结构层数的增加有减小趋势。

(4) A类、B类和不分类地震记录的统计结果虽有一定的差异，但变化趋势一致。

五、实用计算建议

从实用设计计算考虑，地震记录可不予分类。但考虑地震记录的变异性而引起的结构地震反应的变异性，可取弹塑性位移增大系数的统计结果平均值加1倍均方差作为设计计算依据，其保证率约为84%。表10-3-6给出了按不分类地震记录采用均值加1倍均方差统计得到的5层、10层、15层和20层钢框架弹塑性位移增大系数。图10-3-5和图10-3-6分别给出了该统计结果与楼层屈服强度系数和楼层数的关系曲线。

平均值+1倍均方差弹塑性位移增大系数统计结果　　　　　　　　表10-3-6

屈服强度系数	5 层 不 分 类					屈服强度系数	10 层 不 分 类				
	$R_s=0$	$R_s=1.0$	$R_s=2.0$	$R_s=3.0$	$R_s=4.0$		$R_s=0$	$R_s=1.0$	$R_s=2.0$	$R_s=3.0$	$R_s=4.0$
0.7	1.04	1.40	1.45	1.45	1.43	0.7	1.09	1.30	1.22	1.08	1.00
0.6	1.03	1.49	1.61	1.68	1.65	0.6	1.11	1.35	1.29	1.18	1.12
0.5	1.05	1.62	1.80	1.86	1.86	0.5	1.16	1.44	1.39	1.31	1.25
0.4	1.07	1.70	1.95	2.16	2.32	0.4	1.17	1.48	1.55	1.68	1.67
0.3	1.19	2.09	2.62	3.20	3.45	0.3	1.16	1.62	1.84	2.10	2.50
屈服强度系数	15 层 不 分 类					屈服强度系数	20 层 不 分 类				
0.7	1.09	1.15	1.02	1.00	1.20	0.7	1.04	1.08	1.01	1.04	1.09
0.6	1.13	1.18	1.05	1.02	1.02	0.6	1.08	1.09	1.01	1.05	1.11
0.5	1.14	1.32	1.04	1.00	1.07	0.5	1.16	1.15	1.02	1.08	1.14
0.4	1.17	1.45	1.19	1.13	1.25	0.4	1.20	1.25	1.18	1.11	1.26
0.3	1.27	1.74	1.63	1.59	1.78	0.3	1.27	1.81	1.73	1.57	1.85

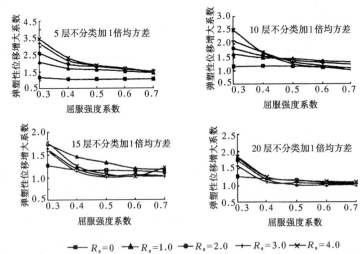

图 10-3-5　钢框架弹塑性位移增大系数与楼层屈服强度系数的关系
（平均值加1倍均方差）

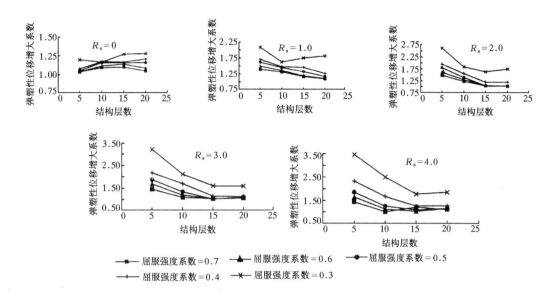

图 10-3-6　钢框架弹塑性位移增大系数与楼层数的关系（平均值加 1 倍均方差）

从图 10-3-5 和图 10-3-6 可以看出，钢框架弹塑性位移增大系数与楼层屈服强度系数和楼层数之间总体上有很强的变化规律性，虽然局部有些地方不符合规律。考虑到合理性，对弹塑性位移增大系数作单调性变化规律处理，最终提出钢框架弹塑性位移增大系数的设计计算建议值列于表 10-3-7，该建议值与楼层数的变化曲线如图 10-3-7 所示。

进行罕遇地震下多高层建筑钢结构弹塑性位移验算时，可先按底部剪力法或振型分解反应谱法求出结构层间弹性位移，然后乘以由表 10-3-7 查得的弹塑性位移增大系数（可按内插法查表），即得出结构层间弹塑性位移。

钢框架弹塑性位移增大系数设计计算建议值　　　　表 10-3-7

	$R_s=0$					
	屈服强度系数	0.7	0.6	0.5	0.4	0.3
层数	≤5	1.04	1.05	1.06	1.07	1.19
	10	1.09	1.11	1.14	1.17	1.20
	15	1.10	1.13	1.16	1.20	1.27
	20	1.10	1.13	1.16	1.20	1.27
	$R_s=1.0$					
	屈服强度系数	0.7	0.6	0.5	0.4	0.3
层数	≤5	1.40	1.49	1.62	1.70	2.09
	10	1.30	1.35	1.44	1.48	1.80
	15	1.20	1.23	1.32	1.45	1.80
	20	1.10	1.11	1.15	1.25	1.80

续表

| | | \multicolumn{5}{c}{$R_s = 2.0$} |
屈服强度系数		0.7	0.6	0.5	0.4	0.3
层数	≤5	1.45	1.61	1.80	1.95	2.62
	10	1.22	1.29	1.39	1.55	1.80
	15	1.20	1.21	1.22	1.25	1.80
	20	1.10	1.10	1.12	1.25	1.80

| | | \multicolumn{5}{c}{$R_s = 3.0$} |
屈服强度系数		0.7	0.6	0.5	0.4	0.3
层数	≤5	1.45	1.68	1.86	2.16	3.20
	10	1.20	1.25	1.31	1.68	2.10
	15	1.20	1.20	1.20	1.25	1.80
	20	1.10	1.10	1.12	1.25	1.80

| | | \multicolumn{5}{c}{$R_s = 4.0$} |
屈服强度系数		0.7	0.6	0.5	0.4	0.3
层数	≤5	1.45	1.68	1.86	2.32	3.45
	10	1.20	1.25	1.30	1.67	2.50
	15	1.20	1.20	1.20	1.25	1.80
	20	1.10	1.10	1.12	1.25	1.80

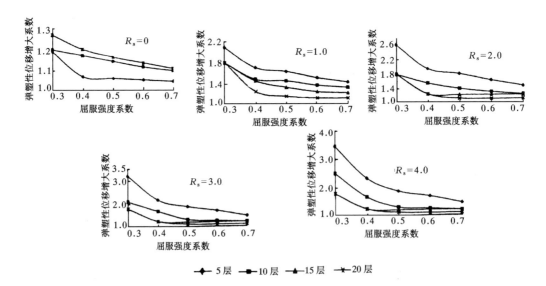

图 10-3-7 钢框架弹塑性位移增大系数设计计算建议值与楼层屈服强度系数的变化曲线

按本文提出的实用计算方法，可极大地简化多高层钢结构弹塑性地震位移计算，使"大震不倒"的抗震验算要求真正落到实处，可供有关设计规范和设计人员采纳。但也必须指出，本文的方法仅适于20层以下沿竖向较规则的钢结构。

参 考 文 献

[1] 李国强，冯健. 罕遇地震下高层建筑钢结构弹塑性位移的简化计算 [C]. 第七届全国高层建筑抗震会议论文集，大连，1999
[2] 冯健. 平面钢框架体系弹塑性地震反应分析及其简化计算 [D]. 同济大学，1999
[3] 李国强，沈祖炎. 钢结构框架体系弹性及弹塑性分析与计算理论 [M]. 上海：上海科学技术出版社，1998
[4] 李国强. 多层及高层钢框架结构在双向水平地震作用下的弹塑性平扭耦合动力反应分析 [D]. 同济大学，1988
[5] 谢卫兵. 高层支撑钢框架弹塑性地震反应分析方法的研究 [D]. 同济大学，1993
[6] 蔡承武等. 结构分析中的综合离散法 [J]. 固体力学学报，1982,(3)
[7] WoRsak Kanok-Nukulchai, et al. A Versatile Finite Strip Model for Three-dimensional Tall Building Analysis [J]. Earthq. Eng. Struct. Dyn., 1983, 11 (2)

（同济大学　李国强　冯健）